침묵과 빛의 건축가 루이스 칸

MIMESIS

침묵과 빛의 건축가 루이스 칸

글   데이비드 B. 브라운리, 데이비드 G. 드 롱
서 문 빈센트 스컬리
사 진 그랜트 머드포드
번 역 김희진

MIMESIS ARTIST
침묵과 빛의 건축가 루이스 칸

옮긴이 김희진은 성균관대학교에서 불어불문학, 영어영문학을 전공하였으며, 현재 동 대학원 불어불문학과에서 번역 이론을 공부하고 있다. 『천장 위의 오르탕스』, 『폴 세잔』, 『저주받은 왕』(공역), 『죽기 전에 꼭 봐야 할 세계 역사 유적 1001』, 『프리다 칼로』, 『죽기 전에 꼭 알아야 할 세계 역사 1001 Days』 등 프랑스어와 영어로 된 책들을 우리말로 옮겼다. 현재 출판·기획·번역 네트워크 〈사이에〉 위원으로 활동하고 있다.

지은이 데이비드 B. 브라운리, 데이비드 G. 드 롱 **옮긴이** 김희진 **발행인** 홍예빈·홍유진 **발행처** 미메시스
주소 경기도 파주시 문발로 253 파주출판도시 **대표전화** 031-955-4000 **팩스** 031-955-4004 **홈페이지** www.openbooks.co.kr
Copyright (C) 미메시스, 2010, *Printed in Korea.* **ISBN** 978-89-90641-46-5 03610
발행일 2010년 7월 10일 초판 1쇄 2022년 10월 30일 초판 3쇄

이 도서의 국립중앙도서관 출판예정도서목록(CIP)은 서지정보유통지원시스템 홈페이지(http://seoji.nl.go.kr)와
국가자료공동목록시스템(http://www.nl.go.kr/kolisnet)에서 이용하실 수 있습니다.(CIP제어번호: CIP2010002237)

LOUIS I. KAHN: In the Realm of Architecture
by David B. Brownlee and David G. De Long

Korean Translation Copyright (C) The Open Books Co. / Mimesis 2010, 2022
All rights reserved.

This translated edition is published by
arrangement with Rizzoli International Publications, Inc.
through Shinwon Agency Co.

이 책은 실로 꿰매어 제본하는 정통적인 사철 방식으로 만들어졌습니다.
사철 방식으로 제본된 책은 오랫동안 보관해도 손상되지 않습니다.

	8	머리말
	10	서문

1

14	**아무도 탐험하지 못했던 공간을 찾아서** 철학을 정립하다 1901~1951
15	건축가의 모습을 갖추기까지
23	대공황 시기, 모더니스트가 되다
28	전시의 건축이 안겨 준 도전 과제
33	1940년대를 위한 설계
41	단독 주택 건축
47	어떻게 기념비성을 획득할 것인가?
50	예일 대학 강단에 서다

2

54	**공간의 이상적인 형태를 발견하다** 새로운 건축을 상상하다 1951~1961
55	로마에서 새로움을 목격하다
59	고대의 육중한 매스를 도입하다
66	공간의 구분이 의미하는 것
89	중첩시키고 병치시키기
105	〈형태〉와 〈디자인〉

3

112	**교감을 이끌어 내는 공간** 회합을 위한 건축
116	미크베 이스라엘 시나고그
118	셰르-에-방글라 나가르
134	이슬라마바드 대통령궁, 국회 의사당
138	베스-엘 시나고그, 후르바 시나고그
139	팔라초 데이 콩그레시

258	Notes
275	Buildings and Projects 1925~1974
280	Index
287	Illustrations Credits

4	144	영감을 불어넣는 공간 **연구를 위한 건축**
	147	소크 생물학 연구소
	159	브린 마워 대학 기숙사
	170	아메다바드 인도 경영 연구소
	184	세인트앤드루스 수도원
	186	성카타리나 데 리치 도미니크 수녀원
	188	메릴랜드 예술 대학
	188	라이스 대학 예술 센터
5	190	〈이용 가능성〉을 극대화하는 공간 **복합 건물을 위한 건축**
	193	포트웨인 미술관
	194	레비 기념 놀이터
	196	필라델피아 예술 대학
	197	브로드웨이 교회와 오피스 빌딩
	199	캔자스시티 오피스 빌딩
	201	볼티모어 이너 하버 복합 단지
	210	코만 하우스
	210	포코노 아트 센터
	213	필라델피아 200주년 기념 박람회
6	214	〈침묵〉과 〈빛〉이 만나는 지점 **타인의 업적을 기리는 건축**
	218	필립 엑서터 아카데미 도서관
	224	킴벨 미술관
	239	올리베티-언더우드 공장
	240	예일 영국 미술 센터
	241	드 메닐 미술관
	250	600만 유대인 희생자 추모관
	253	루스벨트 기념관
	255	루이스 칸의 마지막, 그리고 그 후

머리말

줄리아 무어 컨버스
펜실베이니아 대학교 건축 기록 보관소 소장
1997년 5월

건축가, 철학자, 예술가이자 교사였던 루이스 I. 칸은 작품과 강의를 통해 학생들에게 가르침을 주었고, 세계 곳곳에서 그를 따르는 이들이 필라델피아로 몰려왔다. 말년의 25년 동안 그는 자신의 세대에 맞게 건축을 재정의했다. 그의 사후 거의 사반세기가 지난 지금, 새로운 세대가 다시금 이 거장의 작업에 주목하며 가르침을 얻고자 한다. 이 1997년판은 보다 많은 독자들이 접할 수 있도록 하고자 새롭게 펴낸 것이다. 최초 집필 작업은 1983년, 펜실베이니아 대학 교수인 데이비드 B. 브라운리와 데이비드 G. 드 롱이 〈루이스 I. 칸 컬렉션〉 자료에 대한 학문적 탐구를 집중적으로 시작하면서 출발했다. 〈루이스 I. 칸 컬렉션〉은 당시 펜실베이니아 대학교 건축 기록 보관소에서 입수한 지 얼마 안 되는 방대한 분량의 기록 모음이었다. 브라운리와 드 롱은 대학원 세미나를 수차례 열어 기록 보관소의 모든 문서를 검토했다. 50명 이상의 연구자가 동원된, 5년에 걸친 작업이었다. 전례를 찾을 수 없는 이 대규모 검토 작업 덕분에 칸의 건물과 프로젝트를 총망라한 목록을 작성할 수 있었음은 물론, 칸의 건축물이 설계 시기별로 변화해 온 과정을 완벽하게 묘사할 수 있게 되었고, 덕분에 출간되었던 자료를 교정하는 기회가 되었다.

그 무렵, 로스앤젤레스 현대 미술관 관장인 리처드 코샬렉과 부관장 셰리 젤딘(현재 오하이오 주 콜럼버스 웩스너 아트 센터의 관장)은 칸의 작품을 총망라하는 회고전을 계획하고 있었다. 브라운리와 드 롱, 그리고 루이스 칸 컬렉션의 큐레이터였던 나와 대화를 나누고, 포드사로부터 자금을 얻은 끝에 현대 미술관은 우수한 운영진을 조직하기에 이르렀다. 코샬렉과 젤딘, 칸에 대한 책의 저자이자 전시회 큐레이터인 브라운리와 드 롱, 건축가이며 전시회 디자이너인 아라타 이

소자키, 칸의 오랜 동료 마셜 메이어스가 그 일원이었고, 나도 참여했다. 펜실베이니아 대학의 퍼킨스 기금 특별 연구원(현재 뉴욕 현대 미술관 건축 및 디자인 분과 부책임자) 피터 S. 리드는 칸 회고전의 학술 담당 위원으로 힘써 주었다.

이 책은 원래 1991년 큰 판형으로 출간되었다. 리졸리 출판사와 현대 미술관의 공동 출판이었다. 1991년 10월에 필라델피아 주립 미술관에서 같은 제목의 전시회가 열렸고 세 대륙에 걸쳐 일곱 개의 미술관을 순회한 뒤 1994년 2월 웩스너 아트 센터를 종점으로 막을 내렸다. 책의 출간과 전시회는 칸 건축에 대한 열정적인 관심을 불러일으키는 계기가 되었으며 학술 분야와 대중 분야를 막론하고 수백 건의 기사와 리뷰가 쏟아져 나왔다.

이 책은 칸의 인생과 이력에서 드러나는 건축 철학을 탐험하며, 그의 건축에서 나타나는 주요한 테마들을 탐구한다. 소크 생물학 연구소(캘리포니아 주 라 호야, 1959~1965)나 킴벨 미술관(텍사스 주 포트워스, 1966~1972)처럼 익히 잘 알려진 칸의 최고 걸작들은 물론, 비교적 덜 알려진 중요한 건물들도 포함되었다. 초기에 작업한 공영 주택, 개인 주택, 시공까지 이어지지는 않은 작업들, 필라델피아 도시 계획 등이 그에 속한다. 그랜트 머드포드의 예술적인 사진이 담아낸 칸의 건물 중 다수는 최초로 대중 앞에 공개되는 것이다. 새로이 작은 판형으로 내놓는 이 책을 통해 칸의 작품을 더욱 널리 알리고 전 세계의 독자들에게 선보일 수 있게 되어 우리는 매우 기쁘다.

칸 회고전 프로젝트를 처음으로 기획하고 지칠 줄 모르는 노력으로 이끌어 온 리처드 코샬렉과 셰리 젤딘에게 깊은 감사를 표한다. 프로젝트를 진행하는 동안, 칸의 유가족, 옛 동료와 고객들을 비롯한 많은 독자와 연구자들은 더없이 소중한 조력과 지원을 해주었다. 또한 초판 발행에 공헌한 모든 이들, 특히 데니스 스콧 브라운, 발크리슈나 도시, 윌리엄 조디, 수 앤 칸, 마이클 마이스터, 해리엇 패티슨, 빈센트 스컬리, 앤 그리스월드 팅, 카를 발혼라트, 로버트 벤투리, 마시모 비넬리, 헨리 윌코츠, 리처드 솔 워먼에게 감사한다. 리졸리 출판사의 편집부장 데이비드 모턴과, 우리의 작업 전반에 영감을 불어넣어 준 고(故) 에스터 이스라일리 칸에게는 각별히 깊은 감사를 드린다.

뛰어난 글로 작업에 큰 도움을 준 많은 연구자를 언급하지 않을 수 없다. 이 책에 그들의 모든 원고를 전부 수록할 수는 없었지만, 그 연구 내용은 칸의 작업을 이해하는 데에 더없이 귀중한 자료가 되었다. 대니얼 S. 프리드먼, 케이틀린 제임스, 피터 코헤인, 마이클 J. 루이스, 패트리셔 커밍스 라우드, 알렉스 수정-김 방과 프리스턴 세이어, 피터 S. 리드, 수잔 G. 솔로몬, 미셸 테일론 테일러, 엘리스 바이더, 마크 필립 빈센트, 로빈 B. 윌리엄스, 카를라 야니에게 감사한다.

이 책은 유니버스 출판사의 대표 찰스 미어스와 편집자 알렉산드라 메어스, 그리고 현대 미술관의 편집자 러셀 퍼거슨의 손에 의해 빛을 보게 되었다. 애비게일 스터지스는 천재적인 디자인으로 책을 단장해 주었다. 건축 기록 보관소의 직원 여러분, 특히 연구 보조원 카지 칼리드 애쉬라프, 앨리슨 켈시, 실파 메타, 글렌 산체스, 그리고 컬렉션 매니저 윌리엄 휘테이커에게 깊은 감사를 표한다.

마지막으로, 펜실베이니아 역사 박물관 위원회(회장 티머시 부캐넌, 대표이사 브렌트 G. 글래스)에 감사하는 바이다. 그들은 이 위대한 거장의 생애와 작품에 대해 알고 싶어 하는 사람들 모두에게 자료를 공개하고 이를 보존하는 데 결정적인 공헌을 했다.

서문

빈센트 스컬리
미국의 건축사가

칸은 대단히 위대한 건축가였다. 해가 갈수록 그 사실은 점점 명확해지고 있다. 그의 작품에는 어떤 현대 건축가와도 비길 수 없는 특별한 존재감, 오라가 깃들어 있다. 칸의 작품은 생각에 잠겨 있고, 요원하며, 미스터리한데, 이런 점에서는 심지어 프랭크 로이드 라이트, 미스 반데어로에, 르코르뷔지에조차 훨씬 넘어선다. 라이트는 놀라운 리듬의 유희를 풍부하게 펼쳐 보였고, 미스 반데어로에는 궁극적인 본질만 남기고 공간과 물질을 최소화했다. 또한 르코르뷔지에는 무엇보다도 건축을 통해 20세기 인간의 제스처를 구체적으로 형상화했다고 할 수 있다. 그의 건축은 모든 면을 조금씩 보여 주는데, 처음에는 가볍고 도시적이었다가 종국에는 무겁고 원시적이며 강렬해졌다. 20세기의 마지막 몇 해가 그대로 집약되어 있는 칸의 건물도 마찬가지로 원시적이지만, 제스처는 전적으로 결여되어 있다. 마치 그것을 넘어섰다는 듯이, 혹은 전혀 다른 종류라는 듯이 말이다. 칸의 건물에서는 겉으로는 잘 드러나지 않는 잠재적인 강렬함이 느껴지는데, 이는 건물들에서 어떠한 제스처도, 어떠한 꾸민 자세도 보이지 않기 때문이다. 무엇보다도 칸의 건물들은 모두 〈건축된 것〉이라는 특성을 뚜렷이 지니고 있다. 건물의 요소들은 — 항상 본질적이며 묵직한 — 격식에 맞게 로드 베어링 방식으로 지어진 매스로 결합되어 있다. 그 연결 부분은 〈쿠로스〉(고대 그리스의 청년 입상 — 옮긴이)의 무릎처럼 중대한 부분을 차지하나, 인체에서는 전혀 볼 수 없는 형태로 접합되어 있다. 몸체는 플라톤적이다. 원형, 사각형, 삼각형의 근원적 형태의 추상적 기하학이 그대로 물질화된 것 같다. 마치 소리 없는 음악적 화음으로 얼어붙어 버린 것처럼 말이다. 칸의 건물들은 빛이 가득한 공간을 형성한다. 지상에 퍼진 최초의 빛과도 같은, 빛의 단검, 빛의 개화, 태양과 달과 같은 빛 말이다. 칸의 건물들은 침묵한다. 우리는 그 침묵에서 잠재성을 느낀다. 칸의 건물에서는 어떤 소리, 드럼이 울리는 소리나 오르간 소리 같은 것이 우리의 가청 영역을 넘어서는 지점에서까지 울리고 있다. 그것들은 침묵을 연주한다. 마치 신의 존재를 연주하듯이.

과연 현대 예술의 어떤 다른 작품이 이렇게 기이할 정도까지의 중요성을 지니고 있는지, 우리는 생각해 보게 된다. 이상을 향한 단호한 추구와, 작품을 통해 뚜렷하게 구현해 낸 그 사유를 말이다. 아마 몇 편의 러시아 소설, 무엇보다도 톨스토이의 작품과, 어쩌면 도스토옙스키의 작품까지 거기에 비견할 수 있을 것이다. 1965년 레닌그라드에서 만난 어느 러시아 학생의 말이 생각난다. 미국 건축 전시회장이었고, 칸과 내가 참석 중이었다. 나는 특별한 관심을 보이는 학생들을 위해 작은 세미나를 열었다. 그때 로버트 벤투리의 반나 벤투리 하우스가 논의에 올랐다. 어떤 학생이, 아마도 주택이 절실히 필요한 소비에트 연합의 사정을 염두에 두고 하는 소리였겠지만, 〈누가 그런 길 필요로 하죠?〉라고 물었다. 그런데 다른 학생이 즉각 대답했다. 「모든 사람이 온갖 것을 필요로 하잖아.」 그때 나는 그것이야말로 관대하고 엄청난 러시아적 영혼이라고 생각했다. 어쨌든 칸이 러시아인이었다는 사실을, 우리는 종종 잊곤 한다. 타타르 족의 그 푸른 눈은 바로 러시아에서 온 것이다. 여기서 우리는 데이비드 브라운리와 데이비드 드 롱이 제복을 입은 칸의 아버지 사진을 찾아 주었다는 점에 감사해야 한다. 가난한 유대인이자 에스토니아인, 경리감에 불과했으며 장교로 임관되지도 못했던 그였으나, 그럼에도 프레드릭 마치가 연기한 진짜 브론스키, 제정 러시아 장교의 모습으로 찍혀 있다. 그는 아들과 많이 닮은, 쾌활하고 자부심 강한 모습이며, 루 칸 Lou Kahn 자신은 펜실베이니아 대학 졸업 사진에서 젊은 고리키나 학생 시절의 톨스토이처럼 강렬한 눈빛으로 카메라를 쏘아보고 있다. 그리고 그들처럼 칸도 〈모든 것〉을 원했으며, 모든 것을 진실하고, 올바르고, 깊고, 이상적으로, 그리고 할 수만 있다면 완전하게 만들기를 원했다. 나는 그가 우리 시대의 어느 다른 건축가보다도 더 열정적으로 그 모든 것을 원했으리라고 생각한다. 분명 그 때문에 칸의 작품들은, 건축의 여러 가지 근원적인 면이 명확하게 결여되어 있음에도 불구하고 ― 예를 들면 동시대의 관심사였던 〈맥락성 contextuality〉 ― 그 고유성 그대로 충분하다고 우리를 납득시키는 것이다. 칸의 작품들은 따라서 건축에서 후기 모더니즘이 지녔던 목적을 완전하게 달성한 유일한 성과물이다. 현실을 재고안하고, 모든 것을 새롭게 만든다는 목적 말이다.

사실 칸의 작품들은 그 이상이다. 칸의 작품들로 인해 새로운 것들이 시작되었다. 국제주의 양식에 종지부를 찍고 더욱 견고한 모더니즘으로 가는 길을 열었으며, 그 길에서 고선수의와 토착주의 전통이 부흥했고, 그로부터 자연스럽게 역사의 보존을 위한 대중적 움직임이 일어나 중심적인 역할을 하게 되었다. 칸의 초기 동료들 중 가장 뛰어난 건축가인 로버트 벤투리는 이러한 도시적 전통의 부흥을 창시하고, 칸의 성향과는 다른 온화한 맥락성을 향해 건축을 이끌어 나가게 된다. 이탈리아의 알도 로시도 비슷한 방향으로 나아가, 이탈리아 토착주의와 고전주의 전통에 따라 도시의 시적 언어를 창조해 내기에 이른다. 이는 칸이 1950~1951년에 이탈리아의 광장들을 그린 파스텔화나 이후에 그린 위대한 건물들과도 그리 다르지 않은 것이다. 실로 칸은 건축을 모든 면에서 더 좋은 방향으로 바꿔 놓았으며, 전체적인 구조적 환경 역시 어느 정도 변화시켰고, 자신의 의도와 지식을 넘어서서, 우리로 하여금 전통적인 도시의 짜임새를 소중히 여기도록 만들었다.

칸이 어떻게 이런 일들을 발생시켰는지는 질문해 볼 만한 가치가 있다. 여기서 우리는 칸 자신만큼이나 구체적이 되어야 한다. 이런 일들이 일어날 수 있었던 이유는, 일생 동안 그런 문제에 대해 고민한 끝에, 칸이 말년에 고대 로마의 유적들을 현대적 건물로 변모시키는 방법을 발견해 냈기 때문이다. 표면적으로 보았을 때는 있을 법하지 않은 일이나, 로마 유적들 사진과 소크 연구소 이후 칸의 거의 모든 건물들을 놓고 비교해 보면 서로 닮은 짝을 찾아낼 수가 있다는 점에서 이 유사성은 드러난다. 소크 연구소 전에도 칸은 역사로 돌아가는 길을 찾기 위해 여러 해를 애썼다. 펜실베이니아 대학에서 근대-고전주의적 성격의 교육은 받지 못했던 데다가, 1930년대에 인습 타파적인 성격을 띠는 국제주의 양식의 대두로 인해, 칸은 역사와 단절되어 있었다. 늦어도 1947년 예일에서 강의를 시작했을 무렵부터는, 역사를 다시 한 번 호의적으로 바라볼 준비가 되어 있었다. 1950~1951년에 그는 미국 건축 아카데미의 펠로로 지내며 로마와 다시 만났다. 혼자서, 혹은 뛰어난 고전주의자 프랭크 E. 브라운과 함께 로마 고고학 유적들을 연구했으며, 그리스와 이집트를 여행하기도 했다. 곧 그는 기자의 피라미드와 카르나크의 암몬 신전을 다양한 방식으로 이용하기 시작했다. 나는 이전에 다른 지면을 통해 이런 예들을 논한 바 있다.[1] 더 순수하게 로마적인 형태들이 나타나는 것은, 리처드 의학 연구소 타워 이후다. 빛의 수용이라는 건축의 필연적인 문제에 부딪혔던 리처드 의학 연구소 타워에서, 그는 산지미냐노를 그린 초기 수채화들을 적용했다. 이러한 로마적인 형태들은 칸이 로버트 벤투리의 영향을 받았음을 짐작하게 했다. 벤투리는 로마에서 1년을 머물렀으며, 소크 연구소 커뮤니티 센터 건으로도 칸과 함께 있었던 것이다. 그 결과 열쇠 구멍 모양의 아치, 보온이 잘되는 창문이 달린, 하지만 유리는 사용하지 않은 로마적 형태들이 탄생했고, 칸은 이를 〈고대 유적으로 둘러싸인 건물들〉이라 불렀다.

하늘을 향해 열려 있는 이 유적들은 인도 아대륙의 기후와 단순한 벽돌 기술에 아주 잘 어울리는 것임이 드러났다. 아메다바드와 다카의 건물들은 그러한 형태를 하고 있다. 지하 통로는 오스티아의 테르모폴리움과 비교할 수 있으며, 아메다바드의 본관 방들에는 하드리아누스 시장의 벽돌과 콘크리트 바실리카의 흔적이 강하고, 다카의 국회 의사당은 오스티아의 포럼 위에 주피터 신전을 얹어 놓고 영국 성에서 따온 형태들을 곁들인 듯한 모습이며, 브라운리와 드 롱이 제안했듯 또 어떤 다른 유적과의 유사성을 찾을 수 있을지 모를 일이다. 무엇보다도, 아메다바드와 다카에서 칸이 사용했던 〈벽돌 질서〉는 로마의 벽돌과 콘크리트 건축 기술에서 비롯된 것이다. 원형 벽돌 건물을 그린 피라네시의 에칭 그림이 두터운 필터 역할을 했으며,[2] 다카의 외래 환자용 클리닉 포티코에서 드러나는 비슷한 윤곽은 르두가 그린 〈모든 것을 보는 눈〉 그림과 매우 근접하게 닮았다.[3] 여기서 주요한 역사적 포인트가 드러난다. 칸은 피라네시와 르두가 그랬던 것처럼, 로마 고전주의 건축가였던 것이다. 피라네시처럼 그도 숭고한 효과를 원했으며(나는 이미 이런 효과를 묘사하려고 시도한 바 있다), 르두처럼 그도 그런 효과들이 완벽하고 견고한 기하학적 형태들로 구현되기를 원했다. 이들 건축가와, 그 동료인 근대 여명기의 다른 많은 건축가들처럼, 칸도 고대 세계의 유적들에 집중하고 그것들로부터 새로이 출발함으로써 건축을 새롭게 시작하기를 원했다. 칸이 정말로 국제주의 양식의 최종 단계를 향하여 건축에 새로운 힘을 불어넣을 수 있었던 것은 정확히 그런 이유에서였다고 나는 생각한다. 그는 근대 건축을, 그것이 18세기에 시작되었을 때처럼 다시 시작하고 있었다. 20세기의 근대 건축가들은 후에 추상화의 자유로움과 겨루려는 수단으로 건축에 회화적인 구성을 사용했지만, 칸은 그보다는 구조에서 비롯된 육중하고 묵직한 형태들을 이용했다. 여행 스케치를 바탕으로 삼았음에도, 칸의 작품 자체는 결코 회화적이지 않다. 그것은 원시적일 정도로 건축적이며, 따라서 전(前)회화적이다. 그림에서 세잔이 그러하였듯 진정으로 원시적인 방식을 선택했던 칸이, 항상 자신이 〈사물의 기원〉을 좋아하며 〈좋은 질문은 최고의 대답보다 낫다〉고 말했던 것은 바로 그런 이유에서이다. 그의 건물에 고대적인 힘이 가득한 것은 당연한 일이다. 그리고 그는, 오늘날의 고전주의 부흥으로 오는 길을 열었음에도 불구하고, 그 자신은 고전주의적인 디테일의 사용을 완강히 거부하였으며, 자기 나름대로의 독특한 모더니스트 방식대로, 장식적인 부분이 완전히 떨어져 나간 고대 유적과 같은 추상적인 윤곽만을 고집하였다. 바로 그대로, 걸작들을 배출한 말년에 이르러 그는 유리를 거의 사용하지 않으려고 들었다. 엑서터 도서관에서는 칸의 그런 방식이 진정하게 드러났다. 엑서터에서 그는 인도에서 필요하지 않았던 유리를 고대 유적과 같은 틀 속에 그저 아무렇게나 끼워 넣었으며, 네 개의 벽을 서로 맞붙이지 않아 기존의 완성된 건물처럼 보이지 않도록 했다. 킴벨 미술관에서 그는 특정한 유적을 곧바로 연상시키는 로마적인 형태의 아치들만을 사용했으며, 건물 안이건 밖이건 그것이 전부였다. 이보다 더 순수하게 로마 고전주의적인 계획안은 있을 수 없다.

그러기에 칸이 예일 영국 미술 센터에서 이룬 업적은 더더욱 놀라운 것일 수밖에 없다. 이 최후작에서 칸은 시대를, 그리고 근대 건축의 발전 과정을 관통하는 커다란 진일보를 이룩했다. 사실상 그는 피라네시와 르두의 18세기 로마 고전주의에서 라브루스트의 19세기 사실주의로 단번에 걸음을 내디뎠다. 1843~1850년 라브루스트는 생트-주느비에브 도서관을 지을 때 어떻게 그리스와 로마의 유적이 현대의 길거리에서 현대적인 건축으로 잘 설명될 수 있을지 자문했고, 그는 토대, 블록, 기둥 프레임, 견고한 유리의 내부재로 이루어진 시스템을 고안해 냈다. 이 시스템은 리처드슨과 설리번을 거쳐 미스 반데어로에와 현재에 이르기까지 도시 건축 문제에 대한 고전적인 해결 방안이 된다. 칸은 바로 이 시스템을 예일 영국 미술 센터에 채택했으며, 그 결과 유리는 최초로, 그리고 기적처럼 놀라운 반사 효과를 내며, 칸의 디자인에서 생명을 얻었다.

사망 당시 그는 자신의 작품에서 어떤 새로운 통합을 해내려는 순간에 있었던 듯하다. 그가 자신의 추종자들로 하여금 이루게 한 것 — 그들은 나름대로 건축이라는 직종을 새로이 만들어 내고 근대가 도시들에 남긴 상처를 치유하기 시작했다 — 이 무엇인지는 아마 알아차리기 어렵지 않을 것이다. 칸은 그들의 어떤 작품도 딱히 좋아하지 않았다. 어쨌거나 그는 늘 외로운 탐구의 길을 걷는 고독한 영웅이었다. 가나안으로 가는 여로가 대부분 그에 의해 시작된 것은 사실이지만, 스스로 그 길을 완성한 것은 아니었다. 그는 약속의 땅 바깥에 자신만의 왕국을 세웠던 것이다.

이 책은 칸의 드로잉과 문헌이 정리되어 연구가 가능해진 이후 최초로 나온, 칸의 생애와 작품 세계에 대한 방대한 연구서이다. 소중한 자료를 출판해 주고, 칸의 가장 중요한 건물과 프로젝트를 정리하기 위해 노고를 아끼지 않았던 브라운리와 드 롱, 그들의 학생들에게 감사를 표한다.

1

아무도 탐험하지 못했던 공간을 찾아서

철학을 정립하다
1901~1951

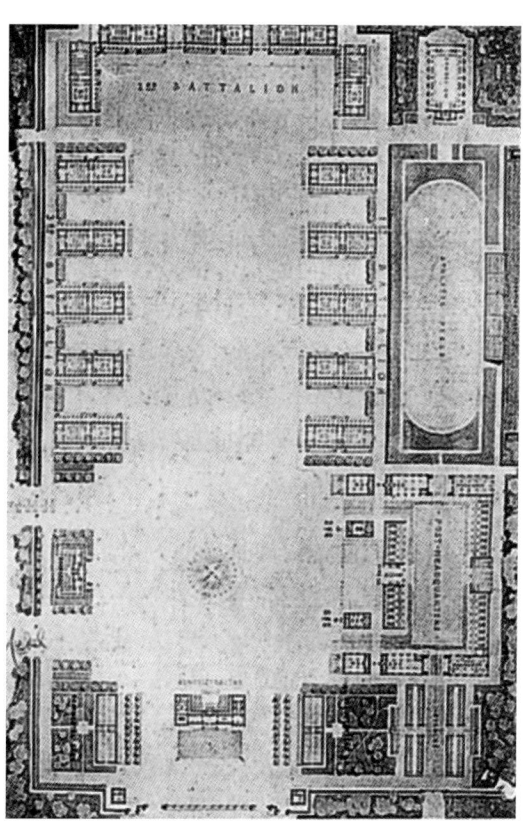

1 군대 초소의 설계안, 클래스 A 프로젝트, 보자르 디자인 인스티튜트, 1924년 봄.

루이스 I. 칸은 50대에 이르러 건축가로 25년 이상 활동한 이후에야 명성을 얻기 시작했다. 그러나 그의 첫 50년이라는 세월은 그 이후의 작업과 완전히 다르지는 않다. 그렇다고 후기 작업을 설명해 주는 것도 아니다. 명성을 얻기 이전에도 그는 어린 나이, 대공황, 제2차 세계 대전과 같은 한계에도 불구하고 나름대로의 성공을 거둔 건축가였다. 그는 배우고, 건물을 짓고, 가르쳤으며, 또한 당시 건축계 화두였던 사안에도 몰두했다. 바로 현대적인 건축 언어의 정립과 빈곤층을 위한 주택 건설이라는 도전 과제였다. 그는 성공했다. 그러나 훗날 그는 젊은 시절의 관심사를 새로이 공식화하여, 새롭게 정립한 자신의 건축 철학 속에 그것들을 엮어 넣었다. 그 결과 그는 더욱 엄정한 성공 기준을 확립했다. 그리고 이 새로운 기준에 따라서도 그는 다시 한 번 성공을 얻었다.

건축가의 모습을 갖추기까지

루이스 칸은 1901년 제정 러시아의 발트 해 연안에 위치한 에스토니아의 오셀 섬(현재의 사아레마)에서 태어났다. 아버지인 레오폴트는 에스토니아인, 어머니인 베르타 멘델손은 라트비아의 리가 출신이었다. 그곳에서 베르타는 남편을 만났는데, 러시아 군대의 경리 병과에 복무하던 그가 휴가를 나왔을 때였다. 레오폴트가 제대하자 부부는 사아레마에 가정을 꾸렸다. 둘 다 유대인으로, 유럽의 독일어권 지역과 러시아 사이, 온갖 사람이 다 모인 국경 지대에서 꽃피던 다언어적인 문화 안에서 성장했다. 가족은 가난했고, 1904년 레오폴트 칸은 미국으로 이민을 떠났다. 그는 필라델피아에서 일자리를 구했으며 1906년 베르타는 당시 5세이던 루이스와 동생 새러와 오스카를 데리고 와 남편과 합쳤다.

필라델피아가 산업 발달 최전성기의 마지막 시기에 접어든 때였다. 의류 제조업 특수를 누리던 이 도시는 공장 노동자가 필요했으므로 엄청난 수로 밀려드는 이주민을 반가이 맞이했다. 칸 일가는 도시 중심부 변두리에 있는 가난한 이민자 지구인 노던 리버티스에 정착했는데, 이민 초기에는 나라 곳곳을 두루 옮겨 다녔었다.[1] 레오폴트는 뛰어난 재능을 지닌 디자이너이자 유리 장식 세공인이었지만 숙련직을 찾기는 힘들었고 등에 부상을 입는 바람에 그나마 육체노동마저 할 수 없게 되었다. 잠시 동안 그는 가게를 차리기도 했지만, 가족을 주로 먹여살린 것은 베르타였다. 베르타는 뜨개질로 모직 옷 견본을 만들어 근처 의류 제조업체에 납품하는 일을 했다. 가난한 데다가 집안은 종종 난잡하기까지 했으나 베르타 칸은 유럽에서 성장하며 익힌 문화적 소양을 전부 잃지는 않았다. 가족은 독일어와 이디시어를 구사했고 음악과 문학적 교양을 지니고 있던 반면 유대교 종교 의식은 지내지 않았다.

어린 시절, 루이스는 밝게 타오르는 석탄불에 호기심이 동해 다가갔다가 얼굴에 화상을 입었고, 필라델피아에 온 지 얼마 안 되어서는 성홍열에 걸렸다. 그 후유증으로 목소리에 이상이 생겨 제때 학교에 들어가지 못했다. 이러한 신체적 결점에 늦은 입학이 겹쳐 그는 수줍음을 타고 겉도는 학생이 되었지만 드로잉에 소질을 보여 곧 교사들의 총애를 얻었으며, 구식이지만 호의적인 필라델피아 예술계는 그에게 아낌없는 격려를 보냈다.

중학교 때 칸은 드로잉과 회화, 조각 수업을 받기 시작했다. 수업 장소인 공립 산업 예술 학교까지 그는 격자 꼴로 구획 잡힌 필라델피아 시가지를 몇 블록이나 걸어 다녔는데, 이곳은 일반 학교에 다니는 재능 있는 학생에게 보충 교육을 해주는 기관이었다. 거기서 그는 그 학교의 교장이자 명망 있는 교육 이론가이기도 한 J. 리버티 태드(1854~1917)의 눈에 들었다. 태드는 칸에게 흑판에 큰 규모로 드로잉을 하고 조각의 매체를 손으로 직접 다뤄 볼 것을 강조했다.[2] 칸은 필라델피아의 명문으로 까다롭기로 소문난 센트럴 하이 스쿨에 입학했고, 토요일이면 그래픽 스케치 클럽에서 무료 수업을 들으며 미술을 계속해 나갔다. 이 클럽은 후에 새뮤얼 S. 플라이셔 기념 미술관이라는 새 이름을 얻었는데, 큰 후원자였던 플라이셔를 기리는 의미였다. 칸은 드로잉으로 시 규모의 대회에서 연이어 상을 탔다. 동시에 그는 음악에도 천부적인 재능을 보여, 이웃의 한 부인이 자기 딸에게 피아노 레슨을 받게 할 때 어깨너머로 피아노를 익혔고, 이에 감동받은 한 지인으로부터 오래된 피아노 한 대를 받았다. 이 커다란 악기는 집 안 공간을 무척 많이 차지했고, 그는 종종, 피아노 때문에 자기 침대 둘 곳을 빼앗겨 피아노 위에서 잠을 자야 했다고 말했다.[3] 칸은 음악 장학금을 주겠다는 제안을 받았지만 태드의 충고에 따라 시각 예술에 전념하기 위해 장학금을 거절했다. 그렇지만 음악적 재능만은 아주 쓸모 있게 활용했다. 십대 때 그는 극장에서 오르간 연주를 하여 집안 살림에 보탬이 되었던 것이다.

센트럴 하이 스쿨 상급생 시절(1919~1920), 칸은 윌리엄 F. 그레이의 건축사 수업을 들었다. 수업은 강의와 드로잉 과제가 혼합된 형식으로, 칸은 이따금 뒤떨어지는 친구들의 과제를 도와주곤 했다. 이 새로운 과목은 그를 사로잡았고 ─ 한 인터뷰에서 그는 〈건축은 나를 그야말로 강타했다〉고 말한 바 있다 ─ 그는 졸업 후 펜실베이니아 미술 아카데미에서 회화를 공부하려던 계획을 접기로 결심했다.[4] 대신 펜실베이니아 대학에 가서 건축 수련을 쌓을 작정이었다. 필라델피아는 이 이민자 청년을 항상 너그러이 대해 주었고, 그는 젊은 시절에 도시에서 느낀 친절함을 항상 기억했다. 「필라델피아는, 그 도시에 걸어 들어온 작은 소년에게 자신이 평생 하고 싶은 일이 무엇이 될지를 보여 주는 곳이다.」 그는 이렇게 즐겨 말하곤 했다.[5]

칸의 건축 인생의 출발점은 펜실베이니아 대학이었다. 당시 이 대학의 건축학 과정은 미국 최고 수준으로, 자부심 강하고 엄격한 파리 에콜 데 보자르의 영향을 받았다. 미국의 많은 교육 기관이 그러했듯 펜실베이니아 대학에서도 프랑스에서 교육받은 건축가를 데려와 디자인 프로그램 지도를 맡기고 있었다. 폴 필리프 크레트(1876~1945)를 선택한 것은 흔치 않은 행운이었다. 크레트는 자신을 받아들여 준 새로운 도시와 나라를 사랑했고, 그 애정에 대한 보답을 받았다. 교사로서는 다소 내성적인 편이었지만 그와 그가 거느린 교사진은(칸이 재학하던 시절, 교사 대부분은 크레트의 옛 제자였다) 학생들에게 건축의 진지함과 더불어, 건축이 문화적으로 중심적인 위치에 있음을 확실하게 전달했다. 크레트가 아틀리에 스승인 장-루이 파스칼과 이론 교수인 쥘리앙 귀아데 밑에서 이성적이고 진보적인 측면에 대해 배웠던 〈에콜〉의 방식은, 일종의 과학적 체계처럼 설명되었다. 고전주의의 탁월함에 대해 흔들리지 않는 믿음을 지니고 있었음에도 불구하고, 크레트에게 있어 건축이란 역사에 따라 변천하는 양식(樣式)의 문제가 아니라 문제를 해결하는 예술, 창조적인 건축가가 고객의 요구를 실재(實在)로 탄생하게 하는 그러한 예술이었다. 새로운 종류의 체제는 반드시 새로운 건축을 낳기 마련이고, 크레트는 따라서 현대 민주주의도 그 고유한 건축학적 표현 방식을 이룩하게 되리라고 가르쳤다. 「우리의 건축은 현대적이며 다른 그 무엇도 될 수 없습니다.」[6] 1923년 필라델피아 건축가들이 모인 자리에서 그는 이렇게 선언했는데, 결코 그럴싸하게 들리라고 하는 소리가 아니었다.

칸은 펜실베이니아 대학에서 4년을 보냈고 건축학 학사 학위를 받았다. 그의 1년차 스튜디오 크리틱(학생의 작업에 대해 비평과 조언을 해주는 담당자 ─ 옮긴이)은 크레트의 옛 제자이자 당시 크레트의 사무소에서 수석 건축가로 있던 존 하비슨(1888~1986)이었다. 하비슨은 『건축 디자인 연구』(뉴욕, 1926)라는 저서를 냈는데, 이 책은 미국식으로 재편된 보자르 교육 체계에 관한 훌륭한 지침서였다. 보자르 교육 체계가 미국에 맞게 재편되는 데는, 파리 〈에콜〉 출신들이 설립한 국립 보자르 디자인 인스티튜트의 역할이 컸다. 디자인 인스티튜트는 건축 학교 학생과 독립 아틀리에에서 자유롭게 참여할 수 있는 다양한 공모전을 주관했고, 공모전을 발판 삼아 파리 아카데미에서 수여하는 건축상을 타면 본거지인 에콜에서 공부할 수 있는 기회가 주어졌다. 펜실베이니아 대학 학생들의 여러 수상작과 더불어 하비슨의 작품도 여러 점이 뽑혔다. 당시 펜실베이니아 대학은 다른 학교들을 제치고 국가 규모의 상을 휩쓸곤 했다.[7]

이러한 분위기 속에서 칸은 실력을 발휘해 나갔다.[8] 건축과의 필수 과목인 수채화와 자유 드로잉에서 뛰어난 성과를 보였으며 건축과 회화, 조각의 역사를 다루는 다른 과목에서도 마찬가지였다. 디자인 스튜디오에서의 성적은 그다지 높지 않았으나, 크레트가 크리틱을 맡았던 4학년 때에는 보자르 디자인 인스티튜트에서 공모한 클래스 A 프로젝트에서 두 차례 2등 메달을 수상했고(그 외에도 수차례 입상했다) 파리 건축상 공모전에서는 2차 예선까지 진출하여 아깝게 최종심에서 탈락하고 6등을 차지했다.[9]

스승들의 영향 때문에, 학생 시절 칸은 흔히 〈장식을 배제한 고전주의 stripped classicism〉라는 명칭으로 불리는 절제된 표현법을 선호하는 경향을 보였으며, 폴 크레트 자신도 20년대와 30년대에 잠시 손댔던, 아르 데코와 비슷한 종류의 분방한 장식으로 이따금 치장하기도 하였다. 그러나 보자르의 학풍이 중심으로 삼았던 것은 고상한 장식이 아니라 바로 설계였다. 이러한 점에서 칸이 받은 교육은 현대 건축의 철학을 세워 가고 있던 동시대 유럽인들의 사고와 모순되지 않는다고 할 수 있다. 르코르뷔지에의 선언인 〈설계가 원동력이다〉 같은 말은 전혀 낯설지 않았으리라. 사실, 1927년 필라델피아의 T-스퀘어 클럽에서 열린 회의 자리에서 크레트는 당시 막 영어로 번역되어 나왔던 르코르뷔지에의 『새로운 건축을 향하여』에 대해 전반적으로 호의적인 평가를 내렸던 것이다.[10]

학생 때 칸이 직접 했던 설계는 부단히 축(軸) 중심의 대칭(예나 지금이나 종종 보자르 방식의 특징이라고 잘못 여겨지곤 하는)을 추구하는 것과는 거리가 멀었다. 사실상, 보자르식 디자인은 태연하게 축을 위반하고 위장함으로써 조직하기의 효과가 지닌 신선함을 보존하려 했으며, 하비슨은 『건축 디자인 연구』의 한 장을 할애하여 비대칭적인 설계를 옹호하는 글을 쓰기도 했던 것이다. 학생 시절 칸의 마지막 수상작인, 4학년 봄에 디자인한 군대 초소 설계안에는 바로 그러한 종류의 조직화에 대한 그의 열정이 드러나 있다 (fig. 1). 널찍한 연병장의 한쪽 끝에 세 개 대대를 수용할 수 있는 병영을 배치했는데, 반대편 끝에는 사령부 건물과(초소로 들어가는 중앙 입구 축을 막고 있다는 점이 주목할 만하다) 각각 병동과 작전 본부로 쓰이는 서로 매우 상이한 두 개의 건물이 있는 것이 특징이다. 비록 불완전하게 달성되기는 하였으나 칸의 목적이 대칭이라기보다 역동적 균형에 있었던 것은 분명하다. 축에 얽매이지 않는 설계에 대한 이런 경험은 이후 30년대와 40년대에 그가 모더니스트 구도의 건축을 시도하는 발판이 되었으며, 설계에 주안점을 두는 성향은 그의 경력 전반에 걸쳐 나타난다.

건축사가나 비평가들의 질문 앞에서 칸이 펜실베이니아 대학 보자르 인스티튜트와 크레트에게서 받은 가르침을 언급하지 않고 지나치는 경우는 결코 없었다. 생애의 말년, 그의 건축이 보자르 양식을 떠나 국제주의 양식을 거치고 그만의 고유한 표현 양식으로 재구성을 이룩했을 때조차, 칸은 이 완숙한 양식의 뿌리를 옛날 학생 시절 받았던 교육에서 찾곤 했다. 그가 〈형태〉라 부르게 된 그 무엇, 건축가가 건축 과정에 있어서 실질적인 면을 고려하느라 오염시켜 버리기에 앞서 포착해 내야 하는 내재적 본질에 대한 강조는, 보자르에서 예비적이며 직관적인 〈에스키스(esquisse: 스케치, 초안)〉를 강조했던 것과 연관이 있었다. 그는 다음과 같이 말했다.

디자인 문제를 풀어 나가는 보자르식 수업의 전형적 방식은 학생에게 프로젝트에 관한 문서를 교사의 코멘트가 달려 있지 않은 채로 제시하는 것이었다. 학생은 그 문제를 연구하고, 주어진 몇 시간 동안 칸막이 쳐진 자리에서 남의 도움 없이 자기의 해결책을 간단하게 스케치(에스키스)하게 된다. 이 스케치는 따로 보관되며, 이후 답안을 발전시켜 나가는 과정에 있어서 기초 역할을

2

2 왼쪽부터 하이먼 쿠닌, 루이스 칸, 노먼 라이스. 1924년 6월 졸업식, 펜실베이니아 대학교 하이든 홀의 계단에서.

3 150주년 기념 박람회의 교양관, 펜실베이니아 주 필라델피아, 1925~1926, 포티코의 전경, 1925.

3

한다. 최종 드로잉과 최초 에스키스가 본질적인 면에서 서로 어긋나서는 안 된다. (……) 보자르식 수업의 이 특별한 면에서 가장 논란의 여지가 큰 부분은 건축안을 내놓는 사람과 그것을 해석하는 사람, 즉 건축가가 서로 소통하지 않는다는 점일 것이다. 그 결과 스케치는 학생의 직관적인 힘에 의지하게 된다. 그러나 이 직관의 힘이야말로 우리가 지닌 가장 정확한 감각일 것이다. 스케치는 적합성에 대한 우리의 직관력에 달려 있다. 내가 가르치는 것은 적합성이다. 다른 것은 아무것도 가르치지 않는다.[11]

칸은 또한 자신이 서브드 스페이스 *served space* 와, 공동(空洞) 구조 시스템 내에 종종 삽입되는 서번트 스페이스 *servant space* 사이의 위계질서에 대한 명확한 견해를 갖게 된 것이 석조 건축 내에 〈포셰 *poché*〉라 불리는 닫힌 공간들을 두는 보자르의 전형적인 방식 덕택이라 했다. 그리고 조명이 건축적 환경을 창조하는 주체라 보고 커다란 관심을 가졌던 것은 보자르식 수업에서 그늘과 그림자에 대해 배웠기 때문이라고 말했다.[12]

1924년 6월 졸업한 후(fig.2), 칸은 필라델피아의 시립 건축가 존 몰리터(1872~1928)의 사무소에 들어갔다. 몰리터는 파리에서 잠시 공부한 적 있었으며 필라델피아 시의 건축과 정치 관련 기관과 연줄이 두터운 인물이었다. 칸은 일년간 제도사로 일하며 드로잉 세부 작업을 맡았고, 그다음에는 1926년 6월 필라델피아에서 열린 150주년 기념 국제 박람회의 주요 건물 설계를 위해 몰리터가 세운 특별 부서의 설계 담당자로 파견되었다. 미국 독립 선언 150주년을 기념하기 위해 열린 필라델피아의 박람회는 다른 국제 박람회에 비해 소박했으며, 비 내리는 우울한 여름 날씨 때문에 대중적인 성공은 크지 않았다. 그러나 철조 골재 위에 목재와 스투코(*stucco*: 장식 벽토)를 덮은 구조에 총 면적은 14만 제곱미터가 넘는 거대한 건물 여섯 채를 설계하고 건축하는 일은 젊은 건축가에게 있어 더없이 신나는 경험이었을 것이 분명하다. 이 모든 것이 완성되는 데는 채 1년도 걸리지 않았다.[13]

몰리터가 거느린 두 명의 보조 건축가 윌리엄 S. 코벨(1872~1956)과 존 호레이스 프랭크(1873~1957)가 이 일을 맡았지만, 칸은 항상 설계 작업을 자신이 이끌었다고 주장했다. 인상적인 드로잉을 그려 1925년 가을에 설계안을 공표하고, 몰리터의 사무소에서 이 엄청난 규모의 일을 제대로 할 수 있을지 걱정하기 시작한 박람회 조직 위원회를 때맞춰 안심시켰던 것은 분명 칸의 업적이었다(fig.3).[14] 칸의 설계도에는 뛰어난 기량의 명암 대비가 두드러졌으며, 이후에도 줄곧 그의 드로잉의 특징이 될 과감한 대각선 라인으로 구성되어 있었다. 건물들은 파스텔 색조의 스투코를 씌운(몰리터는 1893년 컬럼비아 박람회가 〈화이트 시티〉라는 별명을 얻었듯이 이번 박람회가 〈레인보우 시티〉라는 별명으로 불리길 바랐다) 커다란 창고 형태였는데, 이 젊은 설계사가 대학 때 접하게 되었을 18세기 건축가 에티엔-루이 불레와 클로드-니콜라 르두의 환상적인 프로젝트에 맞먹는 규모의 작업을 실현할 수 있는 기회를 제공해 주었다. 세부적인 장식 면에서는, 비록 억제되긴 했으나, 학생 때의 작업 일부가 그랬듯이 단순화된 현대적 고전주의풍 몸체에 아르 데코의 물결과 지그재그 무늬가 들어갔다. 전해 여름 파리에서 열렸던 장식 예술 *Arts Décoratifs* 박람회(아르 데코라는 이름은 여기서 온 것이다)를 계기로 많은 젊은 건축가가 이러한 모티프에 관심을 두게 되었던 것이다.

박람회는 시작되었을 때만큼이나 신속하게 막을 내렸고, 박람회 부지는 철거되어 다시 공원이 되었으며, 칸은 시립 건축 사무소에서 일하는 일상으로 돌아가 주로 소방서나 유원지 건물을 맡아 일했다. 몇 달을 더 일한 뒤 그는 윌리엄 H. 리(1884~1971)의 사무소로 옮겨 갔는데, 당시 리는 템플 대학교의 건물 여럿을 설계하고 있었다. 그동안 칸은 부모님과 함께 살고 있었고, 리와 일 년을 일한 뒤에는 장기 유럽 여행을 할 만한 자금을 모으게 되었다. 그 정도의 수련을 쌓은 건축가라면 으레 경험해야 하는 여행이었다. 1928년 5월 3일, 그는 영국 플리머스에 도착했고, 영국에서 2주를 보내며 스케치를 한 뒤 — 간결하고 우아한 스타일의 스케치였다 — 북해 연안과 독일 북부를 거쳤다.[15] 6월 29일에는 덴마크에 이르렀으며 열흘을 머물고는 스웨덴, 핀란드, 에스토니아를 잠시 둘러본 뒤 라트비아의 리가로 향했다. 친지들이 살고 있는 곳이었다. 그곳은 또한 사아레마에 있는 그의 출생지를 방문하는 출발점이기도 했다. 그는 희미하게 기억나는 고향에서 거의 한 달을 머무르며 발트 해 연안의 기나긴 저녁 시간을 보냈고, 외할머니의 방 하나짜리 집 바닥에서 잠을 잤다.[16] 8월 중순 칸은 베를린으로 가서 신 주거 단지 프로젝트(지드룽겐Siedlungen)를 연구했다.[17] 그가 이 현대적 움직임을 접하게 된 것은 아마 이때가 처음이었을 것이다. 독일에서 거의 2주를 보낸 뒤, 그는 남쪽으로 향해 9월의 대부분을 오스트리아와 헝가리에 머물렀고, 도나우 강변의 풍경에 매혹되어 다시 드로잉을 시작했다. 도시에서 자란 이 건축가의 눈에 도나우의 역동적인 형태는 매우 새로운 것이었다.

1928년 10월 4일, 칸은 보자르 건축가들의 전통적인 메카인 이탈리아에 입성했고, 겨울의 다섯 달을 거기서 보냈다.[18] 그는 느긋하게 여행하며 밀라노, 피렌체, 산지미냐노, 아시시, 로마 등지에서 드로잉을 하고 수채화를 그렸다. 소렌토 반도 — 포시타노, 아말피, 라벨로, 카프리 섬 — 에서는 매우 오래 머무르며 토착 건축 양식을 스케치했던 것이 분명하다. 파에스툼에서는 고대 그리스 신전들을 보았으나, 신전 스케치는 남아 있지 않고, 로마 유적을 그린 스케치도 전혀 없다. 이탈리아에서 칸은 옛 친구들을 만나고 새 친구를 사귀었다. 특히 건축가 루이스 스키드모어와 에드워드 듀렐 스톤과는 잠시 함께 여행하기도 했다.

칸이 새로운 드로잉 스타일을 발전시킨 것은 바로 유럽에서였다. 이 새로운 스타일은 당대 미국 미술의 흐름에 부분적으로 기반을 두고 있었다. 풍경을 그릴 때, 그는 거침없는 손놀림으로 그림을 시작해 종이 한쪽에서 다른 한쪽으로 지나가며 강렬한 윤곽을 남겼다. 수채화로 그렸을 경우 그 효과는 미국 풍경 회화 화가들의 작업에 근접했고, 색채 사용 범위를 줄여 패널에 채색했을 때에는 찰스 더무스와 조지아 오키프의 작품과 흡사했다(fig.4). 칸은 건축물을 스케치할 때에도 마찬가지로 다양한 도구를 사용하여, 색채를 평면으로 칠하거나 목공용 연필을 사용했는데, 끌 모양의 넓은 연필심을 이용해 중세와 초기 르네상스 건축물 표면을 조직적인 층으로 표현했다(fig.5). 그가 이탈리아에서 그린 드로잉은 자연의 생기 있는 에너지와 건축이 지닌 구조적 힘으로 가득 차 자신만만함과 독립심을 드러낸다. 미국으로 돌아온 직후 출간된 한 논문에서 그는 이렇게 설명했다. 「스케치를 할 때 나는 항상 주제에 전적으로 종속되지 않으려 노력하지만, 주제를 존중하며, 그것을 어떤 실재하는 — 살아 있는 — 것, 내 감정들을 이끌어 내야 하는 원천으로 간주한다. 산과 나무를 움직이거나 큐폴라나 탑을 내 취향에 맞게 변화시키는 일은, 나에게 있어서 물리적으로 불가능한 일이 전혀 아니었다.」[19]

3월 초, 봄이 오자 칸은 북쪽을 향해 파리로 갔고, 한 달 동안 머무르며 펜실베이니아 대학 때의 친구 노먼 라이스(fig.2 참조)를 방문했다. 둘은 산업 예술 학교에서 함께 수업을 듣던 열 살 때부터 알던 사이였다. 칸은 150주년 박람회 때 그를 고용해 일을 맡기기도 했었다. 그 무렵 라이스는 르 코르뷔지에의 사무소에 있었지만, 칸은 이 모더니스트 건축가의 작품을 굳이 보려 하지 않았다.[20] 그에게 더 인상적이었던 것은 파리 대도시의 생생한 에너지였고 — 이후 그는 이것을 도시의 〈살려는 의지〉라 칭한다 — 고전 건축과 도시 계획이 이루어 낸 흠 없는 완전성이었다. 「순수한 형태(도시 형태)에 있어서는, 파리라는 도시를 결코 능가할 수 없다.」 칸은 이렇게 말했다.[21]

1929년 4월 칸은 고국으로 돌아왔다. 존경하는 스승 폴 크레트의 사무소에서 금세 일자리를 얻었으며 에스터 이스라엘리(1905~1996)에게 했던 청혼도 승낙받았다. 에스터는 펜실베이니아 대학 신경외과에서 연구 보조원으로 일하는 아름다운 여인이었다. 칸은 유럽 여행을 떠나기 전 어느 파티에서 에스터를 만났고, 입수한 지 얼마 안 된 로댕의 책에 대해 대화를 나누며 그녀의 관심을 샀으며, 그 책을 선물했다. 둘은 곧 사랑에 빠졌다.[22] 그러나 여행하는 동안 칸은 에스터에게 편지를 쓰지 않았고, 그동안 그녀는 다른 사람과 약혼하게 되었다. 칸이 돌아온 후 둘은 말다툼을 했지만

4 포르테 델레 토리, 스폴레토, 1928.

5 아시시 대성당 스케치, 1928~1929, 겨울.

필라델피아 오케스트라의 연주가 울리는 음악원의 청중석에서 서로를 본 이후 화해했다. 칸은 로댕 미술관(크레트가 설계한 건물)을 구경하던 중 에스터에게 청혼했고, 1930년 8월 14일 두 사람은 결혼한다.

크레트의 사무소에서 칸은 직급이 낮았으며 존 하비슨, 윌리엄 허프, 윌리엄 리빙스턴, 로이 라슨 같은 선배들의 그늘에 가려져 있었다. 이 시절 칸은 사무소에 들어오는 대형 주문 대부분을 도맡았다. 점점 단순해져 가는 크레트의 고전주의부터 — 기둥 없이 지은 워싱턴의 폴저 도서관이 그 예이다 — 시카고 「진보의 세기」 박람회의 종합 전시관 건물 설계가 보이는 그의 재즈적인 현대성에 이르기까지, 스타일은 매우 다양했다. 당시의 총명한 젊은 건축가 대다수가 그랬듯 과거로부터의 교훈과 현재의 유혹 사이에서 갈등하던 칸에게 있어, 이는 매우 도발적인 작업이었을 것이 분명하다. 사무소에서 그는 자기를 가르친 스승이 같은 딜레마를 재치 있게 다루는 모습을 볼 수 있었다.

미국으로 돌아온 첫 몇 달간 맛본 애정과 예술 면에서의 달콤함은 1929년 주식 시장 붕괴에 잇달아 미국을 찾아든 대공황 때문에 사라지고 말았다. 칸과 약혼자는 결혼한 뒤 유럽을 여행하려던 계획을 연기했다. 칸은 발터 그로피우스에 대해 더 배우는 것, 에스터는 프로이트와 함께 연구하려는 것이 목적이었다. 일 년도 채 되지 않아 크레트의 사무소조차 일거리가 없어 허덕이게 되었다. 칸은 나가라는 말이 나오기 전에 스스로 그만두었다. 크레트는 손을 써서 친구 클래런스 잔트징거의 사무소에 일자리를 구해 주었다. 〈잔트징거, 보리 앤드 미더리〉라는 이름의 그의 회사는 대공황 시대 초기의 대규모 공공사업 프로젝트 중 하나인 워싱턴 재무성 건축을 따냈던 것이다. 주도로를 향한 파사드는 차분하지만 다른 곳에는 풍성한 아르 데코의 세부장식이 가득한, 카멜레온 같은 디자인의 재무성 건물은 칸의 건축이 또 한 번의 변천을 겪은 작품이었다. 칸은 1932년 2월까지 이 일에 몰두했고, 대공황이 그야말로 바닥을 친 그때, 다시 실업자가 되었음을 깨달았다.

대공황 시기, 모더니스트가 되다

이후 4년간 칸은 거의 실직 상태였다. 아내가 생계를 꾸려 나갔고, 결혼 이후 계속 부모님과 함께 살고 있었던 것이 다행이었다. 그러나 재정적인 어려움과 더불어 쉽게 얻을 수 없는 기회도 찾아왔다. 잠시 숨을 돌리고, 사회적 수요가 크고 기술적·미학적으로는 새로운 잠재력을 지닌 이런 시기에 자신이 택한 건축이라는 일이 어떤 역할을 해야 할지 새로이 이해할 수 있는 기회였다. 필라델피아는 이런 해방의 시간을 누리기에 좋은 장소였다. 조지 하우와 윌리엄 레스카즈의 필라델피아 세이빙스 펀드 소사이어티 빌딩(1929~1932) — 미국에서 국제주의 모더니즘에 가장 큰 공헌을 한 건물이다 — 이 드리운 찬란한 그늘 안에서, 필라델피아는 건축의 미래에 대한 격렬하고도 신사적인 논쟁이 벌어지는 장소가 되었다. 토론의 주요 무대는 『필라델피아 T-스퀘어 클럽 저널』이라는 잡지였다. 이는 새로이 창간된 잡지로, 하우가 자금을 댔고, 1930년 12월 처음 발간되었으며 채 2년도 계속되지 못했다.[23] 그 짧은 기간 동안 현대 건축의 주요 세력에 속하는 많은 이들이 의견을 주고받았다. 제일 먼저 조지 하우 자신이 있었다. 숭년기에 모더니즘으로 방향을 틀기 전 그는 파리에서 수련을 쌓았고, 필라델피아만의 독특한 석조 교외 주택 건축 — 나지막한 코츠월드 코티지와 지붕이 높은 프랑스 농장 건물에서 차례로 영향을 받은 — 에서 첫째가는 설계사로 입지를 굳혔다. 그리고 펜실베이니아 대학 출신과 크레트의 동료인 급진적인 보자르 건축가들 해리 스턴필드, 윌리엄 허프, 로이 라슨, 존 하비슨이 있었다. 크레트 본인도 있었다. 다들 『T-스퀘어』지에 글을 냈거나 프로필이 실린 인물들이었다. 또한 일류급 아르 데코 주창자들로는 뉴욕의 마천루 건축가 랠프 워커, 엘리 자크 칸, 레이먼드 후드, 필라델피아의 하웰 루이스 셰이를 들 수 있었다. 마지막으로 온갖 부류의 극단적인 모더니스트들의 의견도 실렸다. 프랭크 로이드 라이트, 리하르트 노이트라, 루돌프 쉰들러, 노먼 벨 게디스, 르코르뷔지에, 필립 존슨, 벅민스터 풀러(풀러는 이 잡지를 인수해 마지막 세 호(號)를 『쉘터』라는 이름으로 냈다) 등이다. 미국에서 이토록 다양한 진보적인 의견을 싣는 잡지는 전혀 없었다.

르코르뷔지에와의 일을 마치고 돌아온 칸의 친구 노먼 라이스도 기고자 중 하나였다. 그의 논문 「이 새로운 건축」(1931년 3월)은 1932년 2월 10일 뉴욕 현대 미술관에서 개관한 전시회 이후 〈국제주의 양식〉이라는 이름을 얻게 되는 새로운 건축 양식에 대해 미국인이 쓴 최초의 꼼꼼한 설명글 중 하나였다(이 전시회는 4월 필라델피아 미술관에서도 열렸다). 칸 자신은 1931년 5월 『T-스퀘어』지에 「스케치하기의 가치와 목적」이라는 글을 실었고, 이탈리아에서 그린 드로잉 몇 점을 곁들여 냈다.

칸은 필라델피아에서 현대 건축에 대한 토론이 이루어지는 또 하나의 중심점을 조직했다. 바로 〈건축 연구 모임〉(ARG)이었다. 1931년, 아직 잔트징거 사무소에서 일하고 있을 때, 그는 실업 상태에 있던 프랑스 건축가 도미니크 베르낭제르와 함께 약 30명의 젊은 설계사들로 이루어진 모임을 만들었다. 멤버 중 대부분이 실직 상태였다. 그들은 싼 방을 임대하고, 학교 위원회에서 제도 도구를 빌려다가 일에 착수했다. 직업을 잃자 칸은 자신의 에너지 전부를 이 모임에 쏟아 부었다. 모임은 일주일에 한 번 에셀즈 레스토랑에서 점심 식사를 하는 작은 사치를 누렸는데, 이곳은 운 좋게도 일거리가 있는 건축가들이 매일같이 즐겨 찾는 인기 있는 장소였다. 이후 오랫동안 칸 밑에서 일하게 되는 데이비드 P. 위스덤은 그곳에서 칸을 처음 보았던 때를 회상했다. 〈일장 연설을 늘어놓던 몸집 작은 사나이〉가 한 무리의 숭배자들 틈에 있던 모습을 말이다.[24]

이제 칸은 모더니스트가 되었다. 그는 르코르뷔지에의 작업을 다룬 출판물을 뒤적여 가며 해외에서 어떤 일이 벌어지는지 열심히 연구했다. 이후 20년간 그의 건축에는 국제주의 양식의 주요 테마가 많이 드러났다.[25] 그가 모더니즘에서 가장 중요하게 여겼던 것은 오픈 플랜(공간을 다양한 용도로 사용할 수 있도록 벽을 줄인 건축 방식 — 옮긴이)을 비롯한 새로운 구성 전략과, 건축가의 사회적 책임을 강조한다는 면이었다. 그는 당시 널리 퍼져 있던, 새로운 건축 기술을 이용한 모더니스트적 실험에 참여하기도 했다.

칸이 세운 건축 연구 모임의 주된 관심사는 사회적 책임, 그리고 특히 집단 주택이라는 문제였다. 이 문제는 유럽에서 이뤄지던 현대 건축에 대한 논의에서는 중심적인 사안으로 자리 잡았으나, 미국에서는 그리 관심을 보이는 이가 없었다. 그러나 대공황으로 말미암아 슬럼 지대의 상황이 악화됨에 따라 미국에서도 이에 대한 자각이 높아졌다. 필라델피아는 모더니즘의 영향을 받은 〈지드룽〉(주거 단지)이 미국에서 최초로 건설된 장소였다. 풀 패션 양말 제조 노동조합을 위해 지은 칼 매클리 하우스였다. 1931년 모스크바의 소비에트 궁전 공모전에서 2등을 했던 알프레드 캐스트너(1900~1975)와 오스카 스토노로프(1905~1970)라는 두 명의 망명 건축가가 설계를 맡았다.26 매클리 하우스 건축 자금은 처음에는 후버 대통령이 설립한 재건 금융 공사에서 댔는데, 1933년 여름 루스벨트 대통령이 세운 더 야심 찬 프로그램인 공공 사업국에서 첫 사업의 일환으로 이를 인수했다.

매클리 하우스는 1932년 뉴욕 현대 미술관의 현대 건축 전시회가 필라델피아를 순회했을 때 타일로 뒤덮인 네 채의 긴 건물의 예비 형태로 첫선을 보였고, 1933년 재설계를 거쳐 1934년 건축에 들어갔다. 뛰어난 수준의 설계와 건축, 그리고 차고와 수영장 같은 풍부한 시설을 갖추었기에 매클리 하우스는 전국적인 관심을 끌었다.

몇 년 후 칸은 스토노로프와 캐스트너 둘 다와 함께 일하게 되지만, 당시 그의 연구 모임은 일거리를 떨어지지 않게 하고 지역 내에서 관심을 끌기 위해 최선을 다하고 있었다. 1933년 4월 이들은 「베터 홈」박람회에 모델 하나를 전시했다. 사우스 필라델피아 슬럼 지대의 전형적인 주택 단지를 재건축해 보인 모델이었다. 매클리 하우스와 마찬가지로 네 채의 긴 건물로 되어 있었으며(독일에서는 이런 주택을 〈자일렌바우텐〉이라 불렀다), 주변부는 공원이었다.27 건축 연구 모임의 설계안은 스토노로프와 캐스트너의 것과 마찬가지로 차고와 다양한 여가 시설을 두어 미국에 맞게 한 것이었다.

건축 연구 모임은 같은 1933년 공공사업국에서 주택 보조금 프로그램을 시작했을 때 계획안을 제출하기도 했다.28 북동부 필라델피아 주택 공사 명의로 제출한 이들의 계획안에는, 22만 제곱미터의 넓은 주택지에 완만하게 커브가 지고 교통량이 적은 도로망과 더불어 다양한 건물들이 배치되어 있었다. 필라델피아 남부의 설계 모델과 비슷한 긴 아파트 블록, 길게 늘어선 연립 주택, 칸이 설계한 풍차 꼴로 배치된 네 유닛짜리 집단 주택 등이었다(fig.6). 구석에 창이 달리고 지붕 판이 건물 위에 떠 있는 이 풍차 꼴 주택은 칸이 모더니즘의 고유한 디테일에 조예가 깊음을 보여 준다. 반면 파사드에서 보이는 상대적으로 보수적이고 차분한 구성은 유럽 대륙의 경쾌한 아방가르드 건축이라기보다 당시 영국의 건축에 가까우며, 독특한 평면도에서는 기교가 명백히 드러나는 한편 계단실은 갑갑하고 폐쇄적인 구조로 되어 있는 것을 보면, 칸이 망설였던 흔적을 읽을 수 있다. 공공사업국은 매클리 하우스를 제외하고는 1933년 필라델피아에서 제출한 열두 개의 계획 모두에 자금 지원을 거절했으며, 건축 연구 모임의 멤버들은 1934년 5월 각자의 길로 흩어졌다.

건축 연구 모임의 해체는 부분적으로 뉴딜 정책의 도래와 더불어 건축 일거리가 생겼기 때문이었다. 칸 자신은 취약한 필라델피아 도시 계획 위원회와 공동으로 이루어지는 어떤 연구 단체의 회장직을 맡게 되었다. 칸은 헨리 매거너와 빅터 에버하드의 탄탄한 회사와 제휴하여(이 회사는 건축 연구 모임의 스폰서이기도 했다) 펜실베이니아 철도의 공공도로와 인접한 북동부 필라델피아의 다른 부지에 지을 건축 계획서를 작성했다.29 세인트 캐서린 빌리지라는 이름의 이 계획은 북동부 필라델피아 주택 공사를 위해 설계했던 것과 같은 종류의 다양한 건물들로 이루어져 있었다.

같은 무렵, 칸은 소규모이긴 했지만 사회적·예술적으로 진보적인 성향을 지닌 유대인 고객들의 주문을 받기 시작했다. 칸과 그의 아내는 유대인 공동체에 친구가 많았던 것이다. 페인트 상점을 운영하는 해리 (미쉬) 뷰튼은 1934년 칸에게 저먼타운의 자기 가게를 현대적으로 개조하는 일을 맡겼다. 이 일은 펜실베이니아 대학 시절 친구이며 크레트 밑에서 일했고 건축 연구 모임 멤버이기도 한 하이먼 쿠닌(fig.2 참조)과의 공동 작업이었다. 쿠닌은 건축가 협회에 등

6 북동부 필라델피아 주택 공사 프로젝트, 1933. 풍차 꼴 설계 주택의 조감도.

7 저지 홈스테드, 뉴저지 주 루스벨트, 1935~1937. 건설 중인 주택들, 1936년 7월.

8 저지 홈스테드, 학교의 투시도와 평면도, 1936년 가을.

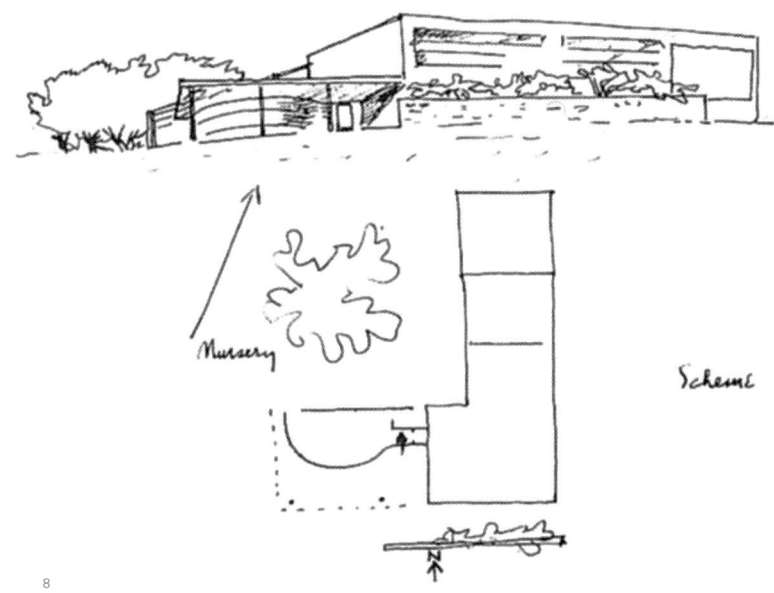

록되어 있었는데, 칸은 그때까지 등록되어 있지 않았다. 칸이 자격을 얻은 1935년, 아하바스 이스라엘 교구의 신도들이 도시 북쪽 경계선 근처에 나란히 늘어선 이층 주택들 사이에 새로운 건물을 지어 달라는 주문을 했다. 칸은 강철로 된 창문이 있고 표면은 벽돌로 된 상자 모양의 소박한 건물을 지었는데, 주 예배당에는 주목할 만한, 그리고 (당시로서는) 신선한 간소함이 깃들어 있었다.

공황 시대 칸의 작업은 전반적으로 느린 속도로 진행되었으며 자작농 생계 보장국의 건축가로 일 년간 집중적인 활동을 하느라 방해를 받았다. 1935년 12월 함부르크에서 공부한 건축가이며 매클리 하우스의 설계가이기도 한 알프레드 캐스트너가 칸을 워싱턴으로 불렀는데, 캐스트너는 〈저지 홈스테드〉라는 이름의 프로그램을 돕기 위해 필라델피아에서 고용되어 있었다. 저지 홈스테드란 200명의 유대인 의류 제조 노동자 가족을 뉴욕에서 뉴저지 주 하이스타운 근처의 한 부지로 이주시키는 계획이었다.30 우크라이나 출신으로 협동 산업의 제안자이자 유대인의 〈토지로 돌아가기〉 운동의 리더인 벤저민 브라운이 이를 이끌었고, 부지에는 협동 조합식 의류 공장과 농장을 세울 계획이었다. 브라운은 계절에 따라 수익을 낼 수 있는 이 두 가지 사업이 합쳐져야만 자급자족의 공동체가 될 수 있다고 보았다. 나아가 각 주택을 충분한 넓이의 땅 위에 짓도록 하여 대규모 원예를 가능하게 하였다. 국제 여성 의류 노동조합의 지원과 알베르트 아인슈타인의(그는 근교 프린스턴에 살고 있었다) 공식 지원을 받아, 이 프로그램은 루스벨트 집권 초기에 빠르게 진행되어 나갔다. 1935년 초에는 케이프코드 양식 코티지들을 갖춘 설계안이 완성되어 토대 작업을 시작했는데, 모두가 브라운의 감독하에서 이루어진 일이었다.31 그러나 1935년 5월 자작농 생계 보장국은 재정착국 내에 통합되었고, 이 과정에서 프로젝트는 정밀 감사를 받게 되었다. 브라운이 공장 운영의 세부 사안에 대해 국제 여성 의류 노동조합의 회장 데이비드 더빈스키와 아직 의견 일치를 보지 않았다는 점이 드러났으며, 주택 건설비가 몹시 많이 들 것이라는 결과가 나왔다. 루스벨트에 의해 재정착국 국장으로 임명된 〈특별 전문가〉 렉스포드 터그웰은 연방 정부에서 직접 이 프로젝트를 감독하기로 결정했으며, 캐스트너와 칸(각각 수석 건축가와 부수석 건축가라는 직함을 달고 있었다)이 그 임무를 맡았다.

1935년 12월 두 젊은 건축가는 워싱턴 내셔널 몰에 있는 제1차 세계 대전 때의 〈임시〉 건물 중 하나에 위치한 사무소로 들어갔다. 임무는 프로젝트를 속히 진행시키는 것이었고, 프리패브(prefabrication, 공장에서 대량 제작한 각 부분을 현장에서 조립하여 설치하는 공법 — 옮긴이) 건축 방식을 잘 활용하라는 방침이었다. 둘은 이러한 지시에 따르면서 새로운 기술과 유럽의 모더니스트적 특색을 미국 교외의 필요 사항에 맞게 변화시켜, 저지 홈스테드를 야심 찬 실험작으로 변모시켰다. 같은 사무소에서 일했던 로버트 W. 노블은 나중에 술회했다. 「콘크리트 슬래브를 얹은 작은 콘크리트 블록 주택에 대해 그토록 속속들이 연구한 이들은 없었다.」32

칸은 제도실의 우두머리 역할을 하며 매주 보고서를 제출했고, 본인이 항상 〈공동 설계사〉라고 불렀던 역할을 맡았다.33 실제로도, 1936년 초에 지은 열두 가지 형태의 주택들 중 네 가지는 사무소 후배 건축가들의 작업이라고 되어 있지만, 다양한 형태를 하나로 아우르는 지성이 그 이면에 놓여 있음은 명백하다(fig. 7).34 한 층짜리가 대부분인 수많은 주택 설계안은 개별 유닛들의 조합을 이용해 무한히 다양한 결과물을 낼 수 있는 구조였다. 콘크리트 슬래브로 된 지붕과 바닥, 그리고 콘크리트 블록 벽을 이용한(프리패브 콘크리트 벽을 실험해 보았으나, 시공과 인가 문제로 난항에 부닥쳐 블록 벽을 이용하게 되었다) 경제적인 건축 덕분에 놀라우리만치 다양한 고급 시설을 둘 수 있었다. 콘크리트 위에 목판 바닥재를 깔고, 간이 차고를 설치하는 식이었다. 넓이도 상당해서, 대가족을 위한 침실 세 개짜리, 심지어 네 개짜리 유닛도 있었다. 방은 바깥쪽으로 튀어나와 있어 평면도의 외곽선은 불규칙했는데, 이는 근대적인 유럽식 노동자 주택보다는 전통적인 미국 교외 주택의 그림 같은 면모를 풍겼다. 상당히 야심 찬 프로젝트였으며, 주택 디자인이 1936년 6월과 7월 뉴욕 현대 미술관에서 열린 「정부 주도 건설 주택의 건축」 전시회에 선보였을 때 루이스 멈포드는 이를 전시된 것 중 〈가장 모험적이고, 가장 자극적인〉 설계라고 높이 평가했다.[35] 그러나 다른 이들은 그리 관심을 보이지 않았고, 『필라델피아 인콰이어러』지는 이를 〈러시아 출생의 작은 스탈린〉(벤저민 브라운을 가리키는 말이었다)이 앞장서서 만든 〈집단 농장〉이라고 평했다.[36]

초기의 건설 지연에도 불구하고 1936년 초여름에는 저지 홈스테드에 첫 입주 가족이 자리를 잡았다. 캐스트너와 칸이 작업을 시작한 지 고작 6개월 만의 일이었다. 그러나 8월에 의류 공장이 문을 열자 주택은 노동자들을 다 수용하기에는 턱없이 부족했다. 1937년 1월에는 주택 대부분이 완성된다.

1936년 가을 건축가들은 학교를 설계하기 시작했다. 이 학교는 공동체의 중심지 역할도 맡게 될 터였다. 칸은 여러 개의 가능한 설계안을 검토했다. 이때의 디자인은 가느다란 필로티(pilotis, 지상에 공간을 두기 위해 건물을 지상에서 들어 올리는 기둥 — 옮긴이)로 슬래브를 지지하게 하고 곡선형 벽을 많이 사용해 조직적인 구조 내에서도 자유로운 공간 활용이 가능했는데(fig.8)[37], 칸이 르코르뷔지에의 표현 방식을 점점 더 자신만만하게 이용하고 있음을 보여 준다. 칸이 일에서 손을 떼게 된 1937년 초에 학교 설계안은 아직 구상 중이었고, 5월에 캐스트너가 최종 설계안을 결정했는데, 이는 칸이 스케치했던 것에 비해 외향적인 면이 훨씬 덜했다.[38] 화가 벤 샨이 학교 로비의 대형 벽화를 맡아(그가 처음 받은 대규모 일거리였다) 이민과 노동의 역사를 그렸고, 1938년에는 저지 홈스테드로 이사해 왔다.

필라델피아로 돌아온 칸은 다시 안정적인 일자리가 없는 상황에 직면했다. 물론 아하바스 이스라엘 건축을 감독하는 일은 있었다. 자유 시간이면 칸은 워싱턴에서 일할 때 만났던, 프랭크 로이드 라이트 밑에서 조수로 일한 적 있던 헨리 클럼브와 함께 프리패브 철제 주택의 가능성을 연구했다.[39] 비누 제조자이자 자선 사업가인 새뮤얼 S. 펠스가 이 일을 지원해 주었고, 부분적으로는 루이스 매거지너와도 협력했는데, 매거지너는 칸에게 월넛 스트리트 1701번지 자기 사무실의 제도용 책상을 내주고 우편물을 그 주소로 받게 해주었다. 강철 구조를 사용하면 건축가의 자유가 크게 제한되며, 경사진 지붕 때문에 디자인 일부가 매우 고루해진다는 단점이 있었다. 그러나 칸은 이 문제를 두고 다른 이들이라면 포기해 버렸을 정도까지 고심했다. 이는 위층 복도와 욕실의 채광을 위해 지붕 중간을 들어 올려 창문을 낸 작은 연립 주택 설계안에서 역력히 드러난다.

1937년의 건축 침체기는 9월에 의회에서 와그너-스티걸 법이 통과하면서 일단 끝났으며, 공공 주택 사업을 두고 2년간의 공방이 일어났다. 뉴딜 정책의 일환인 이 법은 주택 문제에 — 더불어 현대 건축에도 — 새롭고 탄탄한 발판을 제공해 주었으며 건축가들은 더 많은 기회를 보장받게 되었다. 와그너 법에 따라 더 큰 권한을 지닌 미국 주택 사업국이 생겼는데, 어떤 면에서 이는 공공사업국 프로그램이 받았던 부정적인 평가(매클리 하우스 이후 필라델피아에서 벌인 사업이라곤 하나밖에 없었던 것이다)를 해소하기 위해서였다.[40] 각 지역별로도 같은 움직임이 일어나 1937년 8월 필라델피아 주택 사업국이 탄생했는데, 역시 보다 활발한 건축 사업을 벌이는 것이 목적이었다.[41] 주택 문제에 대해 널리 인정받는 권위자가 된 칸은 두 기관 모두에서 일할 수 있었다.

먼저 기회를 준 곳은 필라델피아 주택 사업국으로, 1938년 건축가 모집을 위한 공모전을 열었다.[42] 조지 하우를 중심으로, 칸과 케네스 데이(1901?~1958년)가 설계를 맡은 팀이 우승했고, 역사적인 글로리아 데이(별칭 〈올드 스웨즈〉) 교회와 인접한 남부 필라델피아 사우스워크 구역에서 인구가 밀집한 골목길을 완전히 철거하는 프로젝트를 맡았다. 950세대로 이루어진 이 프로젝트의 설계는 데이가 맡았다고 하는데, 높은 인구밀도를 고려해 고층 건물은 좁은 집들로 나누고 낮은 건물에는 넓은 집들을 배치했다.[43] 칸은 필라델피아 주택 사업국에서 주관한 다른 1500세대짜리 프로젝트 설계를 단독으로 맡았다. 이 사업은 1939년 웨스트 필라델피아에 있는 펜실베이니아 정신병원(설립자 닥터 토머스 커크브라이드의 이름을 따 〈커크브라이즈〉라 불렸다) 소유의 공지에서 시작되었다. 인종 차별이 당연한 일이었던 시기였으므로, 올드 스웨즈는 백인들을, 커크브라이즈는 흑인들을 위한 프로젝트였다.

두 설계안 모두 연방정부의 자금 승인을 받았으나(올드 스웨즈는 5,551,000달러, 커크브라이즈는 7,881,000달러), 사우스워크의 단결력 강한 이탈리아인 지구에서 엄청난 반대의 목소리가 일었다. 작지만 정성 들여 가꾼 제집을 떠나고 싶지 않았던 것이다. 또한 정부가 주택 시장에 더 이상 깊이 관여하는 것을 원치 않았던 건축업자와 부동산 중개자들도 강력한 반대를 표했다.[44] 1949년 5월 30일 연방정부와 시의 주택 관련 인사들이 모인 회의에서, 시장 로버트 E. 램버턴이 반대 의사를 표명했다. 그는 공공 주택 사업을 두고 입증되지 않은 사회적 실험이라고 하면서 다음과 같이 말했다. 「슬럼 지역이 존재하는 것은 너무나 게으른 사람들이 있어서 그들이 사는 곳이면 어디든 슬럼화되기 때문이며, 또한 너무 가난해서 달리 살 곳이 없는 사람들이 있기 때문이다.」[45] 시의회는 이 사안의 진행을 거절했다.

이때의 좌절이 칸이 정치적이 되는 데에 일조했다. 그는 주택 건설이 단순한 건축적 설계의 문제만이 아닌 그 이상이라는 것을 깨닫게 되었으며, 이후 10년간 그는 행동주의자의 노선을 걷는다. 칸은 1939년 미국 주택 사업국에서 펼친 공공 교육 캠페인에서 캐서린 바우어와 프레드릭 구트하임과 함께 5개월간 일한 경험이 있는데, 캠페인은 바로 필라델피아에서 제기된 바와 똑같은 종류의 우려를 불식시키기 위한 것이었다. 당시 그는 먼저 미국 주택 사업국에서 그 사명과 공공 주택 사업의 전반적인 성격을 설명하기 위해 발행한 얇은 팸플릿에 들어갈 도안을 작성했으며, 후에는 뉴욕 현대 미술관에서 열린 미국 주택 사업국의 「주택과 주택 사업」 전시회를 담당했다. 그해 여름 열렸던 뉴욕 세계 박람회의 미래지향적 디오라마 여러 개 중 공공 주택 사업을 다룬 것이 전혀 없었으므로, 이 전시회의 목적 중 하나는 그것을 벌충하기 위한 것이었다. 칸이 출품한 작품은 〈합리적 도시 계획의 주택〉이라는 제목의 커다란 패널이었는데, 필라델피아의 문제점을 분석하고 센터 시티의 넓은 구역들의 철거를 비롯하여 그 부분에 고층 건물 집단을 세우자는 것까지(르코르뷔지에가 파리를 위해 내놓은 극단적인 제안과 닮은 방안이다) 통상적인 주택 계획을 지역별로 효율적으로 조직할 수 있는 모든 규모의 해결책을 제시했다.[46]

이러한 경험이 있었으므로, 칸은 정부 지원 주택 사업에 공식적인 반대를 제기하는 필라델피아의 상황을 바꾸려는 캠페인에 전력을 다해 동참했다. 그러나 칸도, 필라델피아 주택 사업국 설립을 위해 몇십 년간 싸워 왔던 모든 이들도, 1940년의 불길한 여름 유럽을 덮치기 시작한 전쟁의 그림자로 인해 복잡한 입장에 처하게 되었다. 일단 필라델피아의 전쟁 산업 종사자와 군인 인구가 급격히 증가하면서 주택 수요가 폭등했고 이러한 부족을 해결하기 위해 10월에 의회에서 랜햄 법이 통과되었다. 그런데 랜햄 법에 따르면 필라델피아 주택 사업국에서 계획한 커크브라이즈나 올드 스웨즈 같은 프로젝트는 미국 주택 사업국의 자금 지원을 보장받을 수 없었다. 랜햄 법의 자금 대부분은 전시(戰時) 주택이나 응급 대피소에만 할당되었고, 그 관리는 연방 사업국에서 맡았다. 미국 주택 사업국이 주택 시장에서 지속적인 정부 개입을 꾀한다는 의혹을 샀기 때문이었다.

전시의 자금이 지속적인 사회적 가치가 있는 프로젝트에 투입되도록 노력을 기울이는 과정에서, 칸은 필라델피아 주택 길드와 손을 잡았고, 필라델피아 주택 협회, 미국 건축가 협회, 세입자 연맹, 여러 노동조합의 지원을 받아 1940년 12월 10일에 도시 전역에서 열린 항의 집회를 조직하는 데 참여했다.[47] 칸은 홍보위원회 회장을 맡아 포스터와 교육용 전시물을 제작했으며, 필라델피아에 도착한 지 얼마 안 된 에드먼드 베이컨이 위원회의 수장을 맡았다. 이를 첫걸음으로 베이컨은 훗날 필라델피아 도시 계획 위원회 위원장이 되어 오랜 임기 동안 유명세를 떨치게 된다. 그들의 노력과, 다른 이들의 그와 같은 노력이 있었기에, 랜햄 법안의 첫 예산 일부가 진정한 의미의 주거지 건설에 재배치될 수 있었다.

전시의 건축이 안겨 준 도전 과제

곧 칸도 전쟁 관련 일을 하게 되었다. 1941년과 1942년은 거의 내내 일곱 개의 노동자 거주 단지를 설계하는 데 골몰했고, 그중 다섯 개가 실제로 건축되었다.[48] 이는 총 2200세대 이상을 수용할 수 있는 규모였다. 칸처럼 국가 차원의 주택 사업을 바라는 이들이 있는 한편, 전쟁이라는 비상 상황 때문에 정부의 주택 시장 개입을 가까스로 용인하고 있을 뿐 정부 개입을 최소화할 궁리를 하는 비판적인 이들도 있었기에, 프로젝트는 양측의 끊임없는 공방에 휩쓸렸다. 이런 비난에도 불구하고 이 프로젝트는 칸에게 일종의 실험실 같은 환경에서 기초적인 문제들에 대한 해결책을 테스트해 볼 수 있는 좋은 기회가 되었다. 현대 건축이 취하고 있는 기능주의적인 흐름에 대해 그가 의문을 갖기 시작한 것은 바로 이러한 실험 과정에서였을 것이다.

전쟁의 위협이 가까워지자, 올드 스웨즈 프로젝트 때 팀을 짰던 조지 하우가 칸에게 함께 손잡고 정부 일거리를 알아보자는 제안을 해왔다.[49] 흠잡을 데 없는 건축 실력에 사회적 연줄을 겸비한 하우는 이상적인 파트너였고, 그와 칸은 첫 전시 작업으로 펜실베이니아 주 미들타운의 파인 포드 에이커스 건설을 맡았다. 1941년 4월 5일 연방사업국 내에 국방 주택 사업부가 창설된 직후의 일이었다. 한여름에는 파인 포드 에이커스의 500세대와 북동부 필라델피아 세인트 캐서린 빌리지 가까이에 있는 페니팩 우즈의 1000세대 규모 건설 작업이 시작되었고, 가을에는 파인 포드 에이커스에 입주민이 들어왔다. 회사에서는 24명이나 되는 설계사와 제도사를 고용할 때도 있었는데, 공식적인 직급이 정해진 것은 아니었지만 전쟁 중에는 프레드릭 새비지, 조지프 N. 레이시, 찰스 애브, 데이비드 위스덤이 차례로 비공식적인 〈수석 제도사〉 역할을 맡았으며, 위스덤은 칸이 독립해서 개업했을 때도 내내 같은 직위에 있었다. 이들은 오래된 『이브닝 불레틴』지 건물의 꼭대기에 위치한 조지 하우의 사무실에서 일했다. 하우가 1936년에 공용 공간과 지상층 파사드를 근사하게 개조해 놓은 건물이었다.

빠듯한 재정 안에서도(첫 프로젝트 때 한 세대당 들어간 평균 비용은 3천 달러 이하였다) 하우와 칸은 전후 도시 계획의 기준이 될 만한 모델 주거 단지를 짓기 시작했다. 전시의 프로젝트가 거의 다 그랬듯, 그들의 작업도 슬럼 지대를 철거한 부지보다는 주로 개활지에 건설되었고, 단독 주택이 아니었음에도 불구하고 도심을 벗어난 교외풍의 매력적인 미래 생활을 내비쳤다. 그러나 그 작업이 지닌 가장 진보적인 특성은 — 바로 접근 도로의 수가 제한되고 녹지를 구비한 슈퍼블록 내에 주택을 조성했다는 점인데 — 전후 아메리카를 건설한 이들에 의해 사라지고 말았다.

건축이라는 면에서, 전시의 주택 건설이 던져 준 도전 과제는 캐스트너와 칸이 저지 홈스테드를 건설했을 때와 같은 활기 넘치는(그리고 비용이 많이 드는) 계획안을 활용하지 않으면서도 외적인 다양성을 창출해 내야 한다는 점이었다. 전시 주택은 당연히 규모가 작아야 했고, 건물의 윤곽은 단순해야 했다. 이처럼 제한된 방편으로도 하우와 칸은 실험을 했으며, 이는 주로 두 가지 건축 형태를 다양하게 변주하는 식이었다. 침실 두 개와 세 개짜리 집은 자일렌바우텐처럼 평지붕을 달고 나란히 늘어선 2층 연립 주택 형태였고, 침실 하나짜리 아파트는 네 유닛짜리 건물에 층층이 들어선 형태였다. 파인 포드와 페니팩 프로젝트에서, 연립 주택은 칸이 1930년대에 프리패브 주택을 지으면서 맞통풍이 잘되게 할 목적으로 이용했던 안쪽이 얇은 설계를 채용했다(fig. 9). 침실 하나짜리 아파트가 들어선 건물은 마치 동일한 테마를 변주하는 것처럼 두 프로젝트에서 약간의 차이를 보인다. 하우와 칸은 파사드에 생동감을 불어넣기 위해 다양한 색으로 채색하고 폭이 서로 다른 두 종류의 목재 벽널을 사용했다. 파인 포드에서는 뾰족지붕이 하늘로 치솟아 있다. 보수적인 비평가들을 만족시키기 위해 추가로 넣은 부분이었다.

처음 맡은 이런 프로젝트가 진행되는 동안, 하우는 워싱턴의 주택 건설에 대한 자문 일을 점차 더 많이 맡게 되었고, 그와 칸은 막중한 일을 분담하기 위해 오스카 스토노로프를 파트너로 끌어들였다.[50] 스토노로프는 르코르뷔지에 『총서』의 첫 권 편집에 참여했었고, 캐스트너와 함께 풀 패션 양말 제조 노동조합을 위한 매클리 하우스를 설계했던 인물이다. 30년대에 그는 노동자 단체와의 유대를 지속적으로 강화해 왔고, 특히 양말 제조 노동조합의 존 에델먼처럼 주택 문제에 관심이 있는 노동조합 대표와 친분이 두터웠다. 그는

9

10

9 페니팩 우즈, 펜실베이니아 주 필라델피아, 1941~1943. 연립 주택 앞에 앉아 있는 가족, 1942년경.

10 카버 코트, 펜실베이니아 주 칸 타운십, 1941~1943.

에델먼에게 1934년의 필라델피아 노동자 주택 협의회를 창설하도록 조언하기도 했다.[51] 이 단체는 와그너 법이 통과되고 미국 주택 사업국이 탄생하는 데에 매우 큰 영향력을 행사했고, 능란한 웅변술로 주택 사업 운동을 선전했던 캐서린 바우어를 필라델피아로 데려와 이사로 삼은 것도 스토노로프였다. 그는 자기 사무소에 바우어와 갓 탄생한 단체가 머무를 공간을 마련해 주었다. 스토노로프는 친구와 오랜 고객들을 위해 독자적으로 많은 작업을 해내기는 했지만, 하우와 칸과의 파트너 관계에서 핵심적인 설계 쪽 역할을 담당했던 것은 아니었다.[52] 그러나 그의 행동주의적 면모와 노동조합과의 유대는 사무소를 새로운 방향으로 이끌어 갔다.

회사는 기성 주택 형태 내에서 가능한 한 다양한 변화를 계속 모색해 나갔고, 1941년 말 진주만 사건이 벌어진 무렵 그들은 여러 개의 침실을 갖춘 연립 주택 건물을 배치하는 새로운 방식을 채택했다. 이 방식이 첫 선을 보인 것은 펜실베이니아 주 코츠빌 외곽에 흑인 철강 노동자들을 위해 세운 100세대짜리 프로젝트인 카버 코트의 설계였다(fig.10). 거주 공간 전부를 2층으로 끌어올려 지상층을 비우고, 거기에 넉넉한 저장 공간과 간단하게 예비용 방으로 개조할 수도 있는 차고를 둔 것이다. 그들이 〈필수 공간〉이라고 부른 이러한 공간이야말로 노동계급 주민들이 부동산 투기꾼들이 지은 집의 다른 단점들을 어쩔 수 없이 참아야만 했던 이유이자, 정부에서 지은 주택에서는 결핍되어 있던 요소였다.[53] 칸과 하우는 이런 〈지상층 활용 가능〉 주택이 자신들의 아이디어라고 주장하지는 않았다. 필로티를 사용해 건물을 들어 올린 르코르뷔지에의 설계가 그 원조인 것이 분명하며 미국에도 이런 형태는 이미 많이 있었다. 그러나 카버 코트는 홍보의 덕을 크게 보았다. 수목이 우거진 언덕 기슭으로 난 순환도로를 중심으로 깔끔하게 손질된 유닛들이 조화롭게 모여 있는 이 주거 단지는 뉴욕 현대 미술관에서 열린 「1932~1944, 미국의 건축」 전시회의 주최 측이 특별히 마음에 들어 한 작품이었다. 칸이 처음으로 널리 주목받게 된 것은 바로 이 설계 덕분이었다. 칸은 워싱턴 D.C.에 지은 300세대짜리 스탠턴 로드 드웰링스 건설과, 코츠빌에 2차로 지은, 백인 노동자들을 위한 링컨 하이웨이라는 이름의 150세대 규모 프로젝트에 즉시 이 〈지상층 활용〉 방식을 채택했다. 설계를 준비한 것은 1942년 늦은 봄이었다.

그러나 예술적인 면이 뛰어나다고 해서 반드시 실제 건설로 이어진다는 보장은 없었고, 공공 주택 사업을 펼치려면 정치적인 싸움에도 엄청난 에너지를 쏟아야 했다. 오래된 싸움은 여전히 계속되었다. 보수주의자들은 영구 자재를 사용하거나 지속적인 사회적 가치가 있는 건설 사업을 정부가 맡는다는 점 몹시 싫어했던 것이다. 파인 포드와 패니팩 두 프로젝트 모두 거센 반대 세력들 때문에 주민회관과 상점을 짓는 작업이 지연되었다. 상대적으로 고립되어 있는 입지 때문에 거주자들에게 반드시 필요한 시설들이었다. 코츠빌 프로젝트는 두 차례 다 전 과정에서 지역 이익 단체들, 특히 흑인 주거 단지에 반발하는 이들과 거센 마찰을 겪었다. 이러한 반대와 싸워 나가는 과정에서 스토노로프는 뛰어난 로비스트로서의 자질을 발휘했다. 자신의 노동자 친구들을 설득해 코츠빌 개발에 대해 〈한바탕 소란을 피우게〉 했던 것이다.[54]

결국, 많은 반대를 극복하고 주거 단지와 주민회관이 모두 완공되었고, 완성된 주민회관에서 칸과 그의 동료들은 많은 제약을 뛰어나게 극복해 냈다(fig. 11). 주민회관 건물에는 전통적인 미국 교외 주택의 그림 같은 아름다움이 사선 중심의 새로운 기하학과 융합되어 있다. 기울어진 벽이 자주 사용되어 공간의 경계를 짓거나 서로 구분해 주며, 직사각형 평면의 유닛들도 직각이 아닌 비스듬한 각도로 서로 맞물려 있고, 이러한 점은 경사지고 엇갈린 지붕 윤곽선에서도 드러난다. 이런 건물의 역동성은 마치, 전시의 주택 건설에서 겪어야 했던 까다로운 요구 조건에서 한순간이나마 자유를 얻은 건축가의 기분을 웅변하는 듯하다.

프로젝트가 완공되었을 무렵 조지 하우는 필라델피아에 있지 않았다. 그는 공공 건축부의 주임 건축가 자리를 맡게 되어 1942년 2월 회사를 그만두었는데, 이는 연방정부에서 건축과 관련된 가장 높은 직위였다. 이 무렵 칸과 스토노로프 사이에서는 설계 작업과 정치적 활동이라는 업무 분담이 점점 더 명확해져 갔다. 한 예로, 회사가 전시의 주택 사업을 두고 벌어진 가장 극적인 정치적 싸움에 말려든 것은 스토노로프 때문이었다. 미시건 주 입실란티 근교에 헨리 포드의 윌로우 런 항공기 공장 노동자들을 위해 지으려 한 〈봄버 시티〉의 건설을 두고 일어난 싸움이었다.

싸움터를 선택한 이는 포드였다. 1941년 초 포드는 디트로이트의 웨인 카운티 근교 워시테노 카운티에 공장을 짓기 시작했는데, 보수적인 성향의 시골 정치가들이 자동차 노조연합과의 싸움을 도와줄 거라는 점을 분명히 염두에 둔 선택이었다.[55] 자동차 노조연합의 월터 로이터는 스토노로프의 친구였고, 두 사람은 곧바로 포드의 허를 찌를 계획을 짜기 시작했다. 정부로 하여금 새 공장 근처에 대규모 노동자 도시를 세우게 하여 노동조합 멤버들이 워시테노 카운티의 투표자 명단에 올라가게 하고, 동시에 전후 도시 계획에 있어 하나의 모델을 창조해 낸다는 계획이었다.[56] 11월에 루스벨트 대통령이 이 계획에 허가를 내렸으며, 12월 즈음 하우와 스토노로프와 칸은 2만 명이 거주할 수 있는 규모의 도시 모델을 완성했다.[57] 스토노로프는 가까운 미시건 주 블룸필드 힐스에 사무실이 있는 건축가 에로 사리넨의 자문을 받아 가며 설계에 협력해 줄 만한 건축가 명단을 작성하기도 했다.[58] 자동차 노조연합이 워싱턴에서 강력한 로비 작업을 펼친 끝에 부지가 선정되었고, 1942년 5월 스토노로프와 칸을 포함하여 다섯 개의 건축 팀이 선발되어 다섯 개의 주거 단지를 설계하게 되었다(이 무렵 전체 규모는 6천 세대로 조정되었다). 사리넨과 스완슨은 커뮤니티 센터의 건축을 맡았다. 6월, 헨리 포드는 모든 법적 수단을 동원하여 이 계획을 저지하겠다고 선언했다. 포드는 공장에서 고용할 노동자의 수와 제공해 줄 정규직 일자리의 수에 대해 대단히 애매모호한 언급을 했다. 연방정부는 이 말에 따라 8월에 프로젝트의 규모를 1200세대짜리 단지 세 개로 줄였고, 스토노로프와 칸은 첫 단계에서는 그중 900세대만 지을 것이라는 통보를 받았다.[59]

그동안 칸은 윌로우 런을 위한 여덟 가지 타입의 건축 설계안을 살펴보았는데, 그중 하나는 지상층 활용 주택 모델로, 목재 수요가 점점 부족해짐에 따라 개조한 것이었다.[60]

11

11 파인 포드 에이커스, 펜실베이니아
주 미들 타운, 1941~1943.
커뮤니티 빌딩, 1943년경.

12 릴리 폰드 하우스, 워싱턴 D.C.,
1942~1943. 주택들. 1943년경.

12

그와 스토노로프는 오티스 윈이 맹렬하게 퍼부은 본질적으로 반(反)모더니스트적 성향의 비판에 맞서 이런 설계들을 옹호해야 했다. 오티스 윈은 당초 주거 단지의 설계를 맡기로 되었던 건축가 중 하나였는데, 그가 맡은 부분이 계획에서 빠지면서 정부 측 자문으로 남게 되었다. 그는 스토노로프에게 악감정을 품었던 것이 분명하며, 교묘하게도 자신의 비판 사항을 자동차 노조연합의 주택 위원회에 제시하여 전통적인 단독 주택을 선호하는 노동자들의 성향을 자극했다. 스토노로프는 윌로우 런이 〈앞으로 도래할 것들의 상징이자 주택 사업이라는 분야의 예언적 선언문이 되어야 하며, 단순한 모방, 그것도 시공업체에서 오늘날 노동자들에게 팔고 있는 형편없는 주택의 모방이어서는 안 된다〉는 말로 맞받아쳤다.61 그러나 그의 반격은 소용없었고, 로이터와의 친분에도 불구하고 자동차 노조연합은 그가 맡고 있던 노조 자문 역할을 결국 박탈했다.62 1942년 10월, 프로젝트 전체가 취소되었다. 대신 사리넨과 스완슨의 설계로 임시 기숙사를 짓기로 한 것이다. 이 실패는 노조 측이 지원을 그만두었던 탓이라 할 수 있다.

윌로우 런이 무산된 한편, 워싱턴 D.C.에서는 475세대 규모의 릴리 폰드 하우스 건설이 시작되었는데, 이는 처음부터 〈해체 가능한〉 프로젝트라고 확인된 일이었다. 네 개의 작은 개별 주택이 들어선 독창적인 단층 건물로만 이루어져 있고, 각 채의 욕실은 서로 벽을 맞댄 구조이며 그 위로는 걸윙(gull-wing, 위쪽으로 젖혀 문을 여는 방식 ― 옮긴이) 환기 시설이 있었다(fig.12). 외부는 부분적으로는 거친 타일을 붙였고 목조로 된 내부 벽과 천장은 마감재를 쓰지 않고 그대로 두었다. 소박한 자재와 역(逆) 물매 지붕은 칸이 르코르뷔지에의 최근 작업의 추이에 대해 점점 더 깊이 알아 가고 있었다는 증거이다. 르코르뷔지에가 1935년 라 팔미르-레 마트에 페롱 가(家)를 위해 지은 여름 별장 섹스탕 빌라 같은 단순하고 거의 원초적인 형태의 주택에 대해서도 말이다. 섹스탕 빌라는 르코르뷔지에의 『총서』 제3권(1939년)에서 상세히 설명된 바 있었다.

1944~1945년에 칸은 전시 주택 일거리를 하나 더 맡았는데, 여전히 미건설 상태였던 스탠턴 로드 드웰링스를 완전히 재설계하는 작업이었다. 지상층 활용 건축에 필요한 콘크리트를 구할 수 없는 상황이었으므로, 그는 다른 건축 방식을 다양하게 고안해 내야 했다. 비교적 전통적이라고 할 수 있는 벽돌 연립 주택과 3층 아파트 건물이 거기에 속하는데, 전시에는 드문 형태였다. 칸은 부지 계획에 특히 공을 들여, 건물 사이에 반쯤 사유(私有)적인 자그마한 안뜰을 배치했다. 워싱턴에서 직무를 보는 동안에도 이 오랫동안 전개되어 나가는 프로젝트에 여전히 관심을 기울이고 있던 조지 하우는 칸의 설계를 검토하고 크게 칭찬했다. 그러나 내심 우려를 표하기도 했다. 전시 주택 건설을 맡아 일했던 재능 있는 건축가라면 누구든지 했을 법한 그런 우려의 말이었다.

털어놓자면 (……) 실질적인 해결책이 없어 보이는 여러 가지 문제들을 해결해 내려 골몰했던 시절에서 멀어지면 멀어질수록, 주택 사업 프로젝트 자체가 갖고 있는 못마땅한 점들이 점점 더 내게 와 닿는 듯하네. 거리의 넓이며 건물과 보도 사이 간격 등에 대해 시에서 요구하는 조건은 너무나 엄격하고 터무니없으며 억압적이라서, 마치 모든 해결책을 상대적으로 불가능한 것이라 단정 지어 버리는 듯하지. 이는 우리와 마주하고 있는 일반적인 계획 문제의 단지 일부일 뿐이며, 상상력과 구속으로부터의 자유를 갖추고 이 문제에 접근하지 않는다면 전반적인 건축 설계라는 측면에서 우리는 거의 진보해 나가지 못할 것이네.

하우는 덧붙였다. 「나를 찾아와 주게. 항상 자네가 그립다네.」[63]

1940년대를 위한 설계

스탠턴 로드는 여전히 미건설 상태였다. 종전이 다가옴에 따라 등한시된 것이다. 그러나 평화로운 새 시절의 건축 전망은 하우가 아쉬워했던 자유를 얼마간 얻을 수 있다는 의미이기도 했다. 1943~1945년 전시 건설 일이 급속히 줄어들면서, 스토노로프와 칸은 전후 건축의 특징을 형성하는 창조적인 일거리를 점점 더 많이 맡게 되었다.[64] 그들은 잡지, 건축 자재 제조 공장의 후원을 받아 주택과 호텔, 상점, 사무소 건물을 설계했고, 동네 전체를 재개발하는 프로젝트도 맡았다. 이처럼 먼 앞날을 내다보고 계획된 건설은 종전 이후 몇 년간 이어졌으며, 이런 작업에는 주택, 도시 계획, 노동조합, 건축 정책 등의 분야의 활발한 사회적 참여도 수반되었다. 더불어 몇 가지 진짜 일거리가 들어왔다.

스토노로프와 칸이 맡았던 전후 개발 지향 프로젝트 중 가장 복잡하고 널리 주목받았던 일은 도시 근린 지구 설계를 주제로 한 몇 권의 팸플릿 제작이었다. 리비어 코퍼 앤드 브래스사를 홍보하는 광고 캠페인의 일환으로 준비한 것이었다. 필라델피아 도시 계획 위원회가 전보다 막강해진 권한을 지니고 새로이 부상하던 1943년에 제작된 이들 팸플릿은 필라델피아의 근린 지구를 개선 가능한 예로 삼았다. 스토노로프가 이 일의 대부분을 담당했지만, 칸도 팸플릿이 전달하고자 하는 메시지에 이의가 있는 것은 아니었으며, 거기 실린 몇몇 삽화는 그의 손길이 닿았음이 드러난다.

작업을 시작한 것은 스토노로프가 『아키텍처럴 포럼』지의 발행인 하워드 마이어스에 의해 리비어사의 광고 담당자들을 소개받은 1943년 4월이었다. 리비어는 전후 건축에 대한 팸플릿 시리즈의 발행을 후원하고 있었는데, 자사의 자재 광고 효과를 누릴 수 있으리라는 기대에서였다. 그러나 스토노로프와 칸이 작업한 팸플릿에서 광고의 메시지는 매우 자제되어 있었다. 로렌스 코셔의 「생활에 대한 우리의 국가 표준을 향상시키는 집들」이나 세르주 체르마예프의 「어린이 센터 혹은 보육원」 같은 시리즈에서도 마찬가지이

13 보육원과 활동 센터의 등측 투영도, 「도시 계획이 여러분의 책임인 이유」, 1943년 4~5월.

다. 스토노로프와 칸은 〈종래의 네 개의 도시 블록에 보육원과 놀이터, 상점 등 근린 생활 시설을 지어서 하나의 커뮤니티가 되도록 통합하는〉 계획안을 세워 달라는 주문을 받았다.65 이 과제를 위해 남부 필라델피아의 한 지역이 선정되었고, 두 파트너는 신속하게 새로운 시설을 설계했으며, 작은 공공 주택 단지도 포함시켰다. 십대들을 위한 활동 센터까지 겸비한 보육원은 구성주의적인 기하학을 차용한 건물로 지을 예정이었다(fig. 13). 스토노로프 자신은 이 작업 전체가 자신이 한 것이라 주장했고, 보육원 설계는 분명 그의 작품일 것이다.66 그러나 프로젝트의 이면에 깔린 전제, 즉 오래된 지구를 완전히 철거하고 재건축하기보다는 보존하면서 보완해 나가야 한다는 전제는 칸이 올드 스웨즈 프로젝트에서 얻은 경험을 반영하는 듯하다. 당시 그는 주민들이 오래된 집을 떠나기를 원치 않는다는 점을 깨닫고 놀랐던 것이다. 팸플릿은 〈완전한 파괴가 아닌 보존〉을 주장했으며 새로운 학교, 쇼핑 센터, 오픈 스페이스(공원이나 녹지 등 여가 활용을 위한 공간 — 옮긴이) 등이 〈가치 있는 오래된 주거 지역〉을 보존할 〈보호 갑옷〉 구실을 해줄 것이라고 설명했다.67 가장 중요한 점은 계획의 진행에 있어서 시민들의 풀뿌리 참여 정신이 필요함을, 그리고 강력한 지역 시민단체가 전문가들을 이끌어야 함을 촉구했다는 것이다. 제목은 〈도시 계획이 여러분의 책임인 이유〉였다.

팸플릿은 1943년 7월 3일 발표되었고, 엄청난 성공을 거두었다. 『새터데이 이브닝 포스트』지에 전면 광고가 실린 덕에 신청하는 독자들이 쇄도했던 것이다. 이는 전후의 도시 계획에 대한 정보에 굶주려 있던 것이 분명한 독자들을 만족시켰으며, 리비어는 한 달 안에 11만 부의 팸플릿을 배포했다.68 이러한 성공은 팸플릿 제작이라는 일에 대한 두 건축가의 구미를 당기게 했고, 가을에 둘은 다른 필라델피아 사람들로 이루어진 팀에 합류하여 유사한 프로젝트를 진행하게 되었다. 남부 필라델피아의 또 다른 근린 지구를 본보기 삼아 어떤 방식으로 그 지역만의 〈보호 갑옷〉을 갖추게 될지를 보여 주는 교육적 모델을 설계하는 일이었다. 에드먼드 베이컨이 프로젝트를 이끌었고, 모델은 미국 건축가 협회의 지부 총

14 근린 지구 계획 위원회 모임, 「당신과 당신의 동네: 근린 지구 설계의 안내서」, 1944.

15 「당신과 당신의 동네: 근린 지구 설계의 안내서」의 삽화, 1944.

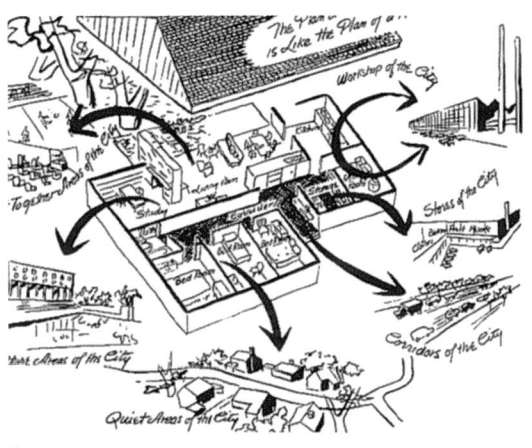

회가 필라델피아의 다른 단체들의 후원을 받아 세운 〈건축가 워크숍〉에서 제작되었다. 대체 가능한 부품을 사용한 이 모델은 리비어사 팸플릿에 실렸던 것과 같은 종류의 작업을 행했을 때의 결과를 보여 주었다. 1944년 내내 칸과 스토노로프는 계획 위원회, 미국 건축가 협회 필라델피아 지부, 여성 투표자 연맹을 비롯한 여러 시민단체 앞에서 모델을 설명해 보였다. 그해 뉴욕 현대 미술관에서 열린 「여러분의 동네를 보세요」 전시회에 모델을 촬영한 사진이 실리기도 했다.

이 모델은 스토노로프가 리비어 코퍼사에 2차로 더 야심 찬 팸플릿을 제안하는 계기가 되었다. 이 안은 1943년 가을에 논의를 거쳤고, 1944년 2월 리비어 코퍼는 주거 지역 설계의 〈안내서〉 제작을 위해 5천 달러를 후원하기로 동의했다.[69] 10월에 발행된 새 팸플릿은 삽화도 더 많이 수록하고(대부분 스토노로프의 것이었다) 생생한 시나리오를 갖춰 첫 번째 것보다 훨씬 더 정교했다. 〈당신과 당신의 동네: 근린 지구 설계의 안내서〉라는 제목의 이 책자는 어느 가족이 저녁 식탁에서 나누는 대화를 시작으로 근린 개발 캠페인 이야기를 펼쳐 나갔다. 팸플릿은 우선 〈근린 지구 계획 위원회〉의 탄생과 계획의 전개(설계 모델이 이를 시연해 준다)를 언급하고, 그런 계획을 도시 계획 위원회에 제출하는 방법을 설명했다(fig. 14). 그리고 각각의 근린 지구를 배려해 가며 도시 전체를 계획하려면 어떻게 해야 할지를 논했으며, 서로 다른 다양한 활동을 수용하고 용도가 서로 전혀 다를 때는 공간을 분리시켜야 한다는 점에서 〈도시 설계는 주택 설계와 같다〉는 명쾌한 설명으로 끝맺었다(fig. 15). 건축과 도시 계획 사이에 떼려야 뗄 수 없는 유대 관계가 있다는 이 개념은

칸의 원숙기 작업에서 뚜렷하게 드러나는 특징이다.[70]

이 두 번째 책자 역시 커다란 성공을 거두어, 몇 년 동안이나 배포되었다. 이야기 구조를 채택했다는 점에서 연극처럼 공연해도 어울릴 듯했고, 실제로 스토노로프는 이를 영화화하려는 시도를 했다.[71] 칸은 〈근린 지구가 존재할 수 있는가?〉라는 제목으로 정교한 대본 개요를 짰다. 뉴욕 현대 미술관과 리비어가 관심을 보이긴 했지만 영화화 계획은 수포로 돌아가고 말았다.[72]

리비어 프로젝트가 지닌, 건축과 지역 사회 활동 간의 연대에 대한 참여적 성격은 칸의 것이라기보다 스토노로프의 것에 가까웠지만, 스토노로프가 노조 일에 관여했듯이 칸 역시 그러한 연대의 중요성을 자각하고 힘닿는 한 열심히 참여했다. 실제로 칸은 종전 직후 정치나 사회 복지 사업과 관련된 여러 단체에서 활발하게 활동했다. 그중 하나가 〈예술, 과학, 전문직 종사 자치 시민 위원회〉로, 원자력 에너지, 인종 문제, 완전 고용, 국가 의료 시스템과 복지 제도 등에 대해 자유주의적인 안건을 옹호하는 단체였다.[73] 칸은 이 위원회의 필라델피아 분과에서 1946년 위원으로 뽑힌 이후 성실하게 활동했다. 그가 정치적 활동을 그리 달가워하지 않았다는 이야기가 이후 무성히 나돌기는 했지만 말이다. 1946년 그는 전국 유대인 복지 위원회의 건설국에도 임명되어, 유대인 사회 복지의 건축 관련 부문을 총괄하는 일을 맡았고, 40년대 말에서 50년대까지는 줄곧 유대인 복지 위원회의 집행 위원회 위원이었다.[74]

실제 건축과 더 가까운 문제에서, 칸은 참여 활동에 대한 노력을 전시에 더 크게 발휘했다. 1945년 4월 연방 공공 주택국(미국 주택 사업국의 후신)은 건축 자문 위원회를 설립했는데, 여기에는 여덟 개의 지역 분과가 딸려 있었다. 칸은 위원이 되었고 뉴욕에서 워싱턴까지를 관할하는 제2지역의 위원장으로 임명되었다. 그는 이 일에도 성실하게 임하여 미래의 건설 수준을 개선시킬 것을 목적으로 삼고 종래의 주택 사업을 검토했다.[75] 칸은 뒤이어 창설된, 50년대 초에 공공 주택국의 자문 역할을 한 다른 위원회에서도 위원으로 있었으며, 1951년 11월에는 그곳에서 연방 정부 프로그램의 취약성에 항의를 표하기 위해 일어난 집단 사직에 동참했다.[76] 같은 맥락에서 그는 미국 건축가 협회 필라델피아 지부의 한 위원회 회장을 맡았는데, 정부의 더 적극적인 참여를 자극할 목적으로 1947년에 주택 사업에 대한 보고서를 준비하는 곳이었다.[77]

칸이 정치적인 에너지를 가장 많이 쏟은 곳은 미국 계획자 및 건축가 협회(CIAM)였다.[78] 그는 1944년 뉴욕 현대 미술관과 하버드에서 열린 예비 모임에 참석했고, 1945년 1월 27일 열린 첫 총회에도 참석했다. 조지 하우가 기조 연설을 했던 자리였다.[79] 근대 건축 국제 회의를 모델로 삼은 이 단체는 미국 모더니스트 건축가들에게 미국 건축가 협회의 대안이 될 만한 행동주의 노선을 제공하고 도시 계획과 건축 사이의 유대를 보다 공고히 하기 위해 창설되었다. 미국 건축계의 급진 세력이 그 멤버들이었는데, 독일 이민자부터 미국 본토 출신의 주택 사업 옹호자들까지 부류가 다양했고, 하우, 발터 그로피우스, G. 홈스 퍼킨스 등 예일, 하버드, 펜실베이니아 대학 등지에서 건축 교육을 담당하거나 조만간 그 자리에 오르게 될 모더니스트들도 끼어 있었다. 칸은 1946년에 부회장으로 선출되었고(하버드 총장 조지프 허드넛이 회장이었다) 1947년에는 회장직을 맡았다. 퍼킨스는 두 해 모두 서기관 겸 총무를 맡았다. 계획자 및 건축가 협회에서 칸은 유엔 본부 건물의 부지 선정과 설계를 두고 벌어졌던 분분한 논란에 중점적으로 관여했다.[80] 협회는 근대 건축 국제 회의의 미국 분과와 함께 개방적이고 체계적인 계획 절차를 요구하며 투쟁했으나, 존 D. 록펠러가 이스트 리버의 부지를 기증한 이후 벌어진 혼란의 와중에서 그러한 가능성은 영영 사라지고 말았다. 유엔 본부를 필라델피아에 두려는 캠페인에도 참가했던 칸은 사태의 이러한 추이에 이중으로 좌절을 느꼈을 것이 분명하다.

칸이 회장이었던 해인 1947년 9월 20일, 계획자 및 건축가 협회 연례 회의는 필라델피아에서 열렸다. 이날 모임의 하이라이트는 교외에 있는 스토노로프의 집에서 열린 연회였다. 그날 이후 이 단체는 실질적으로 해체된 것이나 다름없었다. 아마 더 이상 미국의 모던 건축에 특별한 옹호자는

16 팔레스타인 긴급 주택 사업국 유대인 에이전시, 이스라엘, 1949, 투시도(부분). Lou K라 기입.

필요치 않다는 증거였으리라.

상당히 열정적으로 사회적, 정치적 참여에 임했던 이 시절에 칸이 남긴 실제 건축면에서의 결과물은 그리 규모가 크지 않은 몇 가지 일거리로, 대부분은 전시 주택 건설의 붐이 사그라들고 난 다음에 맡게 된 것이었다. 그중 다수가 노동조합을 위한 것이었으며 여기에는 스토노로프의 공이 컸다. 그러나 노조 관련 건축 중에서도 처음으로 맡은 것은 스토노로프와 파트너로 일하기 전에 들어온 일거리였다. 소박한 연립 주택 한 채를 배터리 제조 노동조합 본부로 개조하는 프로젝트로, 1940년에 작업했다. 노동조합과 관련이 있는 다른 프로젝트로는 국제 여성 의류 노동조합 보건 진료소 내부 개조(1943~1945), 뉴저지 주 캠든의 조선소 노동조합 본부 리모델링(1943~1945, 대부분 스토노로프의 작업), 미완으로 끝난 영사 기사 조합 본부 건물 건설(1944), 포코노 마운틴스의 캠프에 지은 국제 여성 의류 노동조합의 필라델피아 노조원들을 위한 교외 별장(1945~1947), 펜실베이니아 주 벅스 카운티의 노조 지원 어린이 캠프에 기숙사 두 동 건설(1945~1947), 미국 노동 연맹을 위한 세인트 루크 병원 진료소 개조 사업(1950~1951)이 있었다. 이런 대부분의 일거리를 끌어다 준 것은 의류 노동 조합의 리더 이지도르 멜라메드였는데, 이후 그는 칸에게 바인 스트리트의 AFL 의료 서비스 빌딩 건설을 맡겨(1954~1957), 최초로 필라델피아에서 중요한 건물을 짓는 기회를 선사한다.

전후의 다른 일거리들은 칸이 참여하고 있던 유대인 사회보장 활동에서 작은 규모로 들어왔다. 뉴헤이븐의 유대인 커뮤니티 센터도 그중 하나였고(1948년 거론되어 1950년 설계되었다) 1949년 팔레스타인에 파견된 긴급 주택 사업의 자문 팀에 들어가게 된 것도 마찬가지였다. 이스라엘 여행은 칸에게 파리를 다시 볼 수 있는 기회가 되었고, 프리패브 주택 문제를 다시 생각하는 계기가 되었다. 이 문제는 파트너를 맺은 이후 줄곧 스토노로프에게만 맡겨 왔던 영역이었다. 칸은 이스라엘에 콘크리트로 된 포물선 모양 부품을 조립한 형태의 주택을 제안했고, 이후에 맡은 대규모 프로젝트에서 뚜렷이 드러나는 지나칠 정도의 자신만만함을 담아 새 주민들에게 〈긴급 주택 사업을 대규모 산업으로 전환〉 시키고 고향 땅을 〈근동의 건축 프리패브 제작 중심지〉로 만들 것을 권고했다(fig. 16).[81]

이런 이상주의적인 프로젝트를 통틀어서 당시의 희망찬 시대정신을 가장 잘 포착해 낸 것은 칸이 1946~1947년 웨스턴 어린이집이라는 고아원을 위해 설계하고 건축한 놀이터였다(fig. 17). 놀이터는 칸이 어린 시절 토요일마다 수업을 들었던 그래픽 스케치 클럽에서 바로 모퉁이를 돈 곳에 있었다. 설계는 그 시절의 행복한 클리셰를 모두 갖추고 있었다. 놀이 공간의 경계선은 자유분방한 각도로 이루어져 있으며 구부러진 보도가 주변을 빙 둘러싸고 있다. 안에는 수평 슬래브 지붕이 달린 야외 난로가 있고, 뒤쪽 코너에는 콘

17 기념 놀이터, 웨스턴 어린이집, 펜실베이니아 주 필라델피아, 1946~1947. 등측 투영도, Louis I. Kahn '46이라 기입.

크리트로 된 바이오모픽(biomorphic, 살아 있는 생물의 형상에서 모티프를 찾은 추상예술의 한 경향 — 옮긴이)의 〈재미있는 조각품〉이 있는데, 옆에 있는 건물 벽의 벽화에도 이 조각과 같은 형태가 가득 그려져 있다. 놀이터가 완성되자 후원자는 만족하여 칸에게 〈꼬마 소녀단원들이 잔뜩 신이 나서 당신이 만든 난로 주변을 깡충대며 뛰어다니는 모습〉을 보았다고 말했다.[82] 이 무렵, 딸 수 앤의 탄생으로 칸도 아버지가 되었다.

지역이나 사회 발전을 위한 일들 이외에도, 다른 많은 미국 건축가들과 마찬가지로 칸과 스토노로프도 더 평범한 건축 형태, 즉 전후 아메리카를 형성하게 되는 갖가지 실용적 건물의 미래에 대한 논의에 가담했다. 둘은 이런 실용적 타입의 건물 가상도를 여러 장 작성했는데, 그 대다수는 건축 잡지의 후원을 받은 것이었다. 전쟁 동안 이런 잡지는 페이지를 채울 기삿거리의 부족에 시달렸고, 모든 이들이 그랬듯 이런 곤궁함의 너머를 내다보고 싶어 안달이었다.

칸이 맡은 주택 건설 일을 면밀히 취재해 왔던 『아키텍처럴 포럼』은 그에게 〈1940년대의 새로운 주택〉이라는 코너에 실을 설계를 청탁했고 이는 1942년 9월에 실렸다. 잡지에서 프리패브 건축 방식에 중점을 둘 것임을 미리 밝혔기 때문에, 스토노로프와 칸 둘 다 이 프로젝트에 흥미를 느꼈으나, 윌로우 런 건설 때문에 그만 마감 날짜를 놓치고 말았다.[83] 그러나 다행히도 『포럼』지의 후원으로 1943년에 열린 다른 〈1940년대〉 설계 공모전에는 참가할 수 있었고, 중간 규모의 전후 도시에 지을 만한 다양한 건물을 설계해 달라는 청탁을 받았다. 칸과 스토노로프에게 할당된 일은 200실 규모의 호텔이었으며 둘은 13층짜리 슬래브 건물을 구상했다. 알루미늄 차일에 대리석으로 외부 마감을 했으며 그 밖의 표면에는 모두 〈플라스틱 화장판〉을 댔다.[84] 내부 역시 온통 최신식이었다. 공용 공간의 벽은 곡선이나 사선형이었고, 고심을 기울인 벽의 배치는 자연스러움을 자아냈으며, 객실은 합판 제조 가구와 부드러운 곡선 윤곽의 프리패브 욕실 설비를 갖추고 있었다. 동일한 산뜻한 표현 양식이 1944년 피츠버그의 한 판유리 제조사 발행 책자에 싣기 위해 설계한 가구

상점과 구두 상점 모델에서도 드러나는데, 이 모델에서는 전면이 통유리로 되어 있다.[85]

이런 종류의 투기적인 건축이 가장 집중적으로 선보인 분야는 바로 주택 설계였다. 종전 후 미군 군인들이 돌아옴에 따라 거주할 주택의 수요가 엄청날 것으로 예측되었다. 스토노로프와 칸은 끈기를 갖고 1943년 봄 『캘리포니아 아트 앤드 아키텍처』의 후원으로 열린 「전후의 생활을 위한 디자인」 공모전에도 도전했으나, 입상은 하지 못했다. 출품작은 지상층 활용 주택의 단독 주택 버전으로, 전시에 건설했던 주택 모델을 그대로 가져다 발전시킨 것이었다.[86]

1944년 가구 제작자인 한스 크놀의 요청을 받아 제작한 파라솔 하우스 시스템은 보다 야심 찬 작업이었다. 크놀은 스토노로프와 칸, 그리고 여섯 개의 다른 건축 회사에 일종의 〈계획 팀〉에 들어와 달라고 권유했는데, 당시 가정의 필요 사항을 연구하고 고객들이 필요로 할 만한 새로운 〈생활 설비〉, 즉 가구와 전기 제품을 고안해 내는 것이 이 팀의 임무였다.[87] 그리고 이런 설비들을 이상적인 건축 환경 내에 전시할 예정이었다. 칸과 스토노로프는 합판 제조 캐비닛, 프리패브 계단, 욕실과 주방 시설 설계안을 제출했다. 주방 시설 중에는 1942~1943년 김벨스 백화점 설계를 맡았을 때 모형으로 만든 적이 있었던 서모스토어 냉장고도 있었다.[88] 그러나 두 사람이 가장 노력을 기울인 것은 건축이었다. 이들이 제안한 주택은 가느다란 기둥으로 높이 떠받쳐진 여러 개의 사각형 슬래브로 이루어진 지붕(철제 구조로 보인다)을 갖추고 있다. 파라솔처럼 생긴 이런 유닛을 층으로 쌓아 2층 건물을 만들 수도 있고, 일렬로 조합해 길게 늘어선 단층 연립 주택들 위에 차양처럼 덮을 수도 있다(fig. 18). 반듯한 격자 형태의 이 지붕 아래에는 비내력벽 *non-load-bearing wall*이 지붕과는 대조적인 독특한 기울기로 배치되어 있는데, 마치 전시 주택이 부과했던 제약에서 벗어난 칸의 자유를 상징하는 듯하다(fig. 19). 르코르뷔지에의 돔-이노 타입 건물과 미스 반데어로에의 중정식 주택 등 이런 프리 플랜 형태는 전부터 있었던 것이고, 우산형 지붕 역시 라이트가 존슨 왁스 빌딩의 수련 잎 모양 기둥을 통해 이미 선보인 바 있었지만, 이러한 요소들을 종합한 결과물은 신선했으며 그대로 차용해 온 듯한 느낌은 전혀 없었다. 불운하게도 두 건축가의 야망은 크놀의 수준을 훨씬 뛰어넘었고, 그들이 내놓은 아이디어 중 어떤 것도 상세히 발전시켜 달라는 요청을 받지 못했다.

전후를 겨냥한 주택 프로젝트 중 마지막 사업이 모집된 것은 1945년 8월 대일본 전승일 열흘 뒤였다. 스토노로프는 리비-오웬스-포드 유리 회사에서 진행하는 48개 주(州) 규모의 태양열 주택 프로그램에서 펜실베이니아에 지을 주택의 설계자로 선정되었다는 소식을 들었다.[89] 칸이 설계 작업을 맡았고, 하버드에서 그로피우스의 수업을 듣고 졸업해 사무소에 갓 들어온 신입 앤 그리스월드 팅(1920~)이 보조로 일했다.[90] 다른 출품작은 대부분 전통적인 주택의 남쪽에 유리를 대어 태양광을 더 많이 받을 수 있게 한 것에 불과했지만, 칸과 팅은 태양열 난방이라는 문제에 보다 더 진지하게 접근했다. 1946년 봄 내내 둘은 사다리꼴 주택 설계에 매달렸는데, 면밀한 방향 설정으로 공중에 걸린 아치 모양 통로를 통해 삼면이 태양을 향하게 되는 집이었다(fig. 20).

태양열 주택은 그 자체보다도 스토노로프와 칸의 파트너 관계를 심각하게 훼손했다는 점에서 중요한 사건이었다. 리비-오웬스-포드사가 설계를 공모한 것은 책자에 싣기 위해서였고, 1947년 1월 출판일이 다가오자 회사는 스토노로프에게 전보를 쳐서 설계자 이름을 누구로 실을지 물었다. 이름란에 〈우리 둘을 다 넣어 달라〉는 스토노로프의 답장은 칸의 노여움을 샀던 듯하다. 그러나 칸이 급하게 쓴 답신의 서두가 〈스토노로프 씨의 전보의 전반적인 어조에 나는 동의하지 않습니다〉로 시작되기는 하지만, 결론적으로 그 역시 공동 명의로 실어 달라는 같은 요청을 했던 것이 분명하다.[91] 결국 펜실베이니아 태양열 주택은 〈오스카 스토노로프 앤드 루이스 I. 칸 건축 사무소〉라는 이름으로 책자에 실렸다. 그러나 이 사소한 다툼에 서린 씁쓸한 뒷맛은 상반된 성격의 두 인물 사이에 균열이 생겨났음을 반영했다.[92] 주택 사업의 건수도 거의 없었으므로, 스토노로프의 정치적 통찰력과 점점 독립적이 되어 가는 칸의 설계 센스가 결합해서 할 일도 이젠 별로 없었다. 둘은 우호적으로 헤어지자는 데 동의하고, 진행

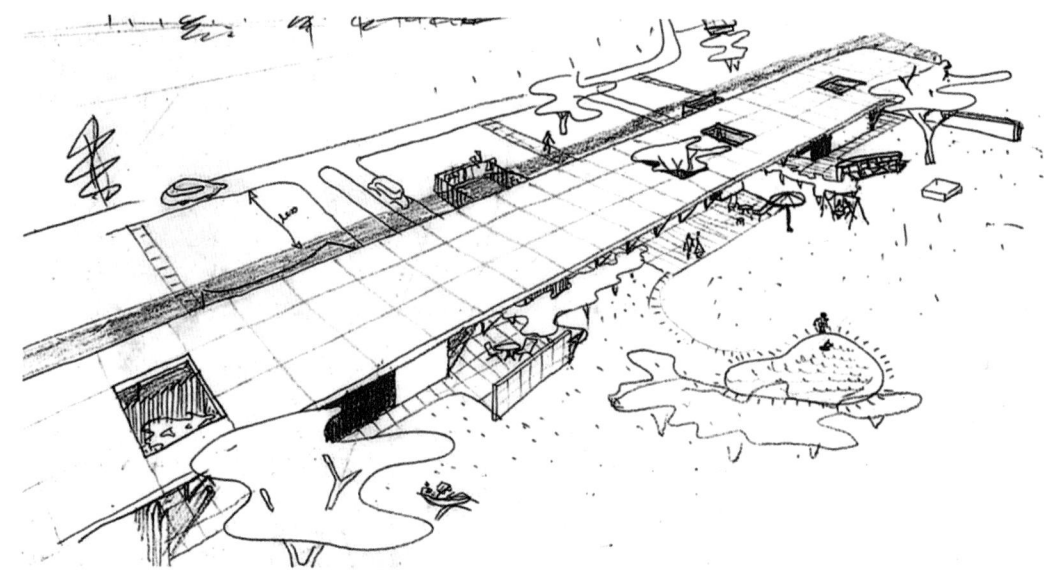

18

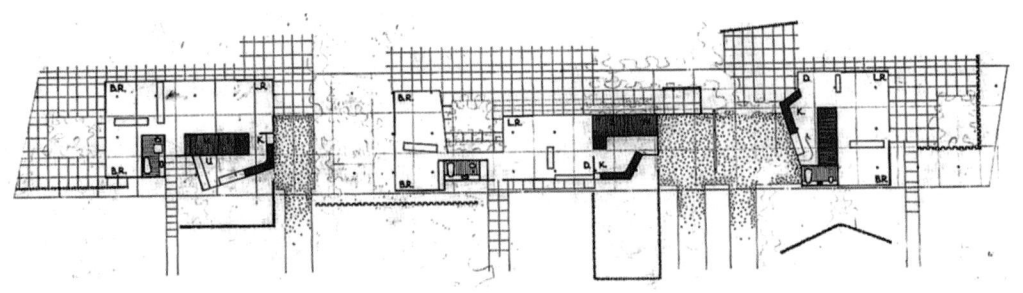

19

18 파라솔 하우스, 1944, 조감도.

19 파라솔 하우스, 평면도.

중이던 몇 건의 일을 서로 나눠 가졌다. 1947년 3월 4일, 운송업자들이 스토노로프의 서류를 브로드 스트리트 스테이션 빌딩으로 옮겨 갔으며, 칸은 조지 하우가 작은 사무소를 갖고 있는 스프루스 스트리트 1728번지의 타운하우스로 이사했다.[93] 막 46세에 접어든 칸은 이제 홀로 서게 되었다.

단독 주택 건축

이후 몇 년간 칸이 주로 맡았던 일은 단독 주택 건축이었다. 어떤 면에서 이는 〈1940년대〉 프로젝트가 했던 약속을 실현하는 일이기도 했다. 단독 주택은 또한 칸이 전쟁 발발 직전 오랜 친구 제스 오서와 그 아내 루스를 위해 작은 집을 지으면서 훗날 자기 사업을 이끌어 가리라 결심했던 방향이었다(fig.21).[94] 오서 하우스는 칸이 독립해서 맡은 첫 일 중 하나였지만, 1924년 건축 학교를 졸업한 이후 축적해 왔던 폭넓은 경험을 반영하는 듯 그 설계에는 자신감이 넘쳤다. 여기에는 오서 하우스를 설계한 1940년대에 칸이 조지 하우의 강력한 영향을 받고 있었다는 점 또한 뚜렷하게 드러난다. 설계 당시 칸은 전시 공공주택 사업을 위해 하우와 피트너 관계를 맺으려던 참이었던 것이다. 비용이 제한적이었음에도 불구하고 칸은 거의 기적적인 결과물을 냈다. 하우가 1932~1934년 윌리엄 스틱스 워서맨을 위해 지은, 스퀘어 셰도우스라는 모더니스트풍 이름을 얻은 대저택을 본보기로 삼았던 것이다. 파사드의 모서리마다 들어간 모던한 철재 여닫이창, 돌출된 수평 지붕 슬래브, 경이적인 솜씨의 외부 벽널(예산이 그리 넉넉하지 못했음에도 얻어 낸 놀라운 성과이다), 그리고 철저한 계산 끝에 이런 아방가르드적인 세부 요소들을 그 지역의 전통적인 건축용 석재와 병치시켰다는 면에서 하우에 대한 칸의 오마주가 드러난다. 내부는 단단한 고무나무로 만든 베이지 색 목조 부분이, 모더니스트풍으로 벽난로 주변에 배치된 깔끔한 붙박이 가구들과 조화를 이루고 있는데, 정작 벽난로는 불규칙한 형태의 머서Mercer 타일이 씌워져 미술 공예 운동이 이상으로 삼았던 대조의 미를 불러일으킨다. 이러한 의미적 복합성은 하우의 특성이었을 뿐 아니라 전환기였던 당시 미국 최고의 건축가들이 보였던 특성이기도 했다.

진주만 사태 때 오서 하우스는 이미 시공에 들어간 상태였고, 1942년 전쟁으로 인한 물자 부족에도 불구하고 완성되었다. 그러나 칸이 오서 하우스와 상당히 비슷한 작은 주택을 설계해 주었던, 에스터 칸의 친정 부모와 친구인 루이스 브루도와 그의 아내 경우는 그처럼 운이 좋지 못했다. 이 집은 오서 하우스보다 전통적인 뾰족 지붕으로 건축될 예정이었는데, 계약서용 드로잉과 세부 사항 작성이 마무리되어 가고 있던 1941년 12월에 일본군의 진주만 공습이 터지는 바람에 건축을 포기해야만 했던 것이다.[95]

20 펜실베이니아 태양열 주택, 1945~1947, 남서쪽에서 본 투시도. Louis Kahn '46이라 기입.

21 오서 하우스, 펜실베이니아 주 엘킨스 파크, 1940~1942, 정면 파사드, 1990.

전쟁 중에는 칸이 매우 싫어했던 개보수 작업 몇 건과 잡지나 자재 제조사에서 후원하는 가상 도면 작성을 제외하면 단독 주택 건축 일거리가 없었고, 전시에 요구되는 다세대 주택에서 예술적인 면모를 발휘할 기회란 소박한 오서 하우스에서보다도 적었다. 그러나 대일본 전승일 이후 경기가 슬슬 좋아지기 시작했다. 처음으로, 즉 1945~1946년에 사무소에 들어온 일거리는 주로 교외 주택을 대규모 증축하는 작업이었다. 스토노로프와 칸은 B. A. 버너드가 소유한, 벅스 카운티 킴버턴의 프렌치 크리크가 내려다보이는 근사한 주택에 2층짜리 별채를 ― 지상층 활용 모델을 기초로 하여 ― 증축했다(아마 이 일은 그 근처에 살던 스토노로프를 통해 들어왔을 것이다). 둘은 레아와 아서 핑켈슈타인 부부의 아드모어 하우스라는 집에 증축할 단층 별채를 설계하기도 했다. 핑켈슈타인 부부는 둘 다 방사선과 의사로, 에스터가 15년 전 펜실베이니아 대학에서 일할 때 사귄 이들이었다. 핑켈슈타인과 칸 부부는 가까운 친구 사이였고, 여기에 제이컵과 키트 부부까지 합세해, 세 가족은 여러 해 동안 여름 휴가를 함께 떠나곤 했다. 노바스코샤를 여행하기도 했고 핑켈슈타인 부부가 플래시드 호수 근처에 집을 빌려 한참을 머무른 적도 있었다. 칸은 회사를 2주 이상 비울 수 없었지만, 에스터는 다른 이들과 함께 한 달씩 휴가를 보내는 것이 보통이었다. 핑켈슈타인 프로젝트는 오랜 논의를 거쳤고 1948년에는 대대적인 재설계를 하기까지 했으나 결국 지어지지 않았다. 전후 초기에 들어온 일거리 중 가장 대규모였던 아서 후퍼 부부의 볼티모어 저택 증축 건도 같은 운명을 맞았다. 식당, 놀이실, 손님용 스위트룸, 차고, 마구간까지 딸린 거대한 단층 별채를 증축할 계획이었고, 칸은 이를 1946년에 설계했다. 그는 새로 지을 방들을 L자 꼴로 배치하여 뒤뜰을 둘러싸게 했는데, 이는 프랭크 로이드 라이트가 허버트 제이콥스 하우스(위스콘신 주 웨스트모얼랜드, 1937)에서 구현해 보인 방식이었으며 리하르트 노이트라가 전후 주택 건설에서 채택했던 방식이기도 했다.

이처럼 다소 일관성 없이 들어오던 일거리는 스토노로프와 칸이 파트너 관계를 해소한 1947년 초 이후 갑작스레 밀려들었다. 이후 18개월간 칸은 대형 주택을 다섯 채 설계했고, 그중 세 채를 건축했다. 이 기간 동안 사무소 직원의 수는 매우 적었으며, 데이비드 위스덤과 앤 팅이 칸의 수석 보조역을 맡았다. 칸과 앤 팅의 사이에서는 예술적인 유대감과 함께 로맨틱한 감정이 싹텄다.

이때의 주택들 중 처음으로 설계한 것은 해리와 에밀리 엘 부부의 집이었다. 이 일을 칸에게 맡긴 것은 아벨 쇼렌센이었는데, 그는 칸과 스토노로프가 함께 꾸렸던 건축 회사에서 일했던 인물로 종전 후에는 롱아일랜드에서 유엔 본부 계획 팀에 합류했다. 1947년 5월 쇼렌센은 엘 부부가 소유한 하버포드 교외의 부지에 지을, 널찍한 안뜰을 가운데에 둔 L자 모양 주택의 설계도를 그렸고, 칸에게 설계도를 보냈다. 6월에 칸은 입면도를 검토해 보고는 약간 진부한 면이 있는 당초 설계에 힘찬 에너지를 불어넣었다. 거실 위편으로 나비

지붕 모양의 채광층을 올리고 석조 부분과 목조로 된 벽이 활기 넘치는 상호 작용을 보이도록 고쳤던 것이다.96 수정한 설계는 엘 부부가 감당하기에는 금액이 너무 많이 들었으므로, 1948년 초 칸 사무소에서는 차고와 하녀용 공간을 없애고 거실 크기를 줄였다. 그러나 이마저도 고객이 세운 예산을 크게 넘어섰다.

엘 하우스의 두 번째 설계가 진행 중이던 1948년 초, 칸과 팅은 다른 주택 프로젝트 두 건에 손을 댔다. 신속하게 진행되어 완성된 이 두 채의 집은 엘 하우스의 생기 없는 디자인과는 결정적인 차이가 있었으며, 두 건축가의 아이디어가 이따금 서로 어긋나기도 했음을 보여 주는 증거가 가득하다. 첫 번째는 닥터 필립 로슈 부부를 위한 주택으로 필라델피아의 북서쪽 경계 근처의 콘쇼호켄에 건축했다.97 로슈 하우스의 설계에서는 거주 공간을 모두 직사각형 안에 조밀하게 배치하고, 한쪽 끝은 수면 공간, 다른 쪽 끝은 주간 활동 공간으로 삼았다. 팅은 하버드에서 배웠던 설계 원칙을 충실하게 따랐으며 디자인에서 뚜렷이 나타나는 3' 9"의 모듈성은 그녀의 아이디어로 보인다. 반면 등줄기가 부러진 것처럼 거실 벽을 비스듬히 가로지르며 솟아오른 굴뚝에서는 사선을 선호하는 칸의 성향이 다시 엿보인다.98

거의 같은 무렵 설계한, 필라델피아 서쪽 노리스타운 근교의 웨이스 하우스에는 팅의 아이디어가 더 많이 반영되었다.99 1948년 초에 제작된 웨이스 하우스의 설계에는 공간의 양분화가 더욱 선명하여, 낮 시간과 밤 시간 활동이 이루어지는 공간 사이의 〈이핵(二核)적〉 분할이라는 개념의 영향이 뚜렷하게 드러난다. 이는 팅이 수학하던 시절 하버드의 최고 교수진 중 하나였던 마르셀 브로이어의 작업이 지닌 특성이기도 했다(fig.22). 널찍한 역물매 지붕 역시, 칸이 계속해서 실험해 오던 형태이기도 했지만, 브로이어풍의 요소였다(fig.23). 칸의 고유한 발상임을 한눈에 알 수 있는 것은 이중 오르내리창과 덧문을 사용하여 여는 정도에 따라 빛의 양과 프라이버시, 창문에서 보이는 전망을 다양하게 조절할 수 있게 한 독창적인 시스템이다. 그는 파라솔 하우스 설계에서 이미 다양한 정도의 불투명성을 지닌 벽널로

22

23

22 웨이스 하우스, 펜실베이니아 주 이스트 노리턴 타운십, 1947~1950, 평면도, 1948년경.

23 웨이스 하우스, 정면 파사드, 1950년경.

24

비슷한 시스템을 구상한 적 있었지만, 웨이스 하우스에서는 이를 실제로 구축하고 비를 막는 기능을 갖추게 하기 위해 복잡한 디테일을 고려한 끝에 완성되었다. 이러한 설계는 자연광을 다루는 문제에 대한 칸의 몇십 년에 걸친 실험이 시작되었음을 알린다.

지역 특유의 석재와 색을 칠하지 않은 목재의 대담한 사용을 통해, 칸은 웨이스 하우스가 〈현대적이면서도 전통과 단절되지 않는〉 건축물일 것을 고집했다.[100] 그는 펜실베이니아의 헛간 건물을 예로 들어가며 〈어제 유효했던 것과 오늘 유효한 것 사이의 연속성은, 생각을 하는 건축가라면 누구나 고려하고 있다〉고 주장했다. 칸의 동시대인 중 대다수는 과거에 대한 동경에 젖어 있었지만, 칸에게는 이것이 점점 절실한 과제로 다가왔다. 웨이스 하우스가 완공되고 몇 년 후 칸과 팅은 울퉁불퉁한 석조 벽난로 옆에 벽화를 그리기 위해 다시 그곳을 찾았는데, 이들은 펜실베이니아 교외에서 볼 수 있는 소박한 건축에서 대부분의 모티프를 따왔다. 그러나 벽화에서는 칸이 1951년에 여행하며 보았던 이집트 피라미드의 윤곽도 볼 수 있다. 위대한 건축이란 그 고유한 시대에 속하면서도 인류의 업적이 이루는 보다 깊은 역사적 층위 안에 단단히 자리하고 있어야 한다는 사실을, 그는 깨닫기 시작했던 것이다.

칸은 40년대 말에 다른 두 채의 주택을 설계했다. 둘 다 1948년 초여름, 웨이스 하우스 계획이 끝난 직후에 시작한 것이다. 여기서는 칸의 넘쳐흐르는 열정이 한층 더 강하게 나타난다. 닥터 윈슬로우 톰킨스 부부가 의뢰한, 실제 건축으로는 이뤄지지 않은 프로젝트에서는 필라델피아의 위사히콘 크리크를 향해 난 경사가 가파르고 수목이 우거진 비탈 바로 가장자리에 거실과 식당을 배치했다. 식당은 육중하고 구불구불한 석공 벽에 둘러싸여 있고, 침실 공간은 6월에 제작한 설계 초안에서는 하나의 블록으로 처리되었다가 9월에 최종 도면을 완성할 때는 엇갈리게 분할된 두 개의 공간으로 나뉘었다.[101]

같은 무렵 칸과 팅은 윈우드 교외에 새뮤얼 제넬을 위해 주택 건설을 진행하고 있었다. 새뮤얼 제넬은 한때 에스터 칸과 사귀던 사이였고, 그의 누이는 펜실베이니아 대학 시절 에스터의 친구이자 같은 여학생 클럽 멤버였다.[102] 1948년에 작성한 첫 설계도는 나지막한 T자 형태로, 줄기 부분이 경사가 완만한 언덕 쪽으로 뻗어 있어 침실 아래 차고를 배치하는 스플릿 레벨(split-level, 각각 반 층 정도의 높이 차이로 층을 나누어 반지하/반 2층의 공간을 만드는 것 — 옮긴이) 구조가 가능했다.[103] 1949년 초 이를 발전시켜 나가는 과정에서, 설계는 한쪽으로 기울어진 이중 핵 구조로 바뀌었고, 차고는 언덕 아래쪽으로 위치가 변경되어 별도의 건물로 분리되었으며 대신 본채의 1층에는 놀이실이 들어섰다. 동시에 기울어진 지붕 표면과의 생기 있는 대조를 통해 지형이 주는 효과를 극대화했다(fig.24). 이 설계도가 지닌 가장 놀

25

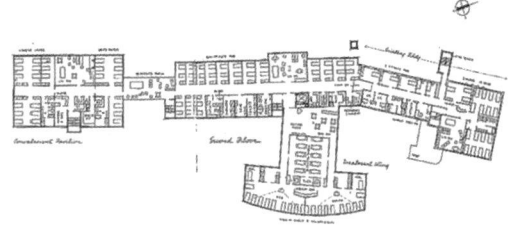

26

27

28

24 제넬 하우스, 펜실베이니아 주 윈우드, 1948~1951, 동쪽 입면도, 1949년 초, Lou K라 기입.

25 제넬 하우스, 현관홀과 벽난로 뒷면, 1951년경.

26 필라델피아 정신병원, 신축 윙, 펜실베이니아 주 필라델피아, 1944~1946. 2층 평면도.

27 필라델피아 정신병원, 신축 윙, 투시도. Louis I. Kahn '46이라 기입.

28 필라델피아 정신병원, 래드빌 빌딩, 정면 파사드, 1954년경(입구 캐노피는 현재 철거됨).

라운 요소는 L자형의 석공 벽이 거실과 현관홀 사이에 세워져 벽난로 틀 역할을 한다는 점이었다. 이처럼 군더더기 없는 구성은 수직적인 면에도 나타난다. 대리석으로 마감한 벽난로 굴뚝은 치밀하게 계산되어 건물의 벽돌과 목조 부분과 병치를 이루고 있다(fig.25). 외부의 석공 벽조차 반듯하지 않은 사각형으로 잘라 낸 석재로 제작되어, 전혀 새로운 감각의 질서를 창출한다. 칸이 이런 추상적 구조에 관심을 갖게 된 것은 부분적으로는 앤 팅의 영향 때문이며, 다른 한편 1947년부터 예일에서 강의를 하며 보아 왔던 스튜디오 작업의 영향이기도 하다.

1948~1952년에 설계하고 건축한 필라델피아 정신병원 건물 두 채에서는 칸이 지향하는 자유로운 설계와 팅이 지닌 기하학적 질서 감각이 계속해서 서로 맞부딪히고 있음을 볼 수 있다.[104] 이 프로젝트는 사연이 길다. 1937~1938년, 칸은 웨스트 필라델피아의 어느 부지에 있는 여러 채의 건물을 병원으로 개조할 수 있는 방안을 모색했었다. 1939년 그는 다른 부지를 대상으로 완전히 새로운 건물을 설계했는데, 건축주는 비용 문제 때문에 칸의 설계를 거부하고 다른 건축가를 만나 일을 진행시켰다.[105] 그리고 완성된 작은 건물에 증축할 큰 부분을 1944~1946년 칸과 스토노로프가 설계하게 되었다.

전쟁 말기와 종전 첫 무렵에 착수한 이 세 번째 설계가 1948~1952년 작업의 밑바탕이 되었는데, 건설 시작까지는 한참이 걸렸다. 고객은 일정에 대해 확신이 없었고, 소규모 주택 관련 일거리가 밀려오는 바람에 칸과 스토노로프가 몹시 바빠졌던 것이다. 스토노로프와 칸과 팀을 이뤄 프로젝트를 맡은 병원의 설계 컨설턴트 이사도르 로젠필드에게는 절망적인 상황이었다. 로젠필드에게 보낸 한 편지에서 칸은 농담을 하며 이 곤란한 상황의 심각성을 덜어 보려 한다. 「우리가 꾸려 나가는 작은 건축 병원에서 우리는 미친 듯이 일하고 있습니다. 낡은 건물들을 치료하고, 정신병 걸린 듯한 고객들을 다루고, 정서 불안에 신경질적인 직원들을 진정시키고 있지요. 이 모든 게 쌓이면 병원 건축에 써먹을 수 있는 좋은 경험이 될 테니, 결코 시간 낭비는 아닙니다.」[106] 로젠필드는 전혀 달가워하지 않았고, 함께 일하는 내내 스토노로프와 칸의, 그의 말을 빌자면 〈이상하고 프로답지 않은 행동〉을 비난했다.[107]

1946년 봄에 작업한 설계도는 거대한 새 병동, 이와 부분적으로 연결된 회복 병동, 그리고 맨 위층에 최신식 인슐린 치료실과 전기치료실이 있는 망치머리 형태의 현관홀로 이루어져 있었다(fig.26, 27). 부지를 비스듬히 가로지르며 서 있다는 점에서 병원 건물은 칸이 전시에 맡았던 커뮤니티 센터를 연상시킨다. 알바 알토가 지은 유명한 결핵 요양소 건물(1928~1933)의 슬래브들이 핀란드 파이미오의 숲이 우거진 언덕 꼭대기를 통해 모습을 드러낼 때와 같은, 일부러 불어넣은 비격식미가 풍기기도 한다. 파이미오 요양소는 1938년 근대 미술관에서 열린 알토 전시회에 나왔었는데, 칸이 알토의 다른 작품인 비푸리 도서관과 조우한 것도 그 자리에서였던 것 같다. 리비어 코퍼에서 2차 팸플릿을 제작했을 때 칸은 비푸리 도서관을 이상적인 근린 회의장의 본보기로 삼았던 것이다. 그러나 그 정교함에도 불구하고 이번 설계 역시 비용 문제 때문에 채택되지 못했다.

필라델피아 정신병원은 유대인 자선 단체 연합의 기관이었는데, 순탄치 못한 순간이 있었음에도 불구하고 병원 건축을 맡아 오래 일했던 덕택에 칸은 이들 모임과의 관계를 굳게 다질 수 있었다. 자주 다투기는 했지만 병원 위원회장인 새뮤얼 래드빌과 따뜻한 우정을 쌓기도 했다. 1944~1946년의 설계를 구상하는 동안, 칸은 래드빌 석유 회사의 사무실 개보수와 메리온에 있는 래드빌의 자택에 환기 시설을 설치하고 욕실을 새 단장하는 작업을 동시에 진행하고 있었다. 완벽주의적인 성격과 날짜를 지연하는 칸의 유명한 습관이 점점 심해지는 바람에 자택 개조 건은 계속해서 연기되었고, 낙담한 래드빌은 작업의 일부를 취소하고 말았다.[108]

고객들과 맺고 있던 탄탄한 유대 덕분에 칸은 1948년 재의뢰를 받아 건축 감독을 맡았고 이번 작업은 마침내 시행으로 옮겨지게 된다. 1949년 설계한 이번 계획은 호리병박 목처럼 구부러진 3층 블록과, 이와는 분리된 강당과 작업 요법실이 위치한 한 층짜리 건물로 구성되었는데, 3층 블록의 구부러진 부분은 기존 병원 건물과 연결되어 Y자 형을 이뤘다. 래드빌 빌딩이라는 이름이 붙은 3층짜리 건물의 새 현관 파사드는 슬레이트로 짓고 층층이 수평 차양을 붙였다(*fig.28*). 이 차양은 흔한 연관(煙管)용 타일처럼 생긴 것이 일정 간격으로 끼워져 구멍이 나 있는데, 사실은 테라코타로 특별 주문해 만든 부품이었다. 입구에는 삼각형 캐노피가 그늘을 드리우고 있다. 앤 팅의 제안으로 세운 추상적인 콜라주 작품이었다.[109] 거액 기부자의 이름을 따 핀쿠스 빌딩이라 이름 붙은 작업 요법실 건물은 단순한 구조로, 노출된 철제 트러스가 평지붕을 지지하고 있다. 이 건물에는 웨이스 하우스를 위해 고안해 냈던 이중 오르내리창과 덧문 시스템을 채용해 채광과 프라이버시의 조절이 철저히 가능하도록 했다.

어떻게 기념비성을 획득할 것인가?

필라델피아 정신병원은 그때까지 칸이 지었던 가장 큰 규모이자 공적인 중요성도 큰 건물이었지만, 그 본질적인 성격은 사적이고 주거가 목적인 건물이었다. 이는 칸이 전쟁 내내 몰두했던 미래지향적인 사색의 최종적 단편을 시험해 볼 만한 장이 될 수 없었다. 전쟁 전에는 주택 사업과 일반 주택에서만 집중적인 성과를 냈던 근대 건축이, 어떤 방식으로 공적 혹은 제도적 가치를 구현하고 인류 공동체의 더 큰 포부를 진일보시킬 수 있느냐 하는 문제였다. 당대의 표현 방식을 빌어 말하자면, 근대 건축은 어떻게 〈기념비성〉을 획득할 수 있을 것인가?

칸의 작업은 그가 인식한 문제점을 마치 거울처럼 반영해 왔다. 크레트와 잔트징거 밑에서 일한 이후, 그리고 고전주의에 모더니즘을 접목한 표현 양식에서 손을 뗀 이후, 칸은 그야말로 모든 에너지를 주택 건축에만 투자했다. 그는 기능주의적인 주거 건축을 창조하는 데에, 혹은 그러려고 노력하는 데에 여러 해를 쏟아 부었으며, 조지 하우스처럼 기능주의가 지닌 예술적 한계를 깨닫게 되었고, 기능주의적 방식으로는 초월적인 아이디어를 거의 표현할 수 없다는 것을 터득했다. 그랬기에, 종전이 가까워 오고 유엔 본부 건설처럼 특별하게 다뤄야 할 프로젝트를 알아보는 과정에서 칸은 근대 건축의 향방을 재설정할 가능성에 대한 의문을 입 밖으로 내기 시작했다. 이는 전쟁 동안 많은 이들이 동시에 떠올렸던 의문이었고, 1943년 이 문제는 터져 나오기 직전의 상태였다. 1943년은 건축사가 지크프리트 기디온(1941년 저서 『공간, 시간, 건축』을 출간했다), 건축가 호세 루이스 세르트, 화가 페르낭 레제가 뉴욕에서 만난 해였다. 이들은 모두 미국 추상 미술가 모임이라는 선도적인 단체가 기획한 간행물에 글을 실어 달라는 부탁을 받고 모였으며, 모든 매체의 모더니스트들이 주거 건축과 개인 예술의 영역을 제외하면 성취한 것이 거의 없다는 사실을 주제로 삼기로 의기투합했다. 이들이 보기에, 필요한 것은 〈새로운 기념비성〉, 즉 〈집단적인 힘을 해석하여 상징으로 나타내고자 하는 인간의 영속적 요구〉를 충족시켜 줄 만한 무엇이었다.[110] 기디온은 유럽과 미국 양쪽에서 계속하여 이 주제를 거론하며 이런 사유를 열정적으로 전파하게 되었다. 그가 1946년 런던에서 한 강연은 『아키텍처럴 리뷰』지가 이 문제를 다루고, 결국에는 심포지엄을 개최하여 근대 건축 설계의 방향 재설정이라는 문제의 충실한 옹호자로 자리매김하는 계기가 되었다.[111]

미국 추상 미술가 보임의 출간 계획이 실패를 맞자, 기디온은 1944년 자신의 에세이를 폴 주커가 편집한 책에 실어 내놓았다. 이 책에는 〈새로운 기념비성의 문제〉라는 제목의 장이 있었고, 칸 역시 여기에 〈기념비성〉이라는 단순한 제목을 달고 최초로 긴 분량의 이론적 논문을 실었다.

기디온과 칸이 문제에 접근하는 방식은 서로 정반대였다. 기디온이 〈감성적 표현〉의 모색에는 〈건축이 전적으로 건설*construction*과 관련 있지는 않다〉는 인식이 필요하다고 주장한 반면, 칸은 우선 〈건축에서 기념비성이란 어떤 자질, 구조 안에 고유하게 깃들어 있으며 그 영원성이라는 감성을 전달하기 때문에, 추가되거나 변화될 수 없는 영적인 자질이라고 정의할 수 있다〉는 말로 논의를 시작한다.[112] 뿐만 아니라 기디온이 19세기의 지나친 절충주의가 근대 건축가가 본보기를 찾아야 할 역사적인 우물 안에 독을 풀어 넣었다고 탄식하는 반면, 칸은 역사의 유용함을 솔직하게 인정

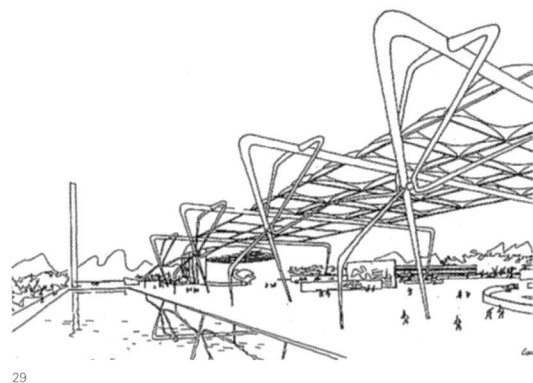

29

29 〈기념비성〉을 나타낸 모델 시빅 센터, 1944.

30 「당신 손 안에 있는 더 나은 필라델피아」 전시회를 위한 필라델피아 모델, 김벨스 백화점, 펜실베이니아 주 필라델피아, 1947.

31 트라이앵글 지역 재개발 프로젝트, 펜실베이니아 주 필라델피아, 1946~1948. 슈일킬 강 아파트 건물 조감도. Louis I. Kahn '47이라 기입.

30

한다. 〈과거의 기념비적인 건축물은 (······) 우리 미래의 건물들이 어떤 의미로든 반드시 의존해야만 하는, 위대함이라는 공통의 특성을 지니고 있다〉고 그는 썼다.[113]

구조와 역사에 매혹을 느끼면서, 칸은 펜실베이니아 대학에서 배운 원칙들로 회귀하고 있었다. 칸의 스승 폴 크레트는 프랑스의 강한 구조주의적 합리주의 전통을 선호하는 에콜 데 보자르의 입장에서 철학을 전개시켰으며, 과거를 부정하지 않고서도 근대 건축을 세울 수 있다는 확고부동한 믿음을 지니고 있었다.

칸이 제창하는 바는 기념비적 건축의 출발점은 역사 속에서 찾을 수 있으며 거기에 신기술을 적용해 근대적인 것으로 만들 수 있다는 것이었다. 특히 그는 기념비적 건축물이 필요로 하는 〈영적인 자질〉은 우선 고딕 양식의 〈구조적 골격〉과 로마 양식의 돔, 볼트, 아치에서 찾아야 한다고 주장했다. 칸이 보기에 이런 형태들의 영향력은 〈건축사의 페이지 전반에 깊이 아로새겨져〉 있었던 것이다.[114] 철제 프레임을 도입함으로써 이제 그런 형태들을 근대화할 수 있었다. 1942년 철골 선박 디자인에 참여한 적 있었던 칸은 〈보베 대성당에는 우리가 현재 지닌 철이 필요했다〉고 썼으며 용접한 튜브형 건축 방식의 사용에 특별히 주목했다. 이런 방식을 통해 만들어 낸 커브는 〈응력 변형도 곡선이 나타내는 우아한 형태〉를 모방할 수 있다.[115] 따라서 〈리브, 볼트, 돔, 버트레스는 다시금 되돌아오는 셈이며, 다만 보다 대담하고 단순한 방식으로, 그리고 오늘날의 건축 거장들 손에 의해 더욱 감성을 뒤흔드는 방식으로, 공간을 둘러싸게 되는 것일 뿐〉이다.[116] 칸은 새로운 건축 자재가 근대의 건축가를 〈미탐험된 공간에 대한 모험〉으로 인도하리라 예견했다.[117]

로마 건축 양식을 언급하긴 했지만, 칸이 제안하는 방법의 결과물은 근대화된 고딕 양식에 가깝다. 이런 양식은 고딕식 합리주의로 에콜의 크레트의 서클에서 크게 찬탄받았던 외젠-에마뉘엘 비올레-르-뒤크의 작업이 일찍이 보여 준 바 있으며, 역시 크레트가 좋아하던 건축가인 오귀스트 슈아지가 낸 책에 실린, 건축 구조에 대한 분석적 드로잉과도 관련이 있었다. 칸은 슈아지의 보베 대성당 분석을 자신의 주장에 대한 실례로 들었다. 칸 자신이 어느 도심 문화 센터를 위해 그렸던 스케치 몇 장도 그의 글을 뒷받침해 주었다. 글에서 제시했던 바로 그런 류의 곡선형 철골 구조로 둘러싸인 박물관과 극장이 나온 스케치이다(fig.29).

중세 건축에 철이라는 자재를 접목시킨 이러한 형태는 칸의 원숙기 작업에서 지배적인 고전적 분위기의 커다란 석조 건물과는 거리가 멀어 보인다. 그러나 그 무렵 그는 방향을 전환한 후였다. 전후의 철재 부족 때문에 벽돌과 콘크리트 건축으로 관심을 돌렸고, 그동안 고대 로마 건축이 지닌 힘을 몸소 재발견하기도 했다. 그러나 그 형태가 바뀌기는 했어도, 〈역사〉와 〈구조〉는 계속해서 칸의 좌우명으로 남게 된다.

전쟁 직후의 몇 년 동안 칸은 기념비적 건축의 새로운 표현 방식을 발전시킬 수 있는 몇 차례의 중요한 기회를 얻었다. 1946년 10월 칸은 스토노로프와 함께 도시 계획 위원회의 위촉을 받아 필라델피아 중심부의 〈트라이앵글〉이라고 불리는 넓은 주택지의 종합 개발 계획을 맡은 건축가 팀에 들어갔다. 이 지역은 3면이 각각 악명 높은 〈차이니즈 월〉(곧 철거 예정이었던 고가교로, 펜실베이니아 철도는 이 고가교를 따라 도시 한복판까지 들어왔다), 슈일킬 강(센터 시티의 서쪽 경계를 이루는), 필라델피아에서 도시 미화 운동의 일환으로 조성한 대로(大路)인 벤저민 프랭클린 파크웨이와 맞닿아 있었다. 계획 팀에서 칸은 1948년 1월에 발행된 보고서에 실린 삽화를 작성했고, 몇 점의 드로잉을 그렸는데, 이 드로잉은 시공업자들이 1947년 10월 김벨스 백화점에서 열린 〈베터 필라델피아〉 전시회에 내놓기 위해 제작한 거대한 필라델피아 도시 모형의 길잡이가 되었다. 모델은 마스터 플랜을 실행한 이전과 이후 도시 환경을 대조적으로 보여 주었는데, 커다란 패널을 뒤집으면 미래의 도시가 드라마틱하게 모습을 드러내는 방식이었다(fig.30). 이 모델은 전시회에서 가장 눈길을 끈 작품이었고 대단한 인기를 얻었는데, 스토노로프가(그는 전에도 김벨스 백화점에서 리모델링 작업을 여러 건 한 적이 있었다) 전시회장 준비를 자기 혼자 하려고 칸을 따돌렸던 일은 둘의 결별에 일조했던 듯하다. 칸이 그렸던 건물 대부분은 — 사무용 건물, 아파트, 층수가 낮은 문화 기관 건물들 — 그 무렵의 그에게는 이미 친숙해진, 르코르뷔지에 방식의 필로티로 지지된 프리즘 형태였다(fig. 31). 그러나 네 개의 포물선형 아치 아래 매달린 스포츠 경기장에서는 강철을 〈기념비적〉으로 사용한 흔적이 드러나며, 여러 개의 커다란 바이오모픽 조각품은 칸이 1944년 제창했던 〈우아한 형태〉를 취하고 있다.

같은 시기에 진행했던, 기념비성이 뚜렷하게 드러난 작업 하나는 칸이 제퍼슨 국립 익스팬션 기념지 공모전에 제출한 응모작인데, 결국 이 공모전에서는 에로 사리넨의 설계가 채택되어 세인트루이스에 〈게이트웨이 아치〉가 세워진다. 칸의 1947년 설계는 미시시피 강의 양쪽 강변에 정교하게 연결한 철도와 고속도로망을 놓고 그 위에 수평과 수직 방향을 향한 슬래브를 덮은 구조였다. 이 설계에서는 1944년에 예견한 철제 건축이 더 많이 실현되었는데, 특히 전시관과 극장을 갖추고 있으며 기울어진 철골 지붕이 달린 넓은 오픈 플랜식 교육 연구관이 그 좋은 예였다. 그러나 칸의 설계는 공모전 2차 심사까지 진출할 수 없었고, 이는 크나큰 실망이었다. 다행히도 결과가 발표된 그 주부터 칸은 예일에서 강의를 시작하게 되었다.

예일 대학 강단에 서다

칸은 사실 여러 해 전부터 남들을 가르쳐 왔다. 건축 연구 모임의 멤버들은 그의 말을 경청했고, 저지 홈스테드와 전시 주택 프로젝트를 위해 모인 다수의 직원들은, 실제로도 그랬지만, 말 잘 듣는 애송이 예술가들 취급을 받았다. 그러나 칸이 천부적인 교사로서의 재능을 공식적으로 발휘해 보인 것은 1947년 가을부터였다. 일 년 전 그는 그때까지 근대 건축에서 최고의 학교였던 하버드에서 강의해 달라는 초청을 받았지만 거절했었는데, 가장 큰 이유는 고향 필라델피아를 도저히 떠날 수 없다는 것이었다.[118] 예일 대학은 경우가 달랐다. 칸은 객원 크리틱으로 일하게 되었는데 — 예일은 스튜디오 교육을 주된 방침으로 삼았다 — 일주일에 이틀만 대학을 방문해 가르치면 되었다. 그러면 기차를 타고 뉴헤이븐까지 왔다 갔다 할 수 있었다. 칸은 수락했고, 예일은 그가 여태껏 실제 건축의 형태로 나타낼 수 없었던 아이디어들을 내보일 포럼이 되었다.

1947년대의 예일은 약동하는 공간이었다(fig. 32).[119] 신임 총장 찰스 소여는 칸이 강의를 시작하기 직전인 여름에 취임했고, 건축과 학과장 해럴드 호프와 함께, 1939~1942년 주임 크리틱으로 있었던 월래스 해리슨 때부터 시작한 모더니즘으로의 결정적 전환을 굳히려 노력하고 있었다. 이 작업은 주임 크리틱 자리를 물려받은 에드워드 듀렐 스톤에 의해 계속되는 중이었다. 예일에서 칸을 주목한 것은 널리 홍보되었던 그의 전시 주택 작업과 미국 계획가 및 건축가 협회에서의 혁혁한 공로 때문이었음이 분명하다. 소여는 역시 계획가 및 건축가 협회에서 두각을 드러낸 멤버였던 홈스 퍼킨스에게 부학장직을 제안하기도 했는데, 퍼킨스는 하버드에서 임용되어 그로피우스와 함께 남게 되었다.[120]

1947년 가을학기로 예정되어 있던 칸의 임용은 객원 크리틱으로 오게 된 다른 한 사람인 오스카 니에메예르의 도착이 늦어지면서 앞당겨졌다. 니에메예르는 르코르뷔지에의 제자인 브라질 건축가이며 벌써 명성이 높았는데, 공산주의적 성향 때문에 이민 관리국 관계자들의 의심을 샀던 것이다. 파트타임으로 강의했던 실무 건축가들이 대부분 그랬듯 칸이 고안해 낸 스튜디오용 문제 중 다수는 그가 직접 맡은 작업을 그대로 반영했다. 강의 초기에 그는 교외 쇼핑 센터 설계를 과제로 내주었는데, 이는 당시 그가 컨설턴트를 맡고 있던 메릴랜드 주 그린벨트의 쇼핑 센터와 비슷한 것이었다.[121] 전후라는 사회적 조건을 고려해야 하는 문제이긴 했지만, 분명 예일 학생들에게는 그리 도전적인 문제는 아니었을 터인데도, 교사로서의 칸의 재능은 명백했고, 호프는 다음 학기에도 수업해 달라고 청했다. 칸은 1948~1949년 내내 강의를 맡았고 스톤으로부터 주임 크리틱 자리를 이어받았다. 그해의 객원 크리틱 중에는 휴 스터빈스, 피에트로 벨루스키, 에로 사리넨이 있었다.

예일에서의 두 번째 해에 칸은 소여가 특히 공들인 교육 개혁안인 〈공동 과제〉를 실현시키는 책임을 맡았다. 건축가,

32 예일에 있는 칸의 모습을 그린 크리스마스 카드, 데이비드 위스덤, 1947.

화가, 조각가 학생들이 팀을 짜는 방식이었다. 공동으로 일한다는 자체는 그로피우스가 하버드에서 가르치는 특징적 방법 중 하나였고, 그로피우스는 1946년 하버드에서 〈건축가 공동체〉라는 이름으로 자기 회사를 차리기도 했다. 그러나 하버드에서 화가와 조각가들과 팀을 짜는 일은 드물었다. 실질적인 미술 프로그램이 없었기 때문이다. 크랜브룩 같은 특화된 예술 학교에서나 이런 공동 과제 방식이 성공을 거두었으므로, 예일의 시스템은 종합대학 중에서는 단연 돋보이는 것으로 인정받았다.

1948년 가을의 공동 과제는 가상의 유네스코 본부에 전시관을 설계하라는 문제였다.¹²² 칸은 프로젝트의 위치를 필라델피아의 페어마운트 공원, 2년 전 유엔 본부가 들어설 자리로 추진했던 부지로 잡았다(같은 학기에 그는 자신의 작업과 훨씬 더 직접적인 연관이 있는 고급 설계 문제를 냈다. 교외 주택 건축 문제였는데, 고객의 신상이며 거리 주소에 이르기까지 제넬 하우스가 그 모델이었다).¹²³ 커다란 유네스코 벽화를 그리는 일은 화가들에게, 〈수직적 이동 요소〉(계단을 말한다)는 조각가들에게 맡겼고, 팀의 건축가들에게는 마스터플랜과 드넓은 전시관의 — 25미터 높이의 천장에, 가로막히는 데 없이 2만여 제곱미터의 넓이였다 — 엔지니어링을 담당하도록 했다. 이 일에는 기념비성에 대한 칸의 관념이 실현된 것을 볼 수 있는 기회가 있었다. 전시관의 골격을 이루는 프레임에 아무것도 씌우지 말고 노출된 채 두라는 지시를 내렸던 것이다. 몇몇 팀은 강철 케이블이 구조물을 지탱하도록 했고, 전시관 위편으로 거대한 트러스들을 캔틸레버(cantilever, 한쪽 끝이 고정되고 다른 끝은 받쳐지지 않은 상태로 되어 있는 들보 — 옮긴이) 구조로 설치한 팀들도 있었다. 이 프로젝트는 전국적인 관심을 끌었다.¹²⁴

1949년 봄 학기의 강의는 칸이 이스라엘 여행을 떠나면서 중단되었다. 그러나 그는 행정부에 더 많은 영향력을 행사하게 되었고, 호프가 『아키텍처럴 레코드』지의 편집자로 일하게 되면서 건축과 학과장에서 사임하자 오랜 친구 조지 하우를 그 자리에 추천했다. 하우는 당시 새로이 사랑에 빠져 있었고 로마의 미국 건축 아카데미에서 주재 교수로 안락하고 조용하게 살고 있었는데, 소여가 예일 측의 제안을 전보로 알린 후 칸은 직접 호소력 넘치는 편지를 보냈다. 「조지, 이 학교에는 자네의 개성과 자네가 갖고 있는 것과 같은 리더십이 필요하다네.」 칸은 간곡히 부탁했고, 예일의 매력을 다음과 같이 늘어놓았다.

이 학교는 진보적이며, 끊임없이 변화하고 발전하는 상태라네. 상부에서 하달되는 지시도 없지. 어떤 특별한 질서나 이데올로기가 수반되지 않더라도 모두가 결과에 만족하는 듯하네. 자네는 학교를 자네가 원하는 곳으로 만들 수 있고, 에드(스톤)와 크리스(터너드, 도시 계획과 학과장) 그리고 자네를 가장 잘 아는 나는, 자네가 문화적 경험과 지혜를 통해 예일이 지금의 자유로운 정신을 지속시키고 보다 나은 결과를 낳도록 길잡이를 제공해 줄 수 있으리라 생각하네.[125]

하우는 수락했고, 1950년 1월부터 학과장을 맡기로 했다.

이와 더불어 칸과 소여는 바우하우스의 화가였으며 바우하우스의 여러 가지 이상을 미국에 옮겨 심었던 요제프 알베르스(1888~1976)를 설득해 1949년 가을의 공동 프로젝트 객원 크리틱으로 오게 했다. 이번 과제는 〈플라스틱을 위한 아이디어 센터〉로, 어느 제조 회사의 디자인 스태프를 위한 프로그램이었다.[126] 알베르스는 예일을 좋아했고, 칸의 강력한 지원에 소여도 알베르스를 마음에 들어 했다. 1950년 두 사람은 알베르스를 종신직으로 임용하여 기존의 회화와 조각 수업 과정을 통합하고 완전히 개혁해 신설한 디자인과의 학과장을 맡게 했다. 소여는 하우가 건축을 담당하고 알베르스가 디자인을 담당하는 체제를 구축해 광범위한 공동 작업 환경을 창조해 내려고 했다. 그의 시도가 완전한 성공을 거둔 것은 아니었으나, 그토록 뛰어난 재능을 지닌 두 예술가가 거의 동시에 임용되면서 예일은 미국 예술의 최고 명문으로 발돋움했다.

알베르스는 「정사각형에 바친다」 연작의 색채에 관한 부단한 탐구를 예일에서 첫 강의를 하기 직전에 시작했는데, 칸은 이에 깊은 인상을 받았음이 분명하다. 알베르스의 작품은 아마도 사물의 근원적 질서에 대한 칸의 탐구에 불을 지폈을 것이고, 훗날 칸이 글을 쓰는 방식 역시 그의 아포리즘적 시에서 영향을 받은 것일 수 있다. 그의 대표적인 시 한 편에서 알베르스는 이렇게 선언했다.

디자인한다는 것은
계획하고, 조직하며, 질서를 세우고, 관련짓고
통제하는 것
한마디로 그것은
무질서와 사고를 저지하는 모든 수단을 끌어안는 것.
따라서 그것은
인간의 욕구를 의미하며
인간의 사고와 행동을 가능하게 한다.[127]

뉴욕 주 로체스터의 퍼스트 유니테리언 교회를 지으며 벽에 걸 장식물을 디자인할 때, 칸은 유명한 직물 예술가인 알베르스의 아내 안니에게 제작을 부탁했다.

그러나 건축과 학생들이 곧바로 알베르스와 함께 공부했던 것은 아니었다. 하우는 1년차와 2년차 학생들(문학사와 건축학 학사 통합 과정에서는 3학년과 4학년인 학생들)을 위해 별도의 기초 디자인 스튜디오를 창설했는데, 신비주의에 가까운 성향의 유진 날이 그 감독이었다. 개인적 발견과 자재에 대한 감수성을 강조하는 날의 방식은 바이마르 바우하우스 초창기의 요한네스 이텐의 가르침을 연상시켰다. 하우가 건축학적 토론의 수단으로 삼으려 1952년 창간한, 예일에서 발행하는 저널 『퍼스펙타』의 첫 호에서 날은 그 특유의 모호한 용어를 써가며 자신의 철학을 설명했다.

건축에서 〈완전한 디자인〉은, 굉장히 광범위하면서 현실 가능성 있는 전망을 요구한다. 그 불합리하고 복잡한 근원이 개인적 규율이라는 면에 깊이 뿌리박고 있기 때문이다. 완전한 디자인은 단기적 사실에서 관찰할 수 있는 즉각적인 상황에 대한 직관적인 감수성을 포괄해야 한다. 이런 감수성은 자기중심적인 감상주의 그 이상의 〈윤리적 행동〉(가장 넓은 의미에서의)과 결부되어야 하며, 이는 이론과의 부단한 지적 싸움 — 현실의 내부와 외부 세계 사이의 관계에 대한 철학적 탐구 — 을 요구한다.[128]

본인 역시 애매한 표현을 즐겨 쓰는 경향이 있던 칸은 날을 묵인해 주었지만, 이 과정을 끝마친 후에 전통적인 예일 방식에 따라 객원 크리틱의 지도를 받게 되는 고급반 수업을 감독(하우와 함께)하는 데 집중했다. 필립 존슨과 벅민스터 풀러는 탁월한 객원 교수였고, 스튜디오 의무 실습을 중요하게 여겼던 예술사 학부의 교수진, 특히 빈센트 스컬리에 의해 심사단에 합류하게 되었다. 스컬리는 학생들이 모든 시대의 예술 내에서 그 의도의 일정한 규칙성을 파악할 수 있도록 열정적으로 가르쳤는데, 이는 역사에 대한 망각에 빠져 근대 건축이란 새로이 창조해 내야 하는 것이라 생각한 많은 젊은 건축가들의 믿음을 바로잡을 수 있는 참신한 해결책이었다. 물론 이는 역사의 필요불가결에 대한 칸의 확신과도 같은 맥락이었고, 칸과 스컬리는 절친한 벗이 되었다. 이처럼 탁월한 아이디어들을 마주한 예일 대학생들은 건축의 새 시대의 개막을 목도하고 있었다.

1953년 가을 학기에 하우는 정년퇴직을 맞았다. 본인은 칸이 자기 뒤를 이으리라 생각했던 것 같지만, 학과장직은 대신 영향력 있는 객원 크리틱이었던 팻 슈바이커에게 돌아갔다. 슈바이커에게는 하우가 지녔던 능력이 없었다. 객원 크리틱들의 기분을 잘 맞추지도 못했고, 이따금 편견 섞인 태도를 보이는 학생들이 유진 날의 진가를 제대로 파악하도록 관리하지도 못했다. 칸은 이 새 체제가 썩 편치 않았고, 1955년 봄에 사직했다. 건축학 교육 인증원은 건축학부에 불화의 조짐이 보임을 눈치챘고, 인증을 철회하겠다고 경고했으며 예일에 1955년부터 1956년까지 시정 처분을 내렸다. 슈바이커와 소여는 사임해야만 했다.

스컬리는 1956년 예일 총장 휘트니 그리스월드를 설득하여 칸에게 학과장 자리를 주도록 했던 이들 중 하나였고, 칸은 이 제안에 몹시 마음이 끌렸다.[129] 그러나 그는 제안을 받아들인다면 결국 교수로서의 명성에 필적할 만큼 실제 건축 활동의 범위를 넓힐 수는 없으리라는 것을 알았다. 이후 50년대 말 예일에 신설된 석사 과정에서 객원 크리틱으로 다시 강의를 맡게 되기는 하지만, 칸은 학과장직을 거절했다. 어떤 의미에서는, 칸에게 학과장을 거절하겠다는 결심을 들게 한 것은 바로 그 자리를 제안한 예일이었다고 할 수 있다. 칸의 경력을 장식하는 최초의 중요한 작업인 예일 아트 갤러리 증축(1951~1953)을 예일에서 의뢰했기 때문이다. 새로운 갤러리의 완성과 더불어 싹트기 시작한 실제 건축 작업에 대한 열정 덕분에, 칸은 용기를 얻어 거절할 수 있었다.

데이비드 B. 브라운리

2

공간의 이상적인 형태를 발견하다

새로운 건축을 상상하다
1951~1961

33 피라미드, 기자, 1951년 1월.

예일 아트 갤러리 건축을 의뢰받았던 1951년, 루이스 칸은 상당히 높은 평가를 받았으나 널리 알려지지는 않은 건축가였다. 함께 일했던 이들을 제외하고는 몇십 년 안에 전 세계적인 찬사를 받게 될 그의 역량을 알아보는 이가 드물었던 탓이다. 그러나 예일 아트 갤러리를 완성한 이후 십 년이라는 비교적 짧은 기간 안에 그는 세대를 통틀어 모든 건축가들이 표출해 왔던 관심사에 부응하는, 독특한 표현 양식을 발전시키기에 이른다. 그리고 1974년 3월 사망할 때까지 그는 이러한 표현 양식을 통해 건축의 형태를 새로이 바꿔 놓는다.

물론 동시대인들 중 변화를 추구했던 이가 칸 혼자만은 아니었다. 그러나 이전 세대의 프랭크 로이드 라이트가 그랬듯, 다른 이들이 말로만 제안하기에 그칠 수밖에 없던 바를 실제 건물을 통해 실현시킨 것은 칸이 최초였다고 볼 수 있으며, 그리하여 칸은 새로운 건축을 시작한 것이다. 건축적 형태의 기원 자체를 찾으려 끈기 있게 탐구하는 과정에서, 칸은 시각적인 아름다움을 기꺼이 희생했다. 칸에게 있어 건축 부지와 자재를 고려하는 작업은 — 이는 라이트가 최우선으로 여겼던 요소들이었다 — 부차적인 일에 불과했다. 물론 칸 역시 자재의 사용에 있어 그 내재적인 특성에 대한 세심한 이해를 도모하기는 했지만 말이다. 이국적인 기하학적 형태와 혁신적인 구조의 사용이라는 면에서 칸의 대담성은 라이트보다 덜했다. 위대한 건축이 지니는 시대 초월성을 이룩해 내고자 결심한 칸에게는 새로운 것의 발명보다 과거 속에서의 발견이 더 중요했던 것이다. 그가 시작하는 건축이 계속해서 모던이라고 불려야 할지 아니면 다른 용어로 지칭되어야 할지, 그 자체는 칸에게 그리 중요한 문제가 아니었던 모양이다. 실제로 그는 〈모든 것이 건축 안에 존재하는 건축에 속하며 나름대로의 힘을 갖고 있기 때문에, ≪근대적modern≫이라는 것은 없다.〉[1] 고 주장한 바 있다. 그럼에도 불구하고 그는 전과 다른 새로운 용어로 지칭되어 마땅한, 중대한 변화를 이룩해 냈던 것이다.

로마에서 새로움을 목격하다

예일 아트 갤러리 의뢰가 들어왔을 때 칸은 로마의 미국 건축 아카데미에 주재 교수로 있었는데, 앞서 거쳐 간 많은 건축가들이 그랬듯, 그 역시도 실무에서 잠시 휴식을 취하며 자기 작업이 나아갈 방향을 재고할 수 있게 되어 크게 기뻐했다. 그가 로마에 머문 기간은 비교적 짧았지만 — 고작 석 달뿐이었다 — 그 시기를 기점으로 작업 방향이 결정적으로 변화하게 된 것을 미루어 볼 때, 이 기간은 그에게 커다란 영향을 끼쳤던 것 같다. 로마에 머무른다는 것은 역사를 근본적으로 배울 수 있다는 것이기에, 그는 완전히 압도당하고 말았다. 로마에 도착한 직후 그는 필라델피아의 회사 동료들에게 다음과 같이 썼다.

나는 이탈리아의 건축이 미래의 건축 작업에 있어서도 영감의 원천으로 남아 있을 것임을 확실히 깨달았네. 그렇게 생각하지 않는 이들은 다시 제대로 보아야만 하네. 이탈리아의 건축에 비하면 우리의 작업은 형편없는 졸작이며, 모든 순수한 형태는 당시에 이미 가능한 모든 방식으로 변형되어 시도된 바 있네. 이탈리아의 건축은 건설에 대한 우리의 지식과 필요 사항에 부합하는 것이므로, 필요한 것은 그것을 해석하는 일이네. 나는 복원(그런 종류의 해석 작업)에는 그리 관심 없지만, 한 공간이 창조되기까지 건축가가 어떻게 접근했는지 그 접근 방식을 읽어 내는 데에는 개인적으로 큰 의미를 둔다네. 특히 그 건축가가 주변 건물들을 둘러보는 데서 출발하여, 주변 건물들에 맞게 공간을 창조해 낸 경우에는.[2]

다음 달 그리스와 이집트를 여행할 때에도, 칸은 열정적인 태도를 고수하며 기념비적 건축의 시초 그 자체를 보여 주는 유적지들을 찾아다녔다(fig.33).[3] 다른 건축가들이 여전히 역사의 효용성에 대해 의문을 제기하는 경향이었던 반면, 훗날 그는 다음과 같은 말로 역사에 대한 자신의 관심을 확언한 바 있다. 「건축가는 항상 과거의 가장 뛰어난 건축에 눈을 돌리는 일부터 시작해야 한다.」[4]

로마에서 특별히 인상적이었던 건축이 어떤 것이었는지에 대해서는 칸이 남겨 준 실마리가 거의 없다. 무엇을 그린 것인지 대강 추정만 할 수 있는 스케치 한두 점을 제외하고는, 로마 유적에 대한 드로잉은 남아 있지 않은 듯하다. 자신의 노트에 그는 다만 〈로마인들은 대리석의 마감재로 벽돌의 기초적인 사용을 도입했다〉[5]는 글을 남겼을 뿐이다. 그가 지속적으로 언급한 특정 유적은 단 두 가지뿐이다. 바로 판테온과 카라칼라 욕장이다.[6] 칸이 남긴 말로 보면 그가 가장 매력을 느꼈던 유적은 판테온인 듯하지만, 공식적으로 가장 좋아하는 건물이라고 밝힌 것은 카라칼라 욕장이었다. 「인간이 기능적인 것을 넘어서려는 포부를 지니는 순간은 언제나 경탄할 만하다. 이 자리에는 인간이 목욕을 하기 위해 40여 미터 높이로 볼트 천장의 구조물을 지으려 했던 의지가 있다. 3미터면 충분했을 텐데 말이다. 지금은 폐허가 되었음에도 불구하고, 카라칼라 욕장은 경이롭다.」[7] 그 흔적이 매우 희미하기는 하지만, 칸의 후기 건축물에서는 그가 로마에서 보았던 유적들로부터 많은 것을 배웠다는 사실이 드러난다. 그는 이 고대 도시의 특징이라 할 수 있는, 벽돌로 마감된 육중한 유적들의 진가를 제대로 꿰뚫어 보았다. 장식부가 사라지고 말았기에, 로마 건축은 강인한 벽과 탄탄한 볼트 지붕에 의해 형태가 잡힌 순수한 기하학적 형상의 모습을 그대로 드러냈다. 칸이 오래 전부터 알고 있던 로마에 대한 자료들 역시, 로마 건축을 받아들이는 그의 방식을 한층 강화시켜 주었을 것이 틀림없다. 빈센트 스컬리가 그의 독창적인 논문을 통해 그 연관성을 언급한 바 있듯, 칸이 알고 있던 로마에 대한 자료로는 오귀스트 슈아지와 조반니 바티스타 피라네시의 드로잉이 있다.[8] 슈아지는 구조와 중량감의 핵심만 남은 단순화된 형태로 로마 건물을 묘사했고, 피라네시는 폐허로 남은 고대의 흔적 속에 숨어 있는 환상적인 기하학적 조화를 되살려 로마의 정경을 재구성해 냈다.

칸이 로마에서 실제로 어떤 책을 읽었는지를 확실히 알아보기는, 그가 무엇을 보았는가 하는 점보다 훨씬 더 까다로운 문제이며, 이는 비단 로마 체류 때뿐만이 아닌 이후 다른 시기에도 마찬가지이다. 그는 항상 자신이 글로 쓰인 것은 결코 읽지 않는다고 주장했고, 이 말을 믿지 않을 이유도 없다.[9] 한 예로, 그는 어느 건축학도들 모임을 대상으로 이렇게 말한 적이 있다. 「나는 나 자신이 상당히 신기한 종류의 학자라고 생각합니다. 읽지도 않고, 쓰지도 않기 때문이지요.」[10] 그러나 그는 끊임없이 서적을 들춰 보았고 남의 말에 귀를 기울였다. 예일에서 그는 스컬리의 건축사 강의를 자주 들었고, 미국 건축 아카데미에서는 로마 건축에 대한 이해와 찬탄이 칸 자신과 필적하는 수준이었던 역사 고고학 담당 주재 교수 프랭크 E. 브라운과 오랜 시간 동안 이야기를 나누곤 했다고 한다.[11]

꼭 로마를 다룬 것이 아니더라도, 칸의 여행 스케치에는 고대 건축물의 감각이 강하게 드러나며 이러한 감각은 그의 후기 작품에 반영된다. 1931년 그는 여행 스케치에 대해 이렇게 썼다. 「〈핵심이 드러나는〉 드로잉이 〈가치가 있는 것이다.〉 그리고 나아가, 모든 드로잉은 그것이 다루는 소재의 〈서정적 리듬, 매스와 대조적인 요소, 그리고 그 디자인에 대한 느낌〉을 반영해야 하므로, 원근법이나 구도에 대한 관습적인 법칙을 따를 필요는 없다.」[12] 아카데미 주재 시기 이후에 그린, 그리스식 원기둥을 담은 칸의 드로잉은(fig.34) 이전 시기의 그림에서는 눈에 띄지 않던 생동감 있는 활력을 담아 기둥의 매스를 묘사해 내고 있으며, 아테네 아크로폴리스를 그린 스케치에서는(fig.35) 매스에 대한 새로운 통찰력

34 아폴론 신전의 기둥, 코린토스, 1951년 1월.

35 아크로폴리스, 아테네, 1951년 1월.
36 신전 내부, 카르나크, 1951년 1월.

과 성스러운 땅이 지닌 상징적인 힘이 드러난다. 건축적 형태의 추상적이고 기하학적인 힘은 이집트의 피라미드와 성전 스케치에서(fig.36) 더욱 극적으로 드러난다. 이 드로잉들은 모두, 여전히 인류의 가장 높은 포부를 일깨우기에 충분한 고대의 형태들을 그가 발견했음을 반영한다.

고대의 육중한 매스를 도입하다

칸은 로마에서 돌아온 지 고작 몇 주 만에 예일 아트 갤러리 초안을 제출했다. 그의 계획안은 1951년 6월경에 승인을 받았다. 벽 전체가 유리로 되어 있거나 창문 없이 아예 막혀 있는, 로프트 빌딩(loft building, 내부 공간을 분할하지 않아 다목적으로 사용할 수 있는 건물 — 옮긴이)이었는데, 칸이 모더니즘의 표현 방식을 능숙하게 구사하고 있으며 이를 1950년 이전에 했던 작업들과 아주 자연스럽게 연결시키고 있다는 점이 뚜렷하게 드러난다. 동시에 이 건물은 칸이 모더니즘의 표현 방식과 결별하는 최초의 중대한 발걸음을 내디뎠다는 증거이기도 하다. 주 파사드의 벽돌 면을 따라 붙인 돌림띠 장식(fig.38)이 그러하며, 두께가 거의 1미터가 되는 콘크리트 바닥 슬래브(fig.37) 시스템은 더욱 강력한 증거이다. 칸은 구조물이 무게를 지지한다는 점을 뚜렷하게 드러내 보임으로써 매스에 대한 고대의 개념을 재도입했다. 물론 그가 최초로 이런 노선을 채택한 것은 아니다. 르코르뷔지에를 비롯해 여러 명의 당대 유럽 건축가들이 오래 전부터 이런 식의 작업에 앞장서 왔던 것이다. 그러나 1953년 완공된 갤러리의 외관은 미국에서는 커다란 충격을 안겨 주었다.

칸은 모더니즘에 대해 거북한 자세를 취했던 것으로 종종 묘사되었으나, 그가 실제로 모더니즘에 거스르는 말을 했다는 기록은 없다. 다만 그는 모더니즘 각각의 요소들을 다룸으로써 모더니즘에 대해 재사고하였으며, 그렇게 함으로써 궁극적으로는 모더니즘의 전체를 뒤바꿔 놓기에 이르렀다. 처음에는 매스의 측면에서 시작하여, 차차 공간적 분할, 공간의 열림opening, 내부와 외부의 소통이라는 측면들을 고찰해 나갔으며, 결국에는 모든 것이 이전과 달라졌던 것이다. 그러나 이 무렵에는 그런 점이 거의 드러나지 않았다.

칸이 설계한 갤러리는 설비 공간이 노출되어 있었는데, 이는 정통 모더니즘이 취하는 매끄럽고 균열 없는 윤곽으로부터 벗어난 것이었다. 외국에서는 이 점을 간과하지 않았다. 영국에서는 이 갤러리가 미국에서 뉴 브루털리즘을 가장 잘 보여 주는 건축물이라고 평가했는데, 잠시 동안 유행했던 이 뉴 브루털리즘이라는 용어는 칸의 의도 중 단지 일면을 잡아내는 데 그쳤을 뿐이다.[13] 미국에서 보인 당황스러운 반응을 반영하듯, 칸보다 앞서 예일 갤러리의 설계안을 제안했던 바 있으며, 모더니즘의 아이콘 중 하나인 뉴욕 현대 미술관을 설계하기도 한(에드워드 듀렐 스톤과 함께, 1939년 완공) 필립 굿윈은 칸이 지은 건물에 대해 〈탁월하며, 특히 외부에서 보았을 때 그러하다. 단, 천장을 처리한 방식에 대해서는 약간 유보적인 의견이다〉라는 평을 했다.[14] 이러한 평가에서 알 수 있듯이, 칸은 국제주의 양식이 부과하는 제약으로부터 자유로워지고 동시에 역시 제한적인 라이트의 방식으로 이끌리지 않으려는 1950년대의 건축가들 그룹에 합류했다. 당시로서는 에로 사리넨이 이런 노선에서 가장 큰 성공을 이룬 건축가로 평가받았다. 사실 예일의 학생들은 갤러리 건축을 맡은 이가 사리넨이 아니라는 점을 불만스러워했던 것이다.[15] 칸과 마찬가지로, 사리넨도 역사와 새로운 건축 기술이라는 두 방면 모두에서 영감을 찾고자 했으나, 그는 이러한 두 원천을 외부 장식과 피상적인 복잡화의 수단으로 더 많이 사용했다. 모더니즘의 근원적인 측면에 의문을 제기하는 데에는 이르지 못했기에, 사리넨은 당대에 활동했던 다른 건축가들처럼, 건축을 낭만주의화했던 것이지 바꿔 놓은 것은 아니었다.[16] 그러한 공로는 칸의 몫이었다.

굿윈이 불편함을 토로했던 천장은 물론 칸의 착상에서 핵심적인 부분이었다. 골조와 설비 공간이 노출되도록 그대로 둠으로써 그는 구조적이고 기계적인 필요성을 둘 다 충족시켰고, 그리하여 그가 로마에서 통찰할 수 있었던 기초적이고 시대 초월적인 건축을 달성해 낸 것이다. 게다가, 천장의 삼각형 리브가 이루는 눈에 띄는 패턴은 로마식 볼트 천장과

교감을 자아내는 방식으로 아래쪽 공간과의 차별화를 암시한다(fig.39). 이러한 식으로 칸은 자신의 건축물이 역사의 근원적인 측면을 담아내도록 했으며, 역사적인 면을 최신 기술의 이미지와 결합시켰기에 — 예일 갤러리의 경우에는 천장 시스템이 거기에 속한다 — 그의 건축은 당대의 냄새 역시 강하게 풍겼다. 예일 갤러리의 천장 시스템은 벅민스터 풀러의 스페이스 프레임을 이용한 것이었는데, 칸은 이를 본래의 가벼운 구조에서 시각적으로 육중해 보이는 구조물로 개조시켜, 역사와 기술 간의 조화를 도모했다. 케네스 프램턴이 칸의 후기 건물들에 대해 남긴 다음과 같은 평가에서도 드러나듯이 말이다.

칸의 작품은 우리에게 서로 보완적이면서도 완전히 상반되는 두 가지 원칙을 제시한다. 그 첫 번째는 절대적인 반(反)진보주의 원칙인데, 이 원칙에 따르면 인간은 공통적으로 건축에 대한 관념적 기억을 지니고 있으며, 이 기억 속에서는 있을 수 있는 모든 구성 형식이 각각 독자적인 순수함을 간직한 채 영원히 존재한다. 두 번째 원칙은 열렬하게 진보적인 성격으로, 새로운 기술을 바탕으로 삼아 건축적 형태의 혁신을 추구한다. 칸은 새로운 목적과 용도에 부응하는 이 두 번째 원칙이 첫 번째 원칙과 결합했을 때 적절한 건축적 표현을 이끌어 낼 수 있고, 구체적인 형태로 신선한 시적 가치와 제도적 가치를 새로이 아우를 수 있을 것이라고 믿었던 듯하다.[17]

면밀히 검토해 보면, 칸이 건축에 접근하는 방식의 특징은 역사와 새로운 기술의 조합이라기보다는 오히려 역사에 최신 기술의 인상을 풍기는 기하학적 질서를 접목시켰다는 편에 가까워 보인다. 작품을 발표하면서 칸은 갤러리의 천장 도면(fig. 40)이 특히 마음에 든다고 밝혔는데, 계단이 들어가는 부분이 다른 도면에서는 실제 그대로 일부만 원통형인 형태로 보이는 반면, 이 도면을 보면 순수한 원통형으로 나와 있다. 지역 건축 규정 때문에 스페이스 프레임을 기울어진 T자 빔 형태라는 보다 전통적인 구조로 재설계하여야만

37 예일 대학 아트 갤러리, 코네티컷 주 뉴헤이븐, 1951~1953. 북쪽에서 바라본 전망, 1953.

38 예일 대학 아트 갤러리, 현관.

다음 페이지
39 예일 대학 아트 갤러리, 갤러리.

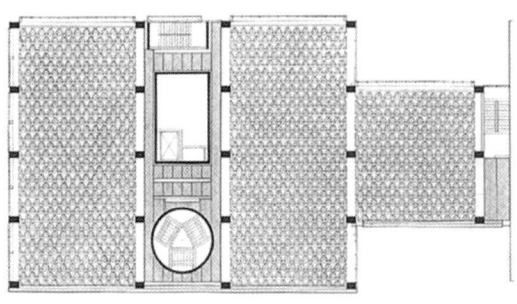

40 예일 대학 아트 갤러리, 천장 반사 도면.

41 계단, 올려다본 광경.

하게 되자, 칸은 프레임의 외관이 원래 구조가 지녔던 드라마틱한 디자인을 간직하도록 정교하게 손을 쓰고, 안이 텅 빈 삼면의 피라미드 모양만은 — 스컬리는 여기에 칸의 최근 이집트 여행의 흔적이 강하게 드러난다고 보았다 — 지지 요소로 그대로 유지했다.[18] 이러한 형태의 감각을 한층 강화시켜 주는 미학적 선택은 바로 드라마틱한 계단으로, 계단이 이루는 삼각형의 구조가 천장의 삼각형 코퍼(장식 등의 목적으로 천장을 우묵하게 들어가게 한 부분 — 옮긴이)에서 다시 반복되어, 건물의 기하학적 테마를 뚜렷하게 강조한다(fig. 41).

예일 아트 갤러리의 질서 있는 기하학은 일찍이 비슷한 구조를 탐구한 바 있었던 앤 그리스월드 팅의 비판적 영향력이 지속되고 있었음을 보여 준다.[19] 팅은 이 갤러리를 칸의 건축 이력에서 전환점으로 간주했으며, 자신이 그 설계에 영향력을 행사했고, 〈기하학의 원형적인 질서〉에 대한 칸의 인식을 일깨운 건물이라고 보았다.[20] 팅의 영향을 받았다는 점은 칸이 르코르뷔지에의 롱샹 예배당(1951~1955)에 대해 보인 반응에서도 추측해 볼 수 있다. 「나는 미친 듯이 그 건물을 사랑하게 되었다. (……) 명백하게 예술가의 작품이다. (……) 앤은 만족하지 않는데 (……) 그 형태가 질서로부터 온 것이 아니기 때문이다. (……) 그녀는 구조에 대한 르코르뷔지에의 개념이 나와 그녀가 이해하는 것만큼이나 성숙하다면, 르코르뷔지에 자신도 자신의 작업에 만족하지 않을 것이라고 말한다.」[21] 훗날 그는 팅에 대해 〈생태적 구조에 내재하는 기하학적 형태의 미학적 함의를 안다. 그 형태는 우리로 하여금 측정 가능한 것과 측정 불가능한 것 사이의 경계에 가 닿을 수 있게 해준다.〉[22]고 썼다. 팅은 또한 칸과 벅민스터 풀러 사이에서 유능한 가교 역할을 했다. 팅과 칸은 1949년에 풀러를 만났는데,[23] 풀러는 그녀의 아이디어를 존중하게 되었으며, 다음과 같은 찬사를 했다. 「그녀는 창의적이고 솜씨가 대단히 우수한 과학적인 작업을 해왔으며, 이러한 작업을 보면 그녀가 모든 플라톤 입체들(5대 정다면체 — 옮긴이) 간의 황금 분할적인 관계를 발견했음을 알 수 있다. 일찍이 이러한 관계를 알았던 사람은, 적어도 기록상에는 없었다. (……) 앤 팅은 루이스 칸의 기하학 전략가였다.」[24]

칸의 작업에서는 기하학적 질서가 계속해서 나타나며, 건축학적 매스의 느낌을 주기 위해 석조 구조를 인상적인 방식으로 사용하는 경향 또한 마찬가지였다. 그 시기에 필라델피아 시를 위해 설계한 다소 보수적인 건물 두 채인 밀 크리크 프로젝트(1951~1956)와 미국 노동 의료 서비스 연맹 빌딩(1954~1957)에 이러한 점이 나타난다. 밀 크리크 프로젝트(1956~1963년에 증축되었다)에는 제약을 극복하고서라도 저비용의 주거 시설을 설계하고자 하는 칸의 지속적인 노력이 집약되어 있다. 그 결과 높은 유닛과 낮은 유닛(대부분은 1956~1963년에 증축된 것이다)이 섞여 있는 복합적 건물이 완성되었는데, 관료주의와의 기나긴 타협 과정을 반영하듯 눈에 띌 정도로 억제된 분위기이다(fig. 42). 노동 의료 서비스 연맹 빌딩은 이 시기의 프로젝트 중에서 칸의

42 밀 크리크 프로젝트, 펜실베이니아주 필라델피아, 1951~1956. 커뮤니티 센터와 고층 아파트 빌딩, 1956년경.

1950년 이전 작업들과 강력한 연관성이 있는 또 하나의 예이다. 예일 아트 갤러리와 마찬가지로, 노동 의료 서비스 빌딩 역시 노출 콘크리트 구조를 이용해 독특한 외관을 자아냄은 물론 통합적인 기계 설비를 제공하였다(fig.43). 널찍한 간격을 두고 늘어선 기둥 사이에는 비렌딜 트러스가 가로놓여 있는데, 이 트러스에는 육각형의 틈이 나 있어 예일 아트 갤러리의 기하학적 면모를 연상시키며, 매끄럽고 볼륨감 있는 외관을 덮고 있는 유리와 석조 패널 안쪽인 내부에서 보면, 그 결과로 얻어진 매스의 감각이 한층 더 탁월하게 눈에 들어왔다. 그러나 1957년 2월 개관했을 때 노동 의료 서비스 빌딩은 더 널리 알려진 칸의 다른 건물들과는 확연히 동떨어진 모습이었고, 1973년 이 건물이 새 고속도로 건설을 위해 철거되었을 때 항의하는 목소리는 거의 없었다.[25]

공간의 구분이 의미하는 것

역사적인 건축물에 대한 그의 감각이 일러주는 대로 이상화된 기하학적 질서를 추구하는 과정에서, 칸은 공간의 구분에 이끌렸던 듯하며, 그는 곧 공간적 연속성을 중시하는 모더니스트적 이상에 도전하게 된다. 1951년 말부터 1953년 중반까지 칸은 예일 아트 갤러리의 설계를 마무리하고 그 건설을 감독하는 작업과 병행하여 필라델피아 시의 교통 흐름에 대한 연구를 구상했는데, 이 연구에서는 그러한 질서 있는 공간 분리의 전조가 드러난다. 이 작업은 미국 건축가 협회의 필라델피아 지부 위원회가 맡긴 것으로, 칸은 밀 크리크 프로젝트 때 설계를 속박했던 제약들로부터 벗어나 연구를 준비할 수 있었다. 그는 우선 비상한 솜씨로 도시 교통 흐름도를 직접 그렸고 이를 바탕으로 개별적 요소를 차별화하는 일부터 시작했다. 맨 먼저 각각의 구성 요소를 파악하여 문제를 분석한다는 오랜 전통을 따라 그렇게 한 것이었는데, 이 경우 개별적 요소란 각 차량과 사람에 해당하며, 서로 크기와 진하기가 다른 화살표를 이용하여 그 상대적인 규모와 속도를 반영해가며 교통 흐름도에 표시하였다. 다음 단계로 이 요소들이 각각 적합한 장소와 통행로에 배치되게끔 보다 질서 있는 총체성으로 재조합시켜, 개별적인 정체성을 잃지 않으면서도 설득력 있는 통일성을 얻어 냈다(fig.44, 46). 다른 관점에서 보면 르코르뷔지에가 그린 이상화된 도시 이미지를 연상시키기도 하는데, 다행스럽게도 위협적으로 하늘을 맴도는 비행기나 위험스러운 가설 활주로는 보이지 않는다.

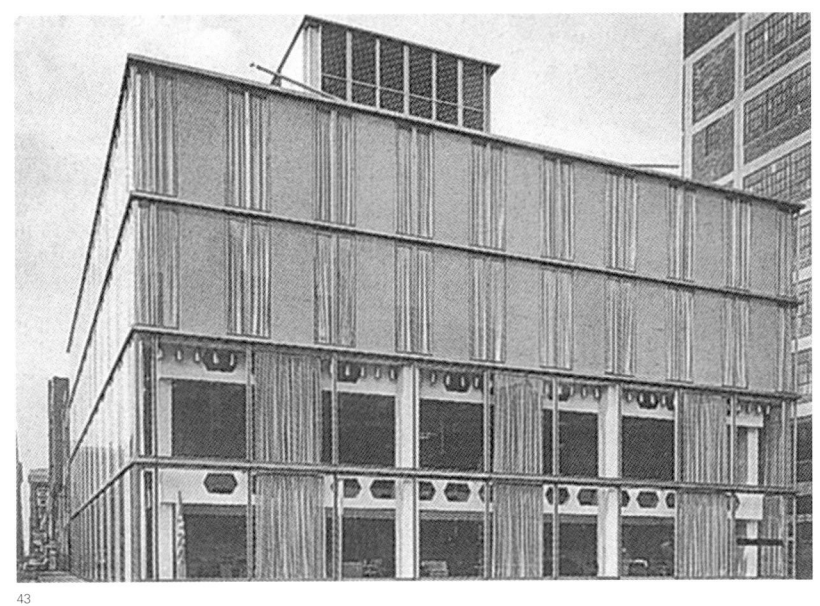

43 미국 노동 의료 서비스 연맹 빌딩, 펜실베이니아 주 필라델피아, 1954~1957.

앤 팅은 〈루는 언제나 사물들 간의 구별을 원했다〉고 회상하는데,[26] 이 말은 1차적으로는 디테일을 중시하는 그의 방식을 가리키는 것이지만, 보다 큰 규모에서도 적용되는 말이었다. 칸에게 있어, 그토록 완고히 고수했던 단순화와 재조합은 시작을 가능케 하는 수단이었고, 다음으로 그는 그 방식을 건축에 적용했다. H. 레오너드 프루흐터 하우스(1951~1954, 미건축)는 이러한 접근 방식의 예비 단계를 보여 준다(fig.45). 이 주택은 예일 아트 갤러리 천장 디자인을 다듬고 있던 1951년 9월에 뉴욕 출신의 사업가 프루흐터와 그 아내로부터 의뢰받았는데, 이듬해 봄이 되어서야 설계가 되었고, 1953년 초에 부차적인 수정을 거쳤다.[27] 집의 주 기능 각각이 독립적인 기하학적 유닛을 할당받는데, 이 유닛들을 재조합하는 데 있어서 칸은 단일한 상관적 질서를 찾아내려 했다기보다 예일 아트 갤러리 계단에서 시도했던 배치의 효과를 더 크게 하는 데 중점을 두었던 듯하다. 그는 내부에 삼각형을 이루며 내접하게 하는 설계 방식에 몹시 강하게 이끌렸던 것이 틀림없다. 다음 해만 해도 세 개의 프로젝트가 그러한 패턴을 따르고 있다. 그 시각적 유사성 이면에는 정체를 파악할 수 없는 다양한 소스가 있었다.

프루흐터 하우스의 작업을 중단한 지 얼마 안 된 1953년 4월, 칸은 필라델피아 시빅 센터 구상도의 일부를 그렸는데, 호텔 방들이 이루는 원형의 울타리에 삼각형의 백화점 건물이 포개지는 형태였다. 1952년 어느 필라델피아 저널에 1785년경의 것인 클로드-니콜라 르두의 어느 여관 설계도가 실렸는데, 이것이 그로 하여금 이러한 기하학적 배합에 한층 더 강한 매혹을 느끼게 했던 것이 분명하다.[28] 다음으로 그는 이러한 배치를 아다스 제슈룬 시나고그와 학교 건물(1954~1955, 미건축)에 활용하였는데, 이번에는 성소 건물을 삼각형으로 하고 그것을 원형의 부분적인 담으로 둘러쌌다(fig.47).[29] 칸은 그 구조로 오픈된 삼각 스페이스 프레임을 염두에 두었는데, 이는 1953년에 구상했던 예일 아트 갤러리의 이상적인 구조를 연상시킨다. 그는 발터 그로피우스에게 이렇게 썼다. 「예일 아트 갤러리 작업을 계기로 나는 3차원적인 건설과 그 건축학적 함의에 대해 생각하게 되었습니다. 나는 진정으로 의미심장한 건물을 창조할 수도 있었을 힘들을 불러일으키지 못하고 말았습니다.」[30] 이 시나고그에서 칸은 기둥의 잠재적인 기능 — 프레임에 맞추어 기둥은 이따금 기울어지기도 했다 — 을 모색했다.[31] 기둥들

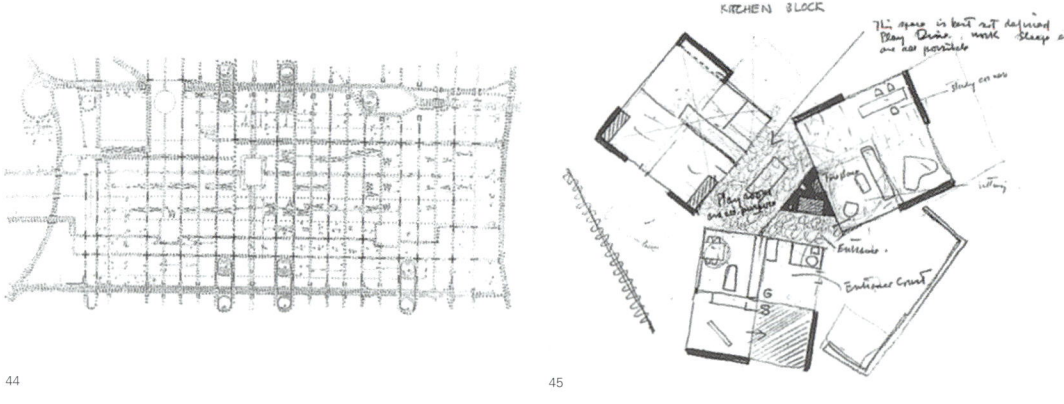

44

45

46

44 필라델피아 교통 연구,
펜실베이니아 주 필라델피아,
1951~1953. 교통 흐름도.

45 프루흐터 하우스, 펜실베이니아
주 필라델피아, 1951~1954. 평면도,
1952~1953년경.

46 필라델피아 교통 연구,
투시도, 1953년경.

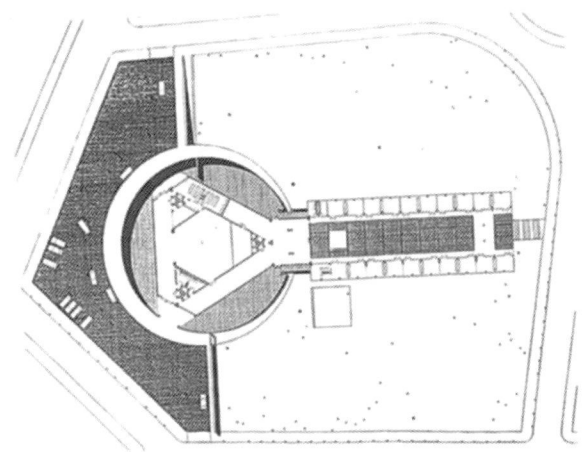

47

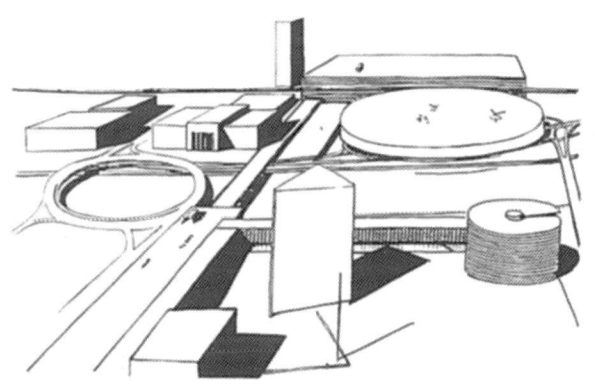

48

47 아다스 제슈룬 시나고그와 학교
건물, 펜실베이니아 주 필라델피아,
1954~1955. 평면도, 1954.

48 슈일킬 강 시빅 센터,
1951~1953. 조감도,
1951~1952년경.

49 시빅 센터, 펜실베이니아
주 필라델피아, 1952~1957.
시티 타워가 보이는 투시도,
1952~1953년경.

49

을 한데 모아 놓으면 더 큰 볼륨 안에서 계단이 들어갈 장소들이 구분될 수 있을 것으로 생각한 것이다. 칸의 시나고그가 들어설 부지는 노스 필라델피아의 엘킨스 파크 근처 요크 가에 있었는데, 프랭크 로이드 라이트의 베스 숄롬 시나고그(1954~1959)가 곧 세워질 장소에서 멀지 않은 곳이었다. 칸은 라이트의 육각형 설계가 실린 기사를 모아 두곤 했었다.[32] 자신의 설계를 통해 그는 라이트의 낭만적인 시도가 가진 한계를 효과적으로 극복했다.

같은 패턴의 세 번째 설계에서는(앤 팅과 합동으로 작업) 스페이스 프레임 기법을 더욱 드라마틱하게 활용했다. 시티 타워라는 이름이 붙게 되는 이 건물에서, 칸과 팅은 프리즘을 닮은 단순한 삼각형을 선보였는데, 이는 1952년경 시빅 센터 연구의 한 요소로 앞서 보였던 적이 있다(fig.48). 1953년의 드로잉에는 구상 초기 단계가 나와 있는데, 다양한 면으로 이루어진 경사진 벽을 지닌 삼각 스페이스 프레임 건물이다(fig.49).[33] 그 디자인은 팅과 풀러처럼 이러한 기술을 옹호했던 프랑스의 엔지니어 로베르 르 리콜레(1894~1977)의 영향력이 반영된 것일 수 있다. 르 리콜레는 1953년 4월 칸에게 편지를 쓰고, 자신의 착상을 설명하는 논문 두 편을 보낸 바 있었다. 이들 논문에서 그는 육각 스페이스 프레임이 다층 건물에서 공간적·구조적 효율성을 증대시킬 수 있음을 시적인 어투로 주장했던 것이다.[34]

칸은 스페이스 프레임이 지닌, 단지 기술적인 면에만 국한되지 않는 더 폭넓은 이점들을 감지해 냈다. 1940년대 철제 프레임을 사용한 작업에서도 통찰력을 보였듯 말이다. 1953년 칸은 다음과 같이 썼다. 「고딕 건축의 시대에 건축가들은 견고한 석재로 건물을 지었다. 오늘날 우리는 속이 빈 석재로 건물을 지을 수 있다. (……) 스페이스 프레임의 개발에 대한 관심이 높아 가고 작업이 진행되는 것은, 구조의 설계에 있어서 속이 빈 공간void을 긍정적으로 표현하고자 하는 욕망에 대한 증거이다.」[35] 아다스 제슈룬 시나고그의 무리 지어 늘어선 기둥들은 하나의 변주였다. 이동 공간들은 확장된 〈속이 빈 공간〉에 의해 둘러싸이게 되었다. 스페이스 프레임에 대한 칸의 관심은 곧 사그라들었지만, 그는 틈이 벌어진 공간에 대한 탐색을 계속해 나갔으며 다른 구조 시스템에서도 그러한 공간을 발견해 낸다. 이는 눈에 보이는 합리적인 패턴에 따라 공간과 공간 사이의 관계를 규정하는 수단이자, 벽이 하중을 지탱한다는 전통적인 구조에 자신의 시대에 좀 더 걸맞은 방식으로 활기를 불어넣는 방편이 되었다. 결국 그는 위대한 건축이 갖는 특징인, 부분들의 유기적인 상호 관계를 이루어 냈던 것이다.

예일 아트 갤러리에 대한 칸의 몰두는 이상적인 수준의 구조와 기하학을 달성하려는 차원을 훨씬 넘어섰다. 그가 공간의 합리적 분할을 연구하게 된 계기에는, 갤러리의 오픈 플랜이 너무 손쉽게 변화한다는 점에 대한 커져 가는 불만족스러움도 일조했기 때문이다. 처음에 그는 이동 가능한 파티션 시스템을 사용함으로써 오픈 플랜인 갤러리 내에서도 공간의 지나친 가변성을 어느 정도 통제할 수 있게 되어 그 문제를 해결했다고 믿었고, 그 개방성에 대해 다음과 같이 설명했다. 「좋은 건물이란, 고객이 잘못 사용하여 공간을 망칠 수 없어야 한다.」[36] 그러나 갤러리 내의 공간 분할은 그가 의도하지 않았던 방향으로 변했고, 칸은 예일 학장에게 자신의 디자인이 손상되고 있다며 항의했다.[37] 그는 건축을 〈신중하게 공간들을 만드는 행위〉[38]라 정의했으며 후에는 이렇게 말했다. 「만일 내가 지금 갤러리를 짓는다면, 갤러리 관장이 자기 마음대로 아무렇게나 이용할 수 없도록 공간들을 만드는 데에 더 신경을 쓸 것이다. 나는, 그 자리에 원래 있었으며 어떤 고유한 특성을 지닌 공간들을 주고 싶다.」[39] 이러한 방향의 접근 방식은 프루허터 하우스에서 드러난 바 있었지만, 그것이 함축하는 바는 처음에는 아직 탐구되지 않은 채였다. 1954년 9월에 작업한 프랜시스 애들러 하우스(1954~1955, 미건축)에서 칸은 보다 명확하게 노선을 드러내기 시작했다. 결정적인 길잡이가 되어 준 것은 1955년 초의 트렌턴 배스 하우스였다. 트렌턴 배스 하우스에서는 공간의 분할이 완전히 실현되었다.[40]

1954년 가을은 칸의 회사가 비교적 평온한 시기였으므로, 집중적인 노력을 기울이기에 더없이 좋았다. 예일 아트 갤러리는 전 해에 완성되었고, 노동 의료 서비스 빌딩은 적어도 건설에 들어간 상태였으며, 밀 크리크 프로젝트의 첫 단계도 거의 마무리되었고, 아다스 제슈룬 시나고그의 최종안도 발표를 막 마친 후였다. 칸은 앤 팅을 다시 만났는데, 그녀는 로마에서 두 사람의 딸인 알렉산드라 스티븐스 킹을 낳고 돌아온 참이었다. 이때의 몇 개월 동안, 자신의 신념에 대한 칸의 끊임없는 의문이 재충전된 듯하다. 새로운 아이디어를 지니고 소규모 주택 디자인을 고찰하면서, 그는 동시에 이상적인 형태, 즉 건물이 〈되고 싶어 하는〉 것과, 디자인, 즉 구체적인 주변 환경의 결과물로 지어지는 것, 이 둘 사이를 구별 짓는 자신의 이론을 조직화하기 시작했다. 처음에 그는 구별 짓기를 위해 〈질서〉와 〈디자인〉이라는 용어를 사용했다. 「나는 우리가 디자인에 대해 말하면서 질서를 언급하고 있다고 생각한다. 내 생각에 디자인은 상황의 영향을 받는 것이며, 질서란 우리가 그 면모를 발견하는 것이다.」[41] 그는 이제 더 이상 질서라는 단어를 겹쳐진 기하학적 패턴을 뜻하는 일반적인 의미로 사용하지 않고, 오히려 그보다 앞서 존재하는, 플라톤적 이상의 의미로 사용했다. 따라서 그가 디자인을 측정하는 방식은 이 발견된 이상에 디자인이 어느 정도로 관여하느냐에 달려 있었던 것이다.

애들러 부인은 칸이 시 위원회에서 필라델피아의 펜실베이니아 중심지 개발을 감독할 때 그에게 깊은 인상을 받았고, 시의 체스트넛 힐 구역에 지어 달라고 의뢰한 자기 부부의 집에서는 전통과의 단절을 모색해 보라고 칸을 격려했다.[42] 칸은 단순하고 거의 도식적인 표현을 통해 이 단절을 이루었다(fig. 50). 특정한 용도에 따라 각각 개별적인 구조 유닛을 부여하여, 공간적이고 구조적인 분할이 서로 일치하도록 하였다. 모더니즘의 커다란 특성인 오픈 플랜은 재구성되었다. 벽은 여전히 전면 유리로 처리하거나 창문 없이 막힌 모습이었지만, 코너의 벽은 육중한 석조 요소로 구상했다. 부분들의 연결 부위를 눈에 띄게끔 설계하면서 칸은 장식의 가능성 또한 감지했던 듯하다. 애들러 하우스를 설계하면서 그는 이렇게 말했다.

오늘날 우리의 건축에 장식이 필요하다는 느낌은, 부분

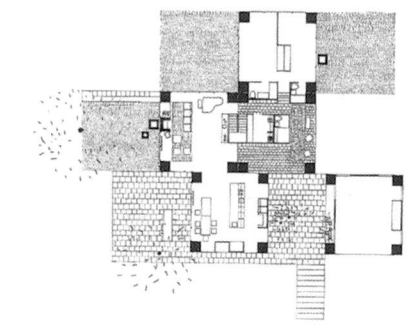

50

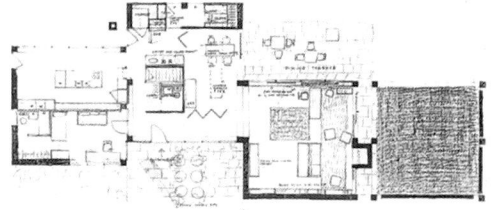

51

52

50 애들러 하우스, 펜실베이니아 주 필라델피아, 1954~1955. 평면도, 1954, 가을경.

51 드보어 하우스, 펜실베이니아 주 스프링필드 타운십, 1954~1955년경. 평면도, 1955년경.

52 유대인 커뮤니티 센터, 뉴저지 주 유잉 타운십, 1954~1959. 배스 하우스 지붕 도면. 1957년 「퍼스펙타」지에 발표.

적으로는 연결부의 존재를 없애려는, 다시 말해 부분들이 어떻게 합쳐지는가를 감춰 버리려는 경향에서 비롯되어 나온다. 만일 우리가 건물을 짓는 방식대로, 아래쪽부터 시작해 위로 올라가며, 종종 연필을 멈춰 가며 그림을 그리는 훈련을 한다면, 장식은 건설의 완벽함을 향한 우리의 사랑으로부터 저절로 나올 것이며 우리는 건설의 새로운 방식들을 개발할 수 있을 것이다.」[43]

칸의 그 유명한 〈부분들의 분절〉 개념이 아주 잘 나타나 있는 이러한 말은 지속적으로 그의 사상을 뒷받침했으며, 아주 사소한 변화가 있을 뿐 여러 차례 반복되었다. 부분들의 결합을 예찬했던 고전적 질서와 장식의 기원을 그는 너무도 잘 이해하게 되었던 것이다.

지역 설정 문제로 1955년 초 애들러 프로젝트가 난항에 부닥치자,[44] 칸은 애들러 하우스의 콘셉트를 수정하여 펜실베이니아 주 스프링필드 타운십의 웨버 드보어 하우스(1954~1955년경)에 적용했다. 이번에도 틀에 박히지 않은 형태로 모여 있는 파빌리온(여기서는 하나의 건물을 이루는 서로 독립된 별채 단위들을 일컬음 — 옮긴이)을 구상했는데, 각각의 넓이는 2.5 제곱미터였다. 하지만 지금은 내부 공간을 손쉽게 구획하기 위해 추가적으로 기둥들을 두 군데에 세웠다(fig.51). 애들러와 드보어 프로젝트 두 건의 스케치를 살펴 보면 다양하게 시도한 그룹짓기 방식이 잘 드러난다. 칸은 별채와 인접 공간 사이의 관계를 여러 가지로 시도해 보곤 했다.

드보어 프로젝트는 애들러 건보다도 오래가지 못했으나,[45] 뉴저지 주 트렌턴 근처 유대인 커뮤니티 센터의 일환으로 기획된 배스 하우스(탈의실 등으로 쓰이는 수영장의 부속 건물 — 옮긴이)를 통해 칸은 파빌리온 설계를 발전시킬 수 있는 세 번째 기회를 얻었다. 칸이 의뢰를 받은 것은 1955년 2월이었고, 예비 계획안의 배스 하우스는 특별한 공간 구분이 없는 건물이었다. 이후 2월 15일, 칸은 네 개의 피라미드 모양 파빌리온이 그리스 십자가 꼴로 대칭적으로 배치된 설계안을 제출했다(fig.52). 단순한 건물이었기에 배스 하우스는 몇 달 만에 빠르게 지어졌다(fig.53, 54). 이 건물에서는 부분들의 균형과 칸 이후에 〈서브드 스페이스〉와 〈서번트 스페이스〉라는 이름을 붙이는 공간 간의 위계질서가 명확하게 설명되었다. 애들러 프로젝트 때 사용했던 내력벽을 더 크고 속이 비게 하여, 화장실이나 대기실 용도의 작은 방들이 대칭적으로 배치되게끔 했던 것이다. 이보다 더 비범하다고 할 만한 점은 아마 건물의 시각적 명쾌함일 것이다. 각각의 기능적 유닛이 저마다의 구조적 볼륨에 의해 확연하게 구분되고 있기 때문이다.

트렌턴 배스 하우스는 칸의 작업에 있어 변환의 키포인트로 널리 인정받게 되었다. 칸은 옛 시절을 반추하며 이렇게 숙고했다. 「세상이 나를 발견한 것은 내가 리처드 의학 연구소를 설계한 이후였지만, 내가 나 자신을 발견한 것은 트렌턴의 이 자그마한 콘크리트 블록 배스 하우스를 설계한 뒤였다.」[46] 이 건물을 디자인하던 1955년 그는 이미 그 함축적 의미들을 감지하기 시작했으며, 〈구획으로 나뉘진 공간들〉이라는 제목으로, 자신의 노트에 그러한 기록을 적어 두었다. 「한 지붕 아래의 공간이더라도 벽으로 나누어지면 동일한 공간이 아니다. (……) 하나의 방은 독립된 전체로서, 아니면 건설 시스템에 속하는 질서 있는 한 부분으로서 지어져야 한다.」[47] 그리고 그는 자기 시대의 위대한 건축가들에 대한 코멘트를 하는데, 어느 정도 자기 평가가 드러나는 대목이다.

미스 반데어로에는 공간을 창조할 때 결정되어 있는 건물 구조의 질서에만 반응한다. 미스의 감수성은 그 건물이 〈되고 싶어 하는〉 것에서는 거의 영감을 받지 않는다. 르코르뷔지에는 공간이 〈되고 싶어 하는 것〉을 느끼고서는, 조급하게 질서를 거쳐서 서둘러 형태로 나아간다. 마르세유(르코르뷔지에가 설계한 공동 주거 건물 〈위니테 다비타시옹〉을 일컬음 — 옮긴이)에서는 질서가 강했다. (……) 롱샹(르코르뷔지에가 설계한 성당 — 옮긴이)에서는 꿈에서 태어난 형태 속에서 질서가 아주 희미하게 느껴질 뿐이다. 미스의 질서는 음향, 빛, 통풍,

53

53 유대인 커뮤니티 센터, 배스 하우스 중앙 안뜰, 1957년경.

54 유대인 커뮤니티 센터, 배스 하우스, 1959년경.

54

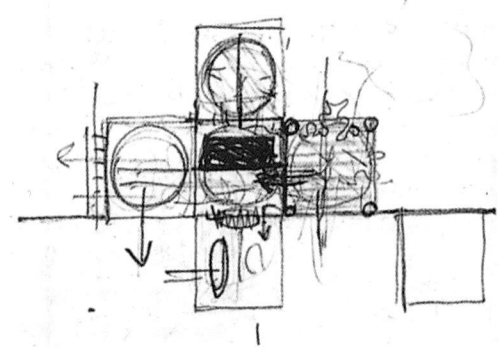

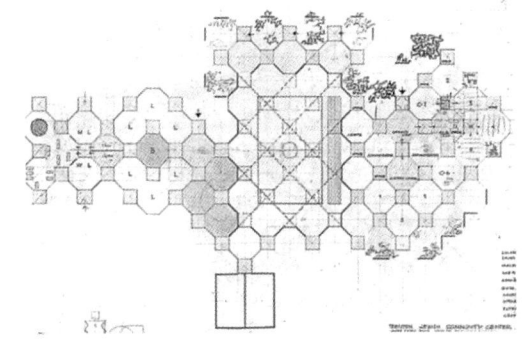

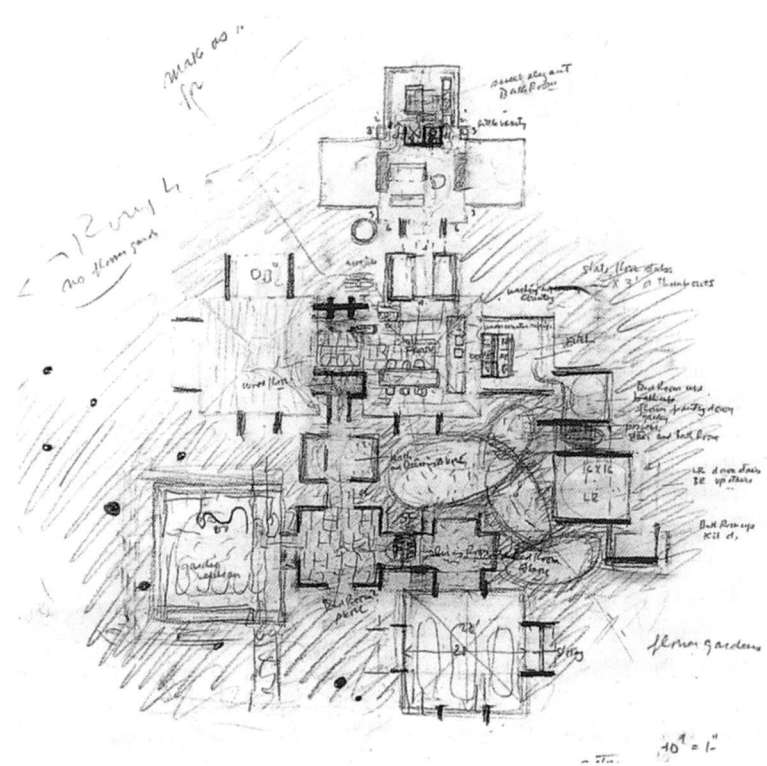

55 애들러 하우스, 평면도 스케치(부분), 1954~1955년경.

56 유대인 커뮤니티 센터, 평면도. Louis I. Kahn-Architect/Nov. 3이라 기입, 1955.

57 모리스 하우스, 뉴욕 주 마운트키스코, 1955~1958. 1층 도면, 1955, 여름. Lou라 기입.

58 유대인 커뮤니티 센터, 입면도, LIK '56이라 기입.

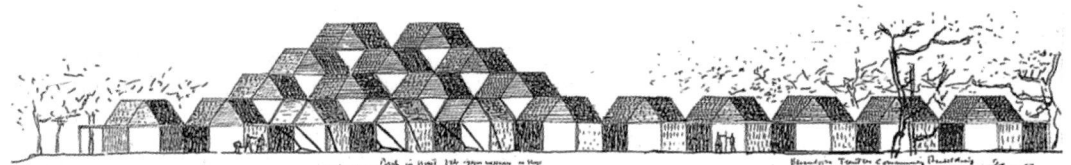

배관 설비, 창고, 계단, 수직 통로, 수직과 수평, 그 외 다른 설비 공간들을 전부 포괄하기에는 충분치 않다. 그가 생각하는 구조의 질서는 건물의 틀을 잡는 데 소용될 뿐 부속 공간을 수용하는 데에는 이르지 못한다.

나아가 그는 라이트의 초기 작업을 〈놀라우리만치 진정한 미국 건축〉이라 칭찬한 뒤, 다음과 같이 덧붙인다. 「프랭크 로이드 라이트의 모방자들은 코르뷔지에의 모방자들보다 격이 떨어진다. 라이트는 보다 자의적, 개인적, 실험적이며 전통을 경멸하는 건축가였다.」

칸은 〈팔라디오풍 계획〉이라는 제목의, 역사적 전례에 대한 그의 감각을 명확히 설명해 주는 단락으로 노트 기록을 끝맺는다.

> 내가 발견해 낸 것은 아마 다른 이들도 다들 깨달았을 만한 것인데, 베이(건물에서 특정한 용도로 쓰이는 각 구역을 지칭 — 옮긴이) 시스템이 방room의 시스템이라는 점이다. 방은 정의가 내려진 공간이다 — 그것이 만들어지는 방식에 의해 정의가 내려지는 것이다. (⋯⋯) 내게 있어 이는 훌륭한 발견이다. (⋯⋯) 누군가가 나에게 주택의 복잡한 문제들 안에서 방의 아이디어를 어떻게 실행할 수 있느냐고 물었다. 나는 드 보어 하우스를 예로 들었다. 그 건물은 정신적인 면에서는 엄격하게 팔라디오풍이며, 오늘날의 공간 필요성의 기준에 따라 대단히 강하게 질서가 잡혀 있다. (⋯⋯) 애들러 하우스는 질서라는 면이 더욱 강하다.[48]

이처럼 칸은 보다 고대적인 감수성에 비추어 오픈 플래닝의 관례에 의문을 제기하였다. 팔라디오를 매개자로 간주했다는 사실로 미루어 우리는 이러한 방향 전환의 원인들 중 한 가지 실마리를 얻을 수 있다. 루돌프 비트코버의 영향력 있는 저서 『인문주의 시대의 건축 원칙들』이다. 동료들의 주장에 따르면 주로 도해만을 연구했다고는 하지만, 칸은 예전부터 이 책에 대해 정통했었다.[49] 비트코버가 그린, 〈서브드〉 스페이스와 〈서번트〉 스페이스의 질서가 명확하게 나타난 팔라디오풍 빌라들의 도해를 보면 칸이 자신의 설계들을 팔라디오풍이라고 칭한 이유가 설명된다. 애들러 하우스와 드 보어 하우스 설계에는 팔라디오의 대칭적 균형이 나타나 있지 않지만, 애들러 하우스를 위해 그린 최초 구상 스케치 중 하나(fig.55), 즉 구체적인 주변 상황 때문에 완벽한 대칭성을 수정하기 이전의 스케치를 보면, 칸은 사실상 매우 팔라디오적인 계획으로 프로젝트를 시작했던 듯하다. 훗날 그는 이 계획안을 트렌턴 배스 하우스에 사용하게 되는 것이다.

칸의 1955년 노트에 기록된 마지막 글 하나는 이처럼 공간을 구분 지은 팔라디오풍 설계를 그해에 시작한 두 가지 설계에 연결하고 있다. 뉴욕 주 마운트키스코의 로런스 모리스 하우스(1955~1958, 미건축)와 유대인 커뮤니티 센터 본관 건물 계획안이다. 「트렌턴의 커뮤니티 센터와 마운트키스코의 모리스 하우스는 방-공간 콘셉트의 훌륭한 변주가 될 가망이 보인다. 집에 필요한 계단, 세면실, 벽장, (해독 불가능한 단어), 현관 등과 더불어 더 큰 생활 공간들을 보조해 주는 방들이 반주 역할을 한다.」[50] 칸은 1955년 여름에 모리스 하우스의 최초 계획안을 그리기 시작하였으나, 1956년에 손을 떼었다. 모리스 하우스의 예비 계획안(fig.57)은 노트에서 묘사한 바와 일치하는데, 그가 1957년에 시작한, 이 무렵의 작업들 중 공간의 구분을 보여 주는 가장 유명한 건물인 펜실베이니아 대학 리처드 의학 연구소(1957~1965)의 구상 스케치라 해도 좋을 정도이다.[51]

1955년 12월 말 칸은 비트코버의 가장 뛰어난 제자 중 하나인 콜린 로우와 오랜 대화를 나누게 되는데, 이는 50년대 중반 칸이 비트코버의 영향을 받았으리라는 추측을 한층 강화시킨다.[52] 칸의 노트에 있는 팔라디오에 대한 구체적 언급은 사실 콜린 로우와의 만남 이후에 들어간 것이다. 몇 주 지나지 않아 로우는 칸에게 『인문주의 시대의 건축 원칙들』의 새로운 판을 한 부 보내며 이렇게 말했다. 「당신이 깊이 공감할 만한 사고방식을 발견하실 거라 생각합니다.」[53] 로우는 팔라디오와의 유사성뿐 아니라 더 많은 점에 대한 공감을 염두에 두고 있었을 것이다. 칸은 그 전부터 이상적인 질서를 달성 가능한 형태와 구분하여 사유하기 시작했는데, 그 방식이 비트코버가 인용한 바르바로의 말을 연상시켰기 때문이다. 「예술가는 우선 사고력 속에서 작업하고 마음속에 착상을 품은 뒤에야, 내부 이미지를 거쳐 외부적 소재를 표상화한다. 특히 건축에서 그렇다.」[54] 훗날, 〈벽들이 분리되어 기둥이 된 것은, 건축의 위대한 사건이다〉라고 말하면서 칸은 다시 한 번 비트코버의 텍스트를 상기하는데, 비트코버가 인용한 알베르티의 말 — 일렬로 늘어선 기둥들은 사실상, 여러 군데가 열려 있고 비연속적인 벽이다.[55] — 과 유사한 방식으로 역사를 신화화하고 있기 때문이다. 두 주장 다 칸에 대한 로우의 평가를 강화해 주었을 것이다. 레이너 밴햄이 칸을 뉴 브루털리스트로 보았던 바로 그 시기에 로우는 칸을 신 인문주의자로 보았던 것이다. 그러나 그 무렵 칸은 그 두 가지 관례를 모두 넘어선 후였다.

칸이 노트에서 언급했으며 1955년 11월부터 1956년 3월까지 작업했던 유대인 커뮤니티 센터 중간 계획안은 그 도식적인 엄밀성이라는 면에서 같은 시기의 다른 작업들보다 훨씬 더 놀랍다(fig.56). 여기서도 다시 앤 팅의 손길이 느껴지며, 다르시 톰슨의 『성장과 형태에 관하여』에 실린 그림을 닮은 입면도에서는(fig.58) 그녀의 흔적이 더욱 강하게 느껴진다. 이는 〈(건축가들은) 단순히 위쪽으로 확장되었을 뿐인 2차원을 벗어나 진정한 3차원적 관계를 기반으로 하여 자신의 고유한 〈영역〉을 창조해 내는 건물 형태들을 착상해야 한다. (······) 인구가 밀집한 지역에서 널찍한 공간성을 창조해 내는 데 가장 효과적인 형태들은, 조밀 쌓임 close-packing의 기하학에 대한 이해로부터 발전되어 나올 수 있다.〉[56]는 그녀의 믿음을 설명해 주는 듯하다. 이와 비슷한 다각형 입체들에 대해 톰슨은 그것들이 〈조밀하게 들어찬 군집 속에서, 최소한의 표면적으로 공간을 둘러쌀 수〉[57] 있다고 말한 바 있다.

시티 타워(1956~1957)에서는 팅과의 협력이 더욱 공개적으로 인정을 받았다. 이 190여 미터 높이의 건물은 유니버설 아틀라스 시멘트사에서 콘크리트의 보다 더 폭넓은 사용을 진취시키기 위해 기획한 시리즈 중 하나였다(fig.59). 유기적 연결이 강조된 이 건물의 모델은 1960년 뉴욕 현대 미술관에 전시되었는데, 어느 비평가는 이를 〈비틀거리는 콘크리트 이렉터 세트(어린이용 조립 완구의 상표 — 옮긴이)〉[58]라고 묘사했다. 삼각형 기하학은 팅의 것임이 확연하지만, 칸은 산마르코를 그린 예전 스케치에서 석조 프레임을 이와 비슷한 시각으로 그린 적이 있었다. 삼각형 기하학을 사용한 다른 설계들 — 와튼 에셔릭 워크숍 증축(1955~1956)이나 프레드 클레버 하우스(1957~1962) — 역시 많은 부분이 팅에 의해 주도되었다.[59] 그리고 칸이 1960년 12월부터 1961년 2월에 걸쳐 잠시 동안 일했던 1964~1965년 뉴욕 세계 박람회 때의, 실제 건축으로 이어지는 않은 제너럴 모터스 전시관 설계에도 역시 팅의 공헌이 있었다.[60] 칸은 중앙 집중적 구조와 심지어는 구(球)형 구조까지 실험해 보았지만, 결국은 부풀어 오른 형상의 파빌리온들이 느슨하게 그룹을 지은 구조로 낙착을 보았다(fig.60). 팅의 계획안은 여기에, 그녀가 꾸준히 추구하던 기하학적 규칙성을 불어넣었다. 칸은 보다 넓은 틀 안에서 그러한 요소들을 받아들인 반면, 팅은 칸보다 더 집중적으로 몰두했기 때문이었다.[61]

이 무렵에는 적당한 간격을 두고 일이 들어왔기 때문에, 칸은 적어도 몇 주 정도는 각각의 의뢰에 집중할 수 있었다. 칸이 유대인 커뮤니티 센터의 팔각형 계획안 작업을 끝내 가고 있을 무렵, 1956년 2월에 세인트루이스의 워싱턴 대학 도서관을 위한 제한 경쟁 공모전에 응시하라는 권고가 왔다. 5월에 이를 제출한 뒤, 회사의 기록에 따르면 칸은 볼티모어 근처의 고등 과학 연구소로 관심을 돌렸다. 1955년 의뢰를 받았지만 그가 노력을 기울이기만을 기다리고 있던 작업이었다. 1956년 고등 과학 연구소의 최종 드로잉을 마무리하자, 칸은 다시금 유대인 커뮤니티 센터로 눈을 돌렸고, 그해 11월에서 1957년 6월에 걸쳐 유대인 커뮤니티 센터를 위한 세 번째이자 가장 유명한 계획안을 준비했다.

워싱턴 대학 도서관(fig.61)과 고등 과학 연구소(fig.62) 두 설계 모두에서, 칸은 질서 있고 구별된 공간을 만들어 내기에 적합한 장치로서 여전히 그리스 십자가 형태를 활용했다. 물론 이번에는 트렌턴 배스 하우스 때보다 건물에 대한

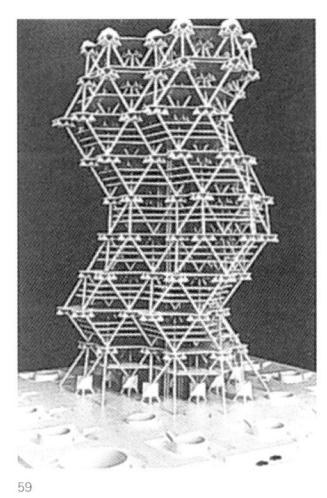

59

59 시티 타워, 펜실베이니아 주 필라델피아, 1952~1957. 모델, 1956~1957.

60 제너럴 모터스 전시관, 뉴욕, 1960~1961. 조감도.

61 워싱턴 대학 도서관, 미주리 주 세인트루이스, 1956. Lou K라 기입.

62 고등 과학 연구원, 메릴랜드 주 볼티모어 근교, 1956~1958. 모델.

63 시빅 센터, 조감도. Lou K '57라 기입.

60

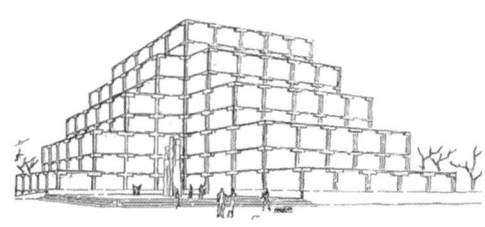

61

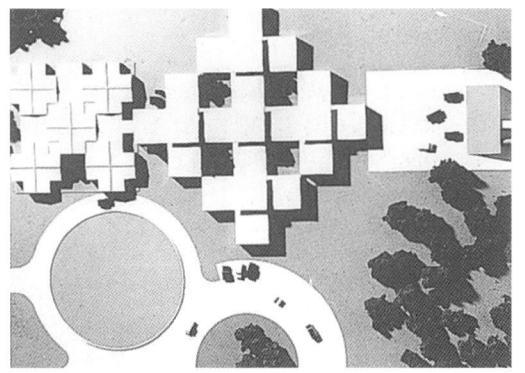

62

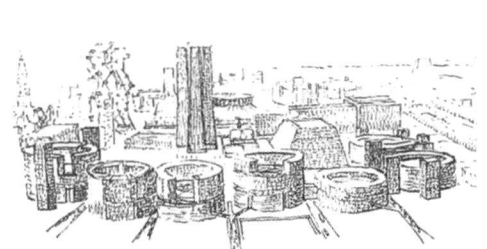

63

64 유대인 커뮤니티 센터, 모델, 1956년 11월~1957년 6월.

고객의 요구 사항이 훨씬 복잡했지만 말이다. 칸이 발표용으로 선호했던 이미지들에는 칸막이가 이루는 미로가 최소화되어 있는데, 특히 도서관의 경우가 그렇다. 세부적인 면을 이처럼 제거한 것은, 칸이 자신의 보편적 진리에 접근하기 위해 사용한 수단 하나를 반영하는 증거이다. 건축주 측의 요구 사항은 가이드라인을 줄 뿐 명령을 내리는 게 아니라는 것이다. 워싱턴 대학 도서관 설계에 대해 칸은 이렇게 말했다. 「도서관은 공간의 체계를 제시해야 하며, 필연적인 형태가 되어야 한다. 건물이란 특정 작동 체계에 부합하는 계획안만 만족시키기보다는, 광범위한 건물의 용도를 해석하는 데서 기인해야 하는 것이다.」[62] 나중에 그는 덧붙였다. 「공간의 이러한 사려 깊은 영역이 무엇인지를 발견해 내는 것은 건축가의 임무이다. (……) 해당 시설에서 지시하는 사항만을 따를 것이 아니라 그 시설 자체가 실현시킬 수 있는 바를 가능하게 하는, 그러한 것을 개발하려고 노력하라.」[63] 이러한 점에서 그는 어느 때보다도 단호한 태도를 보인다. 「나는 건축주가 내놓는 계획안을 결코 글자 그대로 받아들이지 않는다. (……) 그건 피카소에게 편지를 써서 〈내 초상화를 그려주시오. 눈이 두 개, 코가 하나, 입은 딱 하나만 있는 모습으로 부탁드리오.〉라고 요청하는 거나 마찬가지이다. 당신은 그렇게는 할 수 없다. 예술가에 대해 이야기하고 있는 한.」[64] 그가 유대인 커뮤니티 센터의 세 번째 계획안(fig.64)을 구상한 것도 같은 방식이었다. 파빌리온들은 질서 있는 피라미드 형태였지만, 그 아래에는 다양한 용도와 공간이 들어 있었고 이들은 그것들을 포함하는 건축적 형태와 항상 일치하지는 않았던 것이다. 이제 공간은 건축적 특성을 손상시키지 않으면서도 손쉽게 사소한 기능 변화를 할 수 있도록 서로 다른 크기를 지닌 요소들의 일반적인 패턴에 따라 특수화되었다.

이 무렵 맡은 일 중 실제 건물을 위한 설계들과는 달리, 칸이 이번에는 단독으로 시작한 필라델피아 도시 계획(1956년 5월부터 1957년 전반에 걸침)은 꿈의 공간을 보여 주었다. 필라델피아의 투시도(fig.63)는 피라네시의 로마를 연상시키는 파워풀한 형태들로 이루어져 환상적인 풍경을 보여 준다. 로마적인 특성은 사실 이전 작업에서보다 여기에서 더 강하게 느껴지는데, 로버트 벤투리의 영향력을 반영하는 것일 수 있다. 벤투리의 프린스턴 학위 논문에 깊은 인상을 받은 칸은 그를 에로 사리넨에게 추천해 주었고, 벤투리는 사리넨과 함께 일하다가 로마의 미국 건축 아카데미로 떠났다. 1956년 로마에서 돌아온 뒤 벤투리는 칸의 회사에 들어왔다. 1957년 그가 독립적으로 일하기 시작했을 때에도 두 사람은 계속해서 아이디어를 주고받았다.[65] 칸이 벤투리를 위해 쓴 추천장에는 친밀한 유대와 진정한 존중이 드러난다.[66] 또한 칸의 디자인이 심하게 통제되고, 심지어 강제적인 질서를 지닌 쪽으로 점점 기울어져 갈 때 이를 완화시켜 준 것은, 바로 건축의 특수성과 개인적 매너리즘에 대한 벤투리의 통찰력 있는 이해 덕분이었음이 분명하다. 시티 타워 프로젝트가 드리운 순수한 논리의 그림자 바로 그 안에서, 벤투리는 자신의 광장 스케치를 통해 미켈란젤로의 캄피

돌리오 광장의 열정적인 활기를 불러냈다. 앤 팅이 추상적인 기하학적 질서에 대한 칸의 성향을 강화했다고 말할 수 있다면, 벤투리는 분명 그 질서를 시적인 것으로 만들 수 있는 수단을 제공해 준 셈이다.

칸이 해결책을 찾아가도록 도왔던 이는 벤투리뿐만은 아니었다. 격식 없는 조직으로 이루어진 칸의 사무소는 이 방면으로 자주 언급되어 온 바 있는데,[67] 스케치를 보다 완성된 형태의 드로잉으로 발전시키는 일에 있어서 칸이 함께 일하는 이들의 도움을 크게 받았고, 관례적인 사무소 관리 절차에 익숙한 경험 많은 동료들 몇 명에게 크게 의지했기 때문이다. 비슷한 방식으로 칸은 예일이나 펜실베이니아 대학 혹은 자신이 강의하는 다른 학교의 학생들, 교수진과 함께 작업을 했다. 1955년 9월 이후로는 MIT와 프린스턴에 잠시 출강한 적이 있긴 했지만, 대부분 펜실베이니아 대학에서 주로 강의했다. 그를 펜실베이니아 대학에 임용한 것은 당시 학장이던 G. 홈스 퍼킨스였는데, 칸의 임용은 퍼킨스의 선견지명 있는 대학 발전 정책의 일환이었다. 펜실베이니아 대학에서 칸은 주로 2차 전문 학위(미국 대학에서 건축학을 비롯하여 전문 지식이 요구되는 과목의 학생들이 취득하는 상급 학위 — 옮긴이)를 준비하는 상급 학생들을 가르쳤다. 폴 루돌프가 가르치기 시작했을 때부터 그는 예일과 멀어지기 시작했다. 루돌프가 자신의 스튜디오에서 과제로 내준 〈도로변의 냉동 커스터드 판매대〉라는 문제가 결정적인 단절의 계기가 되었을 수 있는데, 특히 칸이 평가 심사단 노릇을 해달라는 퉁명스러운 제안을 받았기 때문에 더욱 그렇다.[68] 칸의 관심사는 더 심오한 이슈들에 있었고, 과제 또한 그런 식으로 파악했다. 그는 종종 자신이 의뢰받은 작업을 과제로 내주었는데, 항상 폭넓은 탐구를 장려하려는 계산된 의도에서였다. 펜실베이니아 대학에서 그는 자신의 스튜디오를 세미나 형식으로 조직해, 학생들은 물론 동료 교수인 로베르 르 리콜레와 옛 친구인 필라델피아의 건축가 노먼 라이스와도 열린 토론을 나누었다. 칸은 말년에 이렇게 말했다. 「수업에서 나는 새로운 에너지를 얻고 도전받는 기분을 더 많이 느꼈으며, 내가 가르쳤을 법한 것보다 학생들로부터 배운 것이 더 많다.」[69] 그는 학생들을 격려해 자신과 함께 각 문제에 해당하는 이상적인 형태를 발견하는 일에 동참하도록 했다. 한 가지 예를 들면, 보편적인 이상이 구형이 되어야 한다고 미리 가정한 뒤, 학생들이 어떤 방식으로 그 형태에 접근해 가면서 결과에 도달하는지를 개별 평가의 기준으로 삼기도 했다.[70]

칸이 예일 아트 갤러리 건축 의뢰를 받은 계기가 예전에 예일과 맺고 있던 관계 덕분이었듯이, 1957년 2월 리처드 의학 연구소 빌딩(fig.65, 66, 67, 68) 건축 의뢰를 받은 것도 펜실베이니아 대학과의 관계가 계기가 되었다. 1958년 6월 초안을 제출했을 때 칸은 세 개의 실험실 건물이 네 번째 건물인 서비스 타워를 중심으로 비대칭적으로 늘어선 기본 계획안을 잡아 둔 상태였다. 같은 해 여름 작업의 규모가 확장되어 생물학 연구를 위한 실험 시설까지 짓게 되었고, 칸은 이를 위해 두 채의 타워를 추가했다(fig.69). 칸은 창문을 어떻게 낼 것인가를 두고 다양한 패턴을 고려했으며, 개중에는 로마적인 모티프를 연상시키는 아치형 요소를 지닌 패턴도 있었다. 서비스 타워의 측면도와 형태를 두고도 많은 연구를 했다. 그러나 원래의 계획 그 자체는 유지되었고, 결과적으로 그 명쾌한 해결책은 구조적이고 구성적인 논리 둘 다를 훌륭히 충족시켰다.

리처드 의학 연구소 빌딩은 이전의 어떤 디자인보다도 더 완벽하게 칸의 감각을 구현해 냈다. 칸의 차별화된 공간 감각은 점점 발전해 나갔고, 이에 따라 칸의 디자인은 시각적으로 명백하고 합리적이며 개별적으로 짜인 구조로 이루어졌다. 1960년 5월 건물이 개관할 무렵 비평가들은 새로운 통합체가 부상하고 있음을 감지했다. 그 통합체는 부분적으로는 미스 반데어로에와 국제주의 양식에서, 또 다른 부분은 르코르뷔지에로부터, 또 다른 부분은 프랭크 로이드 라이트에게서 비롯되었지만, 그것만의 고유한 개별적 특성을 갖추고 있었다.[71] 분리된 요소들 간의 명백한 분절과 서번트 스페이스와 서브드 스페이스 간의 분명한 구분은, 그가 기존 규범들로부터의 이탈을 가장 강력하게 표명한 것이라 판단되었다. 이러한 공간 구분은 일반적으로, 건물 계획안이 요

앞 페이지
65 리처드 의학 연구소, 펜실베이니아 대학, 펜실베이니아 주 필라델피아, 1957~1960. 북동쪽에서 본 타워.

66 리처드 의학 연구소, 현관 쪽 모습.

67 리처드 의학 연구소, 생물학 연구동.

구하는 구체적인 사항, 특히 동물들을 수용하기 위해 분리된 구역을 지정하고 공기의 공급과 배출을 조정하는 복잡한 시스템을 제공해 주어야 할 필요성에 합리적으로 부응한 것이라 설명되었다. 꼼꼼히 대조해 보면 이러한 요구 사항들은 거의 부차적인 일에 불과했던 듯하다. 의학 연구소에 쓰인 파빌리온 설계는 당시 칸 작업의 한 테마로 정립되어 있었으며, 부수적인 설비 요소를 뚜렷하게 드러내려는 칸의 노력은 이미 1955년의 트렌턴 배스 하우스에서 명백하게 드러난 바 있다. 그러한 설계는 자신이 받았던 보자르식 교육에서 유래한 것이었기에 칸이 즉각 받아들인 콘셉트였다.[72] 또한 그는 이렇게 썼다. 「공간의 본성은 그것에 봉사하는 serve 부수적인 공간들에 의해 한층 더 특징지어진다. 창고, 서비스 룸, 정6면체(cubical, 원문에 이렇게 써 있음)는 단일한 공간 구조에 속하는 분리된 공간이어서는 안 된다. 그것들은 자신의 고유한 구조를 부여받아야 한다.」[73] 리처드 의학 연구소에서, 칸의 착상에 더욱 중대하게 작용했던 것은 기능적인 필요성보다 인간의 감정에 대한 그의 감수성이었던 것으로 보인다.

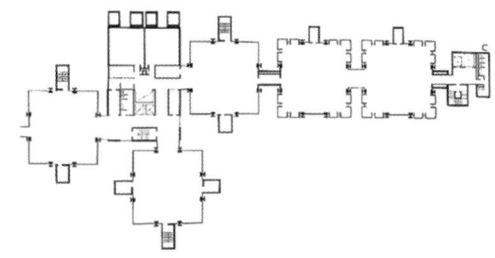

69

70

> 의학 연구소 빌딩은 (……) 하나의 깨달음으로부터 착상해 냈다. 과학 실험실이란 예술가의 작업실 같은 곳이며, 호흡에 필요한 공기와 밖으로 빼버려야 할 공기가 서로 분리되어야 한다는 깨달음. 일반적인 실험실 설계에서는 (……) 공용 복도의 한쪽에 작업 공간을 배치하고 다른 한쪽에 계단, 엘리베이터, 동물 수용 공간, 배관과 다른 설비들을 배치한다. 한 사람이 일하는 공간들과 다른 공간들을 구분해 주는 유일한 것이라고는 방에 붙은 번호의 차이뿐이다.[74]

자신의 건물에서 칸은 인간의 노력에 경의를 표하는 구획화된 공간들을 제공해 주었을 뿐만 아니라, 그 공간들의 배치를 통해 연구자가 혼자가 아니라 과학자들의 공동체에 소속되어 일하고 있다는 감각을 제대로 느낄 수 있게 했다 (*fig.* 70).

68 리처드 의학 연구소와 생물학 연구동, 현관 타워, 코너 디테일.

69 리처드 의학 연구소, 기준층 평면도.

70 리처드 의학 연구소, 타워들 사이의 전망. 1961년경.

71

72

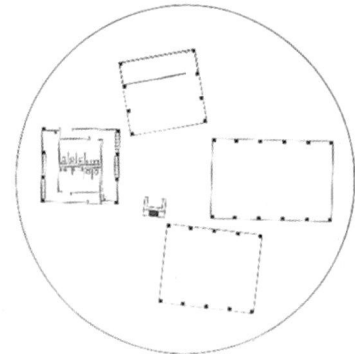

73

72 모리스 하우스, 평면도.

71 모리스 하우스, 뉴욕 주 마운트키스코, 1955~1958. 모델, 1957~1958년경.

73 유대인 커뮤니티 센터, 1954~1959. 데이 캠프 평면도, 1957년 6월경.

리처드 의학 연구소 빌딩의 콘크리트 구조는 시각적으로 좀 더 둔해 보이는 붉은 벽돌 표면과의 병치를 통해 우아하게 표현되었는데, 이 역시 완공되었을 당시 커다란 찬사를 받았던 부분이다. 예일 아트 갤러리에서처럼, 칸은 공간에 질서를 부여하기 위해 실험적인 시스템을 활용했으나, 이번에는 그러한 질서가 보다 뚜렷하게 규정되어 있고, 그 질서 내에서의 공간적 분할도 프리캐스트 빔을 포스트텐션(콘크리트 타설 전에 관을 설치하고 강선을 넣어, 콘크리트가 굳은 뒤 강선을 잡아당겨 끌어당기는 공법 — 옮긴이) 공법으로 서로 연결한 시스템에 의해 보다 직접적인 윤곽을 취하게 되었다. 이 설계에는 어거스트 커멘던트가 협력했는데, 그는 1956년부터 종종 컨설턴트 역할을 해왔다.[75] 칸이 〈건축가가 의미 있는 형태를 발전시킬 수 있도록 이끌어 줄 만한 재능을 갖춘 몇 안 되는 엔지니어 중 하나〉[76]라고 묘사한 바 있듯 커멘던트는 유능한 협력자임을 입증해 보였다. 그는 칸에게 프리캐스트 콘크리트의 구조적 잠재성에 대해 알려 주었던 순간을 회상하며, 다소 잔혹하게도 《(칸은) 엔지니어링에 대해서는 완전히 무지했다. 그는 구조와 구조적 자재에 대한 기초적인 지식이 없었다. (……) 그는 오만함과 자신의 지위를 이용해 구조적인 지식의 부족을 감췄다. 엔지니어링에 대한 칸의 태도는 로베르 르 리콜레와 나와의 가까운 교제 이후에 철저하게 바뀌었다.》[77]고 말했다.

리처드 의학 연구소 건물 외관이 무엇을 근원으로 삼았을지를 놓고는 산지미냐노의 중세 탑에서 미스 반데어로에의 파사드에 이르기까지 여러 가지 의견이 표출된 바 있다.[78] 스컬리는 일찍이 칸이 라이트의 라킨 빌딩(1904)의 영향을 받았으리라고 주장한 바 있는데, 이 편이 더 설득력 있게 여겨지며, 이는 칸과 라이트의 관계에 대한 문제에 선명하게 초점을 맞추게끔 한다.[79] 그와 같은 세대의 전형적인 태도가 그랬듯 칸은 라이트의 후기 설계들을 그리 높이 평가하지 않았고, 그보다는 훨씬 더 지적인 면이 강한 르코르뷔지에의 작업을 선호했다. 그러나 이 시기 칸의 작업은 일반적으로 평가하는 것보다 그가 라이트를 더 깊이 이해하고 있었음을 시사한다.

라이트와 칸의 관계에 대해 문서로 남은 기록은 아주 적다. 라이트의 옛 동료였으며 그의 이상을 전폭적으로 지지했던 헨리 클럼브(1904~1984)와 칸의 관계는 제1장에서 서술한 바 있다.[80] 1952년 칸과 라이트는 둘 다 미국 건축가 협회 총회에 참석했고,[81] 1955년(앞서 논한 바와 같이) 칸은 라이트의 초기 작업을 찬양했으며, 1959년 라이트가 사망했을 때 칸은 다음과 같은 글로 애도를 표했다. 「라이트는 배우게 해주었다/자연에는 어떤 사조도 없으며/자연은 누구보다도 위대한 스승이라는 것을/라이트의 아이디어들은 모두 이 단 하나의 사유의 단면들이다.」[82] 스컬리가 회상하는 바에 따르면 같은 해 말 칸은 라이트가 지은 S. C. 존슨 앤드 손 행정 빌딩(1936~1939)을 최초로 방문했으며, 그곳에서 〈영혼 깊은 곳까지 압도당했다〉[83]고 한다. 리처드 의학 연구소 건물의 경우에는 특별히 흥미롭게 여겨지는 연결고리 하나가 있다. 1953년, 라이트의 존슨 앤드 손 회사 연구동 타워(1947)가 실험실로서의 기능을 하지 않는다는 피에트로 벨루스키의 비판에 대해, 칸이 이렇게 반박했던 것이다. 「그 타워는 애정을 기울여 지어졌으며 나는 그것이 건축이라고 본다. (……) 건축이란 새로운 연쇄 반응을 시작해야만 한다. 그저 저 혼자 존재해서는 안 되며, 다른 건축물에 불꽃을 일으켜야만 하는 것이다. (……) 연구동 타워에 이러한 힘이 있다면 (……) 나는 그것이 제대로 기능한다고 믿는다.」[84] 이러한 말은 비슷한 비판을 받았던 칸 자신의 연구소 건물에 대한 옹호의 말이라고도 할 수 있다.

공간들 내부의 논리적인 정의를 찾으려 시도하면서, 칸은 창문 내는 기법에 대한 라이트의 접근 방식을 따랐을 수 있다. 라이트는 건물에 창을 내는 방식을 체계적으로 다양화했으며 유리를 끼운 표면과 석조 표면 사이의 극적인 조화 효과를 자아냈다. 이러한 면을 가장 잘 보여 주는 예가 리처드 로이드 존스 하우스(오클라호마 주 털사, 1929)로, 전형적인 형태의 벽 대신 유리와 석재가 띠처럼 번갈아 가며 건물 표면을 이루고 있다. 이 주택은 라이트의 가장 관념적이고 스케일을 벗어난 건물 중 하나로 여겨지며, 라이트의 후기작에서 전형적으로 드러나는 낭만주의적 성향이 없다. 칸은 이 건물에서 특별한 매력을 느꼈을 가능성이 있으며, 모리스 하우스를 재설계할 때 그는 이를 모델로 삼았던 것 같다. 앞서도 언급했지만 모리스 하우스의 첫 계획(fig.57 참조)은 리처드 의학 연구소를 예견하는 듯했다. 칸은 모리스 하우스 설계에 일 년이 넘게 손을 대지 않고 있다가 리처드 의학 연구소 디자인을 손질하고 있던 1957년 여름에 설계를 다시 시작했다.[85] 드로잉을 보면 두 디자인 사이의 유사성이 드러나며, 모리스 하우스의 후기 투시도는 리처드 의학 연구소의 부피감 있는 탑 형태와 매우 닮았다. 그러나 예전 버전에는 모임지붕과, 더 낮고 더 열려 있는 파빌리온들이 있었는데, 그것들 대신 강한 매스의 감각이 들어서면서(fig.71) 모리스 하우스는 라이트의 존스 하우스를 연상시키는 모습이 되어 간다. 도면에서도 두 개의 디자인은 닮아 있다. 모리스 하우스의 최종 버전(fig.72)에서 파빌리온들이 하나로 붙었고, 내부 벽을 이용해 공간 분할을 이루었기 때문이다.

칸이 라이트에게서 얼마나 많은 것을 배웠든 간에, 근본적인 입장에서 두 사람은 서로 다른 자세를 유지했다. 둘 다 질서를 근본적인 원칙이라고 믿었으나, 그것이 생성되는 방식을 서로 다르게 보았던 것이다. 칸은 스컬리가 요약했던 바처럼 질서가 〈문화적으로 건설된 것이며 따라서 그 원형은 인간 역사 속에서 찾아야 한다〉[86]고, 혹은 칸 자신이 말했듯 〈건축은 자연이 만들 수 없는 것〉[87]이라고 믿었다. 라이트는 질서가 자연에서 비롯되어 나오는 것이라 믿었다. 두 건축가 모두 이상적인 형태를 추구했으나, 라이트는 지상의 모델에서 패턴을 찾았던 반면, 칸은 우주적인 영감을 찾으려 했다.

1957년 6월, 파빌리온을 사용한 마지막 설계인 트렌턴 유대인 커뮤니티 센터의 데이 캠프가 설계되었다. 리처드 의학 연구소 설계의 제출 준비가 마무리되고 모리스 하우스 작업 재개에 들어가기 전이었다. 그답지 않은 속도로 설계되고 지어진 데이 캠프 건물은, 완결된 디자인이라기보다 재빨리 그린 스케치에 가까운, 단순한 형태의 오픈 유닛들이 모여 있는 구조였다. 이 도면(fig.73)에서 흥미로운 점은 개별 유닛들의 비스듬하고 자유분방한 배치에 칸의 작업에서 새롭

74 트리뷴 리뷰 빌딩, 펜실베이니아 주 그린스버그, 1958~1962.

75 플라이셔 하우스, 펜실베이니아 주 엘킨스 파크, 1959. 모델.

76 플라이셔 하우스. 평면도. 1959년, 1월~3월경.

77 골든버그 하우스, 펜실베이니아 주 라이달, 1959. 모델.

78 골든버그 하우스. 평면도.

게 보이는 기하학적 복잡성의 요소가 암시되고 있다는 것이다. 플래닝에 대한 이러한 접근 방식은 1959년에 이르러 M. 모턴 골든버그 하우스(미건축)에서야 더 깊이 탐구된다. 그러나 모리스 하우스의 작업이 중단되고 다른 프로젝트도 부진하던 1958년 가을에 시작한 트리뷴 리뷰 빌딩 입면도 연구에서 유사한 기하학적 자유로움을 찾아볼 수 있다. 이러한 변주는 칸이 로버트 벤투리에게서 자극을 받아 얻은 아이디어들과 관계가 있는 것 같다. 칸의 바로 다음 작업은 데니스 스콧 브라운의 다음과 같은 주장을 훨씬 더 강하게 반영한다. 「루는 밥에게서 형태의 굴절, 변형, 매너리즘적 예외를 배웠다. (……) 밥을 통해, 그는 내부 공간들의 레이어링과 벽과 오프닝을 레이어를 이루어 병치하는 법을 탐구했고, 창문이 벽에 난 구멍이 될 수 있다는 점을 다시금 발견했다.」[88]

중첩시키고 병치시키기

1958년 가을 칸은 펜실베이니아 주 그린스버그의 지역 신문사인 트리뷴 리뷰 출판사 빌딩 작업(1958~1962)에 착수했다.[89] 기본적인 직사각형 도면은 비교적 전통적인 것으로, 두 개의 오픈된 베이가 서비스 구역인 중앙 라인에 의해 연결되는 구조였다. 하지만 내부를 둘러싸는 벽들을 본격적으로 손보는 과정에서 칸은 빛에 대응하여 오프닝의 형태를 잡는 실험을 했다. 바로 몇 달 전에 칸은 리처드 의학 연구소에서 창문 블라인드를 비롯한 다른 빛 조절 장치들을 없애야만 하는 경험을 했는데, 그가 비용이라는 피해갈 수 없는 문제의 영향을 보다 덜 받을 만한 장치를 궁리하며 자연광을 조절할 수 있는 보다 근본적인 방법을 모색한 것은 바로 그 때문이었을 것이다. 그는 현대 건축에서는 낯설지만 석조 벽에 잘 어울리는 형태의 창문들을 연구했는데, 아치형이거나 받침대를 달아 돌출시킨 그러한 형태의 오프닝은 철제 상인방 없이도 틀을 짤 수 있고 따라서 벽돌 건물에 보다 자연스럽게 어울렸기 때문이다. 벽의 위쪽 부분을 크게 트고 아래쪽에는 폭 좁은 홈만을 남겨둠으로써, 칸은 시선을 막지 않고도 강한 빛을 적당히 조절할 수 있었다. 이러한 창문은 외관상 칸이 오스티아에서 보았던 로마의 창문 원형을 연상시킨다. 평론가들은 여기에 〈열쇠 구멍〉이라는 이름을 붙였는데, 칸만이 이러한 창문을 사용했던 것은 아니었다. 곧 다른 건축가들도 훨씬 더 많이 이용하게 되었다. 1959년 가을 트리뷴 리뷰 빌딩이 건설에 들어갈 무렵 돌출된 베이와 후드를 포함하여 칸이 제안했던 다른 빛 조절 요소들은 배제되었으나, 열쇠 구멍 창문만은 형태가 단순화되어 그대로 사용되었다(fig. 74).[90]

플라이셔와 골든버그 프로젝트에서 칸은 자신의 열쇠 구멍 창문을 더 광범위하게 발전시켰다. 둘 다, 칸이 비용 감축을 위해 트리뷴 리뷰 빌딩 설계를 단순하게 고치고 있던 1959년 초에 설계한 프로젝트였다. 펜실베이니아 주 엘킨스 파크에 지어질 예정이었던 로버트 H. 플라이셔 하우스(1959, 미건축)는 열쇠 구멍 창문에 대한 완벽한 시도로, 사각형의 베이가 각각 아치형으로 뚫려 있다(fig. 75, 76).[91] 집의 양쪽 끝에 있는 마지막 유닛은 지붕이 덮여 있지 않으며 벽으로 둘러싸인 정원 역할을 한다. 압축하는 힘을 받기라도 한 것처럼, 예전에 설계한 애들러와 드 보어 프로젝트에서 느슨하게 배열되었던 파빌리온들이 여기서는 보다 압축되어 정렬되었고, 팔라디오적인 면모가 한층 명백해졌다. 이 디자인에서 칸은 모더니스트적 규범으로부터의 일탈을 두 차례 더 감행했는데, 이에 대해서는 이후에 훨씬 더 상세한 탐구가 이루어진다. 과장되리만치 두꺼운 벽들과 — 이 점에서 그의 도면은 브루넬레스키의 평면적 모듈성에서 벗어나 알베르티가 사용했던 보다 3차원적인 유닛으로 넘어간다 — 벽의 바깥쪽 레이어들의 시각적 분리가 바로 그것이다. 후자는 플라이셔 하우스에서 집의 양쪽 끝에 접한 노천 가든 룸을 통해 이미 시도된 바 있다.

펜실베이니아 주 라이달의 M. 모턴 골든버그 하우스(1959, 미건축)에서 칸은 다시 한 번 느슨한 플랜을 사용한다. 개별적 요소를 분산시킴으로써가 아니라 압축성이 덜한 통일성을 얻어 내기 위한 수단으로 방사형의 45도 대각선을 이용해서였다(fig. 77, 78).[92] 칸에게 있어, 사각형의 테두리를 이처럼 독특한 방식으로 재형상화한 것은 단지 예술적인 견지에서의 선택을 넘어선 일이었다. 「나는 이것이 내부-

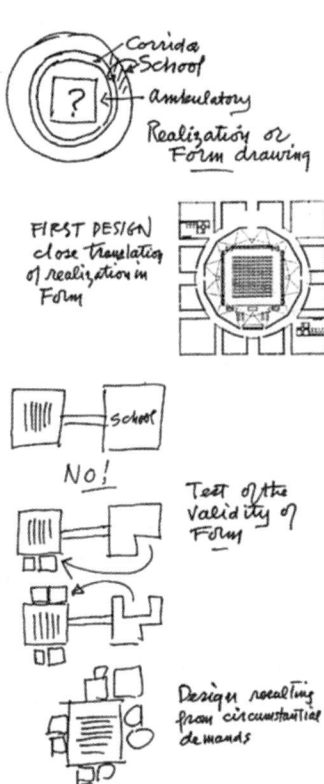

내부의 공간에 대한 욕망의 발견에 가깝다고 느꼈다. (……) 주택은 내부적 필요성에 극도로 민감한 건물이다. 이 필요성의 충족에는 어떤 〈존재 의지〉가 있었다. (……) 그러나 이 주택에는 기하학적 형태 안에서 규율을 잡아서는 안 될 〈존재 의지〉가 있었다.」[93] 어느 한 수준에서, 대각선 프레임의 요소들은 다양성에 대한 칸의 욕구를 충족시켜 주었다. 칸은 다양성이 개인적 선택이 아닌 논증 가능한 논리에 기반을 두길 바랐다. 다각형 기호학에서라기보다 사각형에서 생성된 것인 45도의 대각선은 그가 훗날 했던 다음과 같은 말과도 일치한다. 「문제가 무엇이든, 나는 항상 사각형에서 시작한다.」[94] 다른 건축가들의 손에서 이러한 대각선은 1960년대의 건축학적 클리셰가 되었다. 약 80년쯤 전의 H. H. 리처드슨의 디테일과 더불어, 칸의 더욱 명백한 요소들을 도용해 오면 그 사용의 이면에 있는 사유가 아무리 얕다고 해도 새로운 것이라는 인상을 줄 수 있었다.

뉴욕 주 로체스터의 퍼스트 유니테리언 교회와 학교(1959~1969)는 칸이 피셔와 골든버그 프로젝트를 거의 마무리한 1959년 6월에 설계하기 시작한 것인데, 골든버그 하우스처럼 사각형을 기본으로 시작되었다. 칸 본인이 주장하는 바에 따르면 그렇다. 1961년 초 최종 계획안이 승인받기 전에 칸은 여러 가지 변형을 시도해 보았는데, 최종적으로 선택한 것은 그가 본질적이라고 믿은 중앙 집중 형태였다 (*fig.* 79). 이 일은 칸이 처음 맡은 교회 건축이었고, 그는 비트코버의 이상적인 르네상스 교회에 대한 논의에 관심을 가졌을 것이 분명하다. 비트코버의 설명에 따르면 알베르티가 아홉 개의 대칭적인 형태를 추천한 바 있었는데, 알베르티는 원형과 사각형으로 시작하여 나아가 중앙 집중형 플래닝의 중요성을 기하학적으로 완전한 것이라 찬양했다. 「원이나 원에서 파생되어 나온 형태보다 이러한 요구를 충족시키기에 더 적합한 기하학적 형태는 없다. 그런 기하학적 플랜에서 기하학적 패턴은 완전무결하고 불변하며 정적이고 완전히 명쾌해 보일 것이다. 모든 부분들이 인간 육체의 구성 요소들처럼 조화롭게 연결되어 있는 그런 유기적인 기하학적 균형 없이는 신성이 그 모습을 드러내지 못한다.」[95] 칸이 유

79 퍼스트 유니테리언 교회와 학교, 뉴욕 주 로체스터, 1959~1969. 도면 설명. 1961년 1월경.

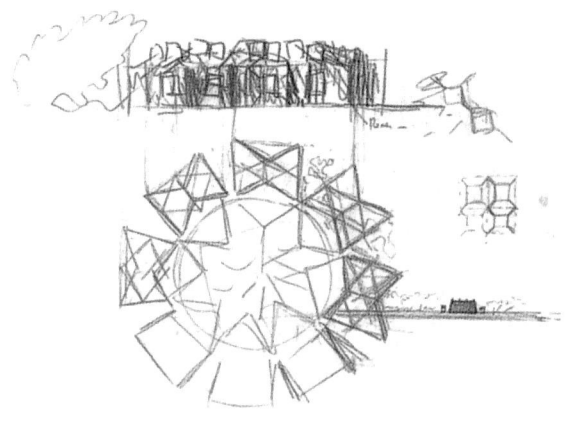
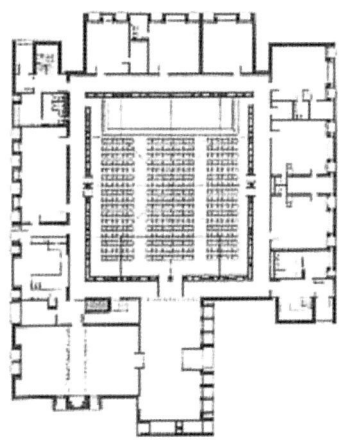

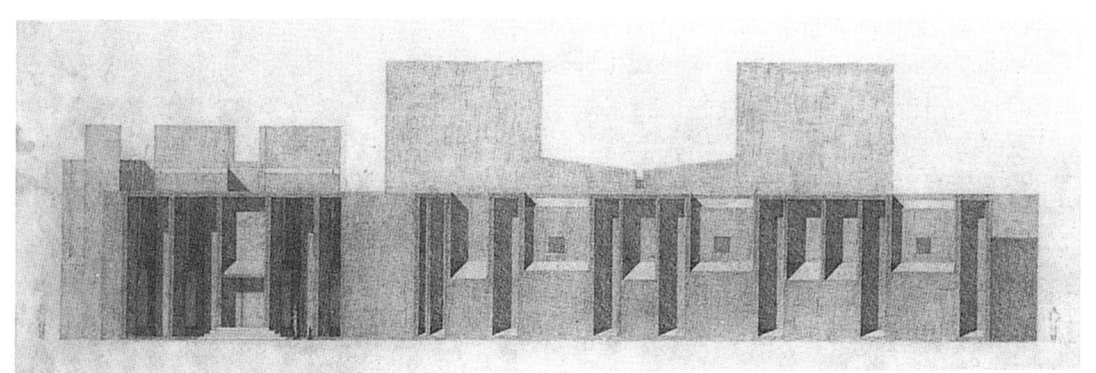

80 퍼스트 유니테리언 교회와 학교,
평면도와 입면도 스케치, 1959년
1월경.

81 퍼스트 유니테리언 교회와 학교.
평면도, 1961년 6월경.

82 퍼스트 유니테리언 교회와 학교.
북쪽 입면도, 1961년 1월경.

다음 페이지
83 퍼스트 유니테리언 교회와 학교.
교회 후면 파사드.

84 퍼스트 유니테리언 교회와 학교,
교회 정면 파사드.

85 퍼스트 유니테리언 교회와 학교, 입구.

다음 페이지
86 퍼스트 유니테리언 교회와 학교, 강당.

89

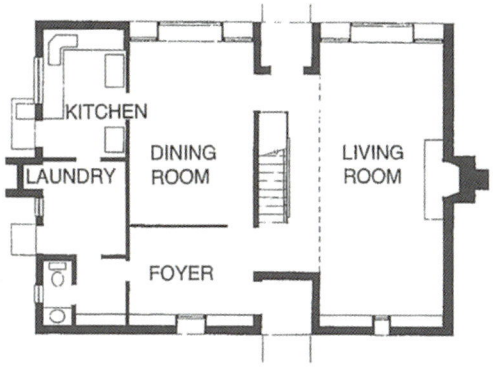

90

앞 페이지
87 에셔릭 하우스, 펜실베이니아 주 필라델피아, 1959~1961. 후면 파사드.

88 에셔릭 하우스, 정면 파사드.

89 에셔릭 하우스, 거실.

90 에셔릭 하우스, 1층 평면도, 1990년 변경된 것.

니테리언 교회를 그린 것 중 알려진 최초의 드로잉(fig. 80)은, 레오나르도 다 빈치의 중앙 집중적 교회에 대한 비트코버의 도해와 놀라우리만치 일치한다. 중앙 집중형 플래닝이라는 그 자체는 칸의 작업에서 전혀 새로운 것이 아니었다. 아다스 제슈룬 시나고그도 그러한 규칙을 따른 예전 설계들 중 하나에 해당한다. 새로운 점은, 서로 공명하지만 확연히 구별되는 상이한 형태의 유닛들의 병치를 통해 그 중앙 집중적 형태를 확장시켰다는 것이다. 1950년 이후 시기에 들어 최초로 칸은 지지 요소들을 보다 탐구적인 방식으로 다루고 있는 것처럼 보이며, 그리하여 기하학적 일관성이라는 관습적인 모더니스트적 기대치를 깨뜨리는 것처럼 보인다. 이는 워싱턴 대학 도서관 계획안의 세분된 베이들로부터, 그리고 다수의 예전 작업에서 특징적으로 나타났던 동일한 형태들의 단순한 복제로부터 칸이 한 걸음 전진했음을 알리는 신호이다. 로체스터 프로젝트를 위해서는 다른 변형도 시도되었는데, 어떤 것은 칸의 최초 드로잉처럼 완전히 대칭적이며, 다른 것은 그의 구상도에 나온 것처럼(fig. 79) 라이트의 유니티 교회를 닮았다. 각각의 버전에 칸은 르네상스 원형을 장식하는 회랑을 덧붙였다.

> 내가 회랑이 필요하다고 생각한 것은 유니테리언 교회가 초기의 믿음을 지닌 사람들로 이루어진 장소이기 때문이다. (……) 당신이 성소 안에 존재하거나 말하여지는 것에 반드시 동참해야 하는 것은 아니라는 사실을 존중하기 위해 회랑을 그렸다. 말하여지는 것으로부터 벗어나서 자유롭게 걸어 다닐 수 있게 말이다. 그리고 그 옆에 — 그 주위에 — 복도를 배치했는데, 이 복도는 학교로 통하며, 이 학교는 사실상 전체 구역의 벽으로 기능한다.[96]

유니테리언 교회 구상도 맨 아래쪽의 이미지는 실제 지어진 버전(fig. 81)과 가장 흡사하며, 또 다른, 더욱 수동적인 종류의 기하학적 병치를 보여 준다. 형태들은 더 이상 미리 정해 둔 패턴을 따르는 것이 아니라 개별 용도에 따른 구체적인 필요 사항을 반영하며, 그 결과물인 측면도는 관습적인 모더니스트 플래닝으로부터 더욱 크게 동떨어진 것으로 보인다. 여기서 칸은 르네상스라기보다 후기 로마, 더 구체적으로는 초기 그리스도교 시기를 전례로 삼고 있다. 플랜 면에서 칸의 설계는 4세기의 장례용 바실리카를 연상시킨다. 이러한 바실리카는 건축학적으로 비교적 새로운 발견이었으며, 제2차 세계 대전 뒤에야 완전히 연구된 것이었다. 기원[97]에 매혹을 느끼고 있었던 점으로 미루어 보아, 칸은 아마도 프랭크 브라운을 통해, 그리 오래가지 못했던 이 초기 교회 건축 양식에 대해 잘 알고 있었을 가능성이 있다.

1960년 봄과 여름에 걸쳐 설계한 유니테리언 교회 최종안에서, 칸은 최초 계획안에 있던 중앙으로의 집중을 되살려 냈을 뿐 아니라 건물을 둘러싸는 벽을 지각 가능한, 면(面)을 지닌 두터운 존재로 표현하여, 건물에 과장된 매스의 특성을 불어넣었는데, 이는 그 자신의 작업에서조차 새로운 것이었다(fig. 82~86). 칸의 체스트넛 힐의 마거릿 에셔릭 하우스(1959~1961) 설계가 이러한 결과에 공헌했을 가능성이 있다. 유니테리언 교회 직전에 설계한 에셔릭 하우스의 벽은 육중함이 그렇게 강조되지는 않았지만 비슷하게 구상되었기 때문이다(fig. 87, 88).[98] 일인용 주택인 에셔릭 하우스는 조각가 와튼 에셔릭의 조카딸을 위한 집으로, 칸은 1966년 에셔릭의 작업실을 디자인한 적 있었다. 1959년 말의 첫 번째 도면에서 칸은 애들러 프로젝트를 연상시키는 방식으로 사각형 유닛들을 결합시켰지만, 1960년 초에 이를 직사각형으로 둘러싸인 보다 조밀한 형태로 통합했다.[99] 에셔릭 하우스와 유니테리언 교회는 둘 다 빛을 조절하는 오프닝에 대한 칸의 연구가 지속되고 있음을 반영하며, 두 경우 모두 벽의 예외적인 두터움을 정당화하기 위해 붙박이 가구를 설치했다. 에셔릭 하우스의 책장(fig. 89, 90)과 교회의 윈도우 시트(창턱 밑에 붙인 긴 의자 — 옮긴이)가 그것이다. 칸은 로체스터에서의 그 효과가 〈매우 고딕적〉이라고 했으며, 1961년 2월 — 바로 파사드의 디자인을 완성한 달이었다 — 다음과 같이 말했다.

전에는 (두 번째 계획안에서) 창문이 벽에 뚫려 있었다. 우리는 빛의 적나라함을 다시 한 번 느꼈고, 매번 광선을 의식해야 함을 배웠다. (……) 이것(최종 설계안)은 그 드러냄이 필요하다는 깨달음의 시작이다. 최종 설계안은 또한 윈도우 시트를 두고자 하는 바람 때문에 나온 것이기도 하다. (……) 이 윈도우 시트는 아주 많은 의미를 지니고 있었으며 창문과 관련하여 내 마음속에서 점점 더 커져 갔다.[100]

칸이 스코틀랜드 성 구조에 매혹당했다는 것은 잘 알려져 있는 사실인데, 유니테리언 교회는 여기에 빚을 지고 있는지도 모른다. 스코틀랜드식 성은 흔히 칸의 후기 설계인 어드먼 기숙사(1960~1965)와 연관된다. 1973년 그는 자신의 이러한 관심을 다음과 같이 회상했다. 「스코틀랜드 성. 두껍고 두꺼운 벽들. 적들을 향해 아주 적게 열린 틈새들. 거주자를 위해 안쪽으로 넓게 벌어지는 구조. 독서를 위한 공간, 바느질하는 공간…… 침대를 위한 공간, 계단을 위한 공간. (……) 햇빛. 동화(童話).」[101] 그 결과물은 정말로 다른 시대의 이미지들을 연상시키며, 패러핏 위까지 치솟은 일광 후드 때문에 안 그래도 충분히 복잡한 윤곽이 더욱 과장된다. 칸은 이러한 빛 제공 요소들을 지붕 구조의 필수적인 구성 요소로 삼았으며, 그 아래 공간을 형성하는 기울어진 천장 판(fig.86)이 이를 한층 강화한다. 칸은 전통적이고 훨씬 더 제작하기 쉬운 평지붕을 대체로 거부했는데, 이는 그가 공간이 더욱 인상적인 형태를 취할 수 있게 할 방법을 놓고 지속적으로 재사고함을 반영한다. 로마의 볼트 구조에 대한 프랭크 브라운의 명석한 논증이 칸 스스로의 탐구에 힘을 실어 주었을 수 있다.[102]

에셔릭 하우스와 유니테리언 교회의 두꺼운 벽을 건축하던 1960년대에, 루안다 영사관 프로젝트에서 칸은 중대한 발걸음을 내딛어 의도적으로 내부와 외부 표면을 분리하는 시도를 한다. 전년도 10월에 국무부와 논의를 시작했고 12월에는 영사관 설계 계약을 맺었다. 1960년 1월 칸은 국무부 방침에 맞춰 주변 환경을 연구하기 위해 앙골라로 가는데, 국무부에서는 지역 기후와 부지의 특성을 눈에 띌 정도로 뚜렷하게 반영해 줄 것을 요구했다.[103] 그렇게까지 진행되었는데도 칸은 설계를 지체했고, 1960년 3월 작업의 증거로 부지의 스케치 몇 장을 제출했을 뿐이었다. 이후 세 달 동안 그는 접근 방식을 구상했다. 강렬한 일광을 막기 위해, 사무국과 그 옆의 관저는 각각 두 겹의 벽으로 둘러싸고, 건물이 서늘해질 수 있도록 이중 지붕을 올려 환기층이 형성되게 하였다. 칸의 최초 드로잉을 받아 본 국무부에서는 경악했다. 그들은 지붕이 〈괴상〉하다고 지적했고 건물에 〈창문이 없는〉 것처럼 보일 것을 우려했으며, 〈콘셉트 전체가 냉담하고 무시무시하다〉는 말을 덧붙였다.[104] 가을 내내 칸은 자신의 디자인을 다듬었다(fig.91). 외부 벽에 열쇠 구멍 창문을 내고, 지붕 구조를 단순화했으며, 도면 배치를 명백하게 한 새 설계는 좀 더 호의적인 반응을 받았으나, 칸이 도저히 마감 기한을 맞출 수 없을 것처럼 보였으며 국무부의 정치적 목표가 계속 바뀌는 바람에 이 건은 1961년 8월에 취소되고 말았다.[105] 칸은 프로젝트에 계속해서 매달렸다. 공식적인 계약 만료가 임박해 오는 8월 말 칸은 모델을 완성했고(fig.92), 1962년 12월이 되어서야 최종 청구서를 제출했다.[106]

루안다 영사관 플랜은 명확하게 조직되어 있으나 특별히 주목할 만한 것은 아니다. 그러나 벽들과 지붕들의 분리에 있어서 칸은 당시로서는 혁명적인 방식을 시도했다. 이번에두 르코르뷔지에의 작품, 가령 찬디가르의 대법원(1951~1956)의 선스크린 차양이 선례 역할을 하긴 했지만, 직접적으로 따온 것은 아니었으며, 칸은 그러한 장치로는 직사광선의 문제가 해결되지 않는다고 믿었기에 그리 탐탁히 여기지 않았다. 1950년대에 에드워드 듀렐 스톤에 의해 대중화된 필리그리(선조(線條) 세공, 가느다란 금속 줄로 만든 복잡한 장식 — 옮긴이) 선스크린에 대해서는 더한 반감을 내비쳤다. 그가 찾는 것은 장식적인 것이 아닌 건축적인 해결책이었기 때문이다. 「나는 폐허가 된 고대 유적의 아름다움에 대해 (……) 프레임의 부재와 (……) 그 뒤에 아무것도 살고 있지 않은 것들에 대해 생각했으며 (……) 따라서 나는 건물들을 고대 유적의 형태로 둘러싸겠다는 생각을 했다.」[107] 벽에 한 겹의 벽을 덧붙이는 것으로 시작된 이 방식을 칸은 곧 없

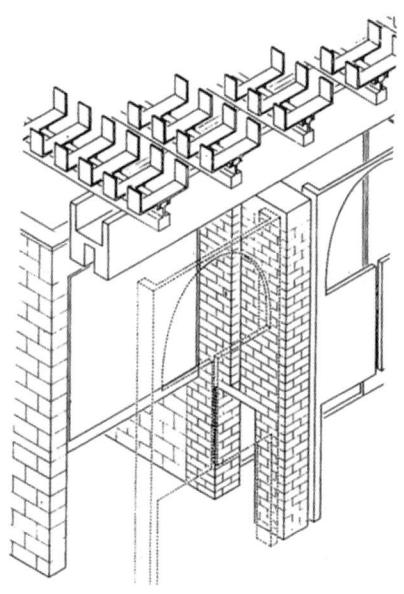

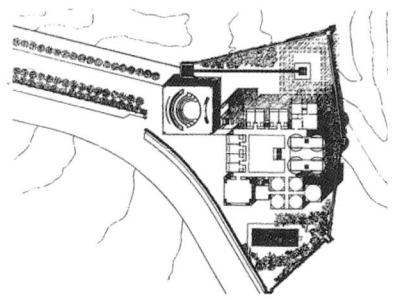

91 미국 영사관, 앙골라의 루안다, 1959~1962. 벽과 지붕 디테일의 등각투영도, 1960년 가을.

92 미국 영사관, 모델, 1961년 8월경.

93 소크 생물학 연구소, 캘리포니아주 라 호야, 1959~1965. 미팅 하우스 평면도, 1960년 가을~1961년 봄.

어서는 안 될 요소로 보았고, 두 개의 매우 상이한 내부와 외부 측면의 가능성을 지닌 텅 빈 벽으로 간주하게 되었다. 칸은 이를 소크 생물학 연구소에서 최초로 실현해 보인다.

〈형태〉와 〈디자인〉

조너스 소크가 칸에게 의뢰한 엄청난 프로젝트야말로 동조적이고 협력적인 고객이 얼마나 유익한 효과를 가져올 수 있는지 가장 뚜렷하게 볼 수 있는 경우였다. 칸에게 이는 연구소라는 공간의 본질 자체, 오래 전부터 추구해 왔던 백지 상태tabula rasa를 구상해 낼 수 있는 최초의 진정한 기회였으며, 그 결과로 탄생한 디자인이 그의 건축이 보다 성숙해져 후기 단계로 접어들고 있음을 알리기에 충분하다. 이러한 맥락에서 소크 생물학 연구소는 제4장에서 더 충분한 지면을 할애하여 다룰 것이다. 칸은 1960년 가을에 미팅 하우스(fig.93, 미건축)를 디자인하기 시작했는데, 이 디자인은 그가 1951년 예일 아트 갤러리를 통해 구축해 나가기 시작한 격식을 갖춘 표현 형식의 발전 단계를 일단락 짓고 있기도 하다. 예전 작업들 간의 서로 공통점 없는 요소들이 여기에서 하나의 프로젝트로 결합되어 있기 때문이다. 미팅 하우스는 거의 공격적이라는 느낌이 들 정도로 매스의 감각이 강렬하다. 내부 공간은 용도에 따라 구분되어 있고 개별 구조로 나뉘어 있다. 다양한 형태의 이러한 유닛들은 도면상에서 그 외부적 형태가 가다듬어지지 않은 채 병치되어 있어, 측면이 기하학적인 다양성을 보인다. 벽들의 일부가 서로 다른 형태의 내부 건물들을 둘러싸고 있어 이러한 윤곽은 더욱 복잡함을 띤다. 활기 없이 병치된 형태들에 더해, 더 복잡한 형태들이 중첩을 통해 또 병치되어 있었던 것이다. 사각형이 원을 둘러싸고, 원이 사각형을 둘러싸며 말이다.[108] 분명 우연의 일치로 인한 유사성이겠지만, 이러한 배치는 르네상스의 비트루비안 맨(레오나르도 다빈치의 유명한 인체 비례 그림 — 옮긴이)을 연상시킨다. 비트코버는 겹쳐진 사각형과 원 안에 그려진 이 그림이 어떻게 〈인간 신체의 조화와 완벽함을 보이는 증거〉이자, 〈인간과 세계에 대한 심오하고 근원적인 진실을 드러내는 것처럼 보이〉[109]게 되었는지를 설명한 바 있었다. 소크를 표상하기에 이보다 더 좋은 상징이 있을까? 칸에게 있어, 이렇게 겹쳐진 형태들로 인해 발생한 이중의 레이어는 내부와 외부 표면의 서로 다른 본질들을 나타내는 것이었고, 이에 대한 도해를 그는 1961년 4월 설계도를 처음 공표할 때 첨부했다.[110] 몇 개월 후 그는 썼다. 「벽이란 외부와는 다른 내부를 지니고 있으므로 (……) 우리는 이제 이러한 깨달음으로 외부 벽과 내부 벽을 분리할 수 있는 (……) 그리고 그 두 벽 사이에 걸어다닐 수 있는 공간을 창조할 수 있는 지점에 다다랐다. 속이 꽉 찬 돌벽에서는 할 수 없던 일이다.」[111] 이 미팅 하우스 도면과 리하르트 노이트라의 카우프만 하우스(캘리포니아 주 팜스프링스, 1946, fig.94)를 비교해 보면, 커다란 찬사를 받았던 미국 모더니즘의 본보기인 카우프만 하우스가 완성된 이후 14년이라는 기간 동안 칸이 얼마나 진보해 왔는지를 알 수 있다. 칸의 플랜은 각각 확고하고 명확하게 둘러싸인 분리된 공간들의 질서 있는 조합을 강조하고 있는 반면, 노이트라가 강조하는 것은 주변을 둘러싸는 선을 의도적으로 불분명하게 하여 막힘없이 이어지는 공간들이 자유롭게 배열되면서 낳는, 정반대의 효과이다. 노이트라의 설계에서는 넓이나 형태를 주관하는 어떠한 지배적 논리도 없는 것 같다. 오히려 이는 신속하게 새로운 시대가 되어 가던 모더니즘에서 나타나는, 구조에 얽매이지 않은 자유를 반영한다.[112] 이 시기 라이트의 플랜들은 이보다 엄밀한 조직화를 보이지만, 명시적이지는 않으나 공간의 분할을 암시하고 있고, 형태들은 태피스트리처럼 하나로 엮여 일치되어 있다.

흔히 건축사의 주요 시기는, 형태의 매스 혹은 볼륨, 공간의 분할 혹은 오픈 스페이스, 기하학의 병치 혹은 통합, 레이어를 이룬 윤곽 혹은 노출된 윤곽 등의 특징이 서로 번갈아 가며 나타나면서 정의되어 왔다. 비슷한 특성들이 서로 다르게 조화를 이루어 제정 로마 시대부터 후기 고대 건축까지, 르네상스에서 바로크까지, 전근대에서 근대까지의 양식의 변천을 서술하는 데 인용되어 왔으며, 그 이후로도 마찬가지이다. 칸 역시, 미팅 하우스를 시작으로 하여, 비슷한 수단들을 통해 20세기의 건축 양식의 방향을 바꾸었다고 말

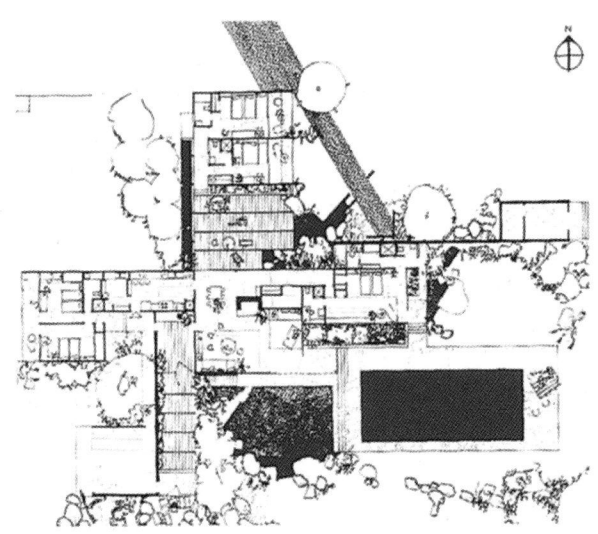

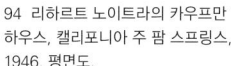
94 리하르트 노이트라의 카우프만 하우스, 캘리포니아 주 팜 스프링스, 1946. 평면도.

할 수도 있을 것이다. 그러나 그의 작업을 단순히 물리적인 용어로만 판단하면 그것이 지닌 더 깊은 의미를 가리는 셈이 된다. 물론 그의 상당한 영향력이 이 이차적인 수준에서 더욱 직접적이긴 했지만 말이다. 그러나 전 세대의 라이트가 그랬듯, 칸이 발산한 영향력은 너무도 멀리 퍼졌기에 간결한 요약은 불가능하다. 건축과 역사의 근본 원칙을 재연결함으로써, 칸은 건축의 최초의 형태와 원칙들을 소생시켰고, 이후 시대 건축가들 전체를 각성시켰다. 이들 건축가 중 원칙에 덜 이끌렸던 일부는 이 각성을 통해 구체적인 역사적 모티프를 거의 회화적인 방식으로 응용하게 되었으며, 다른 이들은 공간적 배치에 대한 깊은 탐구로 나아갔다. 전자를 부차적인 현상으로만 판정하는 것은 섣부른 판단일 것이다. 특히 마이클 그레이브스와 로버트 A. M. 스턴의 작업은 친숙한 역사와의 관련성에서 비롯된 따스함을 보여 주며, 이를 부정해서는 안 될 것들이다. 그러나 마리오 보타와 안도 다다오를 위시한 다양한 이들의 건축을 보면, 칸의 영향력을 더 깊이 받았다는 것을 감지할 수 있다. 칸은 역사에 비추어 디자인의 근원을 재사고하고자 했고, 그의 건축은 그러한 자유로움에 뿌리를 두고 있었던 것이다.

칸이 역사에서 많은 것을 끌어왔다는 점이 공개적으로 인정받기 전, 비평가들은 그의 작업 중에서 모더니즘의 기준에 부합되는 부분만 칭찬하는 경향이 있었으며, 그가 사용하는 특이하고 표현적인 형태들에 대해서도 엄격하게 규정된, 양식적으로 제한된 기능들에 대한 특수한 대응책이라고 간주하며 마지못해 눈감아 줄 뿐이었다. 곧 비평가들도 다른 방식으로 보게 되었다. 특히 시빌 모홀리-나기는 칸의 사무소를 방문한 후 이렇게 쓰기도 했다. 「필라델피아 스케치를 처음 보고 나는 몹시 깊은 인상을 받았는데, 그러다가 (……) 그 타워들은 이것에도 다른 어떤 건물에도 유일하게 딱 알맞은 해결책이 아니며, 이제는 당신의 트레이드마크라는 것을 깨달았습니다. 당신이 설계하는 모든 것에 하나도 빠짐없이 드리운 트레이드마크 말입니다. 그 순간 (미크베 이스라엘) 시나고그를 덜 좋아하게 되었죠.」[113] 사실상 칸은 특정한 기능과는 상관없이, 어느 때에 설계하던 작업이든 가리지 않고, 독창적인, 이따금 역사에서 영감을 얻어 고안해 낸 것이기도 한 장치들을 — 열쇠 구멍 창문, 대각선 요소, 원형 타워 — 설계에 끼워 넣었다. 자신의 접근 방식을 발전시켜 나가면서 그는 흔히 구분해 말하는 건축 사조의 특정 유형에 얽매이지 않았다. 역사 속의 선례들은 실제 패턴들을 제안해 주고, 20세기에는 새롭게 보일 공간을 조직하도록 모델이 되어 줄 수 있지만, 목표라기보다는 수단에 불과했다.

칸의 의지의 진지함은 그의 짧고 반복적인 글에서 느낄 수 있다. 특히 그중 한 편은 1950년대의 그의 태도를 요약해 준다. 「형태와 디자인」이라는 글로, 1959년 근대 건축 국제 회의 총회에서 발표했다가, 1960년 4월 캘리포니아 강연을 위해 수정하고, 1960년 11월 「보이스 오브 아메리카」 방송을 위해 재수정한 글이었다. 이 최종 버전은 몇 군데 교정을 거쳐 널리 발표되었는데, 처음에는 보이스 오브 아메리카에 의해서였으며 그 직후에는 『아트 앤드 아키텍처』와 『아키텍처럴 디자인』에 실렸다.[114] 글을 보내 달라는 요청을 받으면 칸은 대부분 「형태와 디자인」을 보내 주었다. 한 동료가 설명했듯, 〈그 글은 지난한 노고를 쏟은 끝에 여러 달에 걸쳐 완성되었으며, 그의 현재 사유와 아이디어를 그가 쓴 다른 어떤 글보다도 더 잘 구현하는〉[115] 것이었다.

「형태와 디자인」에서 칸은 자신의 작업이 새로운 것을 발명해 내는 것이라기보다는 어떤 이상, 이미 존재하고 있는 〈형태〉를 발견해 내는 일이라고 설명했다.

> 개인적인 느낌이 초월을 통해 종교(특정 종교가 아니라 종교의 본질)에 다다르고 사고가 철학으로 이어질 때, 마음은 깨달음을 향해 열린다. 특정한 건축적 공간의 〈존재 의지〉라고 부를 만한 것에 대한 깨달음 말이다. 깨달음이란 어떤 것이 〈되고 싶어 하는 것〉의 근원인 정신과 마음이 가장 밀접한 관계를 이룩한 지점에서 사고와 느낌이 합일하는 것이다.[116]

〈형태〉와 〈디자인〉에 대한 칸의 구분은 1953년 최초로 표명했을 때보다 원숙해졌으며, 따라서 개인적 선택의 규율을 잡는 방편들을 제공해 준다. 「형태에는 모양도 범위도 없다. (……) 형태는 〈무엇〉이다. 디자인은 〈어떻게〉이다. 형태는 비개인적인 것이다. 디자인은 디자이너에게 속해 있다. 디자인은 주변 정황을 고려하는 행동이다. (……) 형태는 주변 환경과는 아무런 관련이 없다.」[117]

어떤 문제에 대해서든, 그가 플라톤적 이미지를 발견하기 전까지는 소재와 부지의 중요성은 이차적인 것에 불과했다. 「형태와 디자인」의 초기 버전에서도 그렇게 설명한다. 「당신이 어떤 소재를 사용하는가는 상황적인 일이다. 그것은 디자인의 문제이다. (……) 강당이라는 것을 실현시키는 일은 그것이 수단에 있는지 리우데자네이루에 있는지의 문제를 완전히 초월하는 일이다.」[118] 그는 형태와 디자인을 〈숟가락spoon〉과 〈하나의 숟가락a spoon〉, 〈주택house〉과 〈하나의 주택a house〉, 〈학교school〉와 〈하나의 학교a school〉에 비유해 가며 신플라톤주의적 관점을 뒷받침한다. 「하나의 학교a school 혹은 구체적인 디자인이란 것은 그 건축을 의뢰한 기관에서 우리에게 요구하는 것이다. 그러나 학교school, 학교라는 정신, 즉 〈존재 의지〉의 정수는, 건축가가 자신의 디자인을 통해 전달해야 하는 것이다. 비록 그 디자인이 예산안에 맞지 않는다 할지라도, 건축가는 반드시 그렇게 해야만 한다.」[119] 칸의 신플라톤주의의 근원과 확장 범위에 대해서는 많은 의견이 있었지만, 칸이 구체적인 참고 사항을 거의 남기지 않았으니 대부분 어쩔 수 없이 추론에 불과한 것이었다. 따라서 그가 어떻게 그러한 사상을 접하게 되었는지는 다소간 불확실하다. 이집트의 히에로글리프와 독일 낭만주의에서 영향을 받았을 것이라는 추측이 있기는 하지만 말이다.[120]

「형태와 디자인」의 다른 대목에서 칸은 공간을 구별 짓고, 그 공간을 구조에 연결하려는 자신의 충동을 부분적으로 설명했다.

> 교사든 학생이든, 친밀한 방에서 벽난로를 두고 소수의 사람들과 함께 있을 때와 수많은 사람들과 커다란 방에 있을 때 서로 같은 사람일 수는 없다. (……) 공간은 힘을 지니고 있으며 방식을 부여한다.
> 각 공간은 그 구조와 자연광의 특성에 의해 정의되어야 한다. (……) 건축적 공간은 공간 그 자체로 제작의 증거를 드러내야 한다.[121]

몇 가지 프로젝트를 언급한 뒤, 칸은 도시의 통합된 비전에 대한 논의로 「형태와 디자인」을 끝맺는다.

> 자동차는 도시의 형태를 완전히 전복시켜 버렸다. 나는 자동차를 위한 고가 도로의 건축과 인간의 활동을 위한 건축을 서로 구분해야 하는 시기가 왔음을 느낀다. (……) 고가 도로의 건축에는 도시 한복판에서 건물이 되고 싶어 하는 거리도 포함된다. (……) 이 두 건축, 고가 도로의 건축과 인간의 활동을 위한 건축을 구분해야만, 성장의 논리와 기획의 건전한 위상을 획득할 수 있을 것이다.[122]

칸이 1959년부터 1962년까지 필라델피아 시를 위해 구상했던 고가 도로 건축 설계가 글에 드러난 것과 같은 탐구를 표현할 수 있는 수단이 되어 주었다. 그림에 나타난 것처럼, 이들 설계는 로마적 형태에 대한 이론적 정통함을 반영하는데, 이는 훨씬 작은 규모의 소크 미팅 하우스와도 유사하다 (fig. 95, 96). 피라네시처럼 칸은 현실을 재구성했다. 그러나 피라네시와 달리, 몇 년 후에 칸은 그 기념비적인 도시 이미지들을 다른, 보다 현실적인 실제 일로 옮겨 놓게 된다.

칸 외에 다른 이들도 이 시기에 역사를 재검토하고 있었다. 미국에서 다양한 역사적 모티프를 이용한 건축으로는 필립 존슨, 에로 사리넨, 미노루 야마사키의 건물이 있었지만, 이들의 모티프는 공간의 형상화나 구조적 완전함에 대한 보다 깊은 원칙들과의 유대 없이 그저 표면 장식에만 이용되었다.[123] 칸은 「형태와 디자인」에서 사리넨의 MIT 예배당(1950~1955)을 비평하며 이 문제를 넌지시 비추었다.[124] 다른 지면에서는 자신이 〈카오스적인 방임〉이라 특징지은 성향을 비판했으며, 〈논리의 고정된 흐름〉의 필요성에 대해 논했다.[125] 1961년, 칸의 이력이 결정적인 단계에 접어듦에 따라, 그러한 논리를 혁신적으로 구성해 내는 능력이 널리 알려졌고, 그는 이른바 〈필라델피아 학파〉의 리더로 인정받기에 이르렀다. 로버트 벤투리, 로말도 귀골라, 로버트 게디스 등의 건축가들이 펜실베이니아 대학에서 맺어진 관계를 통해 자유롭게 연합하고 있던 이 학파를 가리켜, 한 필자는 이렇게 평했다. 「60년대는 어떠한 일관적인 이데올로기도 체계적인 규율도 없이 시작했던 것처럼 보인다. 그 대신, 〈누구나 참여할 수 있는〉이라는 기묘한 디자인 접근 방식이 허가받고 공인되었으며 옹호되었다. 그러나 이러한 혼란 속에서 이미 새로운 디자인 사조가 태동하려는 조짐이 보였다. 강력한 이데올로기, 명백하게 정의된 접근 방식을 갖추고 있는 디자인이었다.」[126]

칸이 후기의 업적들을 이룩한 것은 인류의 믿음과 포부를 상징하는 건물을 구상하고, 그러한 가치가 꽃필 수 있는 장소를 제공하고자 했던 헌신적 노력 덕분이었다. 존 F. 케네디 기념 도서관 설계 건으로 케네디가에 했던 조언에서도 그러한 점을 볼 수 있다.

> 세워지는 모든 건물은 인간에게 바쳐집니다. 그것은 삶의 방식이며, 어떤 방식으로 이것을 표현할지를 알기 위해서 건축가가 가장 먼저 다해야 할 임무입니다. 나는 여기에서 인류의 안녕을 위한 약속이 이루어지기를 바랍니다. 이를 표현하는 방법은 여러 가지가 있습니다. 건물은 신념을 바탕으로 삼는다는 것 ― 당신이 이 약속을 어떻게 표현할지 알기 위해 알아야만 할 재료는 바로 그것입니다. 이것이 가장 중요한 일입니다.[127]

이러한 말이 암시하듯, 칸은 이상적인 형태를 발견하기 위해서는 인간의 신념을 확인하는 일이 반드시 필요하다고 믿었으며, 이러한 목적을 위해 관습적인 유형별 분류를 거부했다. 그는 목적에 따른 관습적 분류가 판에 박힌 대답을 제공해 주기 때문에 그러한 탐구를 전복시킨다고 생각했다. 일찍이 그는 이렇게 말한 바 있다. 「공군 사관 학교(스키드모어, 오윙스, 앤드 메릴사, 1957ff)는 공군이라는 기관에서 당시 적합한 것이라 인정해 왔던 형태의 건물을 기초로 한 디자인이다. 사관 학교는 경이적으로 짧은 기간 내에 형태를 부여받았다. (……) 코르뷔지에였더라면 그 건축가들이 사관 학교를 구상했을 때보다 몇 달이라는 시간이 더 걸렸을 것이다.」[128]

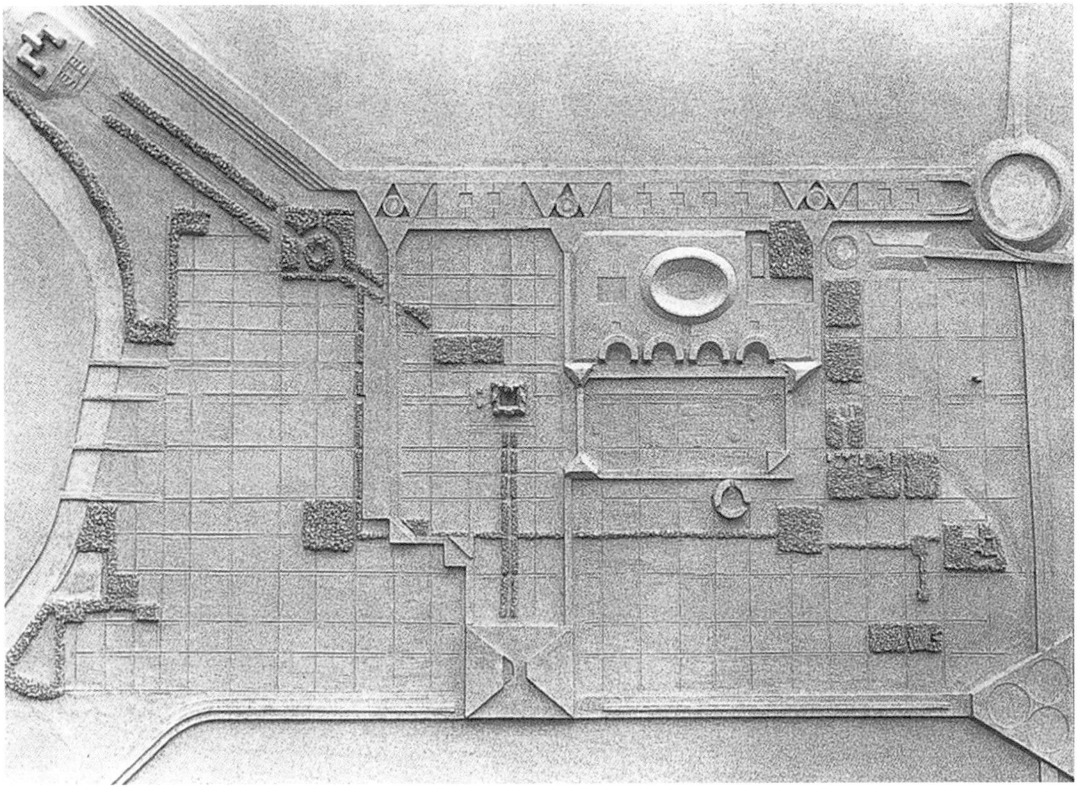

95

96

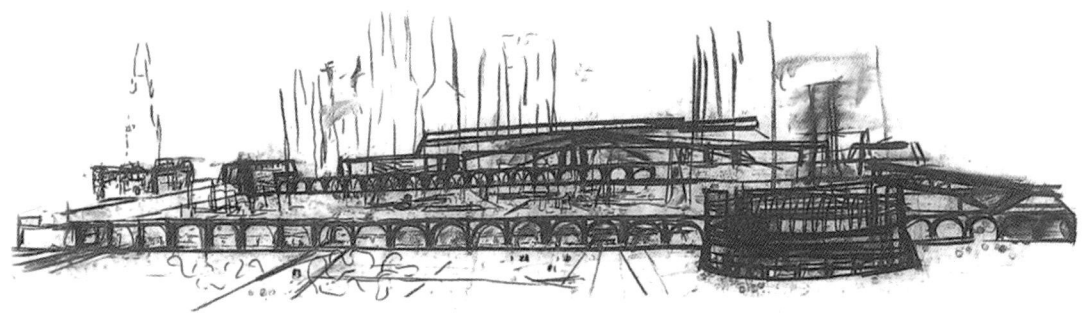

95 마켓 스트리트 이스트 연구,
펜실베이니아 주 필라델피아,
1960~1963. 모델, 1962년 1월경.

96 마켓 스트리트 이스트 연구,
안쪽 고가 도로 조감도, 북쪽에서 본
전망, 1961~1962년경.

여러 차례 논의한 바 있듯, 칸은 시초를 중시했으며, 매번 전에 없던 새로운 종류를 창조해 내는 듯한 마음가짐으로 건물을 설계했다. 자주 인용되는 그의 어록 중 하나는 최초의 학교에 대한 것이다.

> 학교는 나무 아래에 서 있는 사람으로부터 시작했다. (……) 곧 공간이 세워지고 최초의 학교가 생겼다. 학교라는 공간은 인간 욕망의 일부였기 때문에 필연적으로 탄생할 수밖에 없었다. 오늘날에는 공공시설에 속하게 된 우리의 거대한 교육 체계는 이러한 작은 학교들로부터 나온 것이지만, 그 시초의 정신은 이제 잊히고 말았다. 우리의 교육 시설이 요구하는 교실들은 상투적인 데다가 어떤 영감도 주지 못한다.[129]

뒤에 그는 덧붙였다. 「따라서 나는 건축가란 어떻게 해서든 시초의 시대로 되돌아가야 한다고 믿는다.」[130] 소크 생물학 연구소에서 칸은 정말로 새로운 연구 시설을 착상해 낼 수 있는 드문 기회를 얻었으나, 다른 일의 경우에는 해당 기관에서 요구하는 바를 가장 기초적인 인간적 요소로 축소시킴으로써 시초라는 효과를 자아내려고 노력했다. 이러한 축소의 과정은, 단일하고 본질적인 용도 — 이 용도는 어떤 건물에나 의미를 부여한다 — 에 대한 관심과 매우 밀접하게 연관된다. 이러한 면모들을 연구함으로써 칸 자신의 목표에 보다 가까운, 그리고 덜 관례적인 유형학의 폭넓은 패턴을 제안해 볼 수 있다. 뚜렷한 구분이란 필연적으로 자의적일 수밖에 없는데, 그러한 유형적 분류는 개별 건축물의 독자적 특성을 고려하지 못하기 때문이다. 그러나 1960년대에 칸의 의뢰 건수가 예전에는 경험한 적 없던 수준으로까지 불어남에 따라, 1950년대 그의 작업을 특징지었던 서서히 계속해서 발전해 나가는 표현 방식은 이러한 용도별 유형학 위주의 활동에 자리를 내주는 것처럼 보이며, 차이가 명확해졌다.

〈공간은 힘을 지니고 있으며 방식을 부여한다〉고 쓰고, 그 힘이 어떻게 용도 패턴에 부과될 수 있는지 논함으로써, 칸은 그가 유형학을 이해하는 방식에 대한 한 가지 실마리를 제공해 주었다. 한 사람에게 제공되는 공간들은 다수를 위한 공간들과 근본적으로 다르다는 점이다. 그렇다면 우선, 개인 공간 혹은 연구 공간의 창조라는 면을 중심으로 일련의 건축을 하나의 유형으로 묶을 수 있다. 연구소나 수도원 같은 건물이 이 유형에 해당한다. 이에 대해서는 제4장에서 논의할 것이다. 만남이나 회합에 걸맞은 장소를 창조해야 할 필요성으로부터 이와는 상반되는 유형학을 이끌어 낼 수 있는데 — 종교적 성격이든 비종교적 성격이든 그 콘셉트는 유사하다 — 이는 제3장에서 검토할 것이다. 칸은 각 경우의 이상적인 이미지를 논한 바 있다. 연구 목적의 건축으로는 수도원에 필요한 독립된 공간들이 길게 늘어서 있는 장크트갈렌 수도원 플랜을 언급했고, 회합 목적의 건축으로는 단일한 전체적 공간을 지닌 판테온을 언급했다.[131] 두 건물은 각각 가능한 공간적 구조 연속체의 최종점을 의미했다.

제5장의 주제인 세 번째 유형학은 보다 복잡한 문제들을 다루었다. 단순하고 유일한 초점이라고는 전혀 찾아볼 수 없는 구성 요소들을 한데 집합시키는 것이다. 칸이 보기에 그 결과물인 복합 건물 complex은 도시와 닮은꼴이었고, 도시와 마찬가지로 복합 건물 역시 인간에게 더욱 다양한 용도를 제공하고, 개인적 선택의 폭을 넓혀 줄 틀이 되는 것을 목적으로 삼아야 했다. 칸은 복합 건물의 목적을 종종 〈이용 가능성들〉이라는 용어로 칭했다. 미술관이나 상업 지구 개발 같은 흔한 문제들을 그는 이런 식으로 재사고하였으며, 그 안에서 예상치도 못했던 인간의 노력의 유대를 찾아냈다.

말년에 칸은 인간이 받게 되는 주요한 세 가지 영감을 〈배움, 만남, 웰빙〉이라고 정의했다. 이로 보아, 연구, 회합, 이용 가능성과 연관된 기본적 유형학은 확고하게 성립한 것으로 보인다.[132] 매우 복잡하고 거의 바로크적이기까지 한 그의 해결책들이 대부분 공표된 시기였다. 이 무렵 그는 또한 네 번째 유형학을 고찰했던 것으로 추정된다. 사유와 사물을 모두 존중하는 이 유형학은 그를 더 단순한 해결책으로 이끌어 주었다. 도서관, 박물관, 기념관이 바로 이와 관련 있는 종류인데, 모두가 타인이 이룩한 업적을 체험하는 공간이라는 공통점이 있다. 아마 케네디 기념 도서관 작업 덕분에,

타인의 업적에 대한 체험이라는 점을 제외하면 공통점이 전혀 없는 이러한 유형들을 하나로 결합시킨다는 착상을 얻었던 것일지도 모른다.[133] 훗날 그는 드 메닐 박물관 프로젝트에 대해 〈보고(寶庫) 공간〉이라는 용어를 사용하여, 의미를 한층 더 확장하였다.[134]

제6장에서 다루고 있지만, 칸의 존경받아 마땅한 디자인들의 어엿한 일부를 이루는 것이 바로 침묵과 빛에 대해 쓴 후기 글들이다. 그러니 칸이 프랭클린 델러노 루스벨트 기념관(1973~1974)의 구상안을 침묵과 빛에 대한 연설문 원고 아래쪽에 스케치한 것은 매우 어울리는 일이다.[135] 영원성과 창조에 대해 사유하며 디자인을 구상했다는 점에서, 칸은 우리에게 건축의 시작은 단순히 돌을 배치하는 것 ─ 방과 같은 것 ─ 이라는 점을 상기시켜 준다.

데이비드 G. 드롱

3

교감을 이끌어 내는 공간

회합을 위한 건축

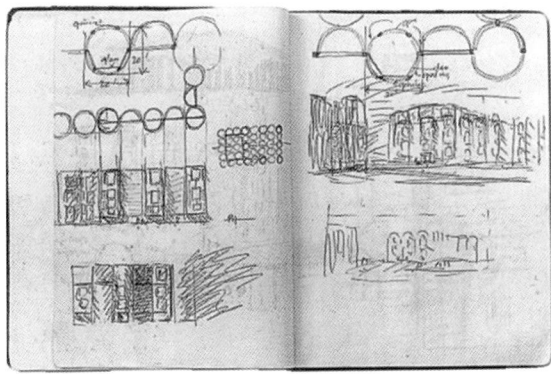

97

97 미크베 이스라엘 시나고그,
펜실베이니아 주 필라델피아,
1961~1972. 스케치북. 1962년
8월경

다음 페이지
98 셰르-에-방글라 나가르,
방글라데시아 다카, 1962~1983.
국회 의사당, 서쪽 호스텔에서 본 것.

회합을 목적으로 하는 건물들은 루이스 칸에게 자신의 신념을 표현할 수 있는 더할 나위 없이 좋은 기회를 제공해 주었다. 칸이 보기에, 만남이 이루어지는 장소들은 본질적인 특성을 공유하고 있었으며, 이러한 본질적 특성 앞에서는 비종교적인 장소와 종교적인 장소 사이의 차이도 부차적인 것에 불과했다. 따라서 필라델피아의 미크베 이스라엘 시나고그(1961~1972, 미건축), 다카의 셰르-에-방글라 나가르 국회 의사당 건물(1962~1983, fig.98), 베네치아의 팔라초 데이 콩그레시(1968~1974, 미건축)와 같은 다양한 건축물도 공통된 성격의 노력을 필요로 했다. 이 설계들 중 실제 건축으로 이어진 것은 드물었지만, 실제로 지어진 건물들에서는 영원하고 시대 초월적인 원칙에 대한 칸의 비전이 실체적인 형태를 띠고 나타났으며, 그의 동료 건축가들이 그렇게도 갈구하던 새로운 건축의 전망이 완전히 실현되었다. 더 손쉽게 해치울 수 있는 일거리도 많이 들어왔는데도, 그리고 복잡한 관료 절차를 거쳐 낯선 땅으로 먼 여행을 떠나는 어려움을 겪어야 했는데도 칸은 이를 달성해 낸 것이다. 명성이 높아져 가면서, 강연 요청도 이전보다 훨씬 더 자주 받게 되었는데, 칸은 이런 부탁에는 계속해서 응했다. 아무리 바쁘더라도 자신의 사유를 남들과 나누는 데에만은 항상 너그러웠기 때문이다. 아마 강연 활동이 칸에게 자극제 역할을 했을지도 모른다. 강연을 하려면 본질에 집중해야 했고, 강연은 또 차이점을 명확히 설명하는 데 도움을 주기도 했던 것 같다.

칸이 회합에 대한 사유들을 처음으로 기록한 것은 1955년 아다스 제슈룬 시나고그(1954~1955, 미건축)의 설계에 대해 강연했을 때였다. 「공간은 바로 이렇게 되고 싶어 한다. 나무 아래의, 회합의 장소(fig. 47 참조)」.[1] 훗날 그는 회합의 역사적 기원에 대한 이러한 통찰력을 정교하게 발전시켰는데, 이는 자신의 삼각형 시나고그에 대한 다음의 설명에 잘 드러난다. 「단일한 전통적 플랜에서 벗어나며, 모든 이들이 전형적이라고 기억하는 공간에서도 벗어난다.」[2]

회합의 장소를 설계하는 다음 작업에서 — 로체스터의 퍼스트 유니테리언 교회(1959~1969)로, 칸이 원숙해진 표현 방식을 더욱더 발전시켜 나가던 시기에 설계되었다 — 그는 삼각형이라는 형태를 포기했으나, 중앙 집중적 플랜만은 변함없이 그대로 남았다. 극장이나 강당의 경우 칸은 다른 방식으로 접근했다. 강의나 음악 공연처럼 무대를 중심으로 이루어지는 회합은 본질적으로 예측 가능한 활동이기 때문에 문제가 완전히 달랐다. 수동적으로 듣고만 있는 관객들은 진정한 의미에서 회합에 참여하는 것이 아니기 때문이다. 「다른 사람 오직 한 명하고만 함께 있을 때 사람은 생산적인 기분이 들게 된다. 만남은 사건이 된다. 배우는 자신의 공연의 한계선을 던져 버린다. 그의 사유와 경험 전부로부터 나오는 잔여물은 대등한 자격으로 다른 이와 만난다.」[3]

1961년, 미크베 이스라엘 시나고그 의뢰를 받은 지 몇 주 안 된 때부터, 칸은 회합과, 관습적인 종교를 초월하는 믿음들에 대해 더욱 자주 말하기 시작했다. 인도 간디나가르의 주 청사 설계 공모전 제의를 받았으나 거절하면서, 칸은 설명했다. 「어떤 작업이든 그 시작은 믿음에서 출발해야 한다. (······) 나는 공모전을 불신한다. 믿음이란 다른 사람들로부터 느끼는 공통의 감정에서 나오는 종교적 정수인데, 공모전의 디자인은 그런 믿음으로부터 기인할 것 같지 않기 때문이다.」[4] 장소의 목적이 종교적이든 비종교적이든, 이는 회합의 본질에 있어서는 부차적인 문제에 불과했다. 칸이 믿는 회합이란 보다 더 광범위한 개념을 포괄하고 있었기 때문이다. 이러한 관점은 판테온에 대한 그의 잦은 언급에서도 드러난

다. 그에게 있어 판테온은 원형적 이미지였다. 「그것은 일종의 신념, 판테온이 그 형태로 말미암아 장차 보편적인 종교적 공간이 되리라고 선언한 한 인간의 믿음이었다.」[5] 그리고 그는 판테온을 〈일종의 제도〉[6]라고 묘사하며 나아가 〈세상 안의 세상. 건축주는 (……) 판테온이 어떤 종교도, 어떤 판에 박힌 의식도 아닌 영감에서 우러나온 의식만을 요구한다는 것을 알게 되었다.〉[7]고 썼다. 이러한 목적에는 중앙 집중적 형태 — 삼각형보다 원형이 더 낫다 — 가 가장 잘 부합했다. 따라서 판테온은 〈형식주의적인 의식을 끌어낼 수 있는 원형 건물〉[8]이었다. 칸은 자신의 이상적인 원형에 회랑을 덧붙여 발전시켜 나갔다. 유니테리언 교회 설계를 두고 충분히 설명된 것처럼, 중앙 집중된 볼륨의 형태를 수정하여 건물 이용자들이 참여의 정도를 마음대로 선택할 수 있도록 하였다. 칸은 4세기와 5세기의 중앙 집중형 교회보다는 그 원형이 된 이교 사원에 더욱 이끌렸던 듯하다. 아마 그런 교회들은 종교 의식을 위한 특별한 설비가 있고 축 중심의 위계 질서가 수립되어 있었기 때문에 칸이 조성하고자 했던 참여자 위주의 분위기에는 맞지 않았을 것이다.

미크베 이스라엘 시나고그

1961년 12월에 제출한 미크베 이스라엘 시나고그 초안에서, 칸은 사각형 성소 건물로 출발했다. 처음에는 아주 작은 부분에 불과했던 회랑은 이후 설계로 갈수록 점점 확장되어 결국은 따로 정의되기에 이른다. 처음부터 그는 다목적으로 이용되는 공간을 전혀 만들려 하지 않고 종교적 회합이 이루어지는 장소와 다른 용도의 장소들을 확실하게 분리했고, 이후의 경제성 문제가 아무리 심각해 보이더라도 아랑곳하지 않았다. 칸이 생각하기에 회합을 위해서는 단일하고 정신을 고취시키는 목적에 바쳐진 공간이 필수적이었고, 이 점에서 그는 흔들리지 않았다.

구체적 디자인으로는, 미크베 이스라엘 시나고그에서 가장 유명한 〈윈도우 룸〉들을 꼽을 수 있다. 원통형의 지붕 없는 타워인 윈도우 룸들은 칸이 다양한 소스를 참고하여 훌륭한 방식으로 종합해 낸 결과물로, 칸의 독창적이고 천재적인 측면을 특징적으로 잘 드러낸다. 윈도우 룸이 도면에 처음 나타난 것은 1962년 8월부터로, 사각형 예배당의 둘레를 따라 서로 거리를 두고 배치되어 있다. 칸의 노트에서 날짜가 없는 페이지를 보면 처음 구상한 설계안이 어땠는지 짐작해 볼 수 있다. 원형 모듈에 따라 완전히 정돈된 플랜에 의한, 빛 조절 요소들로 이루어진 설계이다 (fig. 97). 세로 길이가 굉장히 긴 형태이기는 하지만, 브루넬레스키의 산토 스피리토(피렌체, 1434~1482)가 이와 비슷한 플랜이었으며, 원래는 바깥쪽에서 보이게 되어 있는 반원형의 연속적 벽감들로 둘러싸이게 될 계획이었다.[9] 칸 자신이 설계한 1960년의 소크 연구소 미팅 하우스는 더욱 직접적인 선례인데, 빛을 조절하는 구실을 하는 원통형 요소들을 보아도 그렇고, 내부 벽과 외부 벽을 분리한다는 콘셉트도 같다. 미크베 이스라엘 시나고그에서 칸은 원형 유닛을 그 자체가 하나의 공간이 되도록 발전시켜, 안쪽을 트고 통로로 서로 연결하여 회랑이 건축적 존재감을 나타내도록 하였다.

1962년 10월 예배당을 팔각형으로 구성하면서 칸은 중앙으로의 집중을 더욱 강화했다. 다음 해의 계획안에서 그 모양은 약간 길어졌으나 그 구심성은 손상되지 않았고 (fig. 99), 자신의 작업을 발표하며 설명해 보일 때 칸은 이 버전과 이것을 바탕으로 만든 모델(fig. 100)을 즐겨 썼다.[10] 다른 이들도 지적한 바 있듯, 이 플랜은 신의 열 가지 형상을 나타낸 카발라적 이미지 〈생명의 나무〉를 닮았다.[11] 그 상징성은 썩 어울리지만, 칸이 그 이미지에 대해 알고 있었는지는 확실하지 않다. 그런 모호한 소스에 대한 건축가의 접근 방식에 대해, 그는 시각적인 면만을 강조했다. 「그는 어쨌든 〈읽지〉 않는다. 라틴어로 쓰여 있다고 해도, 영어로 쓰인 것과 똑같다. 그는 그림을 볼 것이기 때문이다. 그는 자신의 눈에 들어오는 것을, 자신의 마음이 일러 주는 것을 볼 것이다. (……) 당신이 그것을 무엇이라고 〈생각하는〉지는, 저자가 그것을 무엇이라고 〈썼는〉지만큼 중요하다.」[12]

미크베 이스라엘 시나고그의 겉모습을 보면 자연스럽게 다양한 중세 성채들과 비교하게 되지만, 고대 로마의 아우렐리아누스 성벽의 친숙한 성문이 중세보다 시기적으로

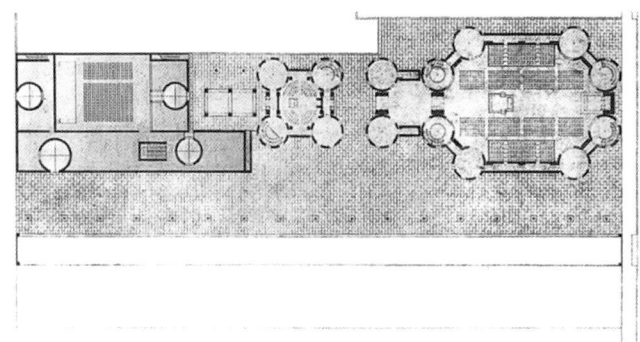

99 미크베 이스라엘 시나고그, 평면도. 10-29-63이라 기입.

100 미크베 이스라엘 시나고그. 모델, 1964년 1월.

101 미크베 이스라엘 시나고그. 성소 투시도, 1963.

더 앞선 전례 역할을 했을 가능성도 있다. 칸이 설계한 다른 건물들도 역시 약간 성을 연상시키는 분위기를 띠는데, 그중 다수가 회합을 위한 건물이다. 칸은 자신이 성에 대해 느끼는 매혹을 인정했으며(제4장 참조), 그가 시나고그에 사용한 레이어를 이룬 구성은 외부에서 보았을 때 시각적으로 고상해 보이는 효과를 낳았다. 더 본질적인 것은 이러한 구성이 칸이 판테온에서 몹시 경탄했으며 미크베 이스라엘 시나고그(*fig.* 101)를 통해 이뤄 내고 싶어 했던 〈세상 안의 세상〉의 창조를 강화해 준다는 점이다. 외부로부터 떨어져 있으면서도 마치 건물 자체에서 발생하는 듯한 자연광을 받는 그 장소에서, 모여든 회중은 말없는 관객이 아니라 적극적으로 공통의 이해를 추구하는 참여자의 모습을 하게 된다.

조너스 소크 때 그랬듯이, 미크베 이스라엘 시나고그에서도 칸은 이해력 있는 고객을 만나는 행운을 누렸고, 버나드 앨퍼스 박사(에스터 칸이 그의 밑에서 일했다)가 건설 위원회 회장을 맡는 동안 설계는 진행되어 갔다. 소크 생물학 연구소와 미크베 이스라엘을 위한 계획안은 ─ 두 건 다 건설 견적이 원래 정해진 금액을 훌쩍 뛰어넘었다 ─ 칸이 거의 늘상 겪었던 패턴대로 진행되었다. 예산의 제약 때문에 거절당한 것이다. 칸에게는 각각의 건물이 지향해야 하는 이상적인 형태가 중요했지, 그런 제약은 문제가 아니었다. 그는 이상적인 형태를 발견하고 거기에 실체적인 모양을 부여함으로써 자신의 가장 중요한 의무를 완수했다고 여겼고, 어떻게 해서든 그것을 실제로 구현할 방법을 찾아야 한다고 생각했다. 그러나 건축에 들어가는 막대한 금액을 모아 줄 만큼 전폭적인 지지를 계속해 줄 고객을 만나기란 쉬운 일이 아니었다. 칸의 그러한 열정에 감동하여, 소크는 자기 연구소의 위태로움을 무릅쓰는 영웅적인 행동으로 두 사람이 공통으로 품은 비전이 옳았음을 증명해 보였다. 위원회와의 관계에 있어서 칸은 그리 운이 좋지 않은 경우가 보통이었고, 결국은 타협안을 내놓곤 했다. 두 건의 놀라운 예외가 있었는데 ─ 두 건 다 1962년 가을에 맡은 의뢰였다 ─ 아메다바드의 인도 경영 연구소(1962~1974, 제4장에서 논의)와 원래는 동파키스탄의 입법 수도로 계획되었던 다카의 셰르-에-방글라 나가르이다. 인도에서는 칸의 철학적인 접근 방식이 본국 땅에서보다 훨씬 더 널리 제대로 인정받았던 듯하다. 셰르-에-방글라 나가르의 경우에는 다카의 뛰어난 건축가 마즈하룰 이슬람이 오랜 진행 기간 동안 적극적으로 칸의 디자인을 지지해 주며 확고하고 지속적인 지원을 아끼지 않았던 덕분에 칸이 쉽게 인정받을 수 있었다.

셰르-에-방글라 나가르

칸이 아메다바드와 다카의 건축 의뢰를 받은 것은 그가 이례적으로 활동적인 나날을 보내던 때였다. 그로부터 불과 몇 개월 전인 1962년 3월, 그는 필라델피아의 사무소를 사우스 20번 스트리트 138번지에서 보다 중심가에 위치한 15번 월넛 스트리트로 이전했는데, 이번을 마지막으로 더 이상 사무소 이전은 없게 된다. 미크베 이스라엘 시나고그와 소크 생물학 연구소 이외에도 칸은 이미 어드먼 기숙사, 포트웨인 문화 센터, 레비 기념 놀이터 등의 설계에 손을 대고 있었는데, 이들 작업에 대해서는 차후에 다룰 것이다. 같은 해 11월에 아들인 나다니엘 알렉산더 펠프스 칸이 태어나면서 칸의 스케줄은 더욱 바빠졌다. 나다니엘의 어머니인 해리엇 패티슨과 칸은 1959년경 로버트 벤투리의 소개로 만난 사이였다. 그녀는 연극, 철학, 음악 등 다양한 방면에 경력이 있었으며, 예일과 에든버러 대학에서 수학했다.[13] 두 사람은 친밀한 사이로 발전했으며 이 관계는 칸이 죽을 때까지 지속되며 해리엇은 칸의 직업상의 동료 역할까지 하게 된다. 나다니엘을 낳은 뒤 그녀는 처음에는 댄 카일리 밑에서 견습 생활을 하고, 다음에는 펜실베이니아 대학에서 수학하며 조경 건축을 공부했던 것이다. 칸의 말년에 해리엇은 자신을 〈그의 사유의 동반자〉라고 칭했으며, 칸이 아이디어를 발전시키는 데 영향력을 발휘했고 계속해서 지지해 주었다.[14] 칸은 조경 예술에 대한 감수성이 늘어 갔고, 자신과 그녀의 관계가 지적인 동반자 사이라는 면에서 에드윈 러티언스와 거트루드 지킬의 관계와 유사하다고 생각했다. 「인간적인 일치라는 면에서 사람이 얼마만큼 민감해져야 하는지를 생각하면, 거트루드 지킬이 떠오른다. 위대한 조경 건축가였던 그녀는 위대한 건축가였던 러티언스와 함께 일했다. (……) 그녀는 (……) 그의 건축과 어떤 교감을 이룰지 몹시 민감하게 알고 있었다.」[15]

칸은 다카 건을 미루고 있다가, 1963년 1월에 부지를 조사하기 위해 인도로 여행을 떠났으며 자신의 가장 중요한 작품 중 하나가 될 작업을 시작했다. 훗날 독립하여 방글라데시가 되는, 동파키스탄의 수도 구역을 설계하는 일이었다. 셰르-에-방글라 나가르, 즉 〈벵골 호랑이의 도시〉라는 뜻의 이름부터 범상치 않은 이곳은 다카 시의 외곽에 있었다. 칸은 여생 동안 계속 이 일에 매달리게 되지만, 중심 아이디어는 다카를 처음 방문하고 돌아온 1963년 초에 이미 잡혀 있었다. 칸은 펜실베이니아 대학의 자기 학생들에게 처음 아이디어를 떠올린 순간을 설명했다.

사흘째 되던 날 밤, 나는 아이디어가 떠올라 침대에서 떨어졌는데, 그 아이디어는 지금도 구상안 전체를 지배하고 있다. 이는 순전히 회합이란 초월적인 본성을 지니고 있다는 깨달음에서 왔다. 인간은 공통성이라는 정신을 느끼기 위해 회합하게 되는 것이고, 나는 이 점을 표현해야 한다고 생각했다. 파키스탄인들의 생활 속에서 종교의 방식을 관찰하면서, 나는 의회라는 공간 직조물 안에 엮인 모스크가 그러한 효과를 발휘할 거라고 생각했다.[16]

길게 나열된 건축 요구 사항 목록에서, 칸은 이미 자신의 디자인에 의미를 부여할 수 있을 본질적인 구성 요소들이 무엇인지 알아냈다.

의회, 모스크, (최고) 법원, 호스텔이 심리학적으로 상호 작용하는 관계를 그리는 것이 바로 본성을 표현하는 것이다. 교감하는 부분들이 분산된다면 의회라는 기관은 그 힘을 잃게 될 것이다. 각각의 영감은 불충분하게 표현된 채로 남게 된다.

내가 하려고 하는 바는, 파키스탄에 철학을 전달하고 그를 바탕으로 믿음을 수립하여, 그들이 하는 무슨 일이든 항상 그것에 답할 수 있도록 하는 것이다.[17]

칸은 다카 일에 대단히 몰두했고, 돌아온 지 며칠 만에 수업에서 그 건을 스튜디오 과제로 내주었다. 예전에 내주었던, 학장이 칸에게 억지로 떠맡긴 마켓 스트리트 이스트를 새로이 디자인하라는 과제는 잊히고 말았다. 다카에 도시 중심이 될 의미 있는 건물을 설계한다는, 더 중요하고 더 현실적인 도전 과제가 있으니, 가상으로 필라델피아를 재정비하는 작업은 안중에도 들어오지 않았던 것이다.[18] 칸은 학생들과 더불어 회합의 근원적 의미를 탐구하는 일을 지속했다. 회합의 근원적 의미는 〈종교적인 분위기〉에 있다는 데 이르렀는데, 여기서 종교의 의미는 다음과 같이 정의된다. 「자신이 자기중심적인 자아를 넘어서는 지점에서도 책임이 있다는 것을 깨닫는 것. — 사람들로 하여금 모여들어서 모스크를 형성하거나 의회를 형성하도록 하는 그런 것. (……) 종교보다 더 단순한 단어인 동류의식도 같은 깨달음에서 유래한다. (……) 건축이란 둘러싸는 벽을 지니고 있기 때문에, 건축에는 (사람이) 공간 안으로 들어설 때 동류의식이라는 감정을 일깨우는 힘이 있다.」[19] 비종교적 회합에 신성한 의미가 있다는 칸의 믿음은 굳건했다. 이후에 그는 〈입법의 집은 종교적인 장소이다.〉[20]라고 말했으며, 다카 국회 의사당 건축 건 전체를 두고는 〈자극은 회합의 장소로부터 온다. 그곳은 정치인들을 위한 초월의 장소이다. (……) 의회는 인간의 제도를 수립하거나 변경한다.〉[21]고 했다.

1963년 초 다카를 처음 여행했을 때 받은 프로그램을 바탕으로 칸은 자신의 아이디어를 스케치했다.[22] 서로 연결된 의회와 모스크의 형태를 잡아 줄 기하학적 모티프를 강조해 가며, 부지 내에서 주요 요소들이 들어갈 위치를 표시했다. 두 개의 사각형으로, 한 개가 비스듬하게 다른 쪽으로 돌려진 모양이었다. 대학이 봄방학에 들어간 3월에 그는 다시 한 번 다카를 찾아 첫 기획안을 발표했다. 의회가 될, 비스듬하게 놓인 사각형은 중심부 가까이에 낮은 돔이 있고, 미나레트(모스크의 첨탑 — 옮긴이)를 표시하는 모난 박차 모양들이 의회와 맞닿은 사각형 모스크를 확장하고 있는 구조였다(fig. 102). 단조로운 지형에 특색을 부여하고 홍수 피해를 막기 위해, 칸은 양측에 둑을 쌓은 도로와 기하학적 형상의 언덕들을 만들 것을 제안했다. 이들의 구성에서 그는 서로 연관 있는 요소들을 배치하고, 〈위치를 잡고 경계를 짓는 하나의 규율로서 (……) 사용〉한〉[23] 호수로 그 틀을 잡았다. 광활한 부지의 맞은편 끝에는 학교, 도서관, 그 외 다른 시설들을 배치했는데, 이들은 〈공공시설의 성채〉라는 그룹을 이루어 〈의회의 성채〉와 균형을 이루었다.

칸은 르코르뷔지에의 찬디가르 설계(1951~1963)를 염두에 두고 있었던 것이 분명하다. 인도 경영 연구소 작업을 시작한 1962년 11월 처음으로 인도를 여행했을 때 그는 이 새로운 주도(州都)를 방문했으며, 뒤에 학생들이 다카 설계를 위한 개인 과제를 시작했을 때 찬디가르를 연구하라고 당부한 바 있다.[24] 그러나 아무리 르코르뷔지에를 높이 평가했다고 하더라도, 찬디가르에 대해서 칸은 회의를 품고 있었다. 일찍이 그는 르코르뷔지에의 건물들이 지닌 아름다움을 칭찬한 바 있었지만, 그것들이 〈주변 환경과 동떨어져 있으며 포지션이 없다〉고 평가하기도 했다.[25] 다카에서, 칸의 건물들은 포지션이 강조되어 서로 연결된 단일한 구도를 형성하고 있었다. 칸의 접근 방식의 근본적인 곳에는 연결하고자 하는 열망이 있었던 듯하다.

다카 플랜의 중심점인, 모스크와 의회 건물의 상호 연결에서는 건축적인 연결에 대한 칸의 열망이 다른 어느 곳에서보다도 더 뚜렷하게 드러난다. 그는 의식적인 모티프로서 하나의 사각형이 그 모서리 부분에서 대각선 방향으로 기울어진 두 번째 사각형과 이어지도록 했는데, 이는 그의 이전 작업에서 전례를 찾을 수 없을 뿐더러 다른 어느 곳에서도 흔치 않았던 플랜이었다. 다카에서, 칸은 각 부분들의 힘차고 능동적인 병치를 고안해 냈으며, 이는 앞 장에서 언급했던 더 소극적인 병치와도, 유사한 요소들 간의 병치와도 달랐다. 이들은 유니테리언 교회의 후기 도면(fig. 81 참조)에서 보이는 서로 다른 형태들의 느슨하게 결합된 배치도 아니며, 같은 프로젝트의 초기 계획안(fig. 80 참조)에서 보이는, 형태가 유사하고 안정적인 위계 질서가 확립된 유닛들이 이루는 형식적인 그룹 짓기도 아니기 때문이다. 대단히 고심해서 구상한 다카의 외부는 소크 미팅 하우스(fig. 93 참조)처럼, 결속력 있는 형상들이 중첩을 통해 병치된 경우와도 달랐다. 이와 같은 능동적 병치의 기하학적 모티프는 칸의 바로 이후 작업에서 두드러지게 나타나게 된다. 하드리아누스의 빌라 같은 로마 시대의 예에서, 그러한 병치는 소극적인 형태로 나타날 뿐이었는데, 대칭적 배열이 결여되어 있고 외부에서 보았을 때 서로 어울리도록 설계되지 않았기 때문이다. 피라네시가 재구성한 로마 캄푸스 마르티우스의 플랜은 칸의 설계와 보다 가까운 개별적인 요소들을 포함하고 있으나, 이는 건축물의 형태로 발전하지 않은 3차원 이미지에 불과했다. 르두가 쇼(Chaux, 르두가 구상한 이상 도시 — 옮긴이)의 제염소를 위해 구상한 첫 번째 프로젝트는 칸의 디자인과 좀 더 가까운 예인데, 르두의 플랜에서는 두 개의 사각형의 중첩이 그 시각적인 상호 작용을 상쇄시킨다. 르두의 구성은 고전적인 것으로부터 병치적인 구성으로 나아가는 길을 이끈 예로 인용되곤 했다.[26] 이처럼 다양한 소스들로부터, 칸은 자신의 동시대인들의 것과는 상당히 다른 각이 진 구성을 이끌어 냈다. 알바 알토의 작품이 가장 잘 대표하는 느슨한 구불구불함과의 실제적인 유사성은 더 이상 없으며, 프랭크 로이드 라이트가 시도한 결합력 있는 삼각형과는 더욱 동떨어져 있다.

브린 마워의 어드먼 기숙사를 위한, 세 개의 유사한 사각형이 귀퉁이에서 서로 이어진 플랜은 다카 계획안으로 넘어가는 경계선상에 있었다. 해결책은 1961년 12월, 칸이 중요하고 골치 아픈 문제를 정의하고 난 뒤에 어렵게 나왔다. 「이용 가능한 공간을 연결하는 (……) 연결의 건축 (……) 이것이 — 연결된 공간을 조직하는 것 — 건물 안을 걸어다니는 사람에게 (……) 해당 건물 전체의 감각을 느낄 수 있게 해주는 (……) 건축가의 수단이다.」[27] 이후 몇 달간 칸은 그 문제를 해결하면서 자신의 브린 마워 플랜을 언급했다. 「사각형을 선택해서 그것을 돌려 놓아 (……) 그것이 저 나름의 연결을 만들 수 있도록 한다는 생각은 결코 해보지 못했다.」[28] 이러한 변화에는 앤 팅의 브린 마워 계획안이 촉매

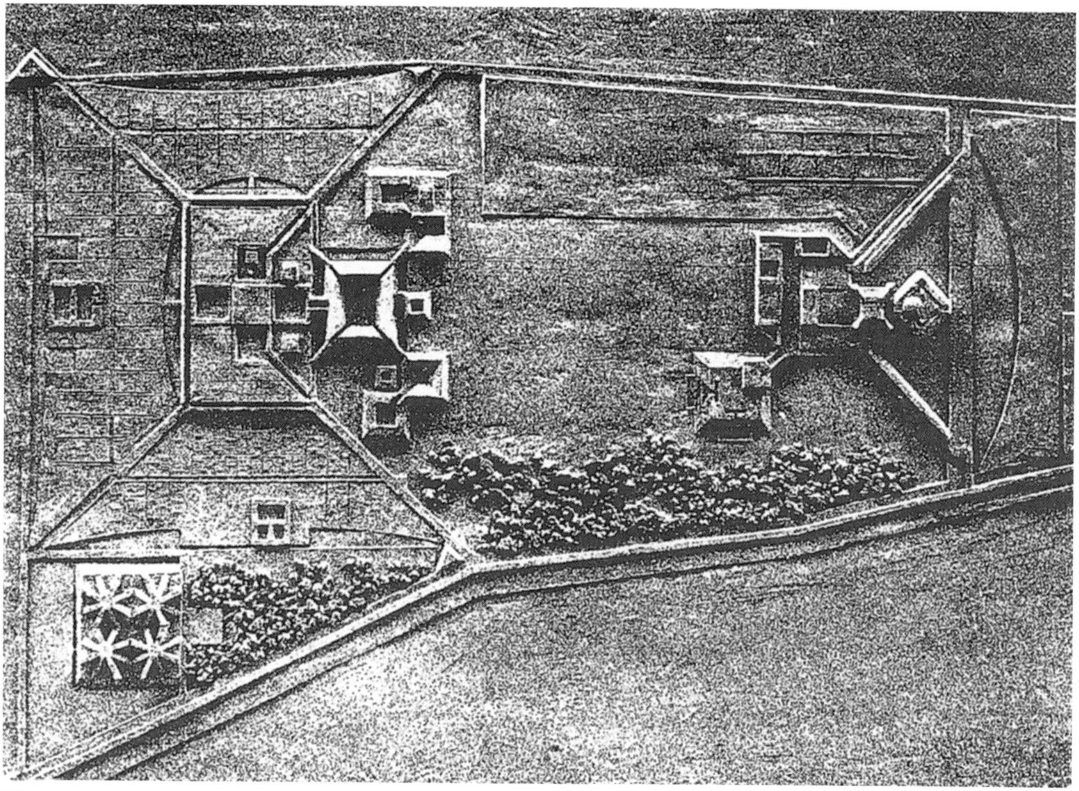

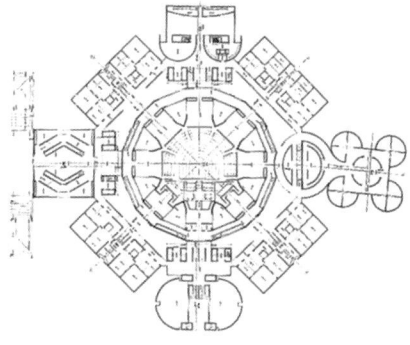

102

103

104

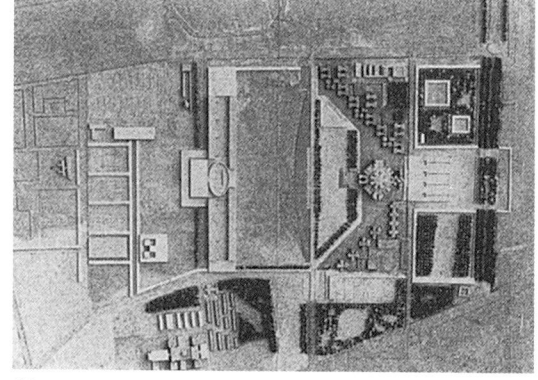

102 셰르-에-방글라 나가르, 부지 모델, 1963년 3월경.

103 셰르-에-방글라 나가르. 국회 의사당 평면도, 1966.

104 셰르-에-방글라 나가르. 부지 모델, 1973년 1월.

다음 페이지
105 셰르-에-방글라 나가르. 동쪽 호스텔.

역할을 했을 것이 분명하다. 르두의 쇼 플랜에 있는 구부러진 복도와 매우 닮은 선형 통로들이 비스듬한 중앙 사각형들을 주변의 방들에 연결하고 있었다.

다카의 최초 기획안에서, 칸은 어드먼 기숙사에서보다 훨씬 더 파워풀한 연결 효과를 이루었다. 모스크를 의회 건물 쪽으로 기울게 함으로써, 그는 모스크와 의회라는 두 가지 종류의 회합 장소에 명상적인 것이 활동적인 것을 통제하도록 하는 역동적인 균형을 불어넣었다. 이러한 비스듬한 기하학에서 칸은 폭넓은 의미 작용과 다양한 적용 가능성을 지닌 원칙을 찾아냈다. 다카의 플랜은 노먼 피셔 하우스(1960~1967) 같은 다른 디자인에도 영향을 끼친 것처럼 보인다. 피셔 하우스 의뢰를 받은 것이 다카 건보다 이른 시기였기에 그 반대일 가능성도 있지만, 칸은 1963년 1월에 피셔 하우스를 아직 설계하지 않았다는 점을 인정했으며 자신이 다카로 첫 번째 여행을 떠난 동안 그 건을 학생들에게 과제로 내주었다. 기록에서 알 수 있듯, 칸은 1963년 후반에서야 해결책에 도달했다. 레비 기념 놀이터 플랜(1961~1966)에 유사한 형태들을 추가한 것도 역시 다카에서 돌아온 이후의 일이었다. 인도 경영 연구소와 버지니아 대학 화학 연구동(1960~1963) 역시 마찬가지 방식으로 해결되었다. 인도 경영 연구소 스케치에는 그 지역에 부는 특정한 바람의 방향을 표시한 기울어진 선들이 그려져 있어 비스듬한 건물 배치를 암시하지만, 칸이 사각형들의 병치를 이용해 플랜을 구성하기로 결정한 것은 1963년 3월의 일이었다. 버지니아 대학 화학 연구동 강당의 플랜에 탑이 달리고 요새를 닮은 형태 대신 귀퉁이가 주변 윙들과 연결된 비스듬한 사각형 모양으로 바뀐 것도 역시 3월이었다. 1963년 여름 칸은 포트 웨인 미술관을 위한 연구에도 비슷한 기하학을 적용하기 시작했다.

다카에서 3월에 계획안을 발표한 뒤, 칸은 모스크의 크기를 줄이고 의회 건물 안에 더 완전히 통합되도록 하였다. 그러나 그의 최종 설계안에는, 코너에 빛을 부여하는 원통형 요소들이 있는 곡선형 구조물이 보이는데, 이는 중심축으로부터 단호하게 어긋나 메카 쪽을 향하고 있어(fig. 103), 뚜렷한 존재감을 유지하고 있다. 이스파한의 샤 모스크(1612~1638)가 비슷한 식으로 왕립 광장의 축으로부터 벗어나 있었지만 샤 모스크의 부지는 다카와는 다른 방식으로 제약받고 있었으며, 칸은 건물 단지 전체의 방향을 약간 재조정하기만 하면 손쉽게 이런 어긋남을 제거해 버릴 수도 있었다. 이번에도 이는 정체성을 강화하기 위한 고집스러운 수단이었던 듯하다. 칸은 〈나는 실제로 (모스크를) 다르게 표현할 수 있도록 하기 위해 그것을 그런 식으로 다르게 만들었다〉[29]고 설명했다.

칸은 프로그램상의 더 개별적인 다른 요소들을 없애 버리거나 의회 건물 쪽으로 보내어, 중심으로의 집중이 강조되게끔 병치했다. 의회 양측의 호스텔은 그대로 유지되어, 중심되는 건물을 지지해 주는 듯한 시각적 효과를 냈다(fig. 105, 106). 따라서 입법 의원들에게 임시 거처를 제공한다는 호스텔 본래의 목적이 잘 드러났다. 의회 건물 안에는 웅장하고 장엄한 규모의 회랑이 있어 의회라는 기관의 고귀한 목적을 더욱 강조하는 동시에 관련 활동을 위한 덜 형식적인 공간을 제공했다(fig. 107). 광대한 건물 내부까지 자연광을 들여오기 위해, 칸은 〈텅 빈 기둥〉을 개발해 냈다. 이는 광정(光井)과 비슷한 것이었지만, 칸은 여기에 그보다 중요한 건축적 목적을 부여했다.

의회 설계에서 나는 건물 내부에 빛을 부여하는 요소를 도입했다. 나란히 늘어선 기둥들을 본다고 생각해 보면 기둥들의 선택이 빛의 선택이라고 말할 수 있을 것이다. 단단하게 서 있는 기둥들이 빛의 공간들을 만든다. 이제 그 정반대로, 기둥들이 텅 비어 있고 훨씬 크며 그 벽들이 직접 빛을 준다고 생각해 보자. 그렇다면 그 빈 곳은 방이 되며, 기둥은 빛의 창조자가 되고 복잡한 형태들을 취할 수 있고 공간들의 지지물이 되며 공간에 빛을 부여할 수 있게 된다.[30]

연구 모델에서 이러한 〈텅 빈 기둥들〉은 확실한 기하학적 형태를 부여받았다. 실제로 건축되었을 때, 이 기둥들은 그것과 인접한 볼륨들에 의해 형태가 잡혔으며 의회 그 자체보다 외부 사무실들에 빛을 비추었다. 이 점에서 칸은 이 가장 중요한 공간을 위한 이상적인 지붕, 즉 자기 디자인의 난해한 기하학을 뒷받침해 주고, 가장 중요하게는 위쪽으로부터의 빛을 들어오게 해줄 구조적 해결책을 찾으려고 애썼다. 칸은 판테온의 둥근 창문이 〈가장 초월적인〉 빛의 근원이자 〈세상 안의 세상을 표현한 것〉[31]이라며 찬탄했는데, 이번에는 그러한 이상이 그의 손에 잡히지 않을 것만 같았다. 칸은 그가 추구하는 바에 구조적인 논리가 전혀 없다고 생각하는[32] 자문 엔지니어 어거스트 코멘던트와 의견 불일치를 겪었고, 결국 멜론 모양의 볼트 지붕으로 결정을 내렸는데, 칸의 예전 설계에 있던 시각적인 힘은 결여되고 말았다(fig. 108, 109).

건설 프로그램이 복잡한 데다가 계속해서 바뀌어 갔기 때문에 부지 다른 곳의 설계도 수월하지 않았다. 더 많은 구성 요소들이 추가되면서, 칸의 초기 계획안이 지녔던 단순한 명확성은 사라지고 복잡해졌으며, 정부 관련 건물 지역이 아닌 곳에서는 칸의 지배적인 콘셉트를 알아보기가 더욱 어려워졌다(fig. 104). 칸은 부지를 방문할 때마다 가능한 한 사소한 데까지 감독하려고 애썼지만, 주택 시설과 관련 건물 대부분은 불가피하게 다른 이들이 맡아 처리할 수밖에 없었다.[33] 천문대(1963년에 프로그램에 추가되었다)와 중요성이 높은 주택 시설의 설계에는 칸이 더 밀접하게 개입했다는 증거가 있다. 그러나 칸의 손길이 더 확실하게 남은 것은 의회 건물과 그 옆의 호스텔이다.

건설되는 동안, 의회와 의원 호스텔의 전망은 자이푸르와 델리에 있는 마하라자 사와이 자이 싱 2세의 천문대들의 시대 초월적인 기하학을 연상시켰다(fig. 106). 칸은 『퍼스펙타』에 실린, 이사무 노구치가 찍은 천문대 사진을 보았을 가능성이 있으며,[34] 그가 델리의 잔타르 만타르를 방문했던 것은 확실하다. 이러한 18세기 천문대들처럼, 칸의 건물 역시 우주적인 질서를 기록하는 것처럼 보인다. 의회 건물 자체에서는 중앙의 의회실을 둘러싸고 있는 기본적인 형태들과, 외부 벽에 난, 유리를 끼우지 않은 오프닝들이(fig. 105 참조) 그러한 이미지를 자아낸다. 심지어 가장 추상적인 형태들의 근저에서조차, 고대 — 적어도 상상 속의 이미지 그대로 — 의 울림이 깃들어 있는 듯하다. 먼 저편의 더 넓은 영역을 향해 양쪽으로 시선을 두고 있는 눈처럼, 칸의 건물들은 르두의 유명한 드로잉[테아트르 브장송(1771~1773)의 고대 로마 극장을 그린]을 연상케 하기도 한다. 기본적인 유클리드적 형태들로 제한을 둠으로써, 칸은 감상을 자제하고, 그 안에서 각 개인이 개인적인 의미를 발견할 수 있는 드문 수준의 추상화를 달성해 냈다. 하얀 대리석의 라인은 연결 부위에 악센트를 주고, 벽의 노출된 콘크리트에 기품을 부여하는 동시에, 구조의 증강을 표시하며 인간적 스케일의 요소를 보여 준다. 인접한 테라스와 호스텔의 붉은 벽돌은 회합이 지닌 특별한 본성을 한층 더 강화한다. 거대한 규모의 건축물임에도 불구하고 모든 곳에 지역색을 살리려는 노력의 흔적이 깃들어 있으며, 이러한 흔적은 영웅적 스케일을 더욱 더 증폭시킨다(fig. 112).

어떤 이들에게 이 국회 의사당은 카스텔 델 몬테 같은 이탈리아의 성채를 상기시켰다.[35] 플랜을 이슬람과 불교 건축의 중앙 십중석 전통과 결부시켜, 칸이 동양과 시양의 전통을 융합했다고 보는 이들도 있었다.[36] 1990년, 이 건물이 지닌 국가적 자부심을 샘솟게 하는 힘에 주목하며, 한 필자는 이렇게 썼다.

> 이 우주-지리적인 대우주는 — 그것의 소우주는 도시의 소우주이자, 모스크, 주택, 정원의 소우주이다 — 신성한 본질을 추출해 내는데, 이로 인해 우리는 지상 낙원으로 승천하는 길로 인도된다. (……) 이것은 유산을 갖지 못한 이들, 그 안에서 그들의 존엄의 이미지를 찾는 이들, 그리고 — 더 나은 것을 갖고 있지 않기 때문에 — 그 안에서 다른 인생의 비전을 보는 이들에게 무엇인가를 복원해 주는 건축이다.[37]

더 단순하게, 칸 자신은 다음과 같이 말했다. 「그 이미지는 콘크리트와 대리석으로 건조된, 다면을 지닌 보석의 이미지이다.」[38] 이 건물에 인간적 스케일이 없다고 비판하는 이들

앞 페이지
106 셰르-에-방글라 나가르. 공중에서 본 동쪽 호스텔.

107 셰르-에-방글라 나가르. 국회 의사당 회랑.

108 셰르-에-방글라 나가르. 의회실.

다음 페이지
109 셰르-에-방글라 나가르. 의회실 천장.

111

도 있었지만,39 이마저도 부분적으로는 칸의 목적이었을 수 있다. 적어도 먼 시점에서 보면 그렇다. 그러한 관습을 피하기 위하여, 그는 개인이라는 작은 차원보다 회합의 〈초월적 본성〉을 강조했다. 건물에서 회합을 갖는 이들, 그리고 건물의 넓은 테라스에서 평화롭게 모임을 갖는 더 큰 규모의 대중에게 있어, 칸의 건물은 제 목적을 확실히 달성하고 있다.

이슬라마바드 대통령궁, 국회 의사당

회합의 본질을 건축적으로 나타낸다는 아이디어에 칸은 크게 이끌렸던 것이 분명하다. 이는 서파키스탄의 새 수도 이슬라마바드에서 유사한 작업을 할 때도 길잡이가 되었던 것이다. 이슬라마바드는 동파키스탄의 입법 수도와 균형을 맞추기 위해 파키스탄의 행정 수도로 지정되었다. 정부에서는 콘스탄틴 독시아디스에게 마스터플랜 구성을 맡겼고, 이는 1961년 5월에 발표되었으며, 많은 저명 건축가들이 주요 건물을 맡았다. 조 폰티와 알베르토 로셀리니는 중앙 사무국을, 아르네 야콥센은 보조 국회 의사당을 맡았다.40 다카의 동쪽 수도 마스터플랜을 손보고 있던 1963년, 칸은 이슬라마바드의 대통령궁을 설계할 건축가로 선정되었는데, 이는 대통령 관저이자 행정 복합 단지로 기획되었다.41 점차 그는 수도의 다른 건물들도 책임지게 되었으며, 야콥센의 설계가 불만족스럽다는 판정을 받은 뒤에는 국회 의사당도 그가 맡게 되었다.

1963년 12월 이전에는 칸이 설계에 들어갔다는 어떠한 기록도 없으며, 그 이후 몇 달간 그린 스케치도 예비 단계를 그리 벗어나지 못한 것으로, 병치된 기하학이 서로 관계 있는 부분들 간의 능동적인 연대를 나타내고 있었다. 설계의 결과물을 제출해야 할 다급한 시기가 닥친, 다음 해 9월부터 시작된 스케치에는 건축적 구성의 감각이 더욱 강하게 드러나 있다(*fig.* 113).42 그림에서 대통령궁은 왼편을 따라 길게 늘어선 복합 단지로 표현되어 있는데, 행정 기관들을 수용하는 비스듬한 사각형에 의해 이슬람 연구 센터로 지정된 삼각형 건물과 연결되어 있다. 이후 대통령 광장이라는 이름이 붙은 광장의 일부가 이 세 가지 요소에 둘러싸여 있다.

앞 페이지
110 셰르-에-방글라 나가르. 국회 의사당, 동쪽에서 본 전망.

111 셰르-에-방글라 나가르. 북쪽 입구 계단.

112 셰르-에-방글라 나가르. 국회 의사당, 서쪽 부분의 디테일.

드로잉 꼭대기에 칸은 야콥센으로부터 이어받은 이슬라마바드의 국회 의사당을 위한 최초의 그림을 그렸다. 다카 때의 속이 텅 빈 기둥과 매우 흡사한, 원통형 건물이 그것이다. 1964년 10월 최초 발표 시기에 이 건물은 위편이 잘린 피라미드 형태가 되었다. 중심에는 원형 오프닝이 나 있었고, 그 안에는 기울어진 정육면체가 놓였다. 1965년 1월에 칸은 대통령궁 설계의 일환으로 광장에 둘 국립 기념물까지 디자인하고 있었다. 이슬라마바드 행정 구역의 건축 코디네이터인 로버트 매튜에게, 칸은 자신의 최초 아이디어를 이렇게 묘사했다. 「새로운 개념의 미나레트가 될 수 있을 것이다. 광장에 솟아오른 작은 예배당을 구현하며, 메카를 향해 설교할 수 있는 특별한 연단. (……) 광장은 지붕 없는 만남의 전당이 되는 것이다. (……) 국회 의사당 건물은 본질적으로는 그대로 남아 있다. 노구치가 그 형태를 칭찬했다.」[43] 1965년 3월 칸은 국회 의사당 건물을 한층 더 손보았는데, 부지 모델(fig. 114)의 왼편에 있는, 사각형 플랫폼 위에 정육면체가 얹혀 있고 귀퉁이에 탑을 닮은 요소들을 거느린 건물이 바로 그것이다. 모델 아래편에 있는, 일직선으로 늘어선 대통령궁에는 기념비적인 후진(後陣)을 추가해 정교하게 다듬었고, 위편에는 위쪽이 잘린 오벨리스크 모양의 국립 기념물이 있다. 삼각형의 이슬람 연구 센터가 대통령 광장의 네 번째 변을 형성하고, 그 뒤에는 나지막한 직사각형으로 표시된 폰티의 행정 건물들이 보인다.

국회 의사당 설계를 칸이 어떤 시점에서 의뢰받았으며, 의뢰 결정이 얼마나 확실한 것이었는지는 불분명하다. 산화 알루미늄과 유리로 된 파사드를 갖춘 야콥슨의 의회 디자인은 1964년 1월에 발표된 얼마 뒤에 거절당했고, 칸이 새로운 건축가로 임명되었다는 소문이 돌았다.[44] 그러나 한참 지연되어 1965년 1월에 체결된 칸의 계약에는 그가 의회 건물을 맡는다는 어떠한 언급도 없었으며, 3월에 자신의 계획안을 발표했을 때 칸은 대통령궁과 관련 기념물에만 집중하지 않았다는 비판을 받았다.[45] 국회 의사당의 디자인과 나머지 부분 간의 교감이 자신이 기울인 노력과 새로운 수도를 세운다는 모험 전체에 결정적인 역할을 할 것이라 믿었기에, 칸은 공식적인 제의가 들어오기도 전에 국회 의사당을 연구하기 시작했던 것이 분명하다. 이 무렵에 쓴 칸 자신의 메모에서도 이러한 점이 암시된다. 「마스터플랜과 그 건축의 정신은 하나이다.」 그리고 그는 전체로서의 도시에는 〈건축 질서의 확립〉이 필수적이며 〈높은 기관의 건물들은 (……) 여러 건축가들에 의해 디자인된 건물들이 연속성을 지닐 수 있도록 영감을 제공해 주어야 한다.〉고 설명한다.[46]

1965년 3월 이후 칸은 보다 적법한 방식으로 국회 의사당 설계 제안을 확실히 받은 것이 틀림없다. 그해 여름에 그는 매튜로부터 더 이상의 불평을 듣지 않으면서 의회 설계에 집중했고, 발전된 설계안을 내놓았던 것이다. 8월에 이 건물은 명확한 윤곽이 잡혔는데, 이와 대조하면 대통령궁의 산만한 형태는 무계획적인 것으로 보인다. 예전에 생각했던 일반화된 형태의 정육면체 대신, 이번에 칸은 슈아지가 그린 이상화된 판테온의 드로잉에서처럼, 토대에서 솟아오른 길쭉한 드럼 위에 얕은 돔이 얹힌 모양의 건물을 제안했다(fig. 115).[47] 회랑들이 중앙 회의실을 둘러싸고 있으며, 회의실에서는 플랜을 이루는 회전된 사각형들이 구심성을 강조한다(fig. 116). 외부를 둘러싼 낮은 윙들은 다카의 경우보다 기하학적인 복잡성이 덜하지만, 보호하는 듯한 분위기는 거의 변함이 없다. 정부 관리들은 〈건축에 이슬람적인 터치가 있어야 한다〉[48]고 요구했는데, 이와 같은 플랜이 된 것과 돔을 사용한 것은 부분적으로는 그러한 요구 때문이었다. 칸은 〈이슬람적인 터치를 고집하는 것은 성가시지만 (……) 그럼에도 불구하고, 예전에는 동원한 적 없던 수단들을 자극할 수 있다〉고 썼다.[49]

결국 파키스탄 정부는 칸의 국회 의사당과 대통령궁 설계를 둘 다 거절하고, 그 일을 에드워드 듀렐 스톤에게 맡겼다.[50] 그는 명백한 특징이라고는 전혀 없는, 뻔히 예측 가능한 기성품 같은 건물을 디자인했다. 다카의 마즈하룰 이슬람 같은 뛰어난 지식인이 개입하지 않는 한, 정부 관리들은 천재와 도박을 할 생각이라고는 없었다. 그러나 칸의 계획안이 스톤의 것과 비교했을 때 아무리 뛰어나다고는 해도, 거기에는 다카 때와 같은 확신은 결여되어 있는 것처럼 보인다. 이슬라마바드의 단순화된 국회 의사당이 본질적인 요소 — 회

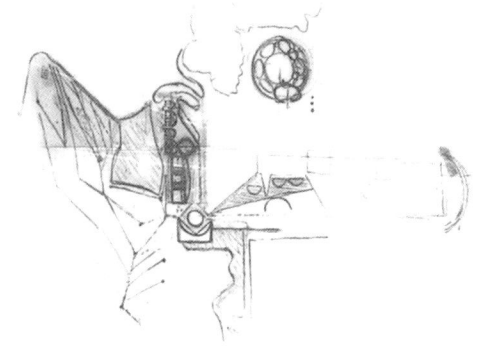

113

114

115

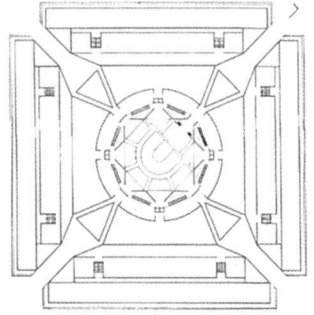

113 대통령궁, 파키스탄 제1 수도 이슬라마바드, 1963~1966. 부지 도면. LIK September 30, 64라고 기입.

114 대통령궁, 부지 모델, 1965년 3월경.

115 대통령궁, 부지 모델, 1965년 9월.

116 대통령궁, 국회 의사당 1층 평면도, 1965년 3월 이후.

랑들을 두어 단일한 볼트 지붕 회의실의 중압감을 경감시킨, 강렬한 중앙 집중적 형태 — 를 추출해 내려는 의식적인 노력을 표상했을 수는 있지만, 다카의 호스텔과 테라스를 통해 확립했던 단호한 포지션이 없이는 그 존재감을 완전히 감지할 수 없었다. 게다가 대통령궁은 고정된 배치나 지각 가능한 형태를 결코 달성할 수 없을 것처럼 보였다. 다카에서 칸은 자신이 마스터플랜을 완전히 감독해야 한다고 주장했었다. 반면 이슬라마바드에서는 그런 기회가 없었고, 그 결과는 그대로 드러난다.

베스-엘 시나고그, 후르바 시나고그

회합에 초점을 맞춘 나머지 세 건의 작업 중, 가장 규모가 작고 중요성도 크지 않은 것만이 실제로 건축되었다. 뉴욕 주 차파쿠아의 베스-엘 시나고그(1966~1972)가 그것이다. 그러나 이처럼 작은 규모의 일에서도 그는 그 목적을 상징하는 강한 중앙 집중적 구조를 고안해 냈다(fig. 118). 칸이 건축가로 선정된 것은 1966년 7월이었지만, 그는 다음 해 3월 계약을 체결한 이후까지 설계를 미루고 있었다.[51] 처음부터 그는 회랑을 꼭 넣어야겠다고 주장했는데, 예비 좌석을 위한 공간으로 필요하다는 구실에서였다.[52] 칸은 베스-엘의 최종 설계를 축소하였고, 1970년에서 1972년에 걸쳐 지어진 시나고그는 비교적 단순한 목조 구조물이 되었는데,[53] 설계를 수정하기 한참 전 칸은 실현 가능성은 떨어지지만 훨씬 더 자극적인 회합용 건물 계획에 손을 댔다. 예루살렘의 후르바 시나고그와 베네치아의 팔라초 데이 콩그레시였다.

후르바 시나고그는 칸에게, 몇 차례의 여행에서 그를 몹시도 감동시켰던 고대 세계의 고고학적 경계 내에서 건축할 수 있는 최초의 기회가 되었다. 1967년 8월 그는 예전에 그 부지에 서 있던 보다 작은 시나고그를 재건축해 달라는 부탁을 받았고,[54] 12월에 그곳을 방문했으나, 다음 해 7월 예루살렘에서 계획안을 발표하기 불과 며칠 전에야 설계에 집중적인 노력을 기울였다.[55] 장소가 지닌 풍부한 건축적 유산은 그 일에 특별한 의미를 불어넣었을 것이다. 설계 작업을 하면서, 칸은 〈예루살렘의 역사와 종교의 정신〉[56]을 표현하게 된 영광에 대해 말했는데, 이는 그가 예전에 언급했던 〈아직도 활발하게 사용되는 오래된 건물은 불멸의 빛을 지니고 있다〉[57]는 말을 상기시키는 문구이다. 칸의 초기 설계안에는 예루살렘이라는 오래된 도시와 교감적인 관계를 이루는 구상을 볼 수 있어, 이러한 애정 어린 태도가 확연히 드러난다. 넓게 보면 이 시나고그는 세계에서 가장 중요한 종교 기념물인 바위 사원(기원전 688~691)과 성묘 교회(기원전 326경)와 같은 곳에 있었다. 칸은 이 두 기념물과 더불어 이 시나고그가 유대교라는 제3의 종교를 상징하게 될 가능성을 감지하고는, 이 두 건축물과의 관계를 고려하며 자신의 디자인을 구상했다. 드로잉에는 이들 건물이 더욱 역사가 유구한 주변 지대와는 또 어떻게 어울리고 있는지가 드러난다(fig. 117). 아테네 아크로폴리스의 드로잉을 통해 인류 역사의 무게감을 그려냈듯이, 예루살렘에서도 칸은, 이번에는 온전한 자신만의 창조물을 통해 그것을 일깨워 냈다.

칸의 기념비적인 비전은 훨씬 소박한 규모의 건물을 생각하고 있던 건축주들의 예상을 뛰어넘는 수준이었으나, 결국 그들은 칸의 설계를 지원해 주었다. 첫 발표 이후 예루살렘 시장 테디 콜렉은 칸의 설계를 〈세계의 시나고그〉라고 묘사했으며, 〈예루살렘에 아름다운 시나고그를 선사할, 그런 아이디어이다〉라고 말했다.[58] 이번 계획안은 칸의 회합에 대한 사유를 강화시켜 주는 것이기도 했다. 네 개의 속이 빈 기둥이 중앙으로 집중된 사각형의 예배당의 각 코너를 확정했다(fig. 119). 이 기둥들을 빙 두르며 회랑이 있어, 바깥쪽을 둘러싼 열여섯 개의 사각형 벽감과 예배당이 분리되었다. 이들 벽감은 특별한 촛불 예배의 장소를 제공해 주는 목적 — 일종의 〈구실〉이었다고 하는 편이 더 정확하지만 — 이었다. 바깥쪽 벽의 중앙에 있는 계단들은 위층 좌석으로 이어졌고, 코너는 입구 역할을 하도록 열려 있었다. 네 개의 중앙 기둥들은 꼭대기 근처에서 넓게 벌어져 육면체의 공간을 덮는 지붕이 되고, 벽감은 안쪽으로 좁아져 마치 요새의 탑처럼 지붕 위로 솟아올랐다(fig. 120). 유리를 끼우지 않았으며, 단순하고 거의 중성적인 요소들로 구성된 이 건물은, 어느 시기라고 명확히 꼬집을 수는 없지만 어쨌든 고대 유적지에 자리

잡은 듯한 분위기를 풍긴다.

칸의 예스러운 설계는 퍼거슨의 『건축의 역사』에 나오는, 추측에 의한 솔로몬 성전 재건축을 연상시키는데, 이 유사성은 곧 주목을 받았다.[59] 뉴욕의 유대인 신학교에서 초기 시나고그에 대한 정보를 찾을 때, 칸은 솔로몬 성전의 중요성을 강조하는 글 한 편을 받았다.[60] 그의 최초 계획안 슬라이드들과 함께, 솔로몬 성전의 오래된 부지의 재건축에 대한 글이 철해져 있었다. 이 성전은 칸에게 적절한 영감을 제시해 주었을지도 모른다. 유대교 건축의 시작을 의미할 뿐만 아니라, 비트코버가 설명했듯이, 신이 모세에게 전달해 준 우주의 비율을 형상화하는 건물이었기 때문이다.[61]

후르바 시나고그의 후기 설계안에서 디테일을 변경할 때에도, 기본적인 콘셉트는 변치 않고 그대로였다. 1969년 7월에 발표한 버전에서는 주변의 무게를 지탱하기 위해 최초 설계의 속이 빈 기둥들을 대신 곡선형의 셸(shell: 얇은 곡면판으로 된 구조체)이 쓰였고, 언약궤와 성단소는 외부 쪽으로 옮겨졌다.[62] 1972년 7월의 최종 버전에서는 언약궤와 성단소가 중심적인 위치를 되찾아 참여적인 회합의 집중 초점으로 더 효과적인 상호 작용을 할 수 있게 되었고, 예배당 코너에는 네 개의 속이 빈 기둥이 되돌아왔는데, 기둥 머리에 타원형의 오프닝이 뚫려 강조된 모양새로 변했다 (fig. 121).[63] 후르바 시나고그의 차분한 균형미는 다카의 활동적인 형태들과 대조를 이루며, 기념비적인 성격을 더 강하게 띠는 칸의 후기 작업에 가깝다. 콜렉은 계속 칸을 지지하는 입장이었지만 회중을 설득해 칸의 설계대로 건축하자고 할 수는 없었다.[64] 따라서 칸이 추구하던 〈불멸의 빛〉은 여전히 잡을 수 없는 존재로 남았다.

팔라초 데이 콩그레시

예루살렘과 마찬가지로, 칸은 베네치아도 도시의 기원을 보여 주는 유적이 풍부하게 남아 있는 도시임을 발견했다. 1968년 4월에 제시받은, 만남이 이루어지는 홀을 설계한다는 아이디어 자체는 충분히 분명해 보였으나, 비엔날레 안에서의 그 기능적 필요성과 다목적성이라는 점은 둘 다 지나치게 모호하여 칸의 상상력을 자극하기에는 역부족이었다. 팔라초 데이 콩그레시 건은 위대한 건축의 본보기들과의 면밀한 근접성 안에서 경험되고 판단될 수 있는 시설을 건축할 수 있는 기회였으며, 칸은 베네치아의 저명한 교수 주세페 마차리올이 자신의 계획안에 조언과 지지를 보내 줄 이해심 많은 지식인이라는 점을 깨달았다. 베네치아라는 도시에 대한 선물로, 칸은 평소 때와 같은 보수도 없이 일을 맡겠다고 제안했다.

팔라초 데이 콩그레시는 칸이 예전에 했던 회합 목적의 설계들처럼 의식(儀式)적이거나 절차적인 필요 사항에 심하게 얽매이는 일은 아니었고, 칸은 15년쯤 전 아다스 제슈룬 시나고그 때 그랬듯이 초기의 만남의 장소들을 염두에 두고 작업을 시작했던 듯하다. 처음 발표 때 칸은 자신의 디자인을 〈우연한 만남의 장소〉라 묘사하며, 다음과 같이 말을 이었다. 「베네치아의 의회 건물에서 (……) 나는 마음의 만남이자, 마음의 만남이 표출될 수 있는 장소를 지으려고 생각한다.」[65] 그러나 칸이 설계한 건물은 전보다 구조적인 형태였는데, 아마도 회합을 위한 공간이라고 건축적으로 정의된 최초의 공간이 취했을 법한 형태를 발전시킨 듯하다. 그리고 그 안에서 칸은 수동적 회합과 참여적 회합 사이의 미묘한 구분을 그었다. 「의회 홀은 원형 경기장 — 사람들이 사람들을 바라보는 곳 — 처럼 생각할 수 있다. 그것은 극장과 같이 사람들이 공연을 보는 곳과는 다르다. 부지의 형태에 상관없이 내가 처음 품었던 아이디어는, 가운데에 핵심이 있는 많은 동심원 형태를 만들고자 하는 것이었다.」[66]

부지의 조건이 제한적이었기에 칸의 이상적인 형태를 달성하기는 어려웠다. 정원에서 자신이 할당받은 구역 내에만 한정하면서 그 자리에 있는 나무들을 피하기 위해, 칸은 건물을 길고 좁은 형태로 설계해야 했고, 구멍이 많은 지면에서 토대 문제를 단순화하기 위해, 양쪽 끝에 최소한의 지지물만을 둔 다리 같은 형식으로 건물을 세우기로 결정하였다 (fig. 122). 다리라는 아이디어는 베네치아에 특별한 의미가 있었고, 칸의 설계는 리알토 다리에 비견되었으며, 〈베네치아의 삶이라는 극장에서 가장 영향력 있는 무대〉[67]라고

117

118

117 후르바 시나고그, 이스라엘 예루살렘, 1967~1974. 부지 단면, 1968년 7월경.

118 베스-엘 사원 시나고그, 뉴욕 주 차파쿠아, 1966~1972. 투시도. Lou K '68이라 기입.

119

120

121

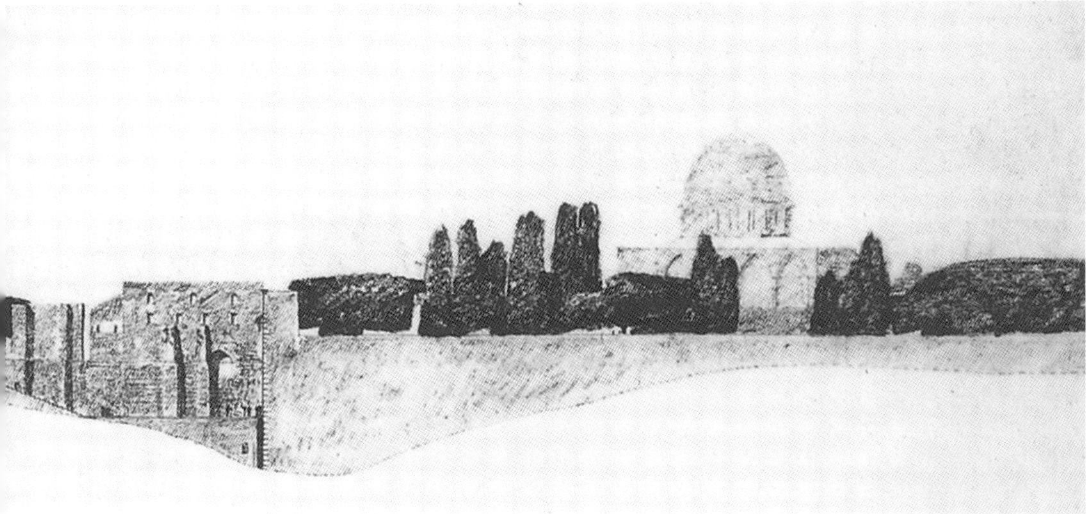

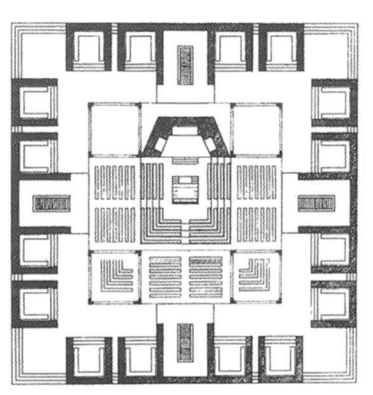

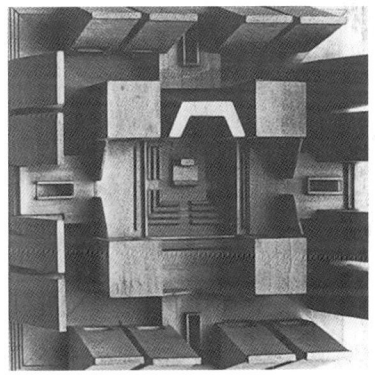

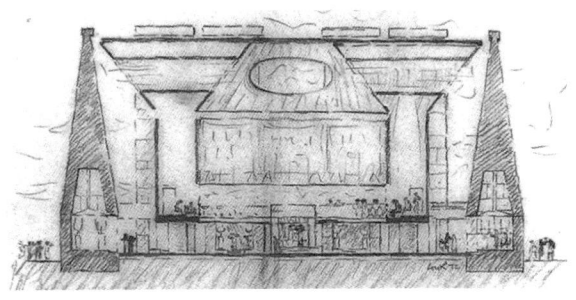

119 후르바 시나고그, 평면도,
1968년 7월경.

120 후르바 시나고그, 평면도, 최초
계획안에 따른 모델, 1968년 7월경.

121 후르바 시나고그, 평면도,
세 번째 계획안 단면도. Lou K '72라
기입.

묘사되었다. 건물 양쪽 끝을 지지하는 육중한 기둥과는 대조적으로, 의회 홀 자체는 기둥에 매달린 구조를 취해 시각적인 가벼움을 선사하는데, 이는 칸이 의회의 본질적인 부분이라 믿었던 즐거운 기념 의식의 분위기를 전달하기에 적합한 듯했다.[68] 초기 스케치(1968년 10월 비공식적으로 마차리올에게 설계를 발표하기 전에 그렸을 가능성이 높은)에서는 설계의 입면도를 추측해 볼 수 있다. 해먹처럼 생긴 그림 중간, 오른편 위쪽과 아래쪽 가까이의 단면도에서는, 부유하는 프레임 안에 극장식 카베아(고대 로마 극장의 반원형 관람석 — 옮긴이)가 보인다. 그는 이 형태를 더 좁게 만들었는데, 1969년 1월 베네치아에서 설계를 발표하며 이렇게 설명했다. 「부지가 좁고 길기 때문에, 나는 단순히 원형 경기장을 두 개의 나란한 컷으로 잘랐다. (……) 홀은 사람들이 사람들을 보고 있는 인상을 줄 것이다. 회의실은 약간 굽어져 있는데, 가볍게 경사진 광장 같은 거리라는 감각을 간직하기 위해서다. 시에나의 팔리오 광장을 연상할 수도 있을 것이다.」[69] 시에나를 그린 칸의 스케치는 가장 파워풀한 이미지 중 하나로, 회합에 편리하도록 조성된 아고라를 그린 것이었다.

원형 극장이라는 이상적인 형태에 회랑 비슷한 공간을 덧붙여(fig. 123), 칸은 회합을 목적으로 하는 자신의 다른 디자인들과의 공통점을 부여했다. 그의 설명에 따르면, 〈양쪽으로 (……) 두 개의 길이 나 있고 (……) 이 길들은 좌석으로 이어지며 (……) 좌석이 있는 장소에는 사람들이 의회에서 물러나 개별적인 토론을 벌일 수 있는 공간들이 있다.〉[70] 모델(fig. 124)에는 부지에 팔라초 데이 콩그레시가 섬세하게 위치된 모습이 잘 나타나 있으며, 그가 명확하게 구분 지은 추가 요소들 — 정육면체 모양의 현관과, 그 뒤에 갤러리와 스튜디오가 딸린 또 다른 정육면체 모양 건물 — 과의 관계도 잘 드러나 있다. 의회실 자체에서도 그랬듯, 이러한 요소들에서도 칸은 기본적인 모듈 관계를 유지해 가며 단순한 자연수를 중심으로 작업했던 듯하다.[71] 이번에도 커멘던트가 칸의 컨설턴트 역할을 하여, 구조적 효율성을 확보해 주었다. 1970년에는 커멘던트의 주장에 따라 흉벽에서 부분 아치형의 오프닝을 없애고, 대신 칸이 고풍스러운 주랑(柱廊)처럼 표현한 밸러스터(난간을 받치는 작은 기둥 — 옮긴이)를 도입했다.

늘 그랬듯이, 칸은 정치적 논쟁으로 말미암아 건축이 실현될 것 같지 않은 불명확한 상황에서도 설계를 계속했다. 그리고 이후 1972년, 그는 자신의 디자인을 아르세날레 근처의 새로운 부지에서 기꺼이 되살려 냈다. 여기서 건물은 실제로 운하에 놓인 다리가 된다(fig. 125). 미크베 이스라엘, 이슬라마바드, 후르바에서 그랬듯이, 그는 자기 마음속에 실재(實在)하고 있으며 너무나 중요하게 사유의 한 부분을 차지하고 있기에 결코 포기할 수 없는 콘셉트에 완강하게 매달렸다. 그리고 자신의 아이디어를 건물로 형상화하기 위해 흔들림 없는 신념을 유지했다. 그 신념은 자신의 아이디어가 타당하다는 증거이자, 스스로의 성취를 평가하는 기준이었다. 회합을 위한 설계들을 통해, 칸은 모임의 보편적인 특성들에 형태를 부여했으며, 이는 개인의 가치 또한 확장시켰다.

데이비드 G. 드롱

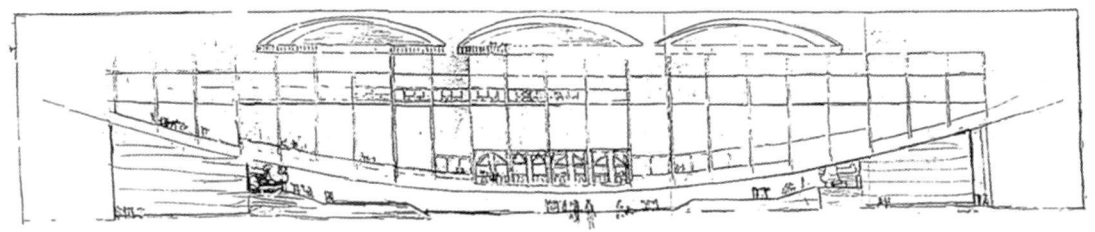

122

123

124

125

123 팔라초 데이 콩그레시. 내부 투시도.

122 팔라초 데이 콩그레시, 이탈리아 베네치아, 1968~1974. 입면도, Lou K 1970이라 기입.

124 팔라초 데이 콩그레시. 자르디니 푸블리시 부지를 위한 모델, 1969년 1월.

125 팔라초 데이 콩그레시. 아르세날레 부지를 위한 모델, 1973년 5월.

4 영감을 불어넣는 공간

연구를 위한 건축

126 소크 생물학 연구소, 캘리포니아 주 라 호야, 1959~1965. 부지 투시도, 1960년 1월.

회합을 이루고자 하는 인간의 욕구를 충족시킬 수 있는 건축에 몰두하던 무렵, 루이스 칸은 학교, 연구소, 수도원처럼 인간의 공동 활동과 개인 활동이 복잡하게 뒤섞여 일어나는 공간을 위한 건축에도 힘쓰고 있었다. 칸은 이러한 시설들을 〈영감의 전당들〉이라고 칭했다. 이는 그의 정의에 따르면, 근본적으로 배움에 대한 열망이 있는 공간이면서, 그 배움이 협력적인 공동체 속에서 이루어져야 할 필요가 있는 공간들이었다.1 그러한 이상주의적인 고객들이 칸에게 의뢰를 해와, 1960년대 초 사무소는 일거리로 넘쳐 났다. 이러한 프로젝트에는 존 F. 케네디가 대통령으로 있던 시절에 발산되던 낙관주의와 헌신적 열정이 깃들어 있었다. 이런 종류의 시설을 위해, 칸은 자연적 질서와 인간적 전통에 뿌리를 둔 건축을 창조해 냈다.

칸에게 있어 배움이란 실존적 탐구였다. 그가 1964년 어느 의과 대학 컨퍼런스에서 말했듯, 배움이란 본질적으로 삶 그 자체에 대한 탐험이었던 것이다.

나는 배움의 시설이란 사실상 한참 거슬러 올라가 자연의 본성에서 유래하는 것이라 믿는다. 자연, 그 자체는 그것이 어떻게 만들어졌는지에 대한 기록을 스스로 담고 있다. 우리의 내부에는 우리가 어떻게 만들어졌는지 그 완전한 이야기가 있으며, 이러한 감각, 경이의 감각으로부터 알고자 하고 배우고자 하는 탐구가 솟아난다. 그 탐구 과정 전체가 새로이 알려 줄 것은 단 한 가지라고 생각한다. 바로 우리가 어떻게 만들어졌는가이다.2

공동체를 만드는 일 또한 인류의 — 또한 칸의 — 주요 책임 중 하나였다. 1961년 칸은 한 인터뷰어에게 선언했다. 「나는 (……) 건축 전문가가 아닌 이에게 삶의 방식을 설명해 줄 수 있기를 간절히 바랐다.」3 3년 후 그는 더욱 단호한 어조로 이러한 임무를 강조했다. 「나는 사회가 인간을 만든다고 믿지 않는다. 인간이 사회를 만든다고 믿는다.」4 배움을 뒷받침하고 모범이 될 만한 공동체를 만들어야 한다는 두 가지 목적이 결합된 도전에서, 칸의 가장 성공적인 건축물 세 개가 탄생했다. 캘리포니아 주 라 호야의 소크 생물학 연구소, 브린 마워 대학의 어드먼 홀, 아메다바드의 인도 경영 연구소가 그것이다. 그 외에도 건축으로 이어지지는 않았지만 뛰어난 프로젝트가 많이 있었다.

비슷한 목적의 이러한 설계 작업 대부분은 갑작스레 몰려들어 왔다. 리처드 연구소를 건설 중이던 1959년 말, 칸은 소크 연구소와 포트웨인의 미술관 설계 제의를 받았다. 로체스터의 유니테리언 교회 설계를 진행하고 있던 1960년, 브린 마워 대학, 버지니아 대학, 필라델피아 예술 대학에서 의뢰가 들어왔다. 다음 해에는 웨인 주립 대학과 세인트앤드루스 수도원에서 — 미크베 이스라엘 시나고그와 같은 때이다 — 설계를 의뢰했고 1962년에는 인도 경영 연구소가 시작되었는데, 칸이 동파키스탄의 새로운 수도 설계를 맡은 해이기도 했다. 몇 년이 경과한 뒤, 1965년에 비슷한 동기를 지닌 세 고객이 칸에게 일을 맡겼다. 성 카타리나 수녀원, 메릴랜드 예술 대학, 필립 엑서터 아카데미였다. 뒤이어 1969년에는 라이스 대학의 의뢰가 있었다. 칸의 작업은 일반적인 유형학적 분류가 가능하지 않기 때문에, 기능적으로 유사한 이런 프로젝트 중에서 두 건 — 포트웨인과 필라델피아 예술 대학 — 은 5장에서 칸이 이 시기에 했던 도시 설계 작업들과 묶어서 다루기로 한다. 같은 이유로 필립 엑서터 도서관과 식당은, 6장에서 칸이 말년에 몰두했던 기념과 경의의 성격이 강한 건물들을 살펴볼 때 짚고 갈 것이다. 그러나 이러한 종류의 일이 칸의 건축 경험에 미친 영향을 완벽하게 묘사하기 위해서는 모든 것을 체계적으로 살펴볼 필요가 있다.

늘 그랬듯이, 설계를 시작하는 첫 단계에서 칸은 의뢰인이 제시한 건축 요강을 간략화하여 그 건물에서 이루어질 인간 활동의 본질적인 요소만 남겼다. 그런 식으로 칸은 건물의 성격을 정립하였는데, 직원들이 설명해 주는 조건들보다는 자기 자신의 감정을 바탕으로 하여 판단을 내렸다. 그가 연구와 명상의 공간들을 중요하게 여긴 것은, 교육에 관한 지식, 수도원 생활에 대한 상상, 그리고 사회적 건축에 대한 행동주의자다운 헌신과 정열 때문이었다.

학생 시절 칸은 어릴 때에는 공립 학교로, 다음에는 미술 특별 수업으로, 그리고 펜실베이니아 대학에 이르기까지, 여러 해 동안 필라델피아 전역을 누비며 통학했던 경험이 있었다. 그리고 가르치는 입장이 되어서는 처음에는 대학 제도 밖에서 비공식적으로 가르치다가, 이후에 예일과 펜실베이니아 대학으로 통근하는 파트타임 크리틱이 되었다. 이처럼 이곳저곳을 돌아다녀야 했던 경험 때문에 칸은 교육에 대해 반(反)제도적인 견해를 지니게 되었으며, 그가 가장 자주 반복해서 말했던 건축학적 우화도 이런 경험에서 비롯되었다.

학교는, 자신이 선생인지 모르는 한 사람이, 자신이 학생인지 모르는 몇몇 다른 사람들과 나무 아래에서 자신의 깨달음에 대해 논의하면서 시작되었다. 학생들은 선생과 나누는 교류에 대해 곰곰이 생각했고, 선생과 함께 있어 얼마나 좋은지 생각했다. 그들은 자기 자식들도 그런 이의 가르침을 듣게 되기를 바랐다. 곧 필요한 공간이 생기고 최초의 학교가 탄생했다. 학교라는 공간은 인간 욕망의 일부였기 때문에 필연적으로 탄생할 수밖에 없었다.[5]

건물을 위해 이상적인 계획안을 구상하면서, 칸은 교육이라는 공동 작업에 대한 이 막연한 이미지를 수도원 생활의 고독이라는 더 추상적인 비전과 하나로 결합시켰다. 르코르뷔지에도 그랬듯, 칸은 수도원을 이상적인 주거지로 보고 숭배했으며, 유명한 장크트갈렌 수도원 설계에 대해 감탄을 표한 적도 많았다. 많은 시나고그, 교회, 모스크를 설계했지만, 개인적으로 그는 종교의 공공연한 표명보다는 수도사들이 그렇듯 개인적인 성찰에 잠기는 편에 더 이끌렸다. 그가 판테온을 찬미한 것은 부분적으로는 그 거대한 둥근 형태가 〈방향을 지시하지 않는 공간, 오직 영감에서 우러나온 숭배만이 이루어지는 장소〉이며 그곳에서 〈명령에 의한 의식은 치러지지 않을 것〉[6]이기 때문이었다. 칸이 보기에, 명상이란 보편적인 교육적 중요성을 지닌 행위였고, 따라서 배움이 지닌 보완적이고 독립적인 요소에 잘 어울리는 모델이었다.

칸이 이런 종류의 설계를 하면서 명백한 즐거움을 느낀 것은, 그가 오래 전부터 인간 공동체를 만드는 일에 관심을 품고 있었기 때문이기도 했다. 초기에 이러한 관심은 공공 주택 사업이라는 도전 과제에 집중되어 있었다. 공공 주택 사업은 사회 복지 프로그램에 대한 국가적 관심이 높았던 대공황 시기에 태동했고 이후 전쟁으로 인한 긴급한 필요성에 의해 번성했던 분야였다. 그러나 제2차 세계 대전 이후 미국의 공공 주택 사업은 급격히 쇠퇴하여, 극빈층에게만 최소한의 주거를 제공하는 수준이 되었다. 칸은 번성과 쇠퇴 두 시기에 걸쳐 웨스트 필라델피아의 밀 크리크(1951~1963)에서 주택 건설 사업을 맡아 했고, 이런 쇠퇴의 과정을 직접 목격했다. 새로운 종류의 일거리들을 의뢰받았을 때, 칸은 새로운 영감을 찾고 있었다.

칸이 교육 시설에 대해 새로 고안해 낸 혼합적인 프로그램은 — 지붕 역할을 하는 나무와 수도원이 결합된 — 명백히 모호한 성격을 띠고 있었지만, 그의 생각은 그가 강력하게 선호하는 원숙한 시각적 형상과 만나 신속하게 구체적인 형태로 나타났다. 칸은 자신이 가장 좋아하는 형태들을 통해 자신의 아이디어를 손쉽게 포착해 냈다. 평면도를 보면, 리처드 연구소의 파빌리온들과, 로체스터 유니테리언 교회에서 서브드/서번트 스페이스가 이루는 집중적 위계질서가 유용한 출발점이었음을 알 수 있다. 입면도를 보면 50년대 후반에 칸은 중세와 고대 기념 건축물의 힘을 암시하기에 충분한, 탑이 달리고 두꺼워 보이는 벽을 건물에 접목하기 시작했다. 이로써 역사적 재발견의 드라마는 계속되어 갔다. 인간 생활에 대한 칸의 시적 이해와 생생한 시각적 필요성이 교차하는 지점에서 탄생한 이러한 작품들은, 탄생하기까지 엄청난 어려움을 겪었던 경우도 종종 있었다. 타협이란 불가능해 보였다. 주변 조건들을 완벽하게 조정해야만 융합이 일어날 수 있었다. 프로젝트 중 다수가 건축으로 이어지지 못한 채로 남았다.

이런 프로젝트 중 첫 두 건 — 소크 생물학 연구소와, 브린 마웨 대학의 기숙사인 어드먼 홀 — 에서, 칸은 추상적인 문제를 설득력 있는 실제적 표현으로 해석해 냈다. 두 경우 모두 세력이 있으면서도 동조적인 고객이 칸에게 최상의 것을 요구했고 이따금 지나치게 머뭇거리는 칸을 독촉해 우수한 디자인을 이끌어 냈다. 칸은 지성 있는 사람들과 상대하기를 좋아했으며 고객과 건축가라는 관계에서 고객 측의 입장을 지지할 줄을 알았다. 1963년 그는 예일에서 이렇게 강연했다. 「군중도, 위원회도 아닌, 개인만이 할 수 있다. 무언가를 만들어 낼 수 있는 것은 단일한 개인뿐이다.」[7] 물론 이는 자기 자신을 두고 하는 소리이기도 했다.

소크 생물학 연구소

최초의 효과적인 소아마비 백신을 발명한 조너스 소크는 칸이 고객으로 접했던 이들 중 가장 깊은 인상을 받은 지식인이었다. 다행스럽게도, 둘의 사유는 인간의 지성과 정신을 분리해 놓은 근대의 분열증을 치유해야 한다는 데에서 일치를 보았고, 둘은 친구이자 협력자가 되었다. 다른 누구도 하지 못한 일이었지만, 소크만은 칸이 프로젝트에 대한 관심을 잃지 않게 하면서도 칸의 제안을 거절할 수가 있었고, 두 건의 중요한 경우에 실제로 그런 거절을 했다. 1959년 12월 소크를 만났을 때 칸은 그를 〈내가 가장 신뢰하는 크리틱〉[8]이라 불렀다.

소크가 원했던 것은 바로 과학과 인문학의 재결합이었다. C. P. 스노우가 1959년에 언급했듯이 현대인들에게 이 〈두 문화〉는 단절되어 있는데, 이 간극을 극복하기 위해 소크는 과학적 연구를 뒷받침해 주면서 동시에 과학자들과 문화를 선도하는 다른 이들 간의 사상 교류를 촉진할 수 있는 시설을 내다보았다.[9] 〈책을 쓰는 대신, 나는 이런 의견을 건축을 통해 표명하기로 결심했다〉라고 그는 회고했다.[10] 그가 종종 말했듯이, 그 건축은 파블로 피카소를 즐겁게 할 만한 공간이어야 했다.[11]

칸은 소크가 설명한 두 문화를 〈측정 가능한〉 것과 〈측정 불가능한〉 것이라 해석했는데, 〈디자인〉과 〈형태〉라는 칸 자신의 콘셉트와 명백하게 일치하는 표현 방식이었다. 그리고 칸은 전체론적인 비전을 달성하라는 소크의 도전을 받아들였다. 이는 칸 자신의 건축학적 탐구를 달성하는 일이기도 했던 것이다.[12] 그의 자세는 진실했고, 1962년 런던에서 열린 영국 왕립 건축가 협회의 연례 토론회 때 칸의 발표 이후의 디너 파티에 스노우를 초청하도록 하기까지 하였으나, 어디까지나 예술가였던 칸은 항상 두 문화를 동등한 것으로 묘사하지는 않았다. 1967년 어느 강연에서 그는 이렇게 말했던 것이다. 「과학은 이미 그 자리에 있는 것을 찾아내지만, 예술가는 그 자리에 없는 것을 만들어 낸다.」[13]

1960년 1월에 칸은 라 호야의 태평양이 내려다보이는 언덕 꼭대기에 있는 뛰어난 경관의 부지를 처음으로 방문했다. 그의 최초 스케치와 이후 몇 달에 걸쳐 그것을 바탕으로 제작한 모델에는 연구소 측의 요청 사항을 기초로 칸이 나름대로 표현해 낸 구상안이 담겨 있다(소크는 칸에게 아주 간략한 개요만을 제시했었다). 시설 전체가 실험실, 숙소, 미팅 하우스, 이렇게 세 부분으로 나뉘어 있었는데, 미팅 하우스는 연구자들이 서로 아이디어를 교환할 수 있는 장소이자 더 넓은 세상과 교류할 수 있는 장소였다(fig. 126, 128). 소크는 세 부분으로 나뉜 이 설계 초안을 받아들였으나, 리처드 연구소의 경우처럼 스튜디오 타워를 이뤄 부지의 내륙 쪽 끝에 모여 있는 형태의 실험실 설계에는 반대했다. 리처드 연구소의 설계는 당시 이미 유명한 것이었지만, 소크는 일반적으로 실험실에 쓰이는 실용적인 오픈 플랜의 건물을 고집했다. 이런 오픈 플래닝은 바로 칸 자신이 예일 아트 갤러리에서 창조해 낸 것이었으나, 이제 칸은 그것이 시대에 뒤떨어진 모

127

128

127. 소크 생물학 연구소, 모델,
1961년 3월경.

128. 소크 생물학 연구소, 마스터플랜
모델, 1960년 3월.

129. 소크 생물학 연구소, 주택지
쪽에서 본 미팅 하우스 투시도,
1962년경.

129

더니즘의 클리셰라고 생각했다. 그러나 소크의 지시를 거부할 수는 없었다.

소크는 또한 아시시의 성 프란체스코 수도원을 자신의 과학 공동체의 모델로 삼아 줄 것을 대놓고 부탁했다. 소크는 1954년에 그곳을 방문한 적이 있었고, 칸은 1929년에 수도원을 스케치했었다.[14] 칸이 이 제안을 거부감 없이 받아들였다는 점에는 의문의 여지가 없다. 1940년대부터 칸은 역사적 건축물을 본보기로 삼을 것을 여러 차례 반복해 강조해 왔으며, 수도원에도 특별한 관심이 있었기 때문이다. 그러나 그렇다고 해서 소크 연구소가 중세 소설에나 나올 법한 건물이 된 것은 아니다. 소크 연구소의 디자인은 이젠 칸에게는 자연스러운 것이 된, 역사적 사유와 현대적 사유가 조화를 이루며 겹쳐진 패턴이었다.

1960~1962년에 재설계한 결과 실험실은 네 개의 커다란 이층 건물이 되었는데, 절판(折板, folded plate)과 상자형 대들보를 이용한 경이적인 시스템이 건물을 서로 연결했으며, 동시에 이 시스템은 배관과 환기를 위한 통로 공간이 되어 주었다(칸이 서번트 스페이스라 칭하는 것이다)(fig. 127). 이 놀라운 구조적 정직함은 예일 아트 갤러리 때의 교묘한 책략을 보상해 준다. 예일 아트 갤러리의 정교한 천장 패턴은 스페이스 프레임을 사용한 듯한 인상을 강하게 내비쳤으나 사실은 비교적 단순한, 기울어진 빔들로 이루어진 구조였던 것이다. 예일에서 그랬듯, 칸은 시각의 논리를 위해 소재라는 면을 얼마든지 희생할 준비가 되어 있었으나, 될 수 있으면 그러지 않으려고 애썼다. 소크 연구소 설계의 해결책을 내놓고 그는 자랑스럽게 털어놓았다. 「상당히 근사한 생각을 해냈다고 믿는다.」[15]

연구소는 소크의 지시에 따라 매우 가변적인 공간이 되었지만, 건물에서 일어나는 연구 활동 전부를 수용하도록 설계되어 있지는 않았다. 칸은 주요 연구자들이 저마다 오픈 플랜의 실험실 옆에 붙어 있는 작은 개인 연구실을 갖는 것은 어떨까 하고 제안했다. 이 연구실들은 타워 안에 들어 있고, 타워들은 짝지어 선 실험실 블록 사이의 두 개의 안뜰에 서게 되어 있었다. 따라서 리처드 연구소의 개인 작업실 같은 분위기를 얼마간 재창조해 내는 셈이었다. 처음에 연구자들은 소란스러운 실험실을 벗어나 틀어박힐 장소 같은 것은 전혀 필요치 않다고 여겼다. 그들은 하루 종일 실험 장치 곁을 지키다가 작업대에서 〈세균만 적당히 쓸어 버린 후에〉 점심을 먹는 것도 전혀 꺼려하지 않았다. 그러나 칸은 실험실다운 딱딱하고 〈말쑥한 건축〉과는 다른, 〈오크 테이블이 있고 러그가 깔린 건축〉의 이미지를 앞세워 연구자들과 소크를 유혹했다.[16] 이처럼 분리된 조직 방식을 통해 칸은 50년대에 그의 작업의 중심 테마가 되었던 공간의 기능적 개별화를 이룩할 수 있었고, 개인 연구실을 도입함으로써 창조된 환경은 — 정원을 내려다보며 혼자 은둔할 수 있는 — 처음부터 칸과 소크가 관심을 가졌던 수도원 분위기와 매우 흡사했다.

소크 연구소가 전체적으로 세 개의 동으로 나뉘어 있다는 점에는, 각 기능에 특수한 건축적 특성을 부여하고자 하는 칸의 열망이 보다 일반적으로 드러난다. 실험실 동과는 전혀 달리, 숙소와 미팅 하우스(비록 건설되지는 않았지만)는, 칸의 새롭고 풍부한 암시로 가득한 표현 방식이 도발적인 방식으로 확장된 증거이다.

칸은 바다 쪽으로부터 부지 안으로 밀고 들어와 있는 골짜기의 남쪽 가장자리에 객원 연구원들을 위한 주택들로 이루어진 구불구불한 〈작은 마을〉을 계획했다(fig. 129).[17] 이 주택들은 50년대 후반과 60년대에 미국에서 널리 퍼졌던 중세의 영감을 받은 도시 계획의 맥락에서 보아야만 한다. 그런 종류 중 가장 잘 알려진 건물로는 예일 대학의 스타일스 칼리지와 모스 칼리지(1958~1962)를 들 수 있다. 구부러진 오솔길 양쪽에 지어진 이 울퉁불퉁하게 생긴 한 쌍의 건물들은 칸이 예일에서 필라델피아 대학으로 옮겨 간 직후에 에로 사리넨이 건축한 것이다. 사리넨의 건물들은 모던 무브먼트의 매끄러운 형태와 직각 위주의 합리주의를 거부하고 감성적인 유대와 다양한 질감을 선호했으며, 칸의 설계를 보면 그 역시 도시 개발에 대한 이 대안적인 관점에 흥미를 느끼고 있었음이 드러난다. 물론 그는 젊은 시절 이탈리아의 언덕과 해안 도시들의 모습을 열정적으로 기록했었고,

130 소크 생물학 연구소, 미팅 하우스 투시도, 1961.

리처드 연구소의 탑이 많은 윤곽은 그가 그러한 장소들에 대한 기억을 여전히 간직하고 있음을 이미 보여 주었다. 그러나 소크 연구소의 부속 마을이 뛰어난 설계이기는 하지만, 리처드 연구소의 시원시원한 직선적 형태와는 너무도 다른 달콤한 신(新)회화주의적 성격은 칸의 작업에서는 예외적인 것으로 눈에 띈다. 이는 마땅히 칸이 맡은 더 큰 규모의 도시 설계 작업들과 비교해 보아야 하는데, 그의 도시 설계 작업은 40년대 이후 필라델피아의 〈트라이앵글〉 지대 재개발에서 보여 준 대담한 야망부터 필라델피아 중심가와 다카를 위한 후기 설계에서 드러난 공상적인 기념비성에 이르기까지 발전을 거쳐 왔다(fig. 31, 63, 102). 이들 작업에서는 모두, 기하학적 질서에 대한 감각이 라 호야 설계보다 더욱 심오하게 나타난다. 소크 연구소를 위해 일 년간 작업한 뒤에 그가 다른 프로젝트를 두고 했던 다음과 같은 말이 그가 일반적인 경우에 취했던 더 완고한 태도를 잘 요약하고 있다. 「나는 예쁜 것을 원하지 않았다. 나는 삶의 방식을 명확하게 제시해 보여 주고 싶었다.」[18]

골짜기 북쪽 낭떠러지 쪽을 염두에 두고 설계한 미팅 하우스에서 칸은 이러한 목적의 달성에 좀 더 가까이 갔다. 소크가 두 문화의 재결합을 이룩하고자 희망했던 곳이 바로 미팅 하우스였다. 피카소를 비롯하여 과학계에 속해 있지 않은 모든 이들이 과학 공동체와 조우하게 될 배경이자, 칸이 관습적인 이름으로 분류하기를 거부한 장소였다. 예를 들어 칸은 미팅 하우스의 회랑이 있는 정원을 〈종교적인 장소 — 어떤 다른 의미도 없으며 단지 가기 좋은 곳일 뿐인 장소〉라고 묘사했다.[19]

미팅 하우스 프로그램은 규모가 확장되어 소크와 칸이 상상하기에 유용할 것 같았던 모든 것을 포함하게 되었다. 커다란 도서관, 미혼 과학자들을 위한 숙소, 강당, 그리고 편하게 서로 만나고 이야기할 수 있는 온갖 종류의 시설이 추가되었다. 칸의 상세 설명은 이렇다.

그곳은 식사를 하던 장소였다. 내가 아는 세미나실 중에 그 식당보다 더 큰 것은 없기 때문이다. 거기에는 체육관이 있었다. 과학을 전공하지 않는 연구자들을 위한 공간도 있었다. 책임자를 위한 공간이 있었다. 이름 없는 방들도 있었는데, 현관홀이 그랬다. 그것은 가장 커다란 방이었지만, 어떤 방식으로도 목적이 지정되어 있지 않았다. 사람들은 그곳을 돌아다닐 수도 있었다. 그 방을 반드시 〈통과해서〉 갈 필요는 없었다. 그러나 현관홀은 원하기만 한다면 연회도 열 수 있는 장소였다.[20]

미팅 하우스의 건축적 표현 방식은 그것을 위해 세워진 계획 만큼이나 독특했다(fig. 130). 칸은 다양한 규모와 형태의 컨퍼런스와 연회 목적으로 쓰일 이 건물에 걸맞게, 뚜렷하게 개별화된 유닛들로 이루어진 부가적 플랜을 채택했다. 이 플

131 소크 생물학 연구소, 모델, 1962년, 여름.

132 소크 생물학 연구소, 실험실동, 서쪽에서 본 광경.

다음 페이지

133 소크 생물학 연구소, 연구실 타워.

134 소크 생물학 연구소, 안뜰, 동쪽 방향.

135 소크 생물학 연구소, 남쪽 파사드.

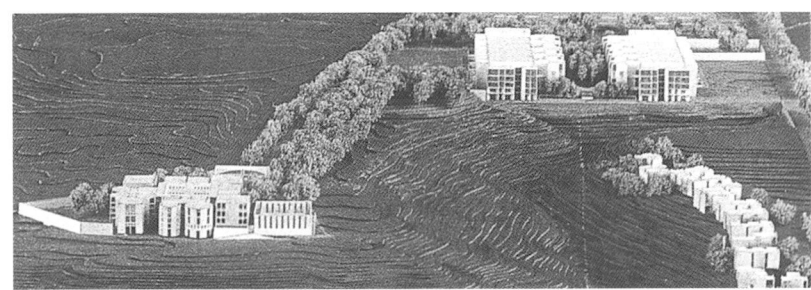

131

132

랜의 배치는 제정 로마 시대의 웅장한 교외 별장과 유사했다. 또한 칸이 늘 염두에 두고 있던, 피라네시가 디자인한 캄푸스 마르티우스 재건축 설계(칸의 책상에 걸려 있었던)의 기하학적 배치와도 유사성을 보였다. 이는 그저 우연에 의한 유사성이 아니다.[21] 게다가 거대한 오프닝들이 뚫린 반들반들한 벽이 회의실과 식당을 둘러싸고 있는 입면도는 로마 유적의 석조로 된 잔해와 너무도 닮은꼴이었다. 이는 우연이 아니었다. 칸의 설명에 따르면 고대 유적은 예술을 성립하게 했던 영속적인 가치들의 상징이었으나, 이 상징에는 이전 시대에 거주했던 이들에 의해 부여받은 구체적인 의미들은 씻겨 나간 후였다. 따라서 이 형태는 새로운 목적을 충족시킬 준비가 되었다. 즉, 조너스 소크가 세상을 치유하기 위해 고안해 낸 새로운 목적들을 위해서도 이를 사용할 수 있게 된 것이다. 1963년 칸이 말했듯이, 〈폐허가 된 건물은 용도라는 제약으로부터 다시 자유로워진다.〉[22]

물론, 숙소 건물도 미팅 하우스도 건설되지는 않았으며, 처음부터 그 두 가지와 다른 방식으로 설계되었던 실험동만이 오늘날 우뚝 서서 소크와 칸이 품었던 웅대한 비전을 보여 주고 있다. 실험동이 완공되기 전 소크는 칸의 설계의 노선을 다시 한 번 변경하여, 칸이 받았던 보자르식 교육에 수렴하는 방향으로의 변화를 감행했다.

소크가 갑작스레 마음을 바꾼 것은 실험동이 건설되기 직전인 1962년 봄의 일이었다. 건설 계약을 체결한 뒤 샌프란시스코로 돌아가고 있던 중, 그는 칸에게 네 개의 실험실 건물이 두 개의 안뜰을 중심으로 둘씩 짝지어 서 있는 설계가 자신이 연구소를 위해 열망하던 전체성이라는 특성을 잘 표현하지 못한다는 점을 깨달았다고 말했다.[23] 두 개의 건물이 하나의 공동 공간을 사이에 두고 마주보고 선 구조가 더 나을 것 같다는 것이었다. 그리고 소크는 목적지에 도착하자 공원에서 자신이 바라는 배치의 규모를 어림짐작으로 재어 보았다. 처음에 칸은 동의하지 않았다. 그는 실험동 네 개짜리 설계의 서번트 스페이스 시스템과 통합 트러스 구조에 특히 만족하고 있었던 것이다. 칸은 새로운 해결책이 〈내가 원래 구상했던 건물보다 훨씬 더 우둔〉하다고 말했다.[24] 그러나 스스로도 마지막 순간에 와서 결정을 바꾸는 일을 결코 꺼리지 않았던 칸은 소크 관점에서의 논리도 옳다고 인정하게 되었다. 여기에는 그의 고전주의적 감각이 결정적으로 작용했을 수 있다. 그 감각이 칸으로 하여금 자연스레 단일한 축을 선호하도록 했기 때문이다. 훗날 그는 설명했다. 「나는 두 개의 정원이, 의도했던 바와 맞지 않는다는 점을 깨달았다. 한 개의 정원이 두 개보다 더 훌륭한데, 실험실과 거기에 딸린 연구실과 관계를 맺는 장소가 되기 때문이다. 두 개의 정원은 그저 편리한 시설에 불과했다. 그러나 한 개의 정원은 진정한 의미에서의 장소가 된다. 당신은 거기에 의미를 부여하고, 충성을 느끼게 된다.」[25] 재설계는 매우 빠르게 이루어졌고, 해를 넘기지 않고 여름에 공사가 시작되었다 (fig. 131, 132).

처음 설계 때보다 높아진 3층짜리 실험실 건물들은 원래의 2층 버전이 지녔던 구조적이고 기능적인 논리를 대부분 그대로 간직하고 있었다. 트러스의 정교함이 조금 떨어지기는 했지만, 그래도 정비 작업에 도움을 주는 통로 공간 역할을 충분히 해냈다. 개별 연구실들도 전과 그리 달라진 점 없이 안뜰의 양편에 서 있는 타워 안에 위치하였으며 실험실과는 다리에 의해서만 연결되어 있었다(fig. 133). 타워 아래에는 지붕 달린 산책길이 안뜰을 빙 둘러싸고 나 있었다.

콘크리트 프레임으로 이루어져 있고 네 층 중 두 층에 티크로 제작한 큐비클이 들어 있는, 바람이 잘 통하는 연구실 타워는 훨씬 애정 어린 관심을 받았다. 회랑이 있는 안뜰이 내려다보이는 수도원 독방을 닮은 이곳에서, 칸은 자신의 감정을 설계에 더 직접적으로 표현할 수 있었는데, 이는 건물의 다른 부분에서는 복잡한 기술적 조건들이 걸려 있었기 때문에 불가능했던 일이었다. 칸이 언제나 설계의 기본 원칙으로 삼았던 내재적인 〈존재 의지〉에 의해 생명을 얻기라도 한 듯, 자그마한 오두막들은 모두 목을 길게 빼고 태평양 쪽을 바라보고 있다(fig. 134). 이 때문에 짝을 이루는 연구실은 서로 약간 엇갈리게 되었고, 필요성에서 나온 이 독특한 특징이 파사드의 뚜렷한 규칙성을 깨뜨렸다. 내부는 채색하지 않은 티크로 소박하게 마감되었으며, 거기서 풍기는 시골

136

136 소크 생물학 연구소, 포플러가 있는 안뜰 투시도, 1965년 12월 이전.

다음 페이지
137 소크 생물학 연구소. 안뜰, 서쪽 방향.

풍 분위기 덕에 〈오크 테이블이 있고 러그가 깔린〉 이 공간과 메마른 실험실 공간과의 차별성이 한층 강화됐다. 바다 위로 난 햇빛 쨍쨍한 낭떠러지 꼭대기에 서 있는 이 가정집 규모의 건물들에는 확실히, 해변가 주택의 단순한 분위기가 어려 있었다.

가장 낮은 층의 실험실이 지하실과 같은 높이에 있기 때문에, 칸은 중앙 광장 양편에 길고 움푹한 안뜰을 만들어 낮은 곳에 빛이 들어가도록 하였다. 넉넉한 규모에, 연구실 타워에 의해 서로 이어진 이 안뜰들은 광정(光井)이라기보다는 거리에 가까웠다. 실험동 외부 파사드를 따라서도 비슷하게 거리를 닮은 안뜰이 나 있으며, 건물에 기계 시스템을 전달하는 수수한 서비스 건물 블록들이 놓여 있었다(*fig.* 135). 타워들의 소박하고 반복적인 표현 양식은 같은 시대에 미니멀리즘 조각가들도 채택하고 있던 방식이었고, 현대 예술에 위엄과 의미를 되찾아 주겠다는 그들의 관심사를 칸도 공유하고 있기는 했지만, 그가 미니멀리즘 조각가들의 작품을 알고 있었다는 증거는 없다.

소크 연구소에서는 칸이 일생 동안 신경 써왔던 건축 자재에 대한 문제가 세심한 디테일과 탁월한 수준의 마감이라는 형태로 결실을 맺었다. 현장 타설 콘크리트 시공에는 그 누구도 필적할 수 없을 정도로 까다로운 기준이 설정되었다. 그 결과 콘크리트는 우아한 소재로 탈바꿈했으며, 도로 포장에 쓰인 트래버틴의 아름다움조차 거기에 비하면 빛을 잃을 정도였다. 마감 수준을 이처럼 높이기 위해 칸은 샌디에이고에 사무소 지점을 세웠다. 칸이 거느린 파견 직원이 콘크리트에 색을 넣고, 혼합하고, 굳히고, 양생하는 과정을 감독하며, 표면이 이례적일 정도로 단단해지도록 하고, 정확히 의도한 대로의 패턴이 나오도록 확인했다. 철저한 계산을 통해, 거푸집 모서리의 흔적이 콘크리트에 남아 있도록 하였다. 칸은 콘크리트를 마름돌쌓기와 거의 동일한 효과를 낼 수 있는 자재라고 보았고, 1972년에는 〈콘크리트는 진정으로 화강암이 되고 싶어 한다〉고 말했다. 그러나 칸은 또한 콘크리트만이 지닌 고유한 특성에 대해서도 파악하고 있었다. 「철근은 이른바 〈녹은 돌〉을 놀라우리만큼 유능하게 보이도록 해주는, 신기한 비밀 일꾼의 수법이다 — 마음의 산물인 것이다.」[26]

칸이 1940년대 후반의 집단 주택 이후 처음으로 대규모의 목조 건물을 설계한 것 역시 소크 연구소에서였다. 소크 연구소에서 그는 새로운 표현 방식을 채택했다. 문과 덧문을 특정 시대에 구애받지 않는 패널 구조로 만들어 티크 목재로 조립하는 방식이었다. 티크는 깨끗이 손질하고 정기적으로 기름칠만 해주면 품질 저하를 막을 수 있는 목재였다. 흔히 정반대의 특성을 지닌 자재라 간주되는 콘크리트와 목재가 소크 연구소에서 서로를 보완해 주고 있다는 점이야말로, 칸의 종합적인 디자인 감각을 가장 잘 보여 주는 부분이다. 콘크리트와 목재는 둘 다 도발적인 디테일을 갖추고 있어, 추상성을 드러내면서도 구조적인 면을 뚜렷이 설명해 주고 있다. 둘 중 어느 한 요소도 가려지지 않았다.

안뜰의 조경 공사를 놓고 칸이 오래 미뤄 오던 최종 결정을 내린 것은 실험동 건설이 대부분 마무리되었을 때였다. 그의 유사 고전주의적 설계에서 축을 담당하는 이 중심 공간은 특별히 주의를 기울여야 할 필요가 있었으나, 최고의 보자르 작품이 그렇듯, 외관상 간단해 보이는 그 일은 기저에 깔린 모호성 때문에 복잡해졌다. 여기서는 축을 이루는 건축학적 특징(가령, 돔 지붕의 파빌리온 같은 진부한 요소들이) 전혀 쓰이지 않았다는 점에서 독특함이 생겨났다.

자신과 소크가 둘 다 원했던 수도원 같은 이미지를 따라, 처음에 칸은 이 중앙 안뜰을 무미건조한 주변 환경과는 동떨어진 신록의 정원으로 구상했다. 그는 다양한 종류의 식재(植栽)를 시험해 보았고, 결국에는 포플러 가로수길이 괜찮을 것이라 생각했으나, 이 해결책이 완전히 마음에 들었던 것은 아니었다(fig. 136, fig. 131 참조). 가능한 배치안이 아무래도 인위적으로 보일 거라는 생각에 고민하고 있던 칸은 1965년 12월 멕시코시티를 방문해 루이스 바라간의 집과 정원을 보게 되었다. 토착 양식과 긴밀한 유대를 맺고 있는 바라간의 간결한 표현 방식에 칸은 깊은 인상을 받았고, 바라간을 라 호야로 초청해 안뜰에 대한 조언을 구했다. 바라간이 해주었던 유명한 제안을 칸은 자주 이야기했다.

안뜰에 들어온 그는 콘크리트 벽으로 가더니 만져 보고는 마음에 든다고 했고, 안뜰 저편 바다 쪽을 바라보더니 말했다. 「나라면 이 공간에 나무나 풀을 심지 않겠소. 이곳은 정원이 아니라 돌로 된 광장이 되어야 하오.」 나와 소크 박사는 서로 마주보았고, 우리는 둘 다 그 말이 정말 옳다고 느꼈다. 우리의 공감을 느낀 듯 그는 기쁨에 차서 덧붙였다. 「이곳을 광장으로 만든다면, 파사드를 얻게 되는 셈이지요 — 하늘을 향해 난 파사드 말이오.」[27]

칸은 결국 안뜰을 이렇게 설계했다. 태양 축 아래 중앙에 수로를 배치하고, 수로는 바다와 면한 곳에 조성한 인공 폭포를 통해 빠져나가게 했다. 이 기발한 착상은 그가 인도에서 작업하면서 잘 알게 된 무굴 건축의 정원에서 빌려 온 것이 분명하다. 그러나 단단한 석재로 이루어진 이 안뜰은 독특한 발상 그 이상이었다. 이는 예술가가 설정해야 할, 자신의 작품과 자연 사이의 본질적인 간격을 표명하는 것이기도 했다(fig. 137). 「건축이란 자연이 만들 수 없는 것이다.」 칸은 1963년 예일에서 이렇게 강의했다. 「자연은 인간이 만들어내는 어떤 것도 만들 수 없다. 인간은 사물을 만드는 수단으로 자연을 취하고, 그 법칙들을 고립시킨다.」[28]

브린 마워 대학 기숙사

1961년부터, 소크 연구소 설계를 통해 자연의 법칙들을 고립시키고 있던 시기 내내, 칸은 필라델피아 서쪽 교외에 있는 여자 대학인 브린 마워 대학의 기숙사 설계에도 열중하고 있었다. 엘리너 도넬리 어드먼 홀 프로젝트의 건축 요강 자체는 그리 까다롭지 않았으나, 칸에게는 그 설계가 쉽지 않았다. 어드먼 홀은 칸이 50년대 내내 자신의 건축의 목적으로 삼았던, 구조의 명확한 표현과 기하학적 질서라는 두 가지 문제의 각축장이 되었다. 이 두 가지 사항은 점차 서로를 닮아 가고 있었다. 칸은 트렌턴 배스 하우스가 그랬듯 작은 규모에서는 구조를 중시하면서도 보기 좋게 단순한 기하학을 창출해 낼 수 있다는 점을 깨달았지만, 시티 타워 프로젝

트처럼 복잡한 구조 체계를 요하는 대규모 일에서는 그만큼이나 복잡한 형태적 해결책이 필요했다(fig. 53, 59 참조). 칸은 그런 시각적 복잡성에 결코 완전히 만족하지 않았고, 브린 마워에서 그는 구조의 대담한 표현을 포기하고 기하학적 질서가 결정적인 승리를 거두도록 하였다.

　브린 마워 건의 고객인 캐서린 맥브라이드 학장은 성격이 만만치 않은 인물이었다. 그녀는 서투른 변명 따위를 받아 줄 사람이 아니었고, 칸은 쓰라린 경험으로 그 점을 체득하게 되었다. 「뭔가 일이 잘못되었을 때 다른 사람 책임이라는 입장을 취하면, 그녀의 자세는 완전히 바뀌었다.」29 사실 맥브라이드가 칸의 책임감에 의심을 품을 만도 했다. 칸은 자신이 두 가지 설계안을 두고 망설이고 있다는 사실을 숨기려는 노력조차 하지 않았고, 그녀가 보는 앞에서 그 두 가지를 시험해 보기까지 했던 것이다.

　칸은 늘상 하던 방식대로 브린 마워 측의 계획안을 재설정해, 대학 측에서 제공한 세부 조건 대신 여학생 기숙사는 〈집의 존재감〉을 일깨워야 한다는 자신의 견해를 적용했다.30 그런 공간이 되려면 가정집처럼 잠자는 공간과 공공 구역(거실, 식당, 현관홀)이 분리되어야 했는데, 규모가 보다 크기는 하지만 40년대에 칸이 했던 이핵적 주택 설계와도 같은 원리였다. 여자들만 이용하는 기숙사 환경이 가정적인 완벽함을 얻게 하기 위해 칸은 주요한 방마다 벽난로를 배치했다. 〈벽난로를 보면 남성을 연상하게 마련이므로, 남자가 거기 있다는 느낌〉을 부여하기 위해서였다.31

　칸이 거대한 주택의 모습으로 구상했던 브린 마워 기숙사에는 조직상의 커다란 문제 두 가지가 있었다. 그가 폴 크레트 밑에서 도면 구성을 공부했던 시절을 회상시키는 〈연결의 건축〉이라는 표현으로 칭한 점에 관한 문제였다. 세 개의 커다란 공공 공간 사이를, 그리고 그 공간들과 작은 침실들 사이를 어떻게 연결하는가가 문제였다.

　앤 팅은 구조적인 해결 방안을 통해 문제를 해결하자는 입장이었다. 그녀는 모든 크기의 공간을 수용하고 다면체의 집합 모양으로 그것들을 감쌀 수 있는 콘크리트로 된 벌집 형태를 제안했다(fig. 138). 이 정교한 디자인은 건축학적 구조와 시각적 질서의 관계에 대한 그녀의 지속적 탐구의 소산이었으며, 이제 그러한 탐구는 그녀가 인간의 창조성과 집단 무의식에 대한 융 학파적 해석에서 얻은 새로운 통찰력에 의해 모습을 갖추게 되었다. 그러나 고대적인 기념비성에 대한 선호가 점점 커져 가던 칸은, 팅이 제안한 시스템을 바탕으로 제작한 입면도에서 예전에 느꼈던 매력을 거의 받지 못했다. 칸과 팅은 1961년 내내 어드먼 설계를 놓고 공개적인 논의를 벌인 끝에 결국 맥브라이드에게 각자 의견대로 각각 설계를 제출했다. 맥브라이드는 알아서 의견을 조율하라고 허락했다. 그해 말 칸은 세 개의 다이아몬드 모양이 서로 연결된 최종 설계안을 완성했는데, 각 다이아몬드 중심에는 공동으로 사용하는 방(거실, 식당, 현관홀)이 있고 침실들이 그것을 둘러싸고 있었다(fig. 139). 이 설계는 시각적인 면에서는 서브드 / 서번트 스페이스가 이루는 집중적 위계질서를 반영하지만, 그 기능적 논리를 반영하지는 않으며, 이 장중한 질서정연함은 칸의 이력에서 전환점이 된다. 이후라고 해서 그가 구성과 구조의 문제를 무시했다는 것은 아니지만, 그에게 가장 중요한 우선사항인 도면 구성이라는 문제가 — 이는 보자르식 교육의 가장 중요한 요소였다 — 도전을 받는 일은 이후 결코 없었다.

　세 개의 다이아몬드 형태로 이루어진 어드먼의 설계는 처음에는 고의적으로 관습을 벗어난 듯한 인상을 주었지만, 칸은 오랜 기간에 걸친 구성상의 실험을 거쳐 이를 1950년대에 시도했던 파빌리온 플랜으로 발전시켰다. 리처드 연구소나 애들러 하우스와 드 보어 하우스 같은 설계를 통해 독창적인 배치법을 번갈아 시험해 가면서, 그는 오래 전부터 연결된 파빌리온들의 건축을 탐구해 왔으며, 그 구성에 축 중심의 질서를 부여하려고 애써 왔는데, 이러한 질서가 가장 극적으로 드러난 것은 트렌턴 배스 하우스에서였다(fig. 50, 51, 52, 69 참조). 일견 기묘해 보이는 기하학적 형태에도 불구하고 어드먼 홀은 후자 쪽, 즉 칸의 구성 감각에 잠재한 고전주의의 영향을 받은 설계에 속한다.

　어드먼 홀 설계의 대각선화 덕분에 칸은 인위적이지 않은 고전주의적인 균형미를 이룰 수 있었다. 전통적인 축 중심 설계에서는 대칭을 위해 필요 없는 요소들까지 보존하여 배치시켜야 했고, 여기서 인위성이 발생하곤 했다. 세 개의 사각형을 다이아몬드 모양으로 돌려 위치시킴으로써, 칸은 사각형 귀퉁이를 연결점으로 삼아, 각 사각형이 직각 방향으로 배치했더라면 불가능했을 비정통적 논리를 구사했고 〈저마다의 연결〉을 이루도록 할 수 있었다.[32] 부분적으로 이는 골든버그 하우스 설계에서 유용성을 발견했던 임시변통의 〈정황적인〉 대각선 구도와 같은 종류였다(fig. 78)[33]. 칸은 이런 식으로 해결책을 찾게 되어 몹시 기뻐했다. 「설계가는 언제나, 건물이 눈을 즐겁게 하기 위한 장치들에 의해 구성되기보다는 어떤 면에서는 저 스스로를 만들어 가기를 바란다. 공간들을 자연스럽게 해주는 기하학을 발견하여, 도면에서의 기하학 구성이 건설에, 빛을 부여하는 데에, 공간을 만드는 데에 도움이 되는 때가 행복한 순간이다.」[34] 그러나 전체 플랜을 대각선에 맞추어 재조정하자, 설계에서 임시변통적인 면은 사라지고, 구성에는 장중한 고전주의적 질서 감각이 자리 잡았다. 중앙 홀의 커다란 계단이 사각형들의 코너를 관통하는 새로운 축에 악센트를 주며 이러한 질서를 강조했다.

세 개의 커다란 다이아몬드 형태로 이루어진 어드먼 홀의 파워풀한 도면 구성 논리는 칸 자신에게는 중요한 일이었지만, 그는 평범한 방문객들에게 그 점을 드러낼 필요는 없다고 여겼다. 방문객들이 건물을 경험하는 방식은 도면의 두 차원에만 한정되어 있지 않았다. 그것은 겉으로는 모순되어 보이지만 칸의 또 다른 관심사였던, 기념비적인 매스 감각과 고대적인 울림에 대한 선호에 의해 형성되었다. 칸의 그러한 성향으로 인해 브린 마워는 탑이 늘어서 있는 활기찬 스카이라인을 ─ 명백한 대칭이 없는 ─ 갖추게 되었으며, 이는 중세 시대와, 이 학교의 역사적인 신 튜더 왕조풍 캠퍼스의 실루엣을 연상시켰다(fig. 140). 이 그림과 같은 인상 때문에 언덕 위에서 보면 명쾌한 플랜이 몹시 불명확해 보여 중앙 문이 어디 있는지 찾기조차 힘들 정도였다(fig. 141). 건물 표면을 점판암 패널로(가격 문제가 아니었다면 칸은 소크 연구소에 트래버틴 대신 점판암을 사용하려고 했다) 처리함으로

138

139

138 브린 마워 대학 어드먼 홀, 펜실베이니아 주 브린 마워, 1960~1965. 모델, 1960.

139 브린 마워 대학 어드먼 홀, 공중에서 본 광경.

다음 페이지
140 브린 마워 대학 어드먼 홀, 후면 파사드.

141 브린 마워 대학 어드먼 홀, 입구.

142 브린 마워 대학 어드먼 홀, 거실.

써 역사적인 암시가 한층 강화되었으며, 점판암의 색깔은 캠퍼스 내의 더 오래된 석조 건물들과도 잘 어울렸다. 위쪽에서 빛이 들어오고 태피스트리가 걸린, 동굴 같은 거실과 식당에서도 역사적 암시가 드러난다(fig. 142).

칸은 〈스코틀랜드 성에 비견할 만한〉 브린 마워 기숙사 설계에서, 자신이 중세 건축에 대해 지녔던 오래된 관심을 감지할 수 있을 것이라고 인정했다.³⁵ 그러나 그는 역사주의자로 낙인찍힐 것을 우려하여 언제나 그 관계를 밝히기를 주저했다. 1962년 그는 이렇게 털어놓았다. 「나는 성에 관한 책을 가지고 있으며 그 책을 보지 않은 척 하려고 애쓴다. 그러나 모두가 나에게 그 책 이야기를 하고 나는 그 책을 아주 속속들이 살펴보았다는 점을 인정해야만 한다.」³⁶ 어드먼 설계를 한참 진행하다가 다른 볼일로 런던에 불려 갔던 1961년 3월, 그는 성들을 보려고 스코틀랜드에 일부러 들르기까지 했다.³⁷

칸은 종종, 자신이 성에 열광하는 것은 순전히 성이 서브드/서번트 스페이스 구조를 잘 보여 준다는 사실 때문이라고 주장했다. 중앙에 널따란 거주 홀이 있고 두꺼운 외벽에 보조 공간들이 있는 그런 구조 말이다. 어드먼 홀에서(일찍이 로체스터 유니테리언 교회에서도 그랬듯이) 이런 배치가 성공적으로 반영되었음은 사실이지만, 칸이 성에 매혹을 느꼈던 것은 흥미로운 플랜 유형 때문만은 아니었다. 동화를 몹시 좋아했던 그는 성과 같은 — 다른 모든 종류도 마찬가지지만 — 역사적 기념물이 지닌 보다 커다란 힘에 결코 무심할 수 없었다. 그리고 60년대 중반 그는 여러 차례의 강연에서, 어떻게 예술이 그것이 만들어진 특정 시대 상황이 사라진 뒤에도 살아남아 인간의 경험에 영속적인 영향을 행사하는지 매우 감동적으로 설명했다. 〈전통이란 무엇인가?〉라는 질문에 대해 그는 엘리자베스 여왕 시대의 영국을 방문한다고 가정하며 대답을 시작했다.

〈내 마음은 런던의 글로브 극장으로 거슬러 간다.〉 셰익스피어가 방금 『헛소동』을 집필했고 그 연극이 글로브 극장에서 막 상영될 참이다. 건물 벽에 난 구멍을 통해 연극을 보고 있다고 상상하다가, 연기를 하려던 첫 번째 배우가 마치 의상을 걸친 먼지와 뼈의 더미처럼 무너지는 것을 보고 놀랐다. 두 번째 배우에게도 같은 일이 일어났으며, 세 번째, 네 번째도 마찬가지였고, 관객들도 먼지 더미처럼 무너져 내렸다. 나는 과거의 상황을 다시 불러올 수는 없다는 것을, 그때 보고 있던 것을 지금 볼 수는 없다는 것을 깨달았다. 그리고 나는 바다에서 건져 올린 오래된 에트루리아 시대의 거울, 한때는 아름다운 얼굴을 비추었을 그 거울은, 표면이 지저분하게 덮여 있음에도 여전히 그 아름다움의 이미지를 일깨울 수 있는 힘을 지니고 있다는 점을 깨달았다. 인간이 만드는 것, 쓰는 것, 그림, 음악, 그런 것들만이 파괴할 수 없는 존재로 남는다. 그것들이 만들어진 상황은 그저 주조(鑄造)를 위한 거푸집에 불과하다. 거기에서 나는 전통이란 무엇인지 깨닫게 되었다. 정황에 따라 흘러가는 인간의 삶에서 어떤 일이 일어나든지, 인간은 가장 가치 있는 것, 인간 본성의 정수인 황금의 먼지를 남긴다. 만일 당신이 이 먼지를 알고, 상황이 아닌 그 먼지를 믿는다면, 진정으로 전통의 정신과 접촉한 것이다. 그렇다면 전통이란, 당신이 무언가를 창조할 때 그것이 지속되리라는 것을 기대할 수 있는 힘을 부여해 주는 것이라고 말할 수 있을 것이다.³⁸

1964년 칸이 〈매우 고풍스러운 모습의 건물, 미래에도 고풍스럽다고 여겨질 만한 건물〉³⁹을 창조해야 한다고 주장한 것은, 이처럼 미래의 평가를 내다보는 안목이 있었기 때문이다.

물론 모든 고객이 조너스 소크와 캐서린 맥브라이드처럼 칸의 고대적인 이미지가 적절하다고 생각한 것은 아니었다. 이 두 가지 일을 진행 중이던 1961~1962년, 대학 연구소 건물을 설계하는 일이 세 건 있었으나 성사되지 못했는데, 칸의 설계가 현대 과학이 기대하는 건축과는 너무나도 달랐기 때문이었다. 버지니아 대학의 화학 연구소 설계에서는 연구와 재연구를 거듭하여, 강당을 처음에는 고대적인 반원형 극장으로, 이후에는 탑이 달린 불규칙한 육각형으로 구상했다.⁴⁰ 버지니아 대학 총장은 이 후자의 설계가 〈너무 차갑고 험상궂다〉며 딱 잘라 거절했고, 〈그 무시무시한 탑들을 보니 노르만 성이 연상된다〉고 덧붙였다.⁴¹ 칸이 소크 미팅 하우스처럼 원형의 〈고대 유적〉으로 둘러싸 보자고 제안했던 웨인 주립 대학의 샤페로 약대 건물 역시 같은 차가운 반응을 얻었다.⁴² 기부자들은 〈더 전통적인 형태의 건물에 익숙하다〉는 것이었다.⁴³ 그리고 버클리의 캘리포니아 대학 로런스 기념 과학동을 위해 계획했던, 토루(土壘)로 둘러싸인 성채 형태의 설계도 그 비정통적인 면 때문에 퇴짜를 맞았다.⁴⁴ 고객들로서는 칸의 고대 유적 같은 건축물이 자기 학교의 미래를 상징할 수 있다는 점이 영 믿기 어려웠던 것이다.

아메다바드 인도 경영 연구소

1962년 칸에게 아메다바드 인도 경영 연구소의 설계를 — 그리고 시공까지 — 맡긴 이들은 그처럼 이해성이 부족하지 않았다. 경영 관리 대학원인 그곳에서, 칸은 배움을 위한 완벽한 환경을 창조해 낼 수 있었다. 어드먼 홀과 소크 연구소에서는 단편적으로밖에 실현하지 못한, 이상적인 캠퍼스를 말이다. 칸은 1959년 그 환경을 이렇게 묘사했다. 「그곳은 (……) 도보로 다닐 수 있도록 연결된 공간들의 왕국이며, 보호받는 방식으로 걸어 다닐 수 있을 것이다. (……) 높은 공간과 낮은 공간과, 그리고 사람들이 하고 싶은 것이라면 무엇이든 할 수 있다고 여길 만한 다양한 장소들과 함께하는 곳이다.」⁴⁵ 아메다바드 프로젝트가 시작되면서, 인도는 칸이 자신의 예술을 가장 폭넓게 시험해 볼 수 있는 공간이 되었으며, 거의 같은 무렵 의뢰받은, 훨씬 더 큰 규모의 다카 신수도 건설 프로젝트는 이를 한층 더 강화해 주었다.

인도 경영 연구소는 주(州)와 인도 정부의 지원을 받아 창설되었으며 사라브하이 가문의 후원을 받았는데, 사라브하이 가문은 전에 르코르뷔지에를 초청해서 자신들과 섬유 산업의 유력가들이 쓸 주택, 박물관, 웅장한 클럽하우스의 건설을 맡겼다. 칸은 엄청난 열정으로 이 프로젝트에 뛰어들었고, 1962년 11월 길고 힘든 여정을 거쳐 인도를 처음 방문했는데, 일이 생길 때마다 몇 차례나 왔다 갔다 해야 했다.

신비롭고 초시간적인 인도라는 땅에서, 칸은 그가 모든 사물 속에서 찾았던 불변의 본질이 표면과 더 가까운 곳에 있음을 깨달았고, 그가 세상을 바라보는 방식에 즉각 공감을 느낀 인도의 추종자들을 거느리게 되었다. 이후 칸의 여생 동안 그의 스튜디오에서 가르침을 받기 위해 펜실베이니아 대학으로 몰려오는 인도 학생들이 줄을 잇게 된다. 그의 절친한 친구이자 그가 지명한 엔지니어인 아메다바드의 건축가 발크리슈나 도시의 말은 그런 학생들의 입장을 대변해 준다. 「루는 나에게 요가 수행자 같아 보였다. 영원한 것 — 진실 — 아트만(atman, 기식 — 옮긴이) — 영혼의 가치를 발견하는 그의 사마디(Samadhi, 명상의 최고 경지 — 옮긴이) 때문이었다.」⁴⁶

무굴 제국의 황제들이 세웠던 강력한 중세 건물부터 뉴델리의 러티언스, 찬디가르와 아메다바드의 르코르뷔지에의 20세기 건축에 이르기까지, 인도는 건축적 유산이 풍요로운 곳이기도 했다. 칸은 이 과거의 유산들을 모두 들이마시고, 아메다바드에 깃든 동시대 예술가와 건축가들의 에너지도 만끽했다. 무엇보다 중요한 것은 그가 아메다바드에서 (다카에서도 마찬가지이지만) 자신의 비전을 거의 완벽에 가까울 정도로 실현시킬 수 있는 커다란 포부와 든든한 후원자들을 발견했다는 점이다.

평소처럼 칸은 우선 인도 경영 연구소의 전체적인 플랜부터 생각했다. 필요한 교실, 사무실, 도서관, 식당, 기숙사, 교수 숙소, 직원 숙소, 시장을 다 통합할 만한 플랜을 구상해야 했다. 서로 연결된 기다란 기숙사 블록들이 교육 본부 건물에서 마치 손가락처럼 바깥쪽으로 뻗어 나와 호숫가까지 미치는 이 대각선 위주의 설계는, 얼마 전에 끝마친 어드먼 홀 설계의 영향을 받은 것이 분명하다(fig. 143). 호수 맞은편에는 교수용 주택들이 V자 꼴로 정렬되었다. 브린 마워에서도 그랬듯 칸은 이 대각선 시스템이 강력한 〈연결의 건축〉이 될 것임을 깨달았다. 그렇게 함으로써 프로그램이 요구하는 바에 부합하면서 동시에 여러 부분으로 이루어진 플랜 전체에 그의 질서 감각을 부과할 수 있었으며, 그것도 〈모든 것이 (……) 사각형으로 대답 가능하다〉⁴⁷는 직각 중심 계획에서

보다 훨씬 효과가 탁월했다.

대각선 배치의 특수한 이점 하나는 건물의 방향이 남서풍을 향해야 한다는 요구 사항을 잘 충족시킬 수 있다는 점이었는데, 칸이 이를 정확히 맞추기까지는 여러 차례의 재조정과 도시의 도움이 필요했다. 이렇게 수정하는 과정에서 칸은 기숙사를 침실 20개짜리 유닛들로 세부 분할했다(fig. 144). 리처드 연구소에서처럼, 공기 순환의 중요성은 과장된 구실이었으며, 결국은 명백하게 추상적인 패턴이 유닛들의 배치를 지배하게 되었다. 그러나 칸은 적어도 한동안은 건물의 방향을 바람에 제대로 맞추는 일이 열대 기후에서 건물을 지을 때 매우 중요한 점이라고 간주했다. 그는 놀랍지만 난처한 경험을 통해 이를 절실히 깨닫게 되었다.

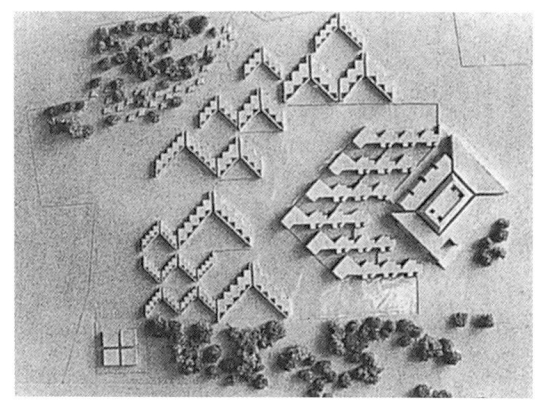

143

나는 우연한 경험으로 공기의 필요성을 통감하게 되었다. 스무 명의 다른 사람들과 라호르의 어느 궁전에 있었는데, 안내인이 공예가들의 놀라운 재주를 보여 주겠다고 했다. 방 전체가 색색의 거울 모자이크로 뒤덮여 있었고, 반사가 빚어내는 신비함을 보여 주기 위해 그는 문을 전부 닫더니 성냥불을 켰다. 단 하나의 성냥에서 나온 빛은 수없이 많은 상으로 반사되며 예측할 수 없던 효과를 자아냈지만, 방이 닫혀 바람이 차단되어 있었기 때문에 두 사람이 공기 부족으로 실신했다. 그 때, 그 방에서, 공기보다 더 흥미로운 것은 없다는 것을 느꼈다.[48]

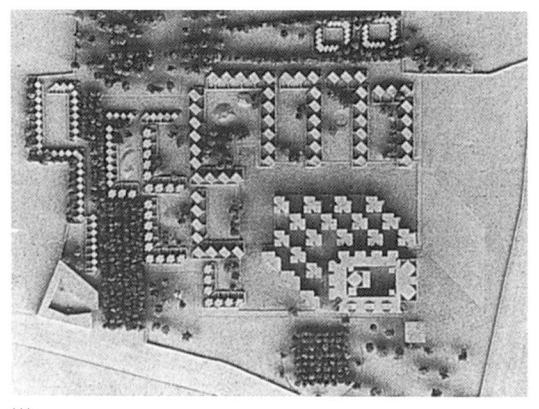

144

결국, 학교의 디자인이 인도라는 환경과 어울리게 된 것은 칸이 환기에 대해 신경을 썼기 때문이라기보다 그 지역의 벽돌 사용에 철저한 주의를 기울였기 때문이었다(fig. 145). 벽돌은 경제적이라는 이유로 고객이 지정해 준 자재였다. 칸은 벽돌에서 친근감을 느꼈고, 더 세련된 기술을 사용했을 때 수반되는 정신 사나운 시각적 복잡함 없이 정직하게 구조를 드러내는 단순하고 튼튼한 건축 시스템이라고 생각했다. 건물 외관을 벽돌로 마감했던 적은 전에도 많았지만, 아메다바드에서 그는 구조 자체를 벽돌로 쌓으려고 다짐했으며, 벽돌

143 인도 경영 연구소, 인도 아메다바드, 1962~1974. 모델, 1963년경.

144 인도 경영 연구소, 모델, 1964년 11월경.

다음 페이지
145 인도 경영 연구소, 강의동, 안뜰.

146

146 인도 경영 연구소, 강의동, 로지아.

147 인도 경영 연구소, 강의동, 강의실.

148

149

148 인도 경영 연구소, 강의동 안뜰, 복도에서 본 광경.

149 인도 경영 연구소, 전경에 강의동과 행정부 건물 토대와 함께 찍힌 기숙사, 1969년경.

다음 페이지
150 인도 경영 연구소, 기숙사.

의 특성을 연구하는 데에 헌신했다. 그의 아치 형태가 지닌 지나칠 정도의 솔직함은 이런 탐구의 진실성을 증언해 준다. 칸은 종종 벽돌과 나누는 진지한 대화를 연극처럼 그려 보이곤 했는데, 그는 자신이 벽돌을 사용하는 이유가 바로 그런 대화의 결과라고 주장했다. 「벽돌에게 묻는다. 〈벽돌아, 너는 무엇을 원하니?〉 그리고 벽돌이 대답한다. 〈나는 아치가 좋아.〉 그러면 당신은 대꾸한다. 〈이봐, 나도 아치가 좋아. 하지만 아치는 돈이 많이 들고, 나는 너 대신 오프닝에 콘크리트를 사용할 수도 있어.〉 그리고 재차 묻는다. 〈어떻게 생각하니, 벽돌아?〉 벽돌은 말한다. 〈나는 아치가 좋아.〉」[49]

칸 자신도 벽돌을 이용한 아치형 구조 때문에 자신의 건물이 〈옛스럽게〉 보인다는 점을 지적했다.[50] 이제는 상당히 칭찬하는 표현이지만 말이다. 그는 분명 콘스탄티누스 바실리카나 팔라티노 언덕 뒤쪽 사면에 하늘 높이 솟아오른 로마 시대의 벽돌 벽을 비교의 기준점으로 삼았겠지만, 도시는 칸의 디자인에서 인도의 중세 건축, 특히 만두의 육중한 12세기 유적과의 유사성을 발견하기도 했다.[51] 칸은 그러한 본질적인 권위가 서려 있는 형태들을 창조해 내는 데 성공했기 때문에, 그의 건축을 단순히 어떤 다른 것과 동일시할 수는 없었다.

원시적인 건축적 에너지가 넘쳐흐르는 인도 경영 연구소는 대학 생활에서 또 다른 종류의 힘을 이끌어 냈다. 도시는 말했다. 「추운 겨울이든 무덥고 황량한 여름이든, 구내를 조용히 거닐고 있노라면, 활발한 담소와 대화와 만남과 활동의 분위기를 느끼게 된다. 이러한 활동들을 위해 창조된 공간들은 건물 단지 전체를 연결하고 있다.」[52] 칸이 이 학교에서 바라던 것이 바로 그러한 모습이었다. 의뢰를 받기 전부터도, 그는 최상의 교육이란 그가 자주 인용하는 나무 아래에 모여든 학생들처럼 비격식적인 성격이어야 한다는 신념을 고수했기 때문이다. 그는 웅변적인 어조로 평범한 복도 — 그는 이를 〈살금살금 빠져나가는 통로〉라고 불렀다 — 를 기준으로 하는 교실 배치에 반대를 표했고, 대신 어떤 구속도 없는 즉흥적인 모임의 공간이 될 만한 장소들을 선호했다.[53] 1960년 그는 이 이상적인 학교에 대해 꽤 상세하게 설명했다.

폭을 넓히고 정원이 내려다보이는 알코브를 부여함으로써, 복도는 학생들만이 이용할 수 있는 교실로 변모할 것이다. 이곳은 남학생과 여학생이 만나고, 학생이 동료 학생과 교수의 작품에 대해 토론을 벌이는 장소가 될 것이다. 수업 시간이 한 수업에서 다른 수업으로 넘어가는 통로가 아닌 이런 공간들에 할당된다면, 이 공간들은 단순한 복도가 아닌 만남의 장소 — 자기 주도 학습의 가능성을 제공하는 장소가 될 것이다. 이런 의미에서 그것들은 학생들에게 속한 교실이 될 것이다.[54]

아메다바드 본채 건물은 정확히 이 설명대로 형태를 취하게 된다. 커다란 중앙 안뜰의 양쪽에 독립적인 강의실들과 교수 연구실 블록들이 각각 서 있으며, 이들은 복도에 의해서가 아니라 잠시 멈춰서 대화를 나눌 만한 장소가 많은 그늘이 드리운 산책길에 의해 서로 연결되어 있다(fig. 145~148). 안뜰의 한쪽 끝에는 엄숙한 외관의 도서관이 들어서 있고, 그 늘진 벽감 안에 자리한 두 개의 커다랗고 둥근 유리창이 도서관에 빛을 비춘다. 다른 쪽 끝에 칸은 식당 건물을 세우려고 계획했다. 식당에 부설된 주방은 원뿔대 모양의 냄새 방지 구조 안에 자리 잡게 된다. 그리고 안뜰 한복판에는 원형 극장을 설계했다. 이런 종류의 설계가 일반적인 학교에 얼마나 유용할지 고찰하면서, 칸은 말했다. 「안뜰은 실제 만남의 장소일 뿐 아니라 마음이 만나는 장소이기도 하다.」[55]

배우고 또 스스로를 지도해 나가는 생활은 본관과 바로 연결된 주거 부분의 설계에도 깊이 녹아들어가 있다. 인도 경영 연구소에서는 하버드 경영 대학원을 본딴 〈케이스 스터디〉 방식이라는 독특한 교수법으로 수업을 했는데, 이는 학생들이 팀을 짜서 교수의 지도 아래 경영과 관련된 실례들을 분석하는 데에 주안점을 두는 방식이었다. 칸은 자신의 설계 패턴이 그런 교육 방식에 들어맞는다고 생각했다. 약간 부정확하게 이해하기는 했지만 칸은 그 점을 이렇게 설명했다. 「강의는 없다. 강의란 그저 케이스 스터디에 대한 설명일 뿐이다. 기숙사라는 건물은 모두, 사람들이 만날 수 있는 장소이기도 하다. 그러므로 기숙사와 학교는 정말로 동일하

151 인도 경영 연구소, 기숙사
산책로.

152

152 인도 경영 연구소, 교수용 주택.

다음 페이지
153 인도 경영 연구소, 기숙사.

다고 볼 수 있다. 분리된 것이 아니다.」[56] 이런 통합적인 환경이 무엇을 모델로 했는지는 분명하다. 인도 경영 연구소를 설명하면서, 칸은 〈이 설계는 내가 수도원에 대해 느끼는 바에서 나왔다〉고 밝혔다.[57]

본관의 양쪽에 무리지어 서 있는 18개 기숙사 유닛들 안팎에서 보이는, 공공 공간, 반(半)사적 공간, 사적 공간들의 놀라우리만치 풍요로운 배치는 이런 사유로부터 발생했다(fig. 149, 150, 151, 153). 4층짜리 블록 각각의 안에는 20개의 개인실이 들어 있는데, 이들은 3층과 4층에 삼각형의 라운지, 즉 〈다실〉을 중심으로 배치되어 있고, 거대한 원형 창이 나 있어 라운지는 외부로 뚫려 있다. 주방과 화장실은 전체적인 삼각형 플랜의 긴 면에 붙어 있는 사각형 타워 안에 있다. 1층과 2층은 전적으로 공동 생활을 위한 공간으로, 학생 자치 조직을 비롯해 칸이 원했던 비격식적인 상호 소통이 이뤄질 수 있는 만남의 장소였다. 작은 안뜰들이 그물망처럼 기숙사동 사이에 퍼져 있고, 부분적으로만 벽에 둘러싸인 1층에 의해 서로 연결되었다. 이런 공간들이 도면상에서 질서 정연한 격자를 이루는 반면, 활동적인 대각선성과 햇빛 비치는 실외에서 그늘진 실내로의 급격하고도 연속적인 전환은 임시 방문객에게는 금방이라도 혼란을 안겨 줄 듯하다. 그러나 여기서 거주하는 이들에게 이러한 환경은 마치 옥스퍼드와 캠브리지 같은 중세 대학처럼 특별한 개성과 매력을 지닌 개인적 영역이었다.

칸은 얕은 연못이 기숙사동 양측을 둘러싸고, 버트레스로 지지한 건물 1층에 있는 정교하게 설계한 교실들이 물가에 인접하도록 계획했다(fig. 150). 이 호수는 기숙사동과 교수와 교직원용 주택 구역을 서로 분리하여, 나이 든 사람들이 학생들로부터 그리 멀리 떨어져 있지 않으면서도 프라이버시를 지킬 수 있게 해주었다. 말라리아를 일으키는 모기떼의 위험 때문에 호수에 물을 채우지는 못했지만, 칸은 끝까지 그것이 설계의 필수적인 부분이라고 고집했다.

남쪽과 동쪽을 향해 위치한 단순한 외관의 교수용 주택은 조각 같으면서도 강건해 보이는 기숙사의 외관과 확연히 대조적이었다(fig. 152). 53채의 주택은 칸의 〈혼합 양식〉 — 그가 아메다바드 건을 위해 고안해 낸, 얇은 벽돌 아치와 콘크리트 타이 빔 시스템을 말한다 — 으로 이루어져 있었으며, 실제로 칸은 〈주택은 말이 없어야 한다. 그래야만 가족과 아이들이 자신들의 이야기를 할 수 있기 때문이다.〉[58]라고 말한 바 있었다. 그러나 그 단순함에도 불구하고 이 주택들은 벽으로 둘러싸인 위층 테라스(완전한 옥외 방이었다)며 각 집을 이웃의 집으로부터 차단하기 위한 비스듬한 부지 계획 등, 여러 모로 편리한 점을 갖추고 있었다. 보다 더 간소한 교직원용 주택은 부지 남쪽 끝에 일렬로 늘어서 있었다.

아메다바드의 건설 작업은 극심하게 느린 속도로 진행되었다. 자금 부족 때문이기도 했고, 작업을 계속 지연하며 재고를 거듭하는 칸의 습관 때문이기도 했다. 도시와, 칸의 필라델피아 사무소에서 한동안 이 프로젝트를 맡아 일했던 젊은 건축가 아난트 라제가 점점 더 많은 부분을 책임지게 되었다. 칸이 사망한 후 라제는 식당 건물 설계와 나중에 증축하기로 결정된 임원 교육 센터와 기혼자용 숙소 건물 설계를 맡게 된다. 그럼에도 인도 경영 연구소에는 이런 대규모의 작업에서는 보기 힘든 완전성과 통합적인 비전이 깃들어 있다. 20세기에 창조된 것 중 토머스 제퍼슨이 버지니아 대학에 조성한 넓은 대학촌의 후계자에 가장 가까운 예라 할 수 있다. 아메다바드와 마찬가지로 버지니아 대학에서도, 본질적인 요소는 교수진과 학생의 생활을 위한 통합적인 환경이었으며, 이러한 환경은 중심 역할을 하는 커다란 도서관과 공간을 서로 연결하는 포장된 산책로에 의해 달성되었다.

세인트앤드루스 수도원

아메다바드와 라 호야에서 칸의 사유는 수도원 이미지의 영향을 많이 받았는데, 1966년 그는 마침내 두 개의 진짜 종교 공동체를 설계하게 된다. 캘리포니아의 한 수도원과 펜실베이니아의 어느 수녀원이 그것이었다. 오래 전부터 수도원을 공동 생활의 모델로 삼으려 노력해 왔고 학생들에게도 그렇게 조언했던 그에게, 이는 마치 꿈의 실현처럼 느껴졌을 것이 분명하다. 칸은 또한 최초 수도원의 발명이 모든 공공시설 건축이 바탕으로 삼아야 할 근원적인 탐구의 예라고 종종 말해 왔다. 「왜 우리는, 어떤 선례도 없었는데 최초의 수도원이 탄생한 사건만큼 놀라운 일은 없다고 여겨야 하는가? 수도원이라 불리는 인간의 특정 활동에서 특정한 공간들의 영역이, 표현할 수 없는 것을 표현하고자 하는 인간의 깊은 욕망을 나타낸다는 점을 누군가 깨달았기 때문이다.」[59] 결국 두 건 모두 수도원 생활에 대한 그의 기대를 충족시켜 줄 수 있을 정도로 진행되지는 못했다. 그러나 도면 구성을 통해 칸은 병치 구성에 대한 급진적 아이디어를 최대한도로 시험해 볼 수 있는 기회를 얻었다.

칸이 캘리포니아 주 발레르모에 있는 세인트앤드루스 소(小)수도원과 처음 접촉한 것은 1961년, 그가 로스앤젤레스 북쪽의 높은 사막 지대 꼭대기에 있는 놀라운 수도원 부지를 방문했을 때였다.[60] 그는 그곳의 황량한 광활함에 깊은 인상을 받았고, 저명한 수도원장 라파엘 빈시아넬리에게 흥미를 느꼈다. 빈시아넬리는 중국에서 운영하던 수도원이 공산주의자들에 의해 폐쇄된 뒤 미국에 세인트앤드루스 수도원을 세우고 예술과 세계 교회주의 운동의 중심지로 가꾸어 온 인물이었다.[61] 칸은 빈시아넬리에게 시적인 디자인 하나를 묘사해 보였다. 우선 소중한 물이 발견된 장소에 분수를 세우는 것으로 시작했는데, 그 이유는 〈감사의 뜻을 표하기 위한 뭔가를 해야 하기 때문〉이었다. 다음으로 수로를 구성하고, 〈그다음에야 건물, 예배당, 교회, 그리고 명상과 휴식의 장소 배치에 대해 생각〉[62]해야 한다는 것이 칸의 말이었다. 그러나 이는 생생한 설명에 불과할 뿐 발전되지는 못했다. 수도원장은 이미 다른 건축가를 고용한 뒤였으며 칸은 양심의 가책 때문에(그리고 미국 건축가 협회의 엄격한 직업 규정 때문에) 수도사들의 제안을 더 깊이 받아들일 수 없었기 때문이다.[63]

1965년, 그 다른 건축가와 일이 틀어지자 빈시아넬리의 뒤를 이은 수도원장이 칸에게 일을 맡아 줄 수 있겠냐고 청했다. 칸은 몹시 기뻐하며 〈건축가를 고용하는 고객이 건축의 영역에서 표현하고자 하는 영감을 느끼는 일은 드물다〉고 회답했고, 사례금도 낮춰 받기로 했다.[64] 그는 1966년 3월에 발레르모를 방문해 여름 내내 설계에 몰두했고, 9월 말 수도원에서 개최하는 연례 가을 축제에서 수많은 사람들이 찾아온 가운데 그 모델을 공개할 수 있었다(fig. 154). 『로스앤젤레스 타임스』지는 이 행사를 〈진정한 예술과 음악, 영적인 흥분의 축제〉라고 묘사했다.[65]

콜라주를 닮은 수도원 도면에서는 병치와 대각선 구성에 대한 칸의 사유가 지속적으로 진화해 왔음이 드러난다. 브린 마우어와 아메다바드에서는 보자르식 도면 구성이 지닌 권위를 다시금 단언하려는 목적에서(보자르 방식의 인위성을 제거하기 위해) 대각선의 힘을 빌렸지만, 발레르모 설계의 더욱 다양한 대각선들은 그와는 다른 맥락이었다. 여기에는 열정적으로 커뮤니티 빌딩 설계에 몰두했던 제2차 세계대전 때의 경험이 희미하게 반영되어 있다(fig. 11 참조). 트렌턴 유대인 커뮤니티 센터의 데이 캠프, 더 근접하게는 다카의 모스크/의회 복합 단지, 그리고 1964년의 피셔 하우스 재설계(fig. 73, 103, 179 참조)와 같은 작업들이 보다 자유로운 구성을 향하는 이런 노선을 따른 결과물이다. 유닛들 간의 인접성에 대한 건축주의 요구에는 형식적으로만 의존하고 있을 뿐이었고 칸의 시각적 감수성이 잘 나타나 있다. 마치 데이비드 스미스의 조각 시리즈 「큐비」처럼, 고정적인 패러다임을 무너뜨리는 일종의 현대적 바로크 양식과도 같았다. 칸이 설계한 독립적인 유닛들은 자신들의 자유의지로 한데 모여, 칸이 〈방들의 사회〉라고 명명한 그러한 종류의 민주적인 플랜을 상소하는 듯했다.[66]

이런 종류의 플랜에서 부분과 부분이 이루는 역동적 균형을 묘사하기 위해, 칸은 펜실베이니아 대학 스튜디오 수업에서 석사 학생들과 나누었던 대화를 인용했다. 그는 학생들에게 발레르모 수도원을 프로젝트로 내주었는데, 첫 두 주 동안은 정해진 프로그램 없이 〈본성〉에 대한 토론을 나누었다고 한다. 그 이후 그는 말한다.

한 인도 여학생이 처음으로 중요한 말을 했다. 「저는 이곳이, 모든 것이 독방*cell*으로부터 유래해 나오는 그런 장소가 되어야 한다고 생각합니다. 예배당이 존재할 권리는 독방으로부터 나올 것입니다. 묵상의 장소와, 작업장이 존재할 권리도 독방으로부터 나올 것입니다.」 다른 인도 학생이(그들은 가장 초월적인 방식으로 사고한다) 말했다. 「매우 동의합니다. 하지만 저는 식당은 예배당과 동등해야 하고, 예배당은 독방과 동등해야 하며, 묵상의 장소는 식당과 동일해야 한다고 덧붙이고 싶습니다. 어떤 것도 다른 것보다 더 중요하지는 않습니다.」[67]

이처럼 계획상의 제약 없이 연구했으니, 피츠버그에서 어느 〈명랑한 수도사〉 한 명이 수도원 생활에 대해 조언해 주러 스튜디오를 방문했다가 학생들 때문에 몹시 당황한 것도 놀라운 일이 아니었다. 예술가이면서 현대적이고 세속적인 사람이었던 그 수도사는 독방보다는 커다란 스튜디오를 더 좋아했는데, 어떤 학생이 식당을 반 마일 떨어진 곳에 배치하면 진정한 의식다운 분위기를 창출할 수 있을 거라 제안하자, 그러면 자기는 차라리 침대에서 식사를 들겠다는 대답으로 학생들을 충격에 빠뜨렸다. 〈그가 떠나자 우리는 낙심했다〉고 칸은 회상했다. 그러나 자신이 구상한 새로운 설계의 진가를 제대로 파악하지 못하는 고객들에게 익숙해져 있었기에, 그는 덧붙였다. 「그러나 곧 우리는, 〈뭐, 그 사람은 그저 수도사일 뿐이잖아. 제대로 알지도 못해.〉라고 생각했다.」[68]

세인트앤드루스의 수도사들이 활발하게 공적인 생활을 한다는 점에서도 칸은 비슷한 실망을 느꼈던 것이 분명하지만, 그가 작업을 중단한 원인은 수도원의 자금 부족이었다. 그러나 1967년 초 손을 떼기 전에 칸은 수도원 입면도를 그렸다. 부속 예배당과 식당에는 인도와 파키스탄에서 사용했던 것과 같은 거대한 원형 오프닝이 내부를 밝혔고, 전체 구도의 중심부에는 리셉션 타워가 있었다. 이 타워는 다면체 형태로 되어 있고, 꼭대기에는 상징적이고 기능적으로 중요한 의미를 갖는 물탱크가 얹혀 있고, 내부에는 행정 사무소와 도서관이 있었다.

성카타리나 데 리치 도미니크 수녀원

1966년 발레르모 프로젝트를 시작한 지 얼마 안 되어, 칸은 필라델피아 남서쪽 교외의 미디어에 위치한 성 카타리나 데 리치 도미니크 수녀원을 위해 비슷한 일을 맡았다. 좀 느린 속도이긴 했지만 결국은 이 일도 세인트앤드루스 수도원 경우처럼 환멸과 실망으로 가는 길을 밟게 되는데, 수녀들의 빈곤하고도 세속적인 생활 때문이었다. 그러나 이 일을 진행하는 과정에서 칸은 세인트앤드루스 수도원에서 이용했던 설계 원칙을 더 높은 수준으로 실현시켰다.

이 원칙들은 수녀원 설계 작업을 하던 1966년 가을에 칸의 사무소에서 채택한 설계 방식에 의해 표상되었다. 직원들은 미리 그려 놓은 드로잉을 잘라, 진짜 콜라주 기법처럼 도면 각 부분을 이리저리 옮기고 재조합해 보는 방식으로 설계를 연구하기로 결정했다. 이런 방식으로 칸은 개별 요소들의 통합성을 보존하면서도 그들의 관계를 실험해 볼 수 있었다. 개별 요소란 각 방들을 의미하는데, 칸에게 있어 방이란 건축 디자인의 절대적 최소 단위였다. 1972년 다음과 같이 말했을 때 그는 아마 이를 염두에 두고 있던 것 같다. 「방들은 서로 이야기를 나누고 자신들의 위치가 어디가 될지 자기들끼리 결정한다.」[69] 좀 다른 방식으로 이렇게 말한 경우도 있었다. 「나는 건축가가 설계가 아닌 구성을 해야 한다고 생각한다. 건축가는 요소들을 구성하는 이가 되어야 한다. 요소란 그 자체로 독립적 실체인 것들을 말한다.」[70]

그 결과로 나온 도면에는 — 1966년 10월 10일에 발표한 모델은 이를 바탕으로 제작되었다 — 당시 막 완성한 세인트앤드루스 수도원의 계획안보다 더욱 강인한 에너지가 넘쳤다(*fig.* 155). 그러나 이 강력한 비전을 실제로 건축하기에는 비용이 너무 많이 들었고, 메리 엠마누엘 수녀원장은 칸에게 건물의 규모를 줄여 달라고 청했다. 중세 트라피스트 수도회의 영성(靈性) 같은 점잖은 환상만을 좇을 게 아니라, 외진 곳의 교회가 처한 당대의 현실을 고려해 달라는 것이었다.[71] 1967년 초 칸은 규모를 크게 축소했고, 규모 절감을 계속하여 1968년에는 시공도를 완성했다. 꽉 압축된 설계에서는 예전 버전 설계가 지녔던 에너지 대부분이 작은 공간에 집약되어 있었다(*fig.* 156). 그러나 결국, 수녀원 측의 예산과 칸의 건축 사이에서 타협점을 찾을 수는 없었다.

154

155

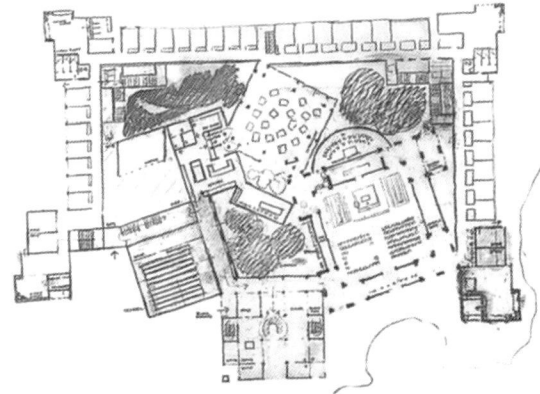

156

154 세인트앤드루스 소수도원,
캘리포니아 주 발레르모,
1961~1967. 모델, 1966년 9월.

155 성카타리나 데 리치 도미니크
수녀원, 펜실베이니아 주 메디아,
1965~1969. 모델, 1966년 10월경.

156 성카타리나 데 리치 도미니크
수녀원. 평면도, 1968년 4월경.

메릴랜드 예술 대학

이 시기 끝 무렵에 칸은 대학교 관련 설계 두 건을 더 의뢰받는데, 이는 교육과 명상을 목적으로 하는 공동체 프로젝트에 대한 칸의 탐구의 결론 역할을 한다. 볼티모어의 메릴랜드 예술 대학과 휴스턴의 라이스 대학 예술 센터에 대한 계획안은 둘 다 배움의 삶에 대한 칸의 비전을 반영하지만, 둘 다 고객이 감당할 수 없는 수준으로 프로그램을 고치는 바람에 제대로 성사되지 못했다.

볼티모어에서는 스튜디오, 미술 재료 상점, 강당을 수용할 건물을 설계해야 했는데, 부지는 폭이 좁았으며 학교가 들어서기 전에 그 자리에 있던 오래된 마운트 로열 철도역(1896)에서 뻗어 나온 철길들을 가로질러 위치하고 있었다.[72] 칸은 도면을 대각선 위주로 구성했고, 엄숙한 파사드에 원형과 삼각형 오프닝이 뚫린 매우 늘씬한 건물을 구상했다. 철길은 덮어 버리고 보행자 전용 구역을 통해 새로 지어질 건물과 기존 건물들을 연결할 계획이었다. 예술 대학 측에서는 건물에 공간이 얼마나 필요할지 확신을 못 하고 있다가, 1966~1967년 첫 설계 단계 때 대략 2000여 제곱미터로 상향 조정했다. 그러나 1967년 3월 칸이 9000여 제곱미터 규모의 건물 모델을 제출하자 대학은 아주 확실한 반대 의사를 표명했다. 학장 유진 리크는 〈모델 발표 때 모두들 그야말로 깊은 충격에 빠졌는데, 내 생각에는 그 충격이 적어도 5년이나 10년은 갈 것 같다.〉[73]고 썼다.

이후 몇 달 동안 칸의 사무소에서는 〈최초 연구안의 분위기를 많이 간직한 긴 ≪벽≫ 형태〉[74]를 유지해 가며 건물의 규모를 줄이느라 분투했다. 이런 문제가 있었음에도 고객과의 관계는 원만했다. 칸은 1968년 대학 측으로부터 명예박사 학위를 받았고, 리크는 거대한 건물을 세우고자 하는 꿈이 꺾여 버렸는데도 칸이 여전히 자신들을 위해 일해 주어서 정말로 고마움을 느꼈던 것 같다. 〈계속 관심을 가져 주셔서 감사합니다. 우리는 정말 행운입니다〉라고 그는 썼다. 「우리는 칸의 건물이 반드시 있어야 할 필수품이라 믿으며 그 건물 덕분에 우리 학교가 나라 안에서 가장 훌륭한 예술 대학이 되리라고 믿는다.」[75] 결국 닉슨 정권 때 연방 교육 지원 예산이 삭감되면서 프로젝트는 무산되고 말았다.

라이스 대학 예술 센터

라이스 대학 예술 센터를 위한 계획안은 건축, 연극, 예술사, 음악, 미술 수업이 이루어질 장소들, 커다란 공연장, 그리고 아트 인스티튜트(관장 도미니크 드 메닐에 의해 세인트토머스 대학에서 이곳으로 곧 옮겨 올 예정이었다)를 위한 새로운 갤러리로 이루어져 있었다.[76] 칸은 그저 예비 계획안만을 준비해 달라는 청을 받았고, 1970년 늦봄에 걸쳐 단지 계획과 모델을 준비하여 6월 29일과 30일에 학교 측에 발표했다. 중앙 도서관 서쪽에 칸은 커다란 안뜰을 만들었는데, 그 크기는 동쪽으로 자리 잡은 훌륭한 중앙 안뜰과 거의 맞먹을 정도였다. 1909~1910년에 랠프 애덤스 크램과 버트랭 그로스베너 굿휴가 설계한 정원에서 위쪽을 잘라 버린 버전처럼 보였다. 예술 센터를 건설하려면 종래의 학생 센터를 철거해 버릴 수밖에 없었으므로, 그것을 대체할 만한 시설도 지어야 했다. 칸은 그 시설이 다양한 예술 분과 건물들로 둘러싸여 새로운 안뜰 안에 서도록 했다. 이런 건물 중 어떤 것도 세부 작업까지 이르지는 않았으며, 라이스 대학에서도 칸에게 그 이상 일을 진행시켜 달라고 부탁하지 않았지만, 전체가 하나의 학교로서 기능한다는 이미지는 매우 강했다. 라이스 학생들과의 토론에서, 칸은 자신이 두 가지 플랜 접근 방식 중에서 선적인 배치를 버리고 아메다바드에서처럼 안뜰 중심의 배치를 선택한 과정에 대해 다음과 같이 설명했다.

일종의 커다란 길, 혹은 회랑이 있다고 가정해 보자. 이 회랑에는 역사, 조각, 건축, 회화 등 예술을 가르치는 학교 건물들이 연결되어 있으며, 당신은 모든 수업에서 사람들이 공부하고 있는 것을 보게 된다. 사람들이 공부하고 있는 장소를 걸어 다닌다는 느낌을 언제나 받을 수 있도록 설계되었다.

이와 달리, 가령 안뜰과 같은 방식으로 설계할 수도 있다. 당신은 안뜰로 걸어 들어간다. 거기에는 건물들이 있는데, 하나는 회화, 하나는 조각, 하나는 건축, 역사 등으로 각기 지정되어 있다. 전자의 경우, 당신은 수업을 바깥쪽에서만 바라보게 된다. 후자의 경우 당신은 원한다면 들어가겠다고 선택할 수 있다.

나는 후자가 훨씬 더 훌륭하다고 생각한다.

어떤 일은 직접적인 연관성을 통해서가 아니라 거리가 먼 연관성을 통해 다루어야만 한다. 더 거리가 먼 연관성일수록 오래 살아남으며 많이 사랑받는다.[77]

칸은 자신의 의지와 무관하게 교육 환경에 접촉하게 되는 상황을 꺼렸는데, 이런 태도는 칸이 어린 시절 통학생으로 겪었던 경험에서 나온 듯하다. 도시에서 소년 시절을 보내며 그는 많은 기회들을 놓고 신중한 선택을 거듭해 왔던 것이다. 그에게 있어 완벽한 학교란, 개인적 성찰을 위한 수도원풍의 독방과 결합된, 제도적인 기회들 — 훗날 그는 이를 〈이용 가능성〉이라고 불렀다 — 을 제공하는 안뜰이었다. 이런 배경에서 학생들은 자유롭게 서로 관계를 맺고 이용 가능한 수단을 선택할 수 있으며, 그 결과 〈휴먼 콜라주〉를 창조해 내게 되는 것이다. 칸의 〈방들의 사회〉 안에 존재하는 건축적 요소들이 저희들만의 접촉점을 찾고 저희들만의 고유한 균형을 이루어 내는 것과 마찬가지였다. 그 규모가 주택이든, 공공시설이든, 도시 전체이든, 설계란 이 인간적이고 건축적인 패턴 위에 덧씌워진 것에 불과했다.

데이비드 B. 브라운리

5

〈이용 가능성〉을 극대화하는 공간

복합 건물을 위한 건축

157

157 필라델피아 예술 대학,
펜실베이니아 주 필라델피아,
1960~1966. 모델, 1964년 12월경.

〈건축과 인간의 일치〉[1]를 말했을 때, 루이스 칸은 인류의 사회적 본성에 대한 믿음을 표현하고자 했다. 그는 건축이 이러한 본성을 뒷받침해 준다고 보았고, 각 개인이 더 높은 수준의 가치를 실현할 수 있도록, 사람들 간의 상호 작용이 이루어지는 구조를 제공하고자 애썼다. 칸은 그러한 실현에는 스스로 결정을 내려 선택할 수 있는 판단력이 필수적이라고 보았고, 그랬기에 설계를 할 때면 항상 어느 정도의 중립성을 유지했다. 건축가가 고정된 패턴을 부과하면 자발성이 억압된다고 여겼기 때문이다. 구조적인 질서와 개인적 선택의 여지 사이의 균형을 잡으려는 노력 때문에 그는 다양한 용도의 기회를 보여 줄 수 있는 복잡한 기하학적 패턴에 이끌렸던 듯하다. 그의 형태들은 형식적으로 정렬되는 대신 복잡한 방식으로 결합되는 경우가 많았고, 그런 결합을 통해 그가 〈이용 가능성들 availabilities〉이라 부르는 것을 암시하게 되었다. 그는 자신의 목적을 언급하기 위해 이 용어를 즐겨 썼다. 「내가 생각하기에 건축가의 임무는 (……) 아직은 그곳에 없는 이용 가능성들, 그리고 벌써 그곳에 존재하는 이용 가능성들을 위해, 그것들이 성숙해 나가기에 보다 알맞은 환경이 되어 줄 수 있는 (……) 공간을 발견하는 것이다.」[2] 이를 실현시키기 위한 효과적인 수단을, 그는 연구나 회합이라는 단일한 목적을 위한 것이 아니라 보다 다양한 용도를 추구하는 다양한 종류의 작업 속에서 찾았다. 이러한 일거리의 대부분은 도시 내부의 복합 시설이거나, 투기적인 도시 복합 시설로, 칸은 더 깊은 목적을 찾으려고 연구했다. 그러나 꼭 도심이 아닌 외딴 곳에 위치한 복합 시설도 이런 건축 유형에 포함될 수 있고, 개인 주택이라고 할지라도, 작은 도시의 경우처럼 〈방들의 사회〉[3]가 다양하고 상호 보완적인 활동을 가능하게 한다면, 같은 유형으로 묶을 수 있었다.

칸이 총체적인 도시 설계에 관여하는 일은 점점 줄어들었지만, 그는 계속해서 도시에 대한 이야기를 했다. 어느 공개 강연에서 그는 도시의 가능성에 대해 이야기했다. 「한 도시를 측정하는 잣대는 분명 그 도시의 이용 가능성의 수준 혹은 품질일 것이다. (……) 만일 도시 계획을 하게 된다면, 나는 〈과연 어떤 방식으로 연결의 건축을 이룰 수 있을까? 연결을 함으로써, 이용 가능성들은 전보다 더 풍부해질 것이며, 이로 인해 우리의 정신에도 활기가 생길 것이다.〉라는 말로 시작할 것이다.」[4] 그는 전통적인 도시 계획을 불신했는데, 그것이 인간의 포부라는 면을 피상적으로만 고려하고 있다고 여겼기 때문이었다. 한 번은 이렇게 말하기도 했다. 「만일 도시 계획에 대해 강의를 해야만 한다면, 나는 그런 명칭 대신 〈고매한 목적의 건축〉이라는 표현을 쓰고 싶다.」[5] 그는 특히 흔히 쓰는 전문 용어를 싫어했다. 그가 보기에 그런 용어는 사유의 대체물에 불과했다. 「〈어바니즘〉이라는 말은 즉각 모든 이들의 마음을 납처럼 무겁게 만든다. 완전히 끝난 일이기 때문에 더 이상 생각을 하지 않는 것이다.」[6]

칸의 건축이 경지에 다다른 시기에, 칸은 도시를 〈제도들이 결집한 장소〉이자 〈그 제도들의 성격에 의해 측정되는 것〉이라 정의했다.[7] 그는 제도가 〈이용 가능성이라 부를 수 있는 것〉이며 〈도시의 거리는 그것이 ≪이용 가능성≫이기 때문에 사실상 제도에 속한다고 할 수 있다〉[8]고 설명했다. 제도는 〈영감을 제공하는 근원들〉에 의해 생성되며, 그것은 〈배우고자 하는 영감, 만나고자 하는 영감, 표현하고자 하는 영감〉[9]이다. 첫 번째는 연구의 공간, 두 번째는 회합의 공간으로 이어졌다. 세 번째는 더 일반적이면서도 심오하다. 「인간이 살아가는 이유는 표현하기 위해서이다. (……) 자연에 존재하지 않는 모양과 형태를 찾고자 하는 인간의 충동은,

158

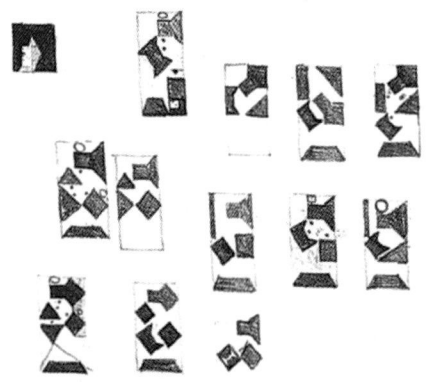

159

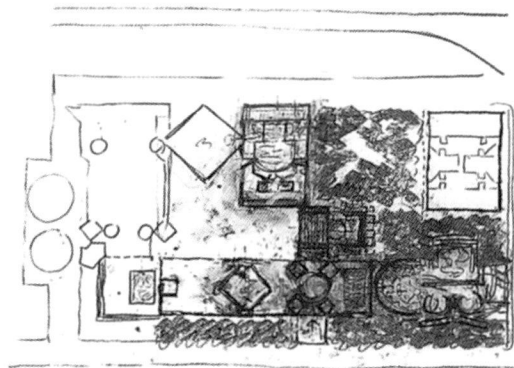

160

161

158 포트웨인 미술관, 학교, 공연 예술 극장, 인디애나 주 포트웨인, 1959~1973. 아트 센터 남쪽 입면도, 고가 도로 시스템, 1962년 4월경.

159 포트웨인 미술관, 학교, 공연 예술 극장. 부지 도면 그림, 1963년 10월경.

160 포트웨인 미술관, 학교, 공연 예술 극장. 부지 도면. January 2 1965 Louis I. Kahn이라 기입.

161 포트웨인 미술관, 학교, 공연 예술 극장. 조감도. 1966년경.

162 포트웨인 미술관, 공연 예술 극장. 정면 파사드.

162

표현하고자 하는 영감에서 기인한다.」¹⁰ 그는 감동적인 어투로 다음과 같이 묘사했다. 「표현하고자 하는 영감은 자연을 닮아 가려는 것에 대한 반란이다. 자연은 우리를 아주 짧은 시간밖에 살지 못하게 한다. 이 반란은 우리를 가장 멍하게 만든다.」¹¹ 이런 영감의 건축적 구현에는 특별한 의미가 있었다.

1960년대에 칸이 맡은 일 중에서 〈표현하고자 하는 영감〉에 가장 잘 부합하는 것은 공연 예술과 시각 예술을 위한 복합시설들이었다. 필라델피아 예술 대학(1960~1966, 미건축, fig. 157)은 그중에서도 가장 뛰어난 예일 것이다. 칸의 다른 대학 건축과 달리, 여기서 주로 다루는 것은 도서관이나 조용하고 외진 공간에서의 독립적인 연구가 아니라 극장과 갤러리에서 이루어지는 상호 작용이었다.

포트웨인 미술관

첫 번째 기회는 인디애나 주 포트웨인의 미술관(일부만 건축)이었다. 정식 의뢰는 1961년에 들어왔으나 그는 다음해까지 작업을 미루었고, 포트웨인 시에 적절한 부지 선정에 대한 조언을 해주었다. 초기 계획안에서는 부지에 기존에 있었던 고가 도로에 주차용 건물을 연결했는데, 이는 그가 바로 지난달에 끝마친, 필라델피아 시를 위한 고가 도로 연구를 연상시킨다(fig. 158 참조). 1963년 4월 부지가 선정되고 나서야 칸은 더 집중적인 설계 작업에 들어갔다. 그제야 그는 외딴 부지에 맞춰 처음 시작했던 도시 표현의 수단들을 더 완전히 구현해 냈다.

미술관의 구성 부분들은 다카의 경우보다 위계질서에 매이는 정도가 덜했으며, 기능적 관계라는 면에서도 덜 뚜렷하게 규정되었다. 1963년 중반 칸의 스케치에서는 이 점이 명확하게 나타난다(fig. 159). 능동적으로 병치된 형태들이 다양한 테두리의 구획을 형성하며, 전통적이고 직각 중심의 관계는 의도적으로 피한 듯하다. 마치 하나로 결정되지 않은 기하학이 아이디어들의 활동을 상징하는 것처럼 보인다. 1963년 가을에는 필하모닉 홀, 극장, 미술 학교, 미술 연합, 역사 박물관이 위치할 자리가 정해졌고 기본적으로는 이런 배치가 끝까지 그대로 유지된다. 1964년 초 역사 협회가 시설 내 입주를 취소했지만, 그래도 칸은 연결의 본질적인 특성들을 유지해 갔다(fig. 160). 입구 정원이 미술관을 외부의 도시와 연결해 주는 관문 역할을 하고, 안쪽에는 〈입구 안뜰〉이 칸의 콘셉트에서 매우 중요한 부분인 선택의 감각을 느끼게 해주었다(fig. 161). 건물 그 자체의 형태들처럼, 입구 안뜰 역시 정해진 방향대로의 움직임 대신 자발성을 장려했다. 포트웨인 미술관이 잘 보여 주듯이 이런 복합 시설에서 칸이 고정된 패턴을 피한 것은 의도적인 선택이었다. 어느 학생이 안뜰이 아닌 복도 같은 다리를 이용해 유사한 요소들을 연결하겠다는 의견을 내자, 칸은 다음과 같이 비평했다.

(다리에서) 당신은 수업을 바깥쪽에서만 바라보게 된다. (안뜰에서) 원한다면 들어가겠다고 선택할 수 있다. (……) 실제로 들어가지 않더라도, 선택을 할 수 있는 것만으로도, 그런 식의 배치에서 다른 방식보다 더 많은 것을 얻어 낼 수 있는 셈이다. 어떤 일은 직접적인 연관성을 통해서가 아니라 거리가 먼 연관성을 통해 다루어야만 한다. 더 거리가 먼 연관성일수록 오래 살아남으며 많이 사랑받는다.[12]

다카에서와 마찬가지로 포트웨인에서도 칸은 시설이 단일한 전체성을 지녀야 한다고 열정적으로 주장했다. 전체성이 시설의 의미에 필수적인 부분이라고 여겼기 때문이다. 그러나 그가 설계한 대로 짓자면 후원자들이 예상했던 것보다 훨씬 더 많은 비용이 들었다. 칸의 아이디어와 자금 조달 능력에 대한 신뢰는 점점 줄어들었고, 요소들을 하나씩 줄여 나가는 작업이 시작되었다. 1966년 10월에는 실제 건축할 것이라고는 필하모닉 홀까지 수용하도록 확장된 극장만이 남았다. 처음부터 칸은 필하모닉 홀과 극장을 본질상 직사각형 형태인 건물로 구상했었다. 상호 소통이 이루어지는 회합 장소와는 달리, 둘 다 중심이 아닌 앞쪽 무대에 초점이 맞춰지는 성격이었기 때문이다. 게다가 둘 다, 칸이 생각하는 극장의 이상과 부합했다. 일전에 그는 이상적인 극장이란 〈불가피한 본성을 지닌 어떤 것을 보려고 모이는 건물〉[13]이라고 설명했다. 겉으로 보기에 극장은 마치 미완성된 일부 조각 같았으며, 설계에도 별로 의욕이 없어 보였다. 건설은 1970년에 시작되어 1973년에 끝났다(fig. 162).

레비 기념 놀이터

비관습적인 기하학적 배치를 수단으로 삼아 자발성을 암시하려는 칸의 시도는 레비 기념 놀이터(1961~1966, 미건축)에 보다 강하게 집중되었고, 뒤이어 필라델피아 예술 대학교로 이어졌다. 둘 다 포트웨인 건처럼 창조적인 에너지를 자극하고자 하는, 그리하여 칸이 말하는 〈표현하고자 하는 영감〉을 존중하려는 강한 충동에서 탄생했다. 레비 놀이터에서는 그러한 노력을 어린이들을 향해 기울였지만, 그렇다고 그 일을 덜 중요하게 여긴 것은 아니었다. 레비 기념 놀이터의 부지는 뉴욕 시티, 102번가와 105번가 사이 리버사이드 드라이브에 위치했고, 놀이터 건설에 활발하게 자금을 대왔던 아델 레비가 건설을 후원했다.[14] 1961년에 이사무 노구치가 의뢰를 받아 설계를 시작했는데, 그는 8월에 칸에게 협동 작업을 청했다.[15]

칸은 중단했다 계속했다를 반복하며 레비 프로젝트에 임했다. 그해 가을에는 서로 다른 원형 요소들로 이루어진 예비 계획안을 구상했는데 여기에는 강력한 형태가 결여되어 있었다. 다음 해에는 일을 좀 더 진행시켰는데, 1963년 1월 후원자들은 시장에게 계획안을 발표해야 하는데 너무나 더디게 완성되어 간다고 불평했다.[16] 2월 말에는 상황이 바뀌었다. 칸은 다카에서 돌아온 지 3주 만에 기념비적인 계단과 경사진 넓은 언덕에 의해 엄밀하게 형태가 잡힌 설계를 내놓았다. 이들에 의해 놀이용 언덕과 그 외 다른 요소가 들어갈 자리가 정해졌다. 한쪽 끝에는 비스듬하게 돌아간 사각형 하나가, 벽으로 둘러싸인 동굴 같은 아래편 공간에 채광창 구실을 했는데, 기하학적인 면에서 다카 설계를 연상시키는 요소였다. 1963년 10월에 설계한 세 번째 버전(fig. 163)에서 칸은 예전 버전의 엄격함을 줄였고,[17] 1964년 1월 완성한 최종 버전에서는 경사로와 계단으로 이루어진 고풍스러운 경관을 창조해 냈는데, 이는 미노아 유적을 연상시켰다(fig. 164).[18] 노구치는 〈이제는 건축이 놀이터를 압도하고 있다. 나는 그 반대이기를 바란다.〉[19]고 불평했다. 칸 역시, 노구치가 설계한 지나치게 특수화된 요소들 때문에 실망했다. 「참여의 자발성 (……) 당신이 이것을 느낀다면, 놀이를 위한 물건은 불완전하게 〈만들어진다〉는 점도 느끼는 셈이다. 이 불완전성의 감각을 확실히 세워야 한다. 노구치와 이야기를 해야겠다. 엄청나게 가혹한 비판을 가해야 할 부분이 많다.」[20] 이 무렵, 놀이터가 리버사이드 파크의 오픈 스페이스를 차지한다는 이유로 프로젝트에 대한 지역 주민의 반대가 거세졌고, 1966년 10월에는 시청에서 지원을 철회하여, 계획은 무산되었다.[21]

163

164

165

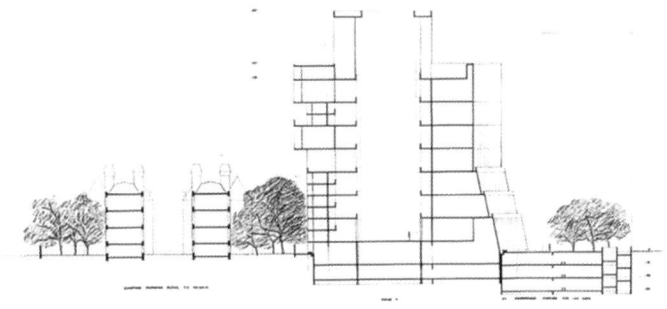
166

163 레비 기념 놀이터, 뉴욕, 1961~1966. 모델, 1963년 10월.

164 레비 기념 놀이터. 조감도, 1965년 1월경.

165 필라델피아 예술 대학, 평면도, 최종 버전, 1966년 1월 19일.

166 필라델피아 예술 대학, 서쪽을 향한 단면도. January 19, 1966이라 기입.

필라델피아 예술 대학

포트웨인 미술관과 레비 놀이터 계획안을 다듬고 있던 1964년 4월, 칸은 필라델피아 예술 대학으로부터 브로드 스트리트에 있는 기존 건물 옆에 대규모 증축을 하는 일을 맡아 달라는 의뢰를 받았다. 이 설계는 여러 단계를 거쳐 발전해 나간다. 최종 계획안은 1966년 3월 대학 측에 의해 공표되었다(fig. 157 참조). 대학을 둘러싼 도시를 고려해 가며 〈표현하고자 하는 영감〉에 대한 칸의 신념이 확실한 형태로 구현된 설계였다. 칸이 작업을 시작한 이후인 1965년에 임용된 대학 총장에게 칸의 비전을 실현시킬 만한 대담성이 부족했다는 것은 참으로 슬픈 일이다.

시설은 극장, 도서관, 전시관, 스튜디오 등의 각 부분이 서로 연결된 구조로, 포트웨인 미술관과 그리 다르지 않았지만, 여기서는 공연 예술보다 시각 예술이 그 초점이었고, 건물은 인구가 밀집한 도시 중심 지역 안에 밀접하게 위치하고 있었다. 이번에도 칸은 건설을 단계적으로 시행하라는 요청에 반대를 표했는데, 각 부분이 이루는 전체성이 시설의 존재 자체에 있어 필수적이라 믿었기 때문이었다. 입구 안뜰은 포트웨인의 경우보다 도시를 향해 더 많이 열려 있으며 단지 내의 내부 안뜰과 정원으로도 이어져, 강렬한 전체성을 형성한다. 「캠퍼스가 건물 안에 짜여 들어가 있다. (……) 지붕도 하나의 경관이다.」[22]라는 칸의 말과도 같다. 입구 정원과 인접한 다층의 도서관과 전시장 건물 — 도면에서는 다카의 국회 의사당처럼 비스듬하게 돌아간 사각형으로 나타난 — 은 귀중한 물건들을 지키는 관문이자 성채 역할을 하고 있으며, 뒤편으로는 보다 활동적인 형태의 스튜디오들과 연결되어 있다(fig. 165). 움푹 팬 건물 북쪽 외부 벽은 층이 져서 천장의 채광창을 형성하고 있고(fig. 166), 내부의 연결 통로들은 그 넓이와 방향이 다양한데, 단조로운 복도를 싫어하는 칸의 성향을 반영하며, 그의 표현을 빌자면 〈용도의 속박〉[23]을 피하려는 목적이었다.

칸의 설계가 새로운 도시 형태에 대한 전망을 이처럼 크게 보여 주었던 적은 거의 없었다. 병치된 형태들과 여러 겹의 벽을 세운 거대한 구조로 되어 있었고, 공간은 용도와 구조적 정의에 따라 분할되어 있었다. 이 설계에는 칸이 일찍이 시작했던, 관례로부터 탈피하려는 시도가 깃들어 있다. 그러나 개별 형태들은 연결과 접근에 대한 외부적 요구 때문에 확연히 왜곡되었고, 그 결과 다카의 수도 계획과 같은 예전 작업에 비해 더 이성적이며 덜 유클리드적인 기하학이 나왔다. 이러한 수단을 통해 칸은 도시 그 자체의 더 폭넓은 이용 가능성을 향한 조심스런 출구를 열어 놓았다. 필라델피아 예술 대학은 도시에 속하는 소우주였으니 말이다.

다카와 마찬가지로, 필라델피아 예술 대학처럼 커다란 규모의 복합 시설이 이 정도의 응집력 있는 전체성을 띠는 예는 역사적으로 찾아보기 힘들다. 에콜 데 보자르의 추종자들은 이런 복합 시설을 설계할 때 신중하게 균형 잡힌 방식 — 칸이 후기에 들어서는 결코 완전히 찬성하지 않았던 방식이다 — 을 옹호했는데, 필라델피아 예술 대학은 그런 방식은 물론 다카보다도 한층 더 멀리 떨어져 있다. 극소수의 예외는 있지만, 이 정도의 구성적 통합성을 달성한 예는 20세기 근대 건축가들의 작업에서 찾아보기 힘들다. 그런 어려움은 미스 반데어로에가 설계한 일리노이 공과 대학 캠퍼스(1939년 시작)에서 뚜렷이 드러난다. 각 요소들은 서로 고립되어 있으며 결합을 통해 커다란 전체를 이루지는 못하는 것이다. 르코르뷔지에의 1927~1928년 제네바 국제 연맹 회관 계획안은 그의 설계 중에서도 예외적인 경우에 속한다. 칸이 르코르뷔지에를 매우 존경했다는 점에 비춰 볼 때, 그가 국제 연맹 회관을 출발점으로 삼았을 가능성을 생각해 볼 수 있으나, 그 계획안의 중립적이고 직각 중심적인 요소들에서는 20세기 초의 느낌이 더 많이 풍긴다. 칸의 1960년대 중반 설계와 더 분위기가 비슷한 것으로는 프랭크 로이드 라이트의 두 미건축 계획안, 레이크랜드의 플로리다 서던 칼리지(1938년 시작)와 워싱턴 D.C.의 크리스탈 하이츠 호텔, 상점, 극장 복합관(1940)을 들 수 있다. 칸은 분명 이들을 접한 적이 있을 것이다. 이 두 계획안은 공표가 되었기 때문에 쉽게 구해 볼 수 있었고, 칸이 선호하는, 라이트의 합리주의적 측면이 반영되어 있었다. 두 건 다 복잡한 각도의 요소들로 이루어졌고, 이 요소들은 관습적인 대칭성에 의지하지 않으면서도 건축적으로 통합되었는데, 특히 전자는 칸의 도미니크회 수녀원 계획안(1965~1969, 미건축)과 근접했다. 그러나 둘 다 잠재적인 삼각형 기하학을 기준으로 삼고 있다는 점에서는 칸의 더 자유로운 접근 방식과 달랐다. 그럼에도, 칸이 있기 전까지는 라이트가 이룩한 기념비적인 통합성을 능가하는 건축은 나오지 않았으며, 칸이 아무리 르코르뷔지에를 더 좋아했다고 해도, 기념비적 통합성에 이르는 길을 완전히 다져 놓은 이는 라이트였다. 4장에서 언급했듯이, 동시대 회화와 조각의 몇 가지 특정한 예만이 ― 프란츠 클라인이나 데이비드 스미스의 작품 등 ― 그와 비견할 만한 정신을 표현했던 듯하다. 20세기 후반 건축의 주요 작품들은 칸이 놓은 초석으로부터 유래해 나왔던 것이다.

칸 사무소의 기록들을 조사한 연구자들은 칸이 필라델피아 예술 대학의 건설에 어떤 자재를 사용하려는 의도였는지는 파악하기 어렵다는 결론을 냈다. 신문에서는 콘크리트 벽과 넓은 유리 부분을 언급했지만, 이에 대한 확실한 기록은 없기 때문이다. 이 무렵 칸은 구조 설계에 대한 나름의 접근 방식을 발전시켰는데, 콘크리트 슬래브, 벽, 기둥을 사용하는 방식으로, 대부분 르코르뷔지에로부터 유래한 것이었다. 팔라초 데이 콩그레시에서처럼, 특정한 조건의 제약을 받는 상황이 아니라면, 구조 장치나 소재를 구체적으로 제시할 필요는 없었다. 예일 아트 갤러리나 시티 타워에서처럼 드라마틱하지만 복잡한 방식으로 구조를 드러내던 시기는 이제 넘어선 듯하며, 라이트처럼 새롭거나 독특한 소재를 이용하려는 시도를 칸은 그리 높이 보지 않았다. 이후 그는 커멘던트를 비롯해 자문이 되어 준 다른 엔지니어들의 도움을 받아 특정한 형태와 정확한 규모를 찾아낸다. 그러나 칸이 명확하고도 손쉽게 이룩할 수 있다고 생각하고 커멘던트가 효율적이라 여긴 구조라 할지라도, 고객의 까다로운 기준을 언제나 만족시킬 수 있는 것은 아니었다. 특히 투기적인 성향을 지닌 건축주는 더했다.

브로드웨이 교회와 오피스 빌딩

칸은 개발업자들의 실용적인 요구에는 잘 맞춰 주지 못했다. 그러나 몇몇 경우에는 그들이 요구하는 바를 충족시킬 수 있을 만한 방책을 제시하려고 노력하기도 했다. 자신의 마음을 그토록 사로잡았던 도시 조직이라는 측면에 공헌할 수 있는 기회라고 여겼기 때문이었음이 분명하다. 그가 관여한 몇 건의 벤처 사업에서는 마천루에 대한 관심도 드러난다. 설계 단계까지 진행되었던 세 건의 의뢰 ― 세 건 다 투기적인 성격의 오피스 빌딩으로, 도시적인 매력을 강화하도록 계산된 요소들을 갖추고 있었다 ― 중 첫 번째는 뉴욕의 브로드웨이 그리스도교 연합 교회와 오피스 빌딩(1966~1968, 미건축)이었으며, 그 며칠 후에 두 번째인 캔자스시티의 오피스 빌딩(1966~1973, 미건축) 의뢰가 들어왔다. 이 두 건물은 설계 면에서 서로 얽혀 있다. 캔자스시티 건을 아직 작업하던 도중 칸은 세 번째인 볼티모어의 이너 하버 개발 사업(1969~1973, 미건축) 설계를 맡게 되었다. 그러나 도시 공간에 대한 새로운 아이디어를 표현할 수 있는 이런 기회들에 몹시 이끌렸음에도 불구하고 결국 칸의 노력은 모두 수포로 돌아갔다.

브로드웨이의 교회와 오피스 빌딩은 면세 단체(브로드웨이 그리스도교 연합 교회)와 개발업사(로스 에머리 앤 손즈라는 건축 회사가 대표하는 칼라일 건설 회사)의 합작을 보여 주는 초기 예였다.[24] 칸은 1966년 6월 말에 교회 측의 의뢰를 받았고, 7월 중순에는 이 개발 사업의 교회 측 대리인으로 정해졌으며, 전체적인 설계 조정을 맡아 달라고 요청받았다.[25] 부지는 브로드웨이, 7번가, 56번가, 57번가에 둘러싸인 블록 대부분을 차지하고 있었는데, 시의 개발 지역과 가까운 좋은 위치에 있었다.

예비 스케치에 당대의 어느 것과도 닮지 않은 독특한 형태의 마천루가 나와 있는 것으로 보아, 교회와 다양한 상업 기능들을 오피스 타워 한 채 안에 통합시킨다는 전망이 칸의 상상력을 크게 자극했음이 분명하다. 건물은 몇 달 전에 작업이 중단된 필라델피아 예술 대학과 매우 유사했다. 광장은 능동적으로 병치된 형태들로 조성되어 있다. 광장 위편의 타워는 모든 것을 감싸는 마스터 루프처럼 솟아 있는데, 위쪽으로 갈수록 점점 좁아지는 형상이고, 유사한 복잡한 기하학

167 브로드웨이 그리스도교 연합 교회와 오피스 빌딩, 뉴욕, 1966~1968. 단면도, 1966년 8~9월.

168 브로드웨이 그리스도교 연합 교회와 오피스 빌딩. 평면도, 1966년 8~9월.

167

168

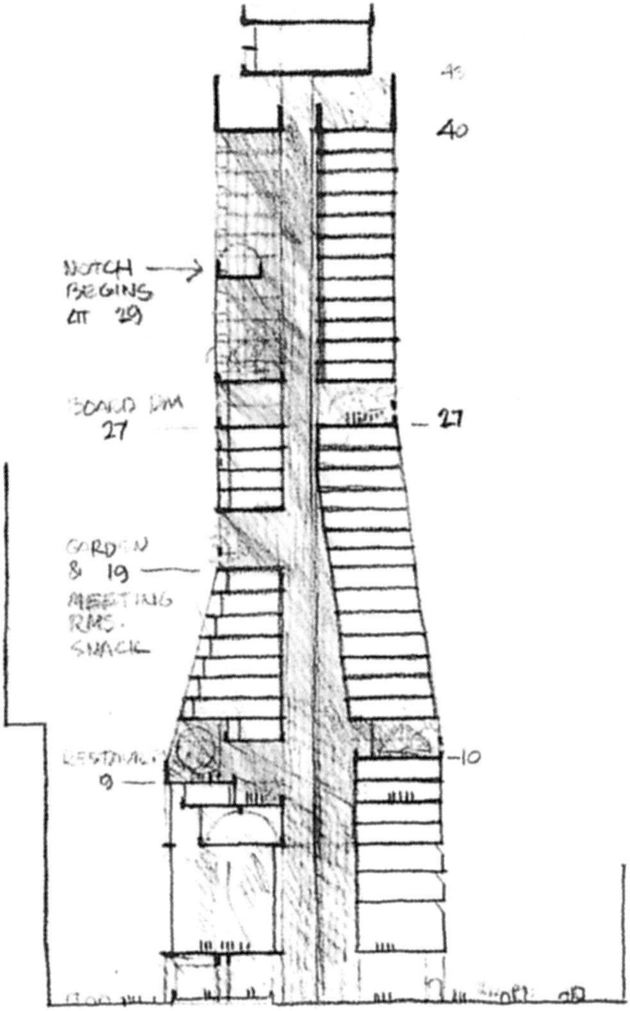

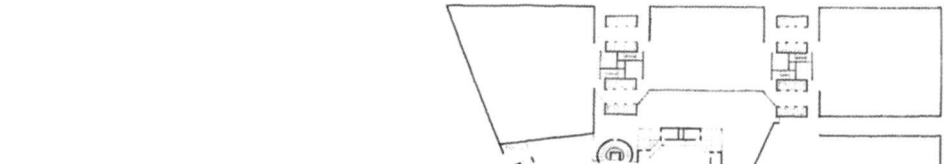

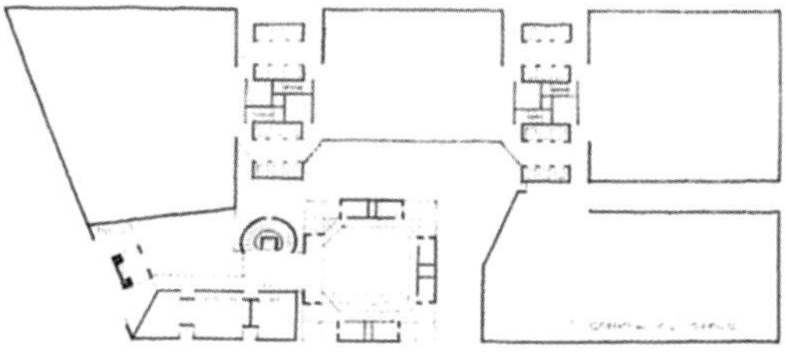

이 적용되었다(fig. 167, 168).²⁶ 타워 자체도 광장과 마찬가지로 각 구획들이 상호 관계를 맺으며 이어지는 구조였으며, 각 구획은 거대한 〈눈금 표시〉(드로잉에서 칸이 사용한 용어이다)에 의해 정해졌는데, 이렇게 표시된 부분은 건물 내부의 중앙 안뜰을 향해 뚫려 있었다. 거기에서 들어오는 빛은 타워 아래쪽에 자리 잡은, 마치 다른 시대에 세워진 오래된 토대부처럼 보이는 교회가 받게 되었다. 칸은 명확하고 단일한 윤곽선을 지닌 건물 대신 부분들의 조합으로 이루어진 복합적 건물을 제안한 것이다. 뚜렷한 경계선을 지니지 않았기에 각 부분들은 도시를 향해 보다 자유롭게 열려 있을 수 있었고, 그 〈이용 가능성들〉도 보다 가까이 다가왔다.

　　브로드웨이 프로젝트의 벽은 필라델피아 예술 대학 건물과 비슷하게 움푹 들어간 꼴인데, 그 첫 번째 이유로는 지대 설정 문제를 들 수 있으며, 두 번째로는 칸이 건물이란 눈에 잘 들어와야 한다고 믿었기 때문이다. 사무소의 드로잉에 따르면 칸은 대지 면적과 벽면에 대한 뉴욕 시의 건축 규제 사항을 미리 알아보았는데, 규정에서는 높은 층으로 갈수록 벽을 안쪽으로 들어가게 하라는 지시가 있었고 — 보통은 위로 갈수록 계단처럼 좁아지는 셋백*setback*으로 처리했다 — 칸은 규제 사항을 변용하지도 않고 그대로 따랐다. 훨씬 전에 휴 페리스가 해당 규제 사항을 설명하기 위해 비슷한 입면도를 그리기는 했지만, 완전히 그대로 따라 하라는 의도는 아니었다. 이처럼 벽이 쑥 들어간 것은 칸이 구조적 명확성을 몹시 중시했기 때문이기도 하다. 고층 건물의 낮은 층의 경우 윈드 브레이싱(바람의 압력에 저항하기 위해 수평이나 수직의 선에 대각선으로 넣어 두는 경사 자재 — 옮긴이)과 집중된 하중 때문에 별도의 구조가 필요했고, 칸은 이런 구조적 요건을 표현하지 못했다는 이유로 미스 반데어로에(시그램 빌딩, 1956~1958)와 같은 건축가들을 비판한 적이 있었다.²⁷ 교회 측 대표단은 칸의 계획안을 지지했지만, 개발업자들은 거북해하며 좀 더 평범한 안을 강요했다.²⁸ 시장의 힘은 아직 그런 건축적 복잡성에 호의적이지 않았다. 존 포트만이 스스로 자금을 대어 지은 수익성 높은 애틀랜타 하얏트 리젠시가 완공된 것도 1967년의 일이었고, 아래층에 교회가 입주한 같은 구조이며 칸이 잠시 건축가로 거론되기도 했던 뉴욕의 시티코프 빌딩과 같은 후기 예도 당시에는 아직 계획 전이었던 것이다.²⁹

캔자스시티 오피스 빌딩

브로드웨이 교회와 오피스 빌딩의 두 번째 계획안을 제출하기 전, 칸은 캔자스시티 오피스 빌딩에 관심을 돌렸다. 당시의 전형적인 오피스 빌딩을 의뢰받아, 지하 주차장, 1층에는 쇼핑 센터, 고층에는 헬스클럽과 레스토랑이 들어갈 예정이었고, 잠시 동안이기는 하지만 헬리콥터 이착륙장까지 설치할 계획이 있었다. 이 일은 1966년 7월부터 논의되었다. 개발업자인 리처드 알트만과 아놀드 가핑클이 필라델피아로 칸을 찾아와, 캔자스시티에 명물이 될 만한 빌딩을 짓고자 한다며 그를 고용했던 것이다.³⁰ 칸은 1967년 1월에야 예비 스케치를 제출했고, 5월에야 첫 번째 모델을 제작했다.³¹ 이번에도 칸은 문제의 본질 그 자체를 재검토하는 일부터 시작했고, 예상 밖의 것인 그의 계획안에는 구조적 결정론을 반영했다. 각 코너에 방 만한 크기로 속이 빈 기둥들을 네 개 세워 빌딩 꼭대기의 다층 트러스를 지지하게 하고, 이 트러스에 중간층들이 매달리게 한 구조였다(fig. 171). 칸과 함께 작업한 커멘던트는 이 빌딩의 건설을 위해 정교한 시공법을 고안해 냈다. 슬립폼 공법(거푸집을 사용하지 않고 콘크리트 포설, 다짐, 마무리 등 모든 공정을 연속적으로 시공하는 공법 — 옮긴이)을 이용해 코너 기둥과 트러스를 먼저 세우고, 위쪽부터 시작해 각 층의 바닥 슬래브를 부어 넣는 것이었다. 칸은 속이 빈 기둥들에 둥그런 오프닝을 내어 코너 쪽 사무실에 빛이 들어가게 했고, 꼭대기의 트러스에 있는 부분 아치들은 내부의 레스토랑과 클럽을 비춰 주었다. 그리하여 합리적인 수단을 사용하여 독특한 형태를 얻어 냈다. 적어도 칸은 그렇게 생각했다. 한 동료는 말했다. 「아주 근사한 프로젝트였다. 그는 새로운 건설 방식을 궁리했고 마천루의 요소들의 본질을 표현했기 때문이다.」³²

　　다음 해에는 브로드웨이와 캔자스시티 프로젝트를 둘 다 재설계했으며, 슬립폼 건설 방식이 보다 뚜렷하게 나타

169

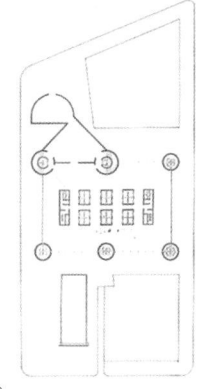
170

171

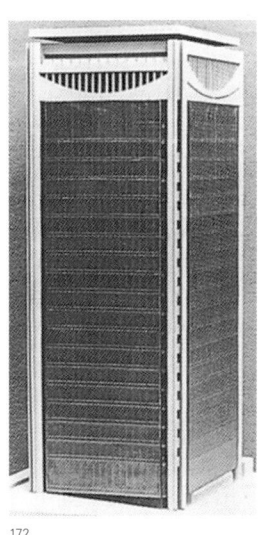
172

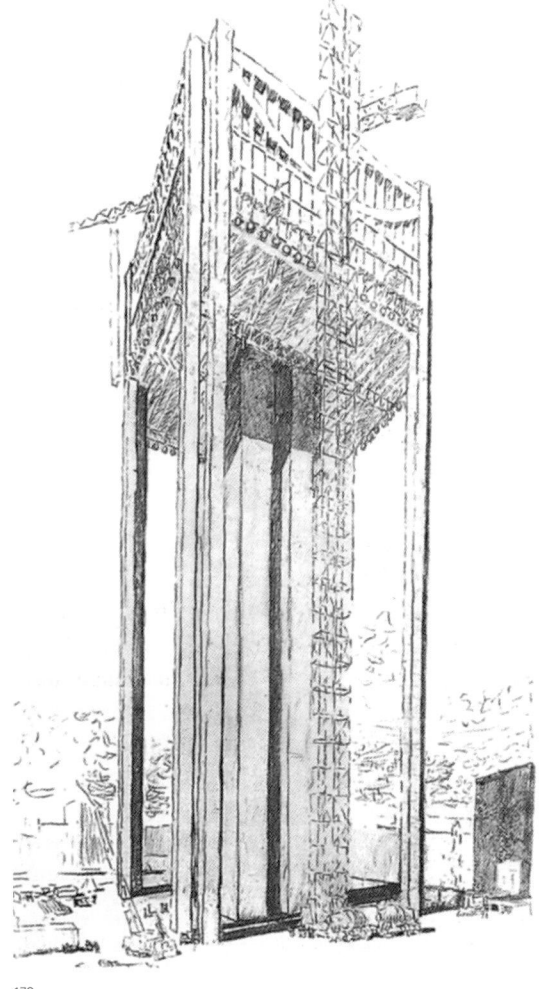
173

169 브로드웨이 그리스도교 연합
교회와 오피스 빌딩, 입면도. Louis I.
Kahn '67이라 기입.

170 브로드웨이 그리스도교
연합 교회와 오피스 빌딩, 평면도.
November 13, 1967이라 기입.

171 캔자스시티 오피스 빌딩,
미주리 주 캔자스시티, 1966~1973.
첫 번째 버전 모델, 1967년 4~5월.

172 캔자스시티 오피스 빌딩, 두 번째
버전 모델, 1968년 9월.

173 캔자스시티 오피스 빌딩, 세 번째
버전 투시도. Lou K '72라 기입.

났다. 평면도를 덜 복잡하게 하고 엘리베이터 코어를 하나만 두자는 — 둘 다 수익성을 위해서는 필수적이었다 — 고객 측의 압력에 못 이겨, 칸은 우선 브로드웨이 계획안을 수정했고, 1967년 9월에 두 번째 계획안을 제출했다.[33] 복잡한 측면 윤곽과 정교한 도면은 사라지고, 대신 속이 빈 원통형 기둥들이 직사각형의 층들을 지탱하는 단순한 구조로 대체되었다(fig. 169, 170). 튀어나온 슬래브 너머로 부분적으로 돌출되어 있는 교회만이 딱딱한 규칙성을 벗어나 그대로 남았다.[34] 당시 뉴헤이븐에 건설 중이던 케빈 로치의 콜럼버스 기사단 본부(1965~1969)가 그 구조 형태에 영향을 끼친 것 같은데,[35] 알비를 그린 칸의 옛 여행 스케치도 그와 유사하다. 뉴욕의 개발업자들은 여전히 브로드웨이 타워의 슬립폼 건설에 불안을 느꼈고, 프로젝트는 시들해졌다.[36] 그러나 캔자스시티 프로젝트는 계속 진행되었다. 1968년 가을 수정 모델이 완성되었는데, 독특한 구조를 희생시키지는 않았으나, 이 또한 상당히 단순화되었다(fig. 172). 지붕 트러스는 이제 우아한 역(逆) 아치꼴로 축소되었고, 코너 기둥들은 예전의 속이 빈 구조 대신 세로로 홈이 팬 기둥이 되었다. 이 계획안은 좋은 반응을 얻었지만, 재정적인 협의가 마무리되기 전에 더 수익성이 높은 새로운 부지가 이용 가능해졌고, 칸은 설계를 재수정했다.[37] 1972년 3월 그는 빌딩의 최종 버전을 건설될 때의 모습으로 그렸다. 건물은 십 층 이상이나 확장되었고, 관련 시설들이 들어선 사각형 대좌 위에 자리하게 되었으며, 코너 기둥들은 사각형이 되었다(fig. 173). 그러나 매혹적인 이미지와 고객들의 협력적인 태도에도 불구하고, 그 독특한 구조에는 불가능한 수준의 비용이 들었다. 이후 커멘던트가 이를 바탕으로 자기 버전의 설계를 했지만, 그것 역시 실현되지 못했다.[38]

볼티모어 이너 하버 복합 단지

1971년의 볼티모어 이너 하버 개발 건으로 칸은 보다 큰 규모의 기회를 얻었다. 해안이 내려다보이는 광활한 부지에 오피스 빌딩, 아파트, 호텔, 다양한 상점 등으로 이루어진 도시 핵을 건설한다는 내용이었다.[39] 이 복합 단지 개발은 볼티모어 시의 야심 차고 종합적인 계획의 일부로, 그 과정은 면밀한 감시를 받았다. 개발업자들은 시 측에서 새 부지에 건물을 지을 수 있는 허가를 얻는 대신 뛰어난 건축가를 선택해 일을 맡겨야 했고, 23미터라는 높이 제한을 포함해 엄격한 규칙이 부과되었다. 처음에 칸은 그의 다른 계획안들과도 일치하는, 병치된 형태들이 활발한 상호 작용을 이루는 설계를 구상했다. 1971년 11월 첫 발표 때 이 형태들은 보다 뚜렷해졌으나, 자발성을 잃은 것은 아니었다(fig. 174). 예전에 설계했던 마천루들처럼 실험적인 구조를 재창조하는 대신, 칸은 실용적인 자세로 흔한 틀이기는 하나 여전히 독특한 형태를 갖춘 건물들을 시도하여, 건물의 윈드 브레이싱이 대각선을 이루도록 표현하고, 꼭대기는 피라미드 모양으로 하여 임대 가능한 공간을 추가로 제공하면서도 높은 곳이라는 분위기는 여전히 살도록 했다. 개별 건물들 간의 연결에는 웅장한 계단과 널따란 다리를 이용하여 도시적인 활력을 자아내게 했는데, 이는 고층 통로가 들어가 있어야 한다는 마스터플랜상의 요구 사항과, 부지의 지하 수면이 높다는 데서 발생할 문제를 최소화하기 위해 토대석을 높게 해달라는 개발업자 측의 요구를 잘 활용한 결과였다(fig. 175). 칸의 설명은 이렇다. 「이용 가능성이 가득한, 공간의 풍요로움을 보여 준다는 것이 중심 생각이었다. (……) 우리는 시야가 막히지 않도록 건물들이 서로 맞물리는 관계를 맺기를 바랐다. 그럴 경우 건물들은 네 면이 아닌 더 많은 면을 지닌 건물이 되어야 한다. 호텔, 아파트와 오피스 빌딩들은 서로를 존중한다.」[40] 이런 복잡한 사업에서 흔히 그렇듯 칸은 더 많은 것을 요구받았고, 다양한 변형을 시도했다. 1972년 여름에는 주요 요소들은 제 위치를 그대로 유지하고 있었으나 부분들의 수가 줄었고 형태들은 상당히 단순화되었다. 그 무렵 사무소 동료들은 개발 사업의 전망에 대해 낙심하게 되었고 개발업자가 칸의 재능을 부당하게 착취하고 있다고 여겼다.[41]

1973년 3월 이너 하버와 칸의 계약이 종료되었다.[42] 두 달 후 파리를 여행하면서 그는 몽파르나스 타워 같은 투기적인 성격의 오피스 빌딩을 〈돈에만 관련된〉 것이라 평했고, 이어서 〈금융 감각 면에서는 미국의 빌딩들이 더 우월해 보

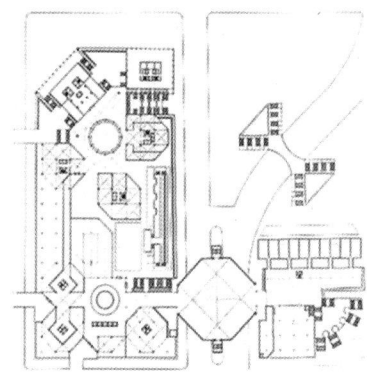
174

175

인다. 유럽의 빌딩들은 ≪반(反)건축적이다.≫ 그저 벽돌을 쌓아 놓은 것에 불과하다.)[43]라고 말했는데, 이런 말을 통해 개발업자들에 대한 불만을 털어놓은 듯하다. 그러나 사망할 무렵 칸은 다시 한 번 투기적 벤처에 손을 대게 된다. 이번에는 이란에서였는데, 겐조 단게와 합동으로 압바사바드의 마스터플랜 구상을 맡게 된 것이었다. 테헤란 북쪽 외곽에 광범위한 상업 주거 개발을 하는 일이었다(1973~1974, 미건축).[44] 샤의 아내에게 보낸 감사의 편지로 판단하건대, 칸은 왕실의 후원을 받으면 더 나은 결과가 보장되리라 생각했던 것 같다. 그리고 〈이 오래된 땅의 힘과 손짓〉[45]에 자극을 받은 칸은 거의 기대할 것이 없는 상황에서도 의미를 찾으려 애썼다. 그는 1973년 11월 부지를 첫 방문한 뒤 계획을 시작했으나, 이후 몇 달 동안의 드로잉은 그의 말만큼 훌륭하지는 않았다. 상세한 지시 사항이 없었기에 그는 다양한 정부 기관과 문화 시설을 하나로 통합하고, 심지어 국회 의사당까지 포함했다(fig. 176). 칸의 프로젝트 서류와 함께 철해진 이미지들 중에는 페르세폴리스, 이스파한, 바티칸 시티를 위한 계획안이 있었고, 몇 개의 체스판도 있었다. 압바사바드의 예비 계획안 아래편은 아마 체스의 영향을 받은 것일지도 모른다.[46]

전부 기록할 수 없을 정도로 복잡하고 다양한 여러 프로젝트에 관여하던 이 시기에, 칸은 개인 주택 설계를 맡게 되는데, 그 일에서 일종의 안도감을 느꼈던 듯하다. 개인 주택 일에서는 친구로 사귄 사람들을 상대하게 되므로 결과에 대한 압박감도 덜하고, 실제로 건축될 가능성도 훨씬 높았다. 그러나 주택 설계에서 칸은 또 다른 난관에 봉착했다. 1963년 그는 자신의 주택 설계 능력에 불만족을 표현했고 노먼 피셔 하우스(1960~1967)의 적절한 디자인을 생각해 낼 수가 없다고 털어놓았다. 어느 내과의사 부부가 3년쯤 전에 필라델피아 근처 교외 부지에 건축을 의뢰했던 일이었다.[47] 3장에서 언급했지만, 몇 달 후에 나온 피셔 하우스 설계는(fig. 177~180) 칸이 다카를 위해 처음 계획했으며 이후 도시 복합 시설 계획에서 보다 폭넓게 적용했던 설계안과 기하학적인 면에서 유사하다.[48] 20년쯤 전 칸은 주택은 도시와 마찬가지로 그 각각이 〈방들의 사회〉라 간주했었다.[49] 그가 추구했던 것은 〈이용 가능성〉의 감각이었던 듯하다. 피셔 하우스를 필두로 하는 후기 주택 설계에는 대칭적 균형이 결여되어 있으며, 개별적으로 구분된 요소들이 능동적으로 병치되어 어느 한 요소가 전체를 지배하는 일이 없다. 이처럼 관례적 위계질서가 희미해지고 개인적 선택 가능성이 넓어진 결과로 개별적 선택을 잘 뒷받침해 주는 구조가 탄생한다. 실제 주택을 위한 이러한 설계들은 킴벨 미술관(1966~1972)과 같이 이상화된 가정적 분위기를 연출해 낸 설계와는 달랐다. 후자의 경우, 차분한 질서가 주도적이다.

174 볼티모어 복합 단지 이너 하버, 메릴랜드 주 볼티모어, 1969~1973. 부지 도면, 1971년 11월.

175 볼티모어 이너 하버, 동쪽에서 본 투시도.

176 압바사바드 개발, 이란 테헤란, 1973~1974. 부지 도면 그림(주석은 이후에 추가된 것), 1974년 2월.

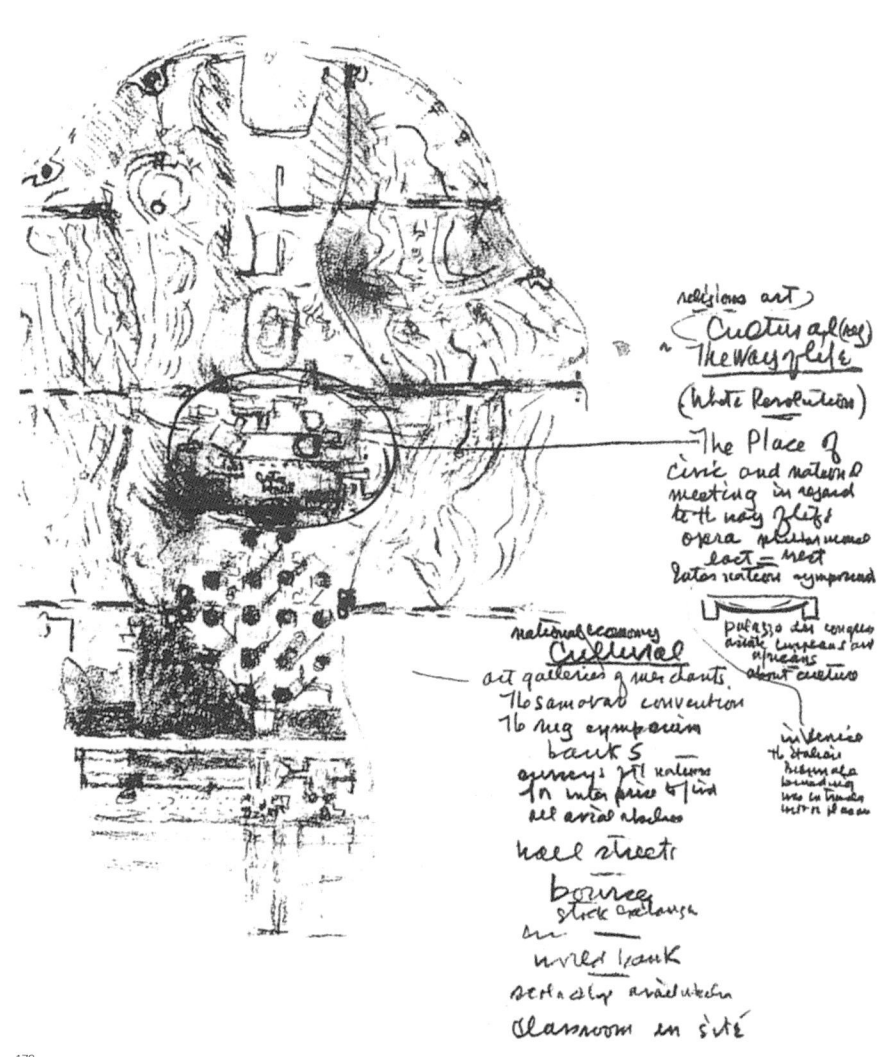

178

178 피셔 하우스, 측면 파사드.

179 피셔 하우스, 1층 평면도,
1990년에 변경된 것.

앞 페이지
177 피셔 하우스, 펜실베이니아 주
하트보로, 1960~1967. 후면 파사드.   180 피셔 하우스, 거실.

179

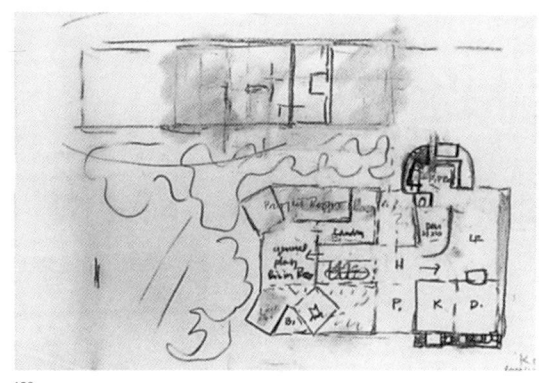

앞 페이지
181 코만 하우스, 펜실베이니아 주 포트 워싱턴, 1971~1973. 황혼 녘에 찍은 측면 파사드.

182 코만 하우스, 1층 평면도, Louis I. Kahn Architect August 10, 1971이라 기입.

183 코만 하우스, 거실.

코만 하우스

칸은 자신이 설계하는 주택에 자신의 선택을 강제하지 않으려고 노력했다. 별 특성 없는 마감 — 수직결의 벽널이 가장 자주 쓰였다 — 이 볼륨을 명확히 드러내고, 디테일은 억제되었다. 이런 디테일링은 그가 가장 작은 부분에까지 신경을 쓴다는 증거이며, 더 규모가 큰 미건축 프로젝트에서나 상상할 수 있을 우아한 검소함을 지니고 있다. 말년에 어느 젊은 개발업자와 그의 가족을 위해 필라델피아 교외에 짓기로 계획한 스티븐 코만 하우스(1971~1973)의 초기 계획안에는 피셔 하우스와 같은 비슷한 요소들이 담겨 있다(fig. 182).⁵⁰ 1972년 8월 칸은 설계를 단순하게 고쳤지만, 각 가족 구성원들을 위한 명확한 방의 구분만은 그대로 유지했다(fig. 181, 183). 완성된 코만 하우스 역시 디테일에 대한 칸의 감수성을 반영한다.⁵¹ 코만 하우스는 칸이 필라델피아 지역에서 — 펜실베이니아 주 전체로 범위를 넓혔을 때에도 마찬가지이다 — 실현시킨 마지막 설계라는 의의가 있다. 더 야심 찬 규모의 다른 설계들 — 포코노 아트 센터(1972~1974)와 필라델피아 200주년 기념 박람회(1971~1973) — 은 건설로 이어지지 못했다.

포코노 아트 센터

십 년도 더 전의 포트웨인 프로젝트와 마찬가지로, 포코노 아트 센터도 시각 예술과 공연 예술을 위한 센터였으며, 역시 공공 기금의 후원을 받았는데, 이 경우에는 펜실베이니아 연방이었다. 장소는 화이트헤븐에서 8킬로미터가량 떨어진 포코노 산의 언덕 지대였고, 실내 극장과 야외극장, 미술관, 예술인 스튜디오들이 들어설 예정이었다. 여름에 필라델피아와 피츠버그 시립 오케스트라를 수용하는 것 외에도, 이 센터는 예술가에게 일 년 내내 이용 가능한 시설들을 제공해 주게 되었다. 커다란 가능성을 품고 있으면서 지시 사항도 까다롭지 않고 자유로운 이 일은 칸을 자극시킬 만한 도전거리였다. 칸이 건축가로 확정된 것은 1972년 11월이었지만, 그는 한참 전인 7월부터 설계를 시작했다.⁵² 정식 계약을 맺은 다음 해 1월, 칸은 첫 설계 모델을 제출한 뒤였다. 이후 수정을 거치면서도 웅장한 계단식 언덕의 이미지는 그리 변하지 않고 그대로 남았다(fig. 184).

밀턴 샤프 주지사가 주의회를 설득하여 이 프로젝트의 가치를 깨닫게 하려고 애쓸 때, 칸은 말했다. 「우리의 제도 중 일부가 그 영감을 잃었는지는 모르지만, 그 가망성 — 나는 그 가망성을 〈이용 가능성〉이라 부릅니다 — 만은 남아 있습니다. 포코노의 아트 센터는 예술계에서 이용 가능성의 보석이 될 것입니다.」⁵³ 단지 맨 위쪽에 칸은 중앙 콘서트홀을 위치시켰다. 지붕이 있지만 양 옆은 위편이 터 있는 구조로, 우아한 커브를 이루는 진입 아케이드를 통해 들어가게 되어 있었다. 아래쪽 축을 따라서는 일 년 내내 사용할 수 있는 두 개의 실내 극장이 있다. 양쪽으로 실내 스튜디오들과 관련 시설을 거느린 야외 극장이 아래쪽 축을 완성했다.

아트 센터의 목적적인 배경 안에서, 칸이 도시 복합 시

184

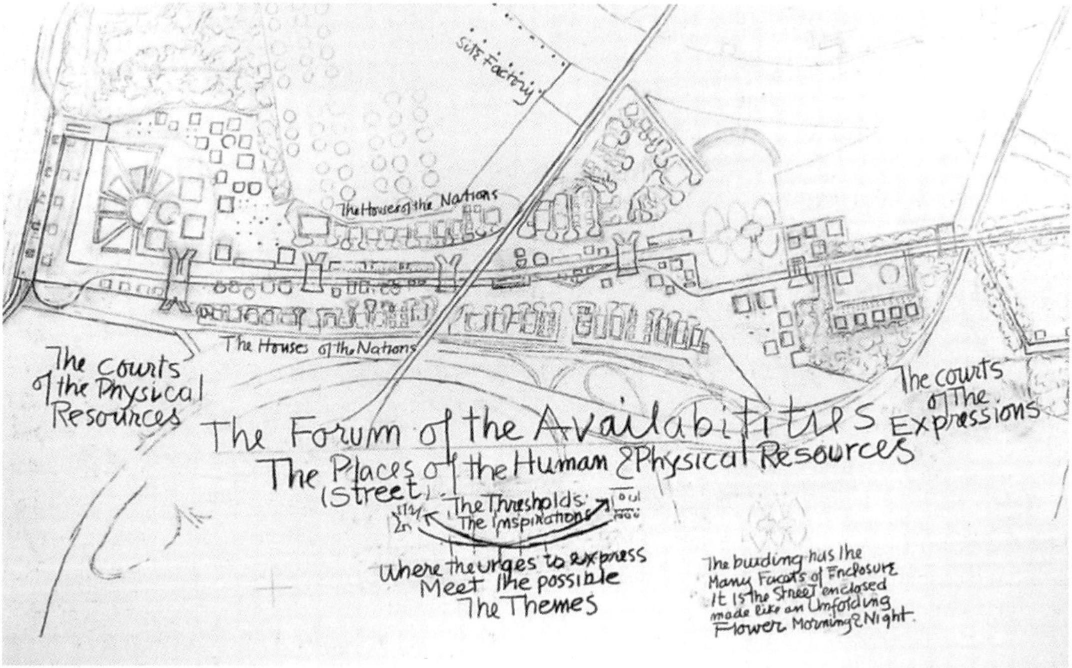

185

184 포코노 아트 센터, 펜실베이니아
주 루체른 카운티, 1972~1974. 모델,
1974년 4월.

185 200주년 기념 박람회,
펜실베이니아 주 필라델피아,
1971~1973. 부지 도면, 1972년
2~3월.

설에 즐겨 사용했던 활동적이고 모호한 기하학은 사라지고 대신 균형 잡힌 질서가 들어섰으며, 후기 작업의 다른 예들처럼 아트 센터도 존경을 표하려는 목적의 건물 같은 면모를 보인다. 언덕 위에 펼쳐진 기념비적인 경관은 후기 헬레니즘의 아크로폴리스, 좀 더 근접하게는 프라이네스테의 포르투나 신전처럼 공화정 말기에 세워진 거대 로마 유적 단지를 연상시킨다.[54] 칸이 이런 원형들을 알고 있었는지의 여부는 그리 중요한 문제가 아닌 듯하다. 그보다는 그 물리적 유사성이 드러내 주듯, 칸이 고대 세계의 정신과 그 시대 웅장한 건축물의 저변에 깔린 시대 초월적인 원칙들에 지속적인 공감을 느꼈다는 점이 중요한 것이다.

필라델피아 200주년 기념 박람회

건축은 사회적 예술이라는 칸의 신념을 가장 잘 반영하며, 어쩌면 그의 작품 중 건축적인 면이 가장 떨어지는 것처럼 보일 수도 있는 설계는 필라델피아 200주년 기념 박람회(1971~1973)이다. 죽기 전까지 칸은 그 행사에 참여할 수 있을 것이라는 희망을 품었다. 그는 1971년에야 박람회 설계에 정식으로 관여했지만, 1968년 공표를 위한 아이디어를 내달라는 청을 받았을 때부터 그 가능성을 염두에 두고 있었다.[55] 칸은 기념비적이고 오래 남을 만한 건물들을 짓는 것보다 박람회가 지닌 행사로서의 성격이 강조되어야 한다고 주장했다. 「이 행사는 완성된 작품의 전시회가 되어서는 안 된다. 아직 만들어지지 않은 것들의 경이로움이 되어야 한다. (……) 모든 커뮤니케이션 수단, 모든 만남의 장소, 표현의 장소로 기능해야 하며 그 안에서 사람들이 만나야 한다.」[56] 이후에 실제 설계 제안을 받았을 때 그가 추구했던 것도 바로 그런 자유로운 만남의 장소였던 듯하다. 설계를 보면 명확하게 한정 지어지지 않은 길이 불특정 형태의 건물들을 연결하고 있는데, 그는 이것을 〈이용 가능성들의 포럼〉이라 불렀다(fig. 185). 해리엇 패티슨의 설득으로 그는 행사에 어울리는 교통수단이 되어 줄 운하 하나를 덧붙였으며 박람회에 참가하는 나라들이 각자의 파빌리온을 세우도록 정원들도 제공했다.[57] 이 설계도, 이를 바탕으로 제작한 모델도, 후원자들의 눈에는 그들이 원하던 건축적 호화로움이 부족한 것처럼 보였을 것이다. 그러나 결과적으로 그의 설계는 박람회에 영향을 미쳤다. 200주년을 기념하는 특별한 건물은 전혀 세워지지 않았고, 칸의 아이디어는 물질적 한계에 오염되지 않은 채 그 존재감을 유지했다. 그러나 칸은 이런 아이디어가 자신의 개인적 발명품이라고 주장하지는 않았다. 너무도 짧았던 활동 기간 내내 그는 결코 그런 식으로 자신을 내세운 적이 없었다. 죽음을 불과 몇 달 남기고, 그는 이렇게 말했다. 「나는 사람의 가장 큰 가치는 소유권을 주장하지 않을 수 있는 영역에 있다고 믿는다.」[58] 어쩌면 그의 커다란 업적은 한 세대 전체의 건축가들에게 영향을 끼쳤던 특정한 형태들이 아니라, 그의 사유일지 모른다. 그의 사유는 형태가 없지만 앞으로 계속 영속해 나갈 것이다.

데이비드 G. 드 롱

6

〈침묵〉과 〈빛〉이 만나는 지점

타인의 업적을 기리는 건축

186 〈The Room.〉 Lou K '71이라 기입

1960년대 중반, 루이스 칸이 학생들을 가르쳐 온 지는 거의 20년이 되었고, 세계 곳곳에 그가 설계한 건물이 지어지고 있었다. 그는 현대 건축을 다시 정신적으로 중요하고 예술적으로도 매력적인 것으로 보이게끔 했다. 많은 이들이 건축을 단순히 실용적인 도구로 여기게 되었던 그 시기에 말이다.

칸의 생애 말 10년은 모든 창조적인 작업의 중요성과 어려움이 예전보다 훨씬 더 커 보이던 시기였다. 미국은 그 자체의 권력에 짓눌려 비틀거렸고, 인종 분쟁으로 분열되었으며 베트남 전쟁으로 인한 윤리적 실추와 물질적 손실로 침체되었다. 오래 전부터 건축이 인간 제도를 뒷받침하는 하인이라고 주장해 왔던 칸은 자기 나라가 위기에 처했음을 깨달았고, 1967년 11월 〈우리의 모든 제도가 시험당하고 있다〉[1]고 탄식했다. 그러나 이 두려운 불확실성의 시대에 그는 자신의 인생을 통틀어 가장 단순하고 강력한 건축을 창조해 냈다. 필립 엑서터 아카데미 도서관, 킴벨 미술관, 예일 영국 미술 센터, 6백만 유대인 희생자 추모관, 그리고 프랭클린 D. 루스벨트 기념관이 그것이다.

이 후기 건물 대부분이 지닌 힘은 매스와 공간이 거의 연금술적으로 통합되었다는 점에서 비롯한다. 칸이 오래 전부터 추구했던, 건축을 구성하는 두 가지 근원적이면서도 일견 대조적인 요소들의 결합인 것이다. 칸에게 있어, 매스는 언제나 구조의 문제 ─ 건물의 실체 ─ 로서 합리적으로 분석되었다. 반면 공간은 자연광 ─ 공간에 생명을 불어 넣는 에너지 ─ 이라는 면에서 좀 더 신비적으로 규정되었다. 칸이 오래 전부터 건축의 기본적인 구성 요소라고 여겨 왔던 〈방the room〉을 만드는 데에 있어서는 구조와 빛의 조종이 필수적이었고, 칸은 구조와 빛이 함께 작동하도록 할 수 있다고 믿었다. 그는 건축 그 자체의 시작이 〈벽들이 분리되어 기둥이 되었을 때〉, 그리하여 동시에 빛이 들어오고 지지 체계가 만들어졌을 때라고 즐겨 말했다.[2] 최초의 그리스 신전은 그런 식으로 존재하게 된 것이다. 1971년에 그는 이를 이렇게 요약했다. 「방은 건축의 시작이다. 그것은 마음의 장소이다. 방 안에서 당신은 그것의 규모와, 구조와, 그 특성에 반응하는 빛과, 그 영적인 오라와 함께하며, 인간이 계획하고 만드는 것은 무엇이든 생명이 됨을 깨닫게 된다. 방의 구조는 그 방 자체에 명백하게 드러나야 한다. 나는 구조가 빛을 가져다 준다고 믿는다.」[3] 이는 그가 종종 학생들과 토론하고 그림으로 나타내려 노력했던 개념이었다(fig. 186).

트렌턴 배스 하우스에서 칸은 작은 규모로, 그리고 유리 공사에 대해 걱정할 필요 없이 구조와 빛을 통합하여 방을 만드는 작업을 해낼 수 있었다. 피라미드형의 목재 지붕이 콘크리트 블록의 내력벽 위에 얹혀 있는 배스 하우스에서는 그 구조를 통해 빛이 건물 안으로 쏟아져 들어왔던 것이다(fig. 53 참조). 이후로 그는 더 크고 복잡한 건물에서도 효과적일 수 있는 시스템을 가지고 실험을 거듭했다. 열대 기후의 나라에서 사용하려고 고안한 구멍 뚫린 거대한 차양 벽이나, 미크베 이스라엘 시나고그와 다카의 모스크를 위해 창안한 타워 꼭대기에서 빛이 들어오는 방이 그런 예였다. 60년대 말 그는 이 까다로운 문제에 답할 수 있는 여러 가지 놀라운 해결책을 거의 동시에 추진해 볼 수 있었다. 킴벨 미술관의 은빛 배럴 볼트 지붕, 엑서터 도서관의 격자 모양 외관을 뚫고 손가락처럼 스며드는 빛의 패턴, 예일 영국 미술 센터의 빛을 발하는 코퍼, 유대인 추모관의 빛나는 유리 탑에서 칸의 성공을 볼 수 있다.

칸이 내린 공간에 대한 정의, 즉 빛과 구조의 결합이 성취되자 그의 설계는 차분해지는데, 이는 우연의 일치가 아니다. 수도원 설계에서 보였던 역동적 비대칭이나 아시아에 지은 건물들의 특성인 바로크적 대각선은 그의 말년 작업에서는 사라져 버린다. 대신 강력한 내부 공간과 압축적이고 대칭적인 배치를 새로이 설계의 중심으로 삼게 되었다. 이런 식으로, 몇십 년에 걸친 힘든 실험 뒤에 결국은 보자르 설계의 근본적인 단정함이 복원되었으며, 이런 복원에 영향을 미친, 구조적 진실과 빛에 대한 주목은 역시 보자르 유산의 일부였다. 그는 〈앞으로 존재하게 될 것은 언제나 있어 왔다〉는 건축에 대한 속담을 좋아하게 되었는데, 반복을 좋아하는 그의 성격에도 잘 어울리는 말이었다.[4]

후기작에 속하는 설계들이 차분한 것은, 그러한 설계에서는 건축주가 요구하는 바가 칸의 기준에서도 그리 까다롭지 않았기 때문이다. 킴벨 부부의 컬렉션을 위한 포트워스의 킴벨 미술관과 폴 멜론 컬렉션을 위한 예일 대학의 영국 미술 센터는 예술로 채워진 커다란 집이라는 단순한 이미지로 구상되었다. 혹은 일상적이고 실용적인 기능이 거의 없어도 되는, 인간의 창조력에 바쳐진 기념관이라고 할 수도 있을 것이다. 1972년 칸은 말했다. 「미술관은, 거대한 보고(寶庫)가 아니라면, 별로 중요하지 않은 것처럼 보인다.」[5] 엑서터 아카데미 도서관도 마찬가지로 가정적이면서도 경배하는 듯한 혼합된 이미지가 주도적이다. 그리고 홀로코스트 희생자 추모관과 프랭클린 루스벨트 기념관은 물론 진정한 의미에서 〈용도의 속박에서 벗어난〉, 칸이 가장 숭배했던 고대 유적과도 같은 건물들이다.[6] 60년대 초반 대규모 시설을 설계할 때 그를 힘들게 했던, 요구 조건이 많은 까다로운 프로젝트에서 벗어난 이 건물들은 마음껏 단순해질 수 있었다.

당시 칸의 작업을 지켜보던 이들은 거의 고전주의적인 일관성을 향해 가는 이런 발전 과정을 즉각 알아차리지 못했다. 한 가지 이유는 뚜렷한 결실이 나오기까지 오랜 시간이 걸렸다는 점이다. 칸의 변화 과정을 보여 주는 건물들의 설계 의뢰가 본격적으로 들어온 것은 1967~1968년부터였으나, 말년의 걸작들 중 처음으로 완공된 엑서터 도서관과 킴벨 미술관조차 칸이 사망하기 불과 1년 반쯤 전인, 1972년 10월에야 개관했다. 예일 영국 미술 센터는 그의 사후에야 완성되었고, 유대인 희생자 추모관과 루스벨트 기념관은 아예 지어지지 않았다.

관찰자들의 말에 따르면 칸은 매우 다른 종류의 발전을 겪고 있었던 듯하다. 칸은 예전보다 훨씬 더 자주 강연 초청을 받게 되었지만, 길고 두서없는 연설 속에 최근 작품에 대한 이야기는 거의 없었다. 대신 그는 50년대와 60년대 초반의 작업들을 다시 언급했는데, 점점 더 난해해져 가는 말투로 자신의 방식에 베일을 드리웠다. 칸을 가장 아꼈던 이들은 이러한 경향에 걱정이 되었다. 빈센트 스컬리는 회고한다.

나와 그를 가장 사랑하는 이들조차 때때로, 그에게 강연을 하도록 하고, 그가 하는 끔찍하게 모호하고 심지어 약간 그릇되기까지 한 이야기를 듣고 있기가 힘들었다. 그 후에 너무도 많은 사람들이 그 말을 복음처럼, 루의 철학적 복음이나 되는 것처럼 받아들인다는 것을 알게 되자 괴로워졌다. 왜냐하면 그의 말년에 그런 말은 단지 실제 방식을 둘러싸는 연막에 불과한 것이 되었기 때문이다.[7]

영국 미술 센터 건설 때 예일 측 대표를 맡은 줄스 프라운처럼 이 시기에 처음으로 칸을 만난 이조차, 일 문제를 논할 때의 〈매우 실제적이고, 매우 솔직한〉 모습과, 불안하고 남에게 감명을 주고 싶을 때면 특히나 〈더 추상적이고, 더 시적으로〉 말하는 모습 사이의 분열을 알아챌 수 있었다. 칸과 함께 폴 멜론이나 예일 학장 킹맨 브루스터를 만날 때면, 프라운은 자기도 모르게 〈칸과 그들 사이에서 일종의 중개인처럼 행동했다. 그를 무슨 미치광이 시인쯤으로 생각하지 않도록 설득하려 애쓰며 말이다.〉[8] 이런 작업들이 시작되던 1967년에 사무소로 돌아온, 오래 전부터 칸의 조수였던 마셜 메이어스는 그런 행동을 매일매일 마주해야 했다. 그는 불평했다. 「후기에 어려웠던 점 중 하나는 그의 사무소에 그를 거의 신격화하는 사람들이 너무 많았다는 것이다.」[9]

사실, 칸의 사유에는 거의 변화가 없었다. 그는 계속해서 이상주의적 건축의 존재를 믿었고, 사물의 영속적인 본질을 추구했으며, 그가 말하는 것은 여전히 〈형태〉와 〈디자인〉의 근본적인 플라톤적 구분에 관해서였고, 그 내용은 1960년 「보이스 오브 아메리카」 방송 때 공들여 쓰고 단순하고 힘 있게 표현한 그대로였다. 변한 것이 있다면, 그가 이 다목적의 이상주의를 설명할 때 쓰는 표현 방식이었다. 그리고 그의 말이 점점 암시적으로 흘러가는 바람에 말하는 내용이 달라졌다고 믿는 사람들이 생긴 것이었다.

근원적인 〈형태〉와 실용주의적인 〈디자인〉을 칸은 〈법과 규칙〉(1961),[10] 〈믿음과 수단〉(1963),[11] 〈실존과 현존〉(1967)[12]이라는 다양한 이름으로 연속해서 불러 왔는데, 60년대 말에 와서 가장 마음에 드는, 그리고 훨씬 더 미스터리한 공식을 생각해 냈다. 바로 〈침묵과 빛〉이었다. 1967년 11월, 아마 이 최신 용어를 처음으로 공개 설명하는 자리에서, 그는 보스턴 대학의 학생들에게 건축은 침묵하는 이상과 현실의 밝음 사이에 있는 어떤 지점에서 창조되었다고 말했다. 그는 그 지점에 대해 〈침묵과 빛이 만나는 문턱이다. 침묵은 존재하고자 하는 욕망을 지니고, 빛은 모든 현존의 증여자이다.〉라고 말했다. 이 예술석인 작업장은 또한 〈모든 표현의 성소〉였다. 「나는 이를 그림자들의 보고라 부르고 싶다.」[13] 일 년 뒤, 구겐하임 미술관에서 칸은 이 테마를 보다 정교하게 다듬었다. 침묵은 피라미드가 세워지기도 전부터, 〈첫 돌이 놓이기 전부터〉 존재했었던 이상적 진실의 영토였다. 반면 빛은 현실의 에너지였다. 「나는 빛을 모든 현존의 증여자로, 그리고 재료로 감지한다. 빛에 의해 만들어진 것은 그림자를 드리우며, 그 그림자는 빛에 속한다. 빛에서 침묵으로, 침묵에서 빛으로, 나는 그 사이의 문턱을 느낀다. 영감의 분위기, 그 안에서 존재하고자 하는 욕망과 표현하고자 하는 욕망이 교차한다.」[14] 구겐하임에서 한 이 강의를 출간하려고 준비하면서, 칸은 이 건축적 우주를 설명하는 그림을 몇 장이나 그렸다. 침묵과 빛이 상호 나누는 담화가 거울에 비친 듯 좌우가 바뀐 글씨로 써 있고, 그 위에는 피라미드가 놓여 있다(fig. 187).

눈치채는 이는 그리 없는 듯하지만, 〈형태〉와 〈디자인〉에 대한 이 가장 시적인 비유조차 칸이 50년대부터 계속 사

187 스케치북의 한 페이지, 1969년경.

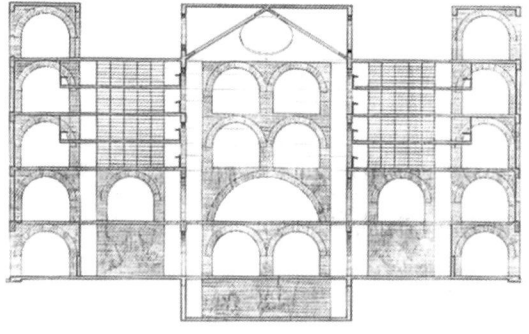

188 필립 엑서터 아카데미 도서관, 뉴햄프셔 주 엑서터, 1965~1972. 남쪽 단면도, 1966년 5월경.

용해 왔던 표현을 기반으로 하고 있다. 그는 오래 전부터 건축의 생성에 있어 빛이 핵심적인 역할을 한다고 보았고, 〈자연광이 없다면 어떤 공간도 진정한 건축적 공간이 아니다〉[15]라는 입장이었다. 예술이 현실과 이상의 〈문턱〉에서 창조되었다는 개념 역시 예전에 더 단순한 표현으로 말해진 바 있었다. 1962년 드로잉을 모아 출판하며 그는 서문에 다음과 같이 썼다. 「내가 생각하기에, 위대한 건물이란 측정할 수 없는 것으로 시작하여 디자인의 과정에서 측정 가능한 것을 거쳐 가야 한다. 그러나 결국에는 측정할 수 없는 것이어야 한다.」[16] 이 새로운 표현 방식이 권위 있는 이론에 대한 암시로 깊이 무장하고 있다는 것 또한 그리 알려지지 않은 사실이다. 가장 근본적으로, 이상 세계와 매일의 경험 세계를 구분하는 빛과 그림자의 역할은 플라톤의 『국가』에 나오는 같은 소재의 유명한 논의와 유사하다. 바로 동굴 벽에 비치는 그림자를 통해서만 외부를 볼 수 있는 죄수의 비유이다. 그리고 겉보기에는 기묘할지 몰라도, 칸이 이상적인 건축을 침묵과 동일화한 것은 그 자신도 말했듯이 전후에 가장 널리 읽힌 시각 문화 분석 중 하나인 앙드레 말로의 『침묵의 소리』(1953)에 의존한 것이었다.[17]

그러나 결국, 칸의 시적인 언어는 그 자신의 것이었다. 그는 건축에 투자하는 것만큼이나 지칠 줄 모르는 에너지로 문장이나 구상을 지우고 고쳐 써가며 공들여 말을 다듬었다. 이런 노고에도 불구하고 그가 하는 말이 자신의 주제를 명확히 풀어 나갈 수 없었다면, 그는 당장 고집스러운 신비주의에 빠져들었다는 비난을 받았을 것이다. 그리고 말년에 들어 그의 건축적 창조성이 쇠퇴했다면, 우리는 그가 자신이 해내지 못하는 것을 말로 설교했던 것이라고 말할 수 있을 것이다. 그러나 그의 말은 감동적이었고, 그의 건축은 그보다 훨씬 더 심오했다.

필립 엑서터 아카데미 도서관

칸의 마지막 스타일의 흔적이 뚜렷하게 보이는 최초의 건물은 1966~1968년 설계된 필립 엑서터 아카데미 도서관이었다. 여기서 칸은 단순한 설계에 빛으로 채워진 커다란 방을 세웠다. 기능적으로는 도서관이지만, 분위기는 성소에 가까웠다. 칸은 항상 책을 사랑하여, 서점을 뒤적거리고, 책장을 넘기고, 부동의 경외심을 갖고 책을 구입하곤 했다. 그러나 본인도 솔직히 인정했듯이 어떤 책이든 첫 몇 페이지 이상 읽은 적은 거의 없었다. 따라서 책은 그냥 평범하고 유용한 물건이 아니었다. 1972년 아스펜에서 열린 디자인 총회에서 그는 다음과 같이 말했다. 「책은 대단히 중요하다. 책 자체를 위해 가격을 지불하는 사람은 없다. 거기에 인쇄된 내용을 위해 지불하는 것이다. 그러나 사실 책은 어떤 봉헌물이며, 그렇게 간주되어야만 한다. 만일 당신이 책을 쓴 사람을 존경한다면, 글의 표현적인 힘을 더욱 유발하는 무언가가 있는 것이다.」[18] 따라서 도서관은 경건함의 장소였다.

책을 경의의 대상으로 보는 칸의 비전은 몹시 강했고, 그래서 이후 버클리 신학 대학원 도서관(1971~1974)을 위한 미건축 설계에서는 로마 황제들의 능묘 구조를 적용하는 것이 적절하다고 생각했다.[19] 그러나 엑서터에서는 그런 기념비성은 고려 대상이 아니었다. 대신 〈읽고 공부하는 기쁨을 장려하고 보장해〉[20] 줄 수 있는, 거의 가정과도 같은 환경을 창출해야 했다. 책에게 필요한 경의란 어쩌면 그게 전부일지도 몰랐다.

엑서터 도서관에 대한 칸의 첫 구상안은 중세 일반에 대한, 그리고 특히 수도원에 대한 암시로 둘러싸여 있는데, 같은 무렵 했던 수도원 프로젝트의 영향이 드러난다. 1966년 5월의 최초 설계는 코너의 탑들과 내부/외부의 아케이드 덕분에 성 같은 분위기가 나는데, 칸은 이것이 수도원 도서관의 예에서 영향을 받은 것이라 설명했다(fig. 188).[21] 설계 단계 초기에서 엑서터 프로젝트의 규모가 늘어나 도서관과 나란히 식당까지 세우기로 결정되자, 칸은 발레르모 수도원과 메디아 수녀원에서 사용 중이던 자유분방하고 대화적인 대각선을 통해 두 요소를 연결했다.

그러나 작업이 1967년으로 접어들자 칸만의 독특한 중세주의를 나타내는 탑과 아케이드는 사라지고, 대신 침착하고 규칙적이며 대칭적인 표현 방식이 자리를 잡는다. 그 결과 전보다 훨씬 더 고전주의적이며, 칸이 생각하는 근본적인 개념의 방도에 가까운 디자인이 탄생했다(fig. 189). 지상에서 한 층 올라온 높이인 이곳에서, 독자는 구조와 빛에 의해 대담하게 정의된 사각형 공간에 의해 건물 안으로 들어가게 된다. 콘크리트로 이루어진 원형들이 각 내벽의 틀을 형성하고, 코너의 중심 기둥들이 이를 떠받치고 있으며, 위편에서 햇빛이 들어와 공간 전체를 고요한 밝음으로 감싼다. 차분하고 균형 잡힌 중앙 홀에서는 사각형 안에 들어간 원이 라이트모티프를 이룬다. 이 형태는 로마의 건축가 비트루비우스가 인용했으며, 칸의 소크 미팅 하우스 플랜에서도 보인, 숭엄한 〈원형 안의 사각형〉 자연 질서의 패러다임을 도치한 것이다.

서가는 중앙 공간을 빙 둘러 가며 정렬되어 있는데, 코너 기둥들 사이로 보이는 서가의 각 층들은 마치 거대한 책장의 선반들처럼 떠 있다. 원형의 오프닝 안에 대담하게 서가를 전시함으로써 칸이 원하던 〈책들의 초대〉라는 분위기가 이루어지기는 했으나, 책들 자체는 상대적으로 어두운 곳에 있었다.[22] 건물의 둘레를 따라 늘어선 서가 위쪽에서야 벽이 빌어져, 두 층 높이를 차지하는 독서 구역으로 자연광이 들어온다. 각 독서 구역에는 서가들 옆 위쪽에 중2층 발코니가 있고, 외벽을 따라서는 나무로 된 개인용 열람석이 줄지어 늘어서 있는데, 각 자리마다 덧문이 달린 책상 높이의 창문이 나 있다(fig. 190). 이러한 환경은 칸이 독자의 본능적인 행동이라 간주하는 것과 상응했다. 「책을 든 사람은 빛을 향해 간다./ 도서관은 그렇게 시작되었다.」[23] 개인용 열람석에서 학생들은 없어서는 안 될 자율성을 부여받았다. 학생들은 시야를 열어 둘 것인지 차단할 것인지를 스스로 결정할 수 있었던 것이다. 칸은 일반적인 학교를 두고 이렇게 말했다. 「남들과 함께 있을 때조차도 혼자 있기를 원하는 학생에게 어울리도록, 창문은 특별하게 만들어야 한다.」[24]

도면을 보면, 널따란 홀, 서가, 독서 구역의 동심(同心) 배열에는 과거 리처드 빌딩과 로체스터 유니테리언 교회의 서브드/서번트 위계질서의 흔적이 남아 있는 듯하다. 어드먼 홀의 경우처럼, 이번에도 서비스의 성격이 분명한 기능들(엘리베이터, 보조 계단, 화장실, 복사실 등등)은 코너에 집

190

189 필립 엑서터 아카데미 도서관, 중앙 홀.

190 필립 엑서터 아카데미 도서관, 개인 열람석.

다음 페이지
191 필립 엑서터 아카데미 도서관, 북서쪽에서 본 조망.

중되었고, 칸은 그 시각적 명쾌함이라는 점 때문에 과감하게 동심 패턴을 채택했다. 엑서터 식당 홀의 좌우 대칭에서는 질서에 대한 칸의 추구가 훨씬 더 분명하게 나타난다.

정면에서 본 도서관의 벽돌 벽은 직선 위주로 이루어져 있으며, 주변 캠퍼스의 신(新)조지 왕조풍 건축과 조화를 이루고 있다(fig. 191). 칸 자신이 〈눈에 띄는 것을 만들어 내려고 노력하지 않았다〉[25]고 말했던 바대로다. 그러나 외부 내력벽은 또한 정직한 벽돌 건축에 대한 칸의 애착이 지속되고 있음을 반영한다. 원래 칸은 건물 내부와 외부에 모두 벽돌을 사용하고 싶어 했다. 오프닝은 다용도 책 아치에 의해 연결되었고, 벽은 아래쪽으로 갈수록 두꺼워지며 창문 사이의 기둥은 위로 올라갈수록 가늘어져, 파사드의 서로 다른 높이에 가해지는 다양한 하중을 뚜렷하게 보여 준다. 칸은 전형적인 어투로, 자신이 건축 자재의 의견을 묻고 난 후에야 건축 방식을 결정했다고 설명했다. 「벽돌은 언제나 나에게 말을 걸었다. 내가 기회를 놓치고 있는 거라며. (……) 벽돌의 무게는 그것을 위쪽에서는 요정처럼 춤추게 하고 아래에서는 신음하게 한다.」[26]

파사드를 통해 목재 개인용 열람석의 모습을 들여다볼 수 있지만, 그 외의 다른 기능적 요소를 알려 주는 흔적이라고는 없다. 특히 입구가 어디 있는지 알 수가 없다. 입구를 찾으려면 건물을 에워싼 지붕 달린 나지막한 통로 안으로 들어가야 하는데, 칸은 약간 서투른 설명으로 이러한 모호함이 이점이 될 수 있다고 주장했다. 「모든 면에 입구가 있다. 당신이 만일 빗속을 급히 달리며 어딘가 들어갈 건물을 찾는다면, 여기서는 어떤 지점에서든 들어갈 수 있고 입구를 찾을 수 있을 것이다. 연속적인 캠퍼스 타입의 입구인 것이다.」[27] 그는 단순히 거창한 입구를 내어 파사드의 팽팽한 반복적 리듬을 망쳐 버리고 싶지 않았던 것이 분명하다. 타협을 하는 대신, 그는 문제가 될 요소를 아예 없애 버렸다.

비슷한 식으로 칸은 인접하는 벽들 사이의 충돌을 눈속임해서 덮어 버리거나, 〈코너 돌기〉라는 오래되고 고전적인 문제에 대한 다른 타협적 해결책을 찾는 대신, 도서관 건물의 코너들을 아예 잘라 냈다. 이와 같은 과격한 방식은 브린 마워에서도 있었다. 브린 마워에서 그는 세 개의 기숙사 유닛의 코너를 서로 겹쳐지게 연결하는 방식으로 딜레마를 해결했었다. 엑서터에서 자신이 이 보자르적 논쟁의 장으로 되돌아온 일에 대해 그는 솔직하게 말했다. 「코너를 어떻게 다룰까 하는 것은 언제나 문제이다. 이 지점에서 갑자기 경사재를 도입할 것인가, 아니면 예외적인 사각형 구조를 만들 것인가? 그래서 나는 문제를 제거해 버려야겠다고 생각했다.」[28] 이런 인습 타파가 있었기에 디자인은 순수함을 간직하게 되었다.

킴벨 미술관

엑서터 도서관의 최종 설계가 구체화되어 가던 1967년 칸은 텍사스 주 포트워스의 킴벨 미술관에 주의를 돌렸다. 후에 가장 널리 알려져 칭송과 사랑을 받게 되는 작품이다. 고객은 미술관의 초대 관장 리처드 브라운으로, 그는 보기 드물 정도로 관대한 이사회에 의해 프로젝트의 종합 책임을 위탁받았다. 칸은 브라운이 면접 때 이사회에 추천했던 몇 명 안 되는 건축가 리스트에 끼어 있었다.[29]

브라운은 칸의 〈형태〉와 〈디자인〉 체계 내에서 이상적인 고객처럼 처신했다. 칸이 고용되기 전부터 그는 개념적인 〈예비 건축 요강〉을 작성하는 일부터 시작했다. 미술관의 분위기를 명백히 제시해 줄 뿐 아니라 그 기능에 대해서도 상세히 설명했는데, 갤러리에는 자연광이 들어와야 하며 편안하고 인간적 스케일이 되어야 한다는 요청 사항 면에서 브라운은 벌써 이 일을 칸이 열렬히 추구하는 방향으로 이끌어 가고 있었다.[30]

킴벨 미술관 설계는 예일 갤러리에 사용했던 오픈 플래닝을 재고한 결과이다. 예일 갤러리에서는 융통성 있는 플랜 때문에 공간 이용이 자유로웠는데, 미술관의 후임 관장이 칸이 설계한 내부를 다 바꿔 놓았을 정도였다. 게다가 개개의 〈방〉을 건축의 가장 기초 단위로 여기게 됨에 따라, 오픈 플래닝에 대한 그의 신념도 줄어들었다. 1959년, 예일 아트 갤러리가 개관한 지 불과 몇 년밖에 되지 않았는데도 칸은 벌써 다음번에 지을 미술관은 〈특정한 고유의 특성들〉[31]을 지

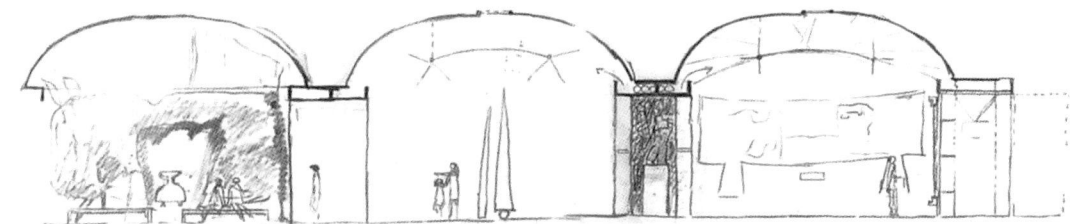

192

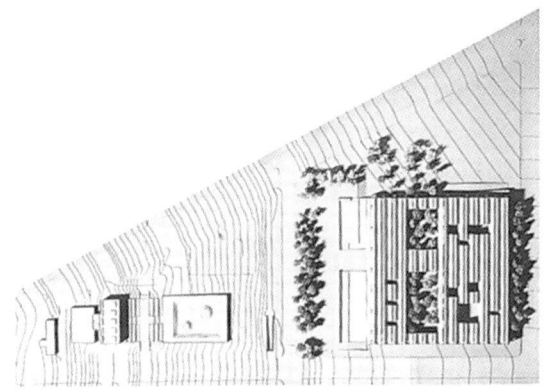

193

194

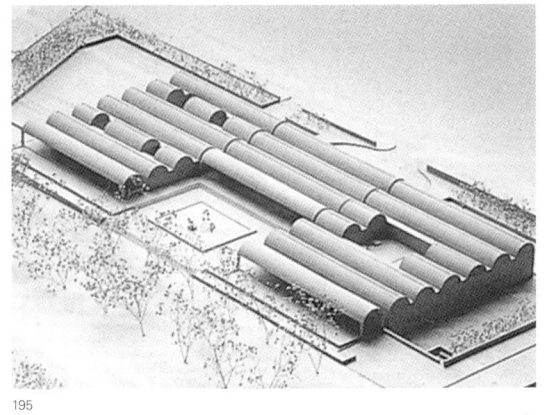

195

196

192 킴벨 미술관, 텍사스 주 포트워스, 1966~1972. 단면도 스케치. September 22, 1967이라 기입.

193 킴벨 미술관. 부지 모델, 아몬 카터 미술관이 함께 보임, 1967년 5월.

194 킴벨 미술관. 모델, 1967년 9~11월.

195 킴벨 미술관. 모델, 1968년 9월.

196 킴벨 미술관. 서쪽 파사드, 1989년.

다음 페이지
197 킴벨 미술관. 이사무 노구치의 조각품이 보이는 남쪽 정원.

닌 공간들로 분할하겠다고 단언했다. 그 특성들 중 하나가 자연광이었다.

칸은 하늘에서 빛이 들어오는 방들로 이루어진 건축을 떠올렸고 칸의 착상은 브라운이 갖고 있는 미술관의 의도와도 잘 부합했다. 두 사람은 함께, 케이와 벨마 킴벨 부부가 소장한 중간 정도 크기의 그림들에 잘 어울리는 가정적인 스케일의 건물을 구상했다. 두 사람 다 거대 규모의 전시회와 피곤한 교훈주의는 질색이었기에, 이런 요소들을 추방해 버렸다. 브라운이 흔해 빠진 거창한 전시회가 야기할 피곤에 대한 걱정을 표하자, 칸은 동의했다. 「대부분의 미술관에서 제일 먼저 찾게 되는 것은 커피 한 잔입니다. 금세 몹시 피곤해지거든요.」[32]

처음부터 칸은 설계의 기본 단위(즉 방)를 배럴 볼트 천장이 달린 공간으로 만들 생각이었다. 브라운의 말에 따르면 〈벌써 루 칸의 마음속에 있었으며 오래 전부터 간직해 왔던〉[33] 아이디어였다. 처음에 절판 구조 공법의 다각형 볼트로 실험을 해보기는 했지만, 설계 작업은 대부분은 반원형 볼트에 집중해서 진행되었다. 칸의 프로젝트 단장을 맡은 마셜 메이어스는 이를 위해 곡선형 섹션을 고안해 냈다(fig. 192). 칸의 상상력 속에 이런 형태를 심어 준 것은 포르티쿠스 아이밀리아와 같은, 연속적인 배럴 볼트를 지닌 고대 로마의 창고였을 가능성이 있지만, 르코르뷔지에 역시 50년대의 주택 건축에서 얕은 볼트 천장을 규칙적으로 사용했다. 특히 아메다바드의 마노라마 사라브하이 빌라(1951~1955)가 그런 예에 속하는데, 인도 경영 연구소를 건축할 때 칸은 종종 사라브하이가에 초대받았었다. 게다가 각자 다른 지붕을 지닌 요소들을 결합시켜 커다란 건물을 만들어 낸다는 칸의 방식은 르코르뷔지에가 「위진 베르트」(1944) 같은 프로젝트에서 훨씬 더 큰 규모로 이미 제안한 바 있었다. 위진 베르트는 르코르뷔지에 『총서』의 4권에 실려 있었다. 죽기 몇 달 전, 칸은 그런 설계에서 지울 수 없는 강한 인상을 받았음을 솔직하게 이야기했다. 「누군가 나에게 물었다, 〈르코르뷔지에의 이미지는 당신 마음속에서 희미해지지 않습니까?〉 나는 대답했다. 〈아니, 희미해지지 않았습니다. 하지만 이제는 그의 저서를 펼쳐 보지 않죠.〉」[34] 기억하기 위해 굳이 책을 펼쳐 볼 필요도 없었던 것이다.

킴벨 미술관을 독립적인 볼트 천장이 달린 유닛들로 구성한 것은, 칸이 주요 프로젝트 대부분을 통해 — 리처드 빌딩과 어드먼 홀에서 수도원 설계에 이르기까지 — 시행해 왔던 〈요소들의 집합〉과도 관련이 없지 않았다. 그러나 파빌리온을 독특한 방식으로, 혹은 대각선을 기준으로 배치했던 예전작들과는 대조적으로, 킴벨 미술관은 처음부터 직선을 위주로 하는 프로젝트였다. 너무 커서 자기가 원하는 아늑한 미술관과는 맞지 않는다는 이유로 브라운이 거절했던, 웅장한 초기 버전 설계부터도 그랬다(fig. 193). 더 작은 규모의 두 번째 설계에서는 건물을 둘러싸고 있던 둥근 아치의 포티코를 없애 버리고, 모듈식 볼트 시스템을 모든 입면에 적용했으며 고전주의적 통제를 한층 강화했다(fig. 194). 1968년, 브라운은 두 번째 설계의 배치대로라면 방문객이 건물에 들어오면서 비어 있을 때가 많은 임시 전시장으로 발걸음을 옮기게 되리라는 점을 깨달았고, 따라서 이번 설계도 물거품이 되었다. 칸은 완전히 처음부터 다시 시작하여 앞뜰을 중심으로 하는 C자 형태의 디자인을 완성했는데, 중심축을 강조하는 클리셰적인 구도를 피했음에도 불구하고 예전보다 훨씬 더 고전주의적이었다(fig. 195). 건설에 들어가기 전, 비용을 절약하기 위해 플랜에서 베이 하나를 제거했고, 그 결과 각 부분에서 나타나는 존재감과 상호 관계는 더욱 명확해졌다(fig. 196, 197). 거칠게 쓱쓱 그려낸 듯한 르코르뷔지에의 디자인이 칸의 설계와 가장 밀접한 관계를 맺고 있기는 하지만, 그와는 또 매우 다른, 수정처럼 투명한 구성이었다.

킴벨 미술관은 브라운이 원했던 가정적인 분위기를 창출했다. 규모는 작고, 그 공공 공간의 조직은 놀라우리만치 직접적인 방식으로 이루어졌다. 로비에서는 (마치 부유한 수집가 저택의 현관홀처럼) 실질적으로 건물의 모든 공공 부분을 볼 수가 있다. 칸이 언급했던 지루해하는 방문객이 커피 한 잔을 마실 수 있는 카페(주택의 식당에 해당한다)가 있고, 서점(서재와 비슷하다)도 있으며, 양쪽으로는 갤

198 킴벨 미술관. 카페.

다음 페이지
199 킴벨 미술관. 북쪽 포티코.

200 킴벨 미술관. 갤러리.

201 킴벨 미술관. 갤러리.

러리들(그림이 가득한 연회장이나 마찬가지이다)이 있다(*fig.* 198, 200, 201). 칸은 이 미술관을 〈정다운 가정〉[35]이라 칭했다.

　방문객들의 피로를 덜어 주려는 의도도 겸해서, 칸은 앞뜰에 미니어처 야오폰 홀리 나무를 질서정연하게 심었다. 그 양쪽으로는 두 개의 반사연못(주변의 기념물을 비춰 보여 주는 연못 ― 옮긴이)이 연석(緣石) 위로 계속해서 물을 흘려보냈다. 킴벨 미술관이 개관하기 직전에 칸은 이런 배경이 필요한 이유를 설명했다. 「미술관에는 정원이 필요하다. 당신은 정원으로 걸어 들어가고, 들어오거나 나가거나 마음대로 할 수 있다. 이 커다란 정원은 당신에게, 들어와서 전시품을 보아도 좋고 나가도 좋다고 일러 준다. 완전히 자유롭게 말이다.」[36] 한편 앞뜰에 식물을 심은 것은 질서정연한 자연 세계, 그 안에서는 인간의 모든 노력이 성취되는, 특히 칸 스스로의 것 같은 이상주의적 건축이 이루어지는 세계를 상징하기도 했다. 건물 그 자체는 나무에 가려져 잘 보이지 않기 때문에, 방문객은 제일 먼저 이 자연의 경관에 이끌려 다가오게 되었다(운전을 하지 않던 칸은, 텍사스 주민들이 차를 몰고 와서 주차장을 지나 미술관 뒷문으로 들어오게 되리라고는 생각지 않았다). 그의 60년대와 70년대 조경과 부지 계획 작업이 대부분 그랬듯, 조경을 통해 주의 깊게 표현된 행렬은 해리엇 패티슨과 상의하여 만든 것이었다. 자연물을 이용해 계산된 병치의 효과를 낸다는 일에 그녀는 기뻐했다. 당시 그녀는 이 프로젝트에서 칸의 조경 건축가로 일하던 조지 패튼을 위해 일하고 있었다.

　내부 면에서, 킴벨 미술관은 구조와 조명의 통합 시스템에 의해 규정된 방들의 연속체였다. 칸의 의도가 이만큼 훌륭하게 달성된 적은 어디에서도 없었다. 건물 앞쪽의 세 개의 벽 없는 베이가 방문객에게 건물의 지탱 시스템을 있는 그대로 보여 주며, 세 개의 베이가 이루는 커다란 포티코는 고전주의풍 미술관에서 흔히 볼 수 있는 주랑(柱廊)을 연상시킨다(*fig.* 199). 여기서는, 칸의 말을 빌자면, 〈건물이 만들어진 방식이 그 안에 들어가기 전에도 완전히 명확하게 나타나〉며, 모든 것을 살펴볼 수 있었다. 네 개의 콘크리트 기둥이 우아한 모습으로 길게 늘어난 콘크리트 셸을 지탱하고 있으며, 셸은 곡선형 볼트의 형태였다.[37] 벽으로 둘러싸인 인접 베이들과 비교해 보면 트래버틴 벽이 비내력벽이며, 그 역할은 콘크리트와의 대조를 이루도록 신중하게 연출되었다는 것을 알 수 있다. 역시 트래버틴을 이용했던 소크 연구소에서와 마찬가지로, 콘크리트의 디테일은 엄청난 노고를 쏟은 거푸집 설계 작업을 거치고 착색과 질감이 예측 불가한(기대하는 바였다) 우연한 효과를 내기를 기다린 끝에 얻어 낸 것이었다.

　외부와 동일한 구조 시스템이 내부에서도 이어진다. 예일 아트 갤러리 때 사용된 무한히 분할 가능한 오픈 플래닝을 거부하고, 〈그것이 어떻게 만들어졌는지 증거를 볼 수 없다면 공간은 공간이 아니다〉라는 칸의 금언이 준수되었다. 칸이 보기에 이제 오픈 플래닝은 미스 반데어로에 작품의 특징이었다.[38] 입구로부터, 30.5×7미터 크기의 볼트들이 모든 방향으로 뻗어 나가는데, 각각 네 개의 지지 기둥이 드러나 있고, 각각 그 아래에 〈방 같은 특성〉과 〈완전성의 성격〉을 지닌 공간 유닛들을 지니고 있다. 하지만 전체적으로는 오픈 플랜에 상당히 가까웠고 움직일 수 있는 패널을 이용해 공간의 세부 분할이 가능했다(*fig.* 200).[39] 도서관과 강당조차도 단일한 볼트 아래 들어가게 하기 위해 조정된 반면, 볼트들 사이의 낮고 천장이 평평한 공간들은 칸의 서브드/서번트 위계질서에 따라 약간 모호한 서번트 공간 역할을 하게 되었다(*fig.* 202).

　각 갤러리가 소유한 전체성이라는 감각을 강화시켜 주는 것은 방 내부에 들어오는 자연광이었다. 포트워스에서, 칸은 건축 역사상 동등한 예를 찾아볼 수 없는 채광창 시스템을 창조했다. 오래 전부터 제안해 왔던 바로 그 방식 ― 구조를 절단하여 지지 기능과 조명을 하나로 엮는 ― 으로 건물을 태양을 향해 열리게 한 것이다. 1972년 그는 〈구조는 빛을 만든다. 왜냐하면 구조는 사이의 공간들을 풀어 주며 그것이 바로 빛을 주는 행위이기 때문이다.〉[40]라 설명했다. 칸은 최초의 건축이 탄생한 것은 불투명하고 원시적인 벽들이 갈라져 기둥이 되었을 때라고 믿었지만, 킴벨 미술관에서

202 킴벨 미술관, 강당.

203 킴벨 미술관, 북쪽 안뜰.

204

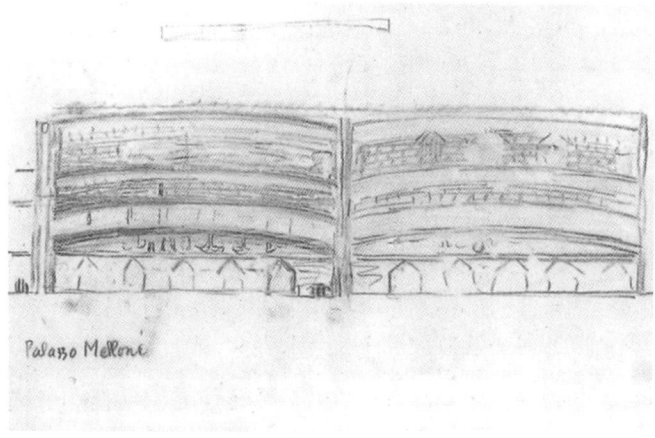

205

206

204 올리베티-언더우드 공장, 펜실베이니아 주 해리스버그, 1966~1970. 공중에서 본 광경, 1970.

205 예일 영국 미술 센터, 코네티컷 주 뉴헤이븐, 1969~1974. 북쪽 입면도, 1970년 6월. <팔라초 멜로니>라 기입.

206 예일 영국 미술 센터. 반원형 계단이 있는 도서관 중정, 1970년 12월.

는 벽이 아니라 지붕이 갈라졌다. 각 볼트가 그 중앙 꼭대기 부분에서 완전히 갈라졌던 것이다. 물론 이 채광창들이 원래는 쐐기돌이 있어야 할 곳에 나 있으니 이 구조는 진짜 볼트가 아니라 거푸집과 포스트텐션 공법으로 제작한 30.5미터 길이의 커브형 콘크리트 빔이라는 것이 드러난다. 으레 그랬듯, 칸은 시각적 명확성을 위해서라면 구조의 진짜 복잡성을 기꺼이 덮어 버렸다.

킴벨 미술관의 콘크리트를 뚫고 들어오는 햇빛 줄기의 이미지는 칸의 후기 강의 여러 곳에서 발견된다. 공간에 의미를 부여하여 방을 만드는 자연광의 능력에 대해 설명하려고 할 때였다. 그는 종종 해리엇 패티슨이 자신에게 보여 준 묘하게 적절한 시 한 소절을 잘못 인용하곤 했다.

미국의 위대한 시인 월리스 스티븐스가 건축가를 쿡 찌르고는 물었다. 「당신의 건물은 태양의 어떤 조각을 가지고 있습니까?」 설명하면 이렇다. 태양의 어떤 조각이 당신 방에 들어오는가? 아침부터 밤까지, 하루마다, 계절마다, 그리고 일 년 내내, 빛은 얼마나 다양한 분위기를 제공해 주는가?
건축가가 선택한 창문에 허가를 내려, 햇빛 조각이 문설주와 창문턱에 아른거리다가 들어오고, 움직이고, 사라지게 하는 것은 흐뭇하면서도 예측 불가능한 일이다.
스티븐스는 우리에게, 태양은 건물의 옆면에 부딪쳤을 때에야 자신의 경이로움을 깨달았다고 말하는 듯하다.[41]

이 설명과 같은 어투로, 칸은 킴벨 갤러리의 채광창이 〈하루 중 어느 시간인지 알 수 있는 편안한 기분〉[42]을 들게 할 것이라 내다보았다. 그러나 이런 기분은 약해졌다. 지나치게 강렬한 텍사스의 태양빛을 줄이기 위해 칸이 〈자연광 고정 장치〉[43]라 부른 조명 확산판을 사용하게 된 것이다. 이 장치를 이용하면 한낮의 햇빛도 차분한 은색 빛이 되어 볼트 아래 공간을 가득 채웠다. 빛의 자연스러운 다양함을 더욱 성공적으로 전달한 것은 유리 벽으로 둘러싸인 작은 안뜰이었다. 칸은 안뜰을 통해 외부 세계를 곧바로 갤러리 안으로 끌여들였다 (fig. 203). 그는 〈안뜰들은 서로 대위법을 이룬다〉라고 말했다. 「하늘에 열려 있고, 공간의 범위와 성격이 면밀하게 계산돼 있다. 공간의 비율, 식물의 성장 정도, 표면이나 수면에 비친 하늘의 모습에 따라 빛의 종류가 달라질 것이고, 또한 이에 따라 안뜰은 녹색 안뜰, 노란 안뜰, 푸른 안뜰이 된다.」[44]

이런 조명 장치들 대부분이 커다란 성공을 거두었기 때문에 어떤 비평가도 킴벨 미술관에 대해서는 할 말이 없을 정도였으며, 칸은 가까운 이들에게 가장 자신의 마음에 드는 건물이라고 이야기했다.[45] 곡선형 볼트는 빛과 구조(그 구조 자체에는 약간 속임수가 있었지만)의 통합을 통해 공간들을 정의했기에 그의 가장 커다란 꿈을 실현시켜 주었으며, 칸은 이 성공을 다른 곳에서도 따라해 보고자 하는 충동을 억누르기 힘들었다. 예일 대학 영국 미술 센터(1970)의 갤러리, 텔아비브 대학의 울프슨 엔지니어링 센터(1971) 실험실, 휴스턴의 드 메닐 재단(1973) 설계에서 그는 같은 볼트 천장을 변형한 계획안을 내놓았다. 예일에서는 이 방법을 거절했고 드 메닐 프로젝트는 건설되지 않았으나, 울프슨 센터의 일부는 칸의 사후, 미국 측의 감독 없이 완공되었다.

올리베티−언더우드 공장

명성이 드높기는 하지만, 킴벨 미술관의 볼트 방식은 칸이 빛과 구조의 결합으로 공간을 만드는 데 성공한 유일한 케이스는 아니었다. 1967년, 킴벨 미술관 설계 진행과 동시에, 그는 펜실베이니아 주 해리스버그 부근의 올리베티−언더우드 사무 기계 공장을 위해 완전히 다른 원칙을 이용한 다른 해결책을 고안해 냈다. 여기서도 문제는 오픈 플랜의 실용적인 이점을 잃지 않으면서 내부에 공간적 구조를 부여하는 것이었다. 이 건물은 〈하룻밤 사이에라도 재빨리 변화할 태세〉[46]를 갖추고 있어야 했기 때문이다. 칸은 우선 꼭대기에 채광창이 난 피라미드 모양 지붕들로 이루어진 격자 구조를 고려해 보다가, 엔지니어링 컨설턴트 어거스트 커멘던트와 함께 해결책을 냈다. 독립적인 콘크리트 지붕 섹션들이 각각 단일 기둥 위에서 균형을 잡고 있는 구조로, 칸의 파라솔 하우스와 라이트의 존슨 왁스 행정 빌딩을 연상시켰다. 지붕의

잘려 나간 코너들이 만나는 부분은 전체 구조 내에 통합된 다이아몬드 모양 채광창이 되었다. 이제는 익숙해진 용어들로 칸은 이를 설명했다. 「우리는 빛을 부여하는 구조를 이룩하고 싶었다. 기둥은 보통 어둡다. 그러나 이번 일에서 우리는 기둥을 빛의 창조자가 되게 했다. 기둥은 채광창들을 껴안았고, 그것들은 실제로 우리의 창문이다.」[47]

작업이 이루어지는 층은 거의 가로막히는 부분 없이 트여 있었지만, 이 지붕 시스템은 강한 공간적 제약을 행사했다. 기둥의 배치에 의해 정해진 수직 격자를 따르는 대신, 공간은 비스듬하게 방향이 조정되어, 채광창에 의해 이루어지고 천장 조명에 의해 강화되는 대각선 패턴에 맞춰졌다 (fig. 204). 이처럼 올리베티 공장에는 칸의 60년대 중반 작업에 깃들어 있던 바로크적 설계의 에너지가 남아 있게 되었다. 물론 차분한 직각의 외곽 안에 들어 있지만 말이다.

예일 영국 미술 센터

구조적인 지붕 시스템과 자연광을 이용해 공간을 조정하는 세 번째 시스템은 예일 영국 미술 센터를 위해 개발했다. 이 건물은 칸이 사망할 무렵 완공에 가까워 가고 있었다. 영국 미술 센터 건으로 칸은 다시 한 번 뼈저리게 예일 아트 갤러리 설계를 재고하게 되었다. 아트 갤러리는 채플가를 사이에 두고 새 건물 부지와 마주하는 곳에 있었던 것이다.

킴벨 미술관처럼, 영국 미술 센터도 강한 성격의 지도자 줄스 프라운의 지휘를 받으며 창조되었다. 프라운은 개인 소장품에 어울리는, 자연광이 들어오는 주택 분위기의 미술관을 계획했다. 그러나 킴벨의 경우와 달리 영국 미술 센터의 부지는 명백하게 도시적이었고, 컬렉션의 성격(폴 멜론의 것)과 센터의 교육적 임무 때문에 건축주의 요구 사항이 복잡했다. 건물에는 판화와 드로잉 공부를 위한 넓은 시설들, 회화 갤러리들, 그리고 도서관 — 임시로 대학의 중앙 예술 도서관까지 포함되었다 — 이 들어서게 되어 있었다. 게다가 뉴헤이븐 시와의 거래를 통해, 시에서 세금 수입을 얻을 수 있도록 1층에 상점 공간을 둔다는 결정이 내려졌다.

이러한 조건들을 고려하여 칸은 1970년 초부터 기초 설계안을 그리기 시작했다. 꼭대기에는 자연광이 들어오는 갤러리들이, 맨 아래에는 상업 공간이 있고, 그 밖의 다른 것들은 두 개의 중정 주위로 배치되었다. 이탈리아 르네상스의 대규모 타운 하우스에서 이와 유사한 역사적 예를 찾을 수 있다. 타운 하우스는 중정을 중심으로 하는 저택으로, 1층은 상점 주인들에게 임대되었다. 칸은 이러한 암시를 인정하여, 초기 파사드 설계에 〈팔라초 멜로니〉라는 이름을 붙였다 (fig. 205).

같은 입면도에 구조와 빛의 통합적 시스템을 위한 칸의 파워풀한 최초 계획안이 나와 있었다. 두 개의 길고 낮은 아치가 건물 전체를 뛰어넘으며 걸려 있고 북쪽에는 채광창이 있는 설계였다. 그러나 프라운은 이 웅장한 건축이 멜론 컬렉션의 작은 작품들을 압도하게 될 것이 걱정이었다. 칸이 킴벨 미술관에 제출한 거대한 최초 계획안을 보고 브라운이 염려했던 바도 바로 그것이었다. 프라운은 회상했다. 「결국은 〈안 됩니다〉라고 말해야만 했다.」[48]

1970~1971년 겨울에 제작한 칸의 두 번째 설계에는 킴벨 미술관 배럴 볼트를 변형한 것을 채택했다. 이번에는 볼트 꼭대기에서 갈라지는 것이 아니라 북쪽을 향한 표면에 유리를 끼웠다는 점에서 달랐다. 기계실은 네 개의 반원형 코너 타워에 들어서게 되는데, 타워의 표면은 그 내용물을 상징하기 위해 철로 덮였고, 입구 중정에(이것 역시 배럴 볼트를 씌웠다) 커다란 원형 계단을 배치했다(fig. 206). 1971년 4월, 설계는 훨씬 더 많이 발전한 상태였지만, 이것 역시 단념해야만 했다. 인플레이션 때문이기도 하고, 멜론이 I. M. 페이의 워싱턴 D.C. 내셔널 갤러리 동쪽 빌딩에도 — 훨씬 더 비용이 많이 드는 사업이었다 — 돈을 대고 있기 때문이었다.

예일 프로그램이 3분의 1 수준으로 축소된 후에야, 실제 센터의 바탕이 된 설계가 시작되었다. 이는 역시나 최초 계획안을 바탕으로 삼고 있었으며, 지붕 있는 중정 두 개가 중심을 이루었다. 1층 높이에 있는 첫 번째 중정은 로비 구실을 했다(fig. 209). 한 층 위, 도서관과 같은 높이에 있는 두 번째 중정은 중앙 계단을 통해 첫 번째 중정과 연결되었고,

이번에는 원형 계단이 이 〈도서관 중정〉을 뚫고 올라가 위층과 연결된다(fig. 210, 211). 커다란 창문을 통해 안쪽을 들여다보는 갤러리들로 둘러싸인 이 중정 공간들은 패널 벽과 그림들에 의해 시골 별장의 응접실 같은 장소로 탈바꿈했다. 이번에는 이탈리아의 은유 대신 벽에 걸려 있는 영국 미술 작품들과 더 잘 어울리는 표현을 사용해서 칸은 설명했다. 「나는 멜론 갤러리를 영국 홀이라고 생각한다. 홀 안으로 들어가면 집 전체를 소개받게 된다. 내부가 어떻게 배열되었는지, 공간이 어떻게 사용되는지를 볼 수 있다. 집 안으로 걸어 들어가 집 전체를 만나고 〈이야, 너 정말 근사하구나〉라고 말하는 것이나 마찬가지이다.」[49] 사실, 도면상에서는 뚜렷했던 플랜의 명확함은 실제로 건축되면서 모호해지고 말았다. 한쪽 중정에서 다른 중정을 곧바로 들여다보며 설계의 틀을 감상하는 것이 불가능하다는 중대한 장애 때문이었다.

위층의 작은 갤러리들에서는 6×6미터 크기의 〈방들〉을 통해 가정적인 이미지가 지속되었다. 이 방들은 사각형 채광창을 이루는 강력한 콘크리트 프레임에 의해 규정되었다(fig. 212). 여기서는 명확하게 표현된 구조 시스템 안에서 자연광을 받는 환경을 예술에 제공하고자 하는 도전 의식이 다시 보인다. 킴벨 미술관에서처럼, 근원적인 이분법을 조정해야 할 필요가 있었다. 칸은 말했다. 「물론 가변성이 있어야 하는 장소들도 있다. 그러나 가변성이 완전히 없어야 하는 장소들도 있다.」[50] 그 결과로 나온 것이, 뚜렷한 형태의 천장 밑에 특색 없는 벽 패널을 다소간 자유롭게 배치할 수 있는 이런 구조였다. 채광창의 조명 확산판 시스템은 칸이 죽기 전에 오랫동안 연구했음에도 불구하고 이루어 내지 못했고, 한참 후에야 마셜 메이어스가 성취해 낸다.

초기 설계에 포함되어 있던 서비스 타워를 없애자, 영국 미술 센터의 외관은 고요한 프리즘이 되었다. 억제되고 모듈 구조라는 점에서는 본질적으로 고전주의적이지만, 복잡한 의미들에 의해 뚜렷하게 굴절되었다(fig. 208). 파사드에서는 콘크리트 골재가 드러나고, 기둥은 엑서터의 기둥과 마찬가지로 위로 올라갈수록 건물이 가하는 무게가 가벼워짐에 따라 점점 가늘어진다. 내부 벽 자재는 — 외관의 다른 디테일들도 마찬가지이지만, 칸은 마지막 순간까지 자재 선택을 미뤘다 — 어두운 무광택 스테인리스 스틸이었다. 칸은 줄스 프라운의 반대에도 불구하고 스테인리스 스틸을 택했다. 폴 멜론이 회색 화강암을 선호했기 때문일 수도 있고, 근처의 신고딕풍 건물들이 대부분 회색조였기 때문일 수도 있다.[51] 칸은 예전 프로젝트에서 스테인리스 스틸을 장식 목적으로 쓴 적이 있었기에 그 특성에 대해 잘 알았고, 결국 지어지지는 않았지만, 서비스 타워를 위해 결정해 둔 자재도 스테인리스 스틸이었다. 그는 스테인리스 스틸의 질감과 색상이 보는 각도에 따라 다양해진다는 점을 좋아했고, 주변 환경의 다양함을 비추는 약간의 반사성도 매력적이었다. 그는 프라운에게 예언했다. 「흐린 날이면 나방처럼 보일 겁니다. 맑은 날이면 나비처럼 보이겠지요.」[52] 그는 스테인리스 스틸을 납과 백랍에 비유함으로써 그것을 고상화하려고 했다.

내부에 일광이 필요한 곳에서는 파사드에 철제 패널 대신 창문이 들어갔고, 내부가 두 층 높이 공간인 곳에서는 외부도 철과 유리에 의해 막힌 곳 없는 두 층으로 표현되었다. 그러나 이 소박한 외부 표현이 센터가 외향적으로 보이게 해주지는 않았고, 1층의 상점들이 건물에 거리의 활기를 불어넣어 주기는 했지만, 건물은 그저 서먹서먹하고 도시적인 예의바름으로 답할 뿐이었다. 엑서터 도서관과 마찬가지로 최종 디자인에서는 입구가 눈에 잘 띄지 않는데, 한쪽 코너 아래에 들어가 있다(fig. 207). 건물의 이 프리즘 같은 완전성을 방해하는 어떤 요소도 허락되지 않았다. 빈센트 스컬리는 이제는 명성이 자자한 자기 친구보다 로버트 벤투리나 다른 젊은 건축가가 이 일을 맡았어야 한다고 생각했는데, 이 최종적 효과를 보고는 몹시 기뻐했다. 1982년 그는 말했다. 「훌륭하다고 생각한다. 정말 조용하고, 정말 소리 없고, 정말 시대 초월적이다. 이것이야말로 침묵과 빛이며 루가 항상 얘기하던 것은 바로 이것이었다.」[53]

드 메닐 미술관

예일 센터의 건설이 시작된 1973년 칸은 세 번째 미술관을 위한 예비 연구에 착수했다. 존과 도미니크 드 메닐 부

앞 페이지
207 예일 영국 미술 센터, 북쪽 파사드.

208 예일 영국 미술 센터, 북서쪽에서 본 외관.

209 예일 영국 미술 센터, 입구 중정에서 올려다본 광경.

210 예일 영국 미술 센터, 도서관 중정.

211 예일 영국 미술 센터, 도서관 중정의 계단.

다음 페이지
212 예일 영국 미술 센터. 위층 갤러리, 중정 쪽의 광경.

부의 개인 컬렉션 — 더 정확히 말하면 여러 개의 컬렉션들(초현실주의 회화, 그리스 골동품, 아프리카 조각품 등이었다) — 을 위한 미술관이었다. 칸은 1967년, 도미니크 드 메닐이 휴스턴의 세인트토머스 대학에서 「비저너리 아키텍트」 전시회를 열었을 때 부부와 알게 되었다. 전시회 때 그는 카탈로그에 시적인 서문을 실었었다. 그녀는 또한 칸이 1969~1970년에 작업했던, 실패로 돌아간 라이스 대학 아트 센터 프로젝트와도 연관이 있었다.

드 메닐 재단의 요구 사항은 복잡하면서도 산만한 내용이었다. 단지 미술관(보관 중인 작품에 쉽고 편안하게 접근할 수 있도록 설계)만이 아니라 컨퍼런스 센터와 주택도 포함되었다. 모든 것은 로스코 예배당 옆, 필립 존슨이 설계한 세인트토머스 대학 캠퍼스 가까운 곳에 위치할 예정이었다. 이런 종합적인 프로젝트는 칸에게 대단히 흥미로운 것이었다. 부지 도면에는 칸의 미술관이 볼트 지붕의 갤러리가 나란히 늘어선 모습으로 나와 있고, 중앙 잔디밭 반대편에는 로스코 예배당이 있었다. 새로 지을 주거 빌딩과 회의장은 서쪽에 위치되고, 마스터플랜 동쪽은 세인트토머스 기숙사 동이 있는 자리였다. 1973년 3월 존 드 메닐의 사망으로 프로젝트는 진행이 늦어졌고, 일 년 후에는 칸이 사망하여 작업이 중단되었다. 몇 년간 지체된 뒤 미술관은 렌조 피아노의 설계대로 지어졌다.

600만 유대인 희생자 추모관

이 시기에 칸이 창조한 가장 파워풀한 작품으로는 뉴욕 시의 두 기념관을 들 수 있다. 두 건 다 지어지지는 않았다. 각각 홀로코스트의 희생자들과 프랭클린 델러노 루스벨트를 기리기 위한 것이었다. 이리하여 칸은 자기 인생의 말엽에 20세기 삶의 비극과 포부를 표현하는 일을 맡게 된 것이다.

두 프로젝트 다 설명적이고 그림적인 요소를 추가해 가며 타협해야 했지만, 처음에는 칸에게 흔하고 실용적인 규제에 얽매이지 않으면서 거의 순수하게 건축적인 무언가를 창조해 낼 수 있는 기회를 주었다. 칸은 이 소중한 경험의 장을 플라톤적인 용어로 묘사했다.

건축은 문제를 해결하는 것과는 거의 관계없다. 문제들은 평범하다. 건축에서 문제를 푼다는 것은 대체로 단조로운 일이다. 대단히 즐거운 일이기는 하지만, 건축 그 자체에 대한 깨달음에 다가가는 기쁨에 비길 만한 것은 없다. 마치 당신이 뭔가 원시적인 것, 당신보다 앞서 존재했던 것에 도달하려 애쓰고 있던 것처럼, 뭔가 당신을 빨아들이는 것이 있다. 건축의 영토에 있을 때, 당신은 인간의 기본적 감정을 만지고 있음을, 그리고 그 진실이 아니었다면 건축이 결코 인간성의 일부가 될 수 없었으리라는 것을 깨닫게 된다.[54]

그는 또한 이를 생생하고 구체적 표현으로 설명하기도 했다. 「마음속에 (……) 신전이 있다, 아직 만들어지지는 않은. 필요에 의한 것이 아닌 욕망의 표명. 필요한 것은 아주 많은 바나나다. 필요한 것은 햄 샌드위치다.」[55]

600만 유대인 희생자 추모관은 너무도 엄청나고 복잡해서 표현할 수 없을 정도로 격렬한 인간 감정에 의해 규정되는 프로젝트였다. 여러 디자인이 제안되었다가 실패로 돌아가고 난 뒤인 1966년, 칸은 새 추모관 자문 위원회에 들어와 달라는 제안을 받았다. 정력적인 성격에, 자선 사업가이며 수집가인 회장 데이비드 크리거의 요청이었다. 몇 달 뒤 칸은 의뢰를 따냈고, 1967~1968년 겨울에는 맨해튼 남쪽 끝 배터리 파크에 있는 훌륭한 부지에 건축적 해결책을 제공하기 위해 최선을 다했다.

칸은 거의 맨 처음부터 추모관이 투명한 유리로 만든 탑들로 이루어진 그룹이 되어야 한다고 결정했다. 유리는 대단히 순수한 소재였다. 같은 시기의 작업인 킴벨 미술관 볼트 천정에서도 그랬듯, 이 디자인에는 조명이 아주 중요한 부분을 차지했으며, 칸은 비슷한 표현으로 조명이 추모관에 끼칠 영향을 설명했다. 「빛의 변화, 일 년의 사계절, 날씨의 장난, 강물 움직임의 드라마, 이것들은 그 생명을 추모관에 전달해 줄 것이다.」[56] 유리 구조물은 킴벨 미술관의 콘크리트 볼트보다 〈빛의 창조자〉 — 칸이 정확히 이 무렵에 쓰기 시작한 표현이다 — 라는 말에 훨씬 더 잘 어울렸고 글자 그대로

213

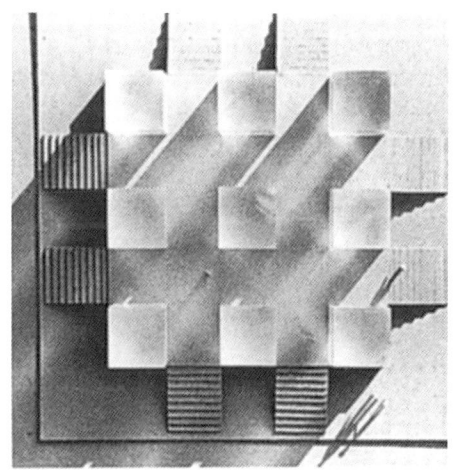

214

213 600만 유대인 희생자 추모관, 뉴욕, 1966~1972. 모델, 1967년 가을.

214 600만 유대인 희생자 추모관. 모델, 1967년 가을.

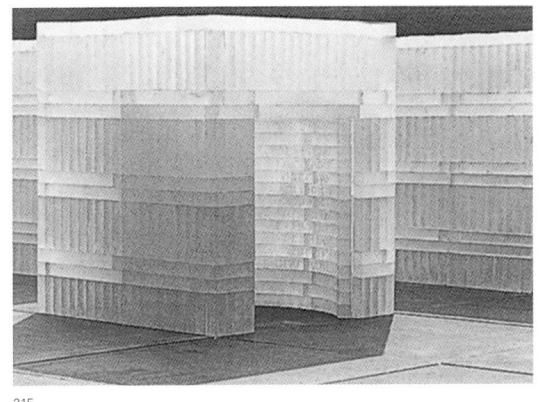

215

그렇게 될 수 있었다.[57] 마침내 여기에 그가 1944년 〈기념비성〉의 정의를 내리며 말했던 〈구조에 내재하는 영적인 특성〉을 효과적으로 표현할 수단이 있었다.[58]

1967년 가을에 발전시킨 첫 번째 플랜은 가장 타협을 덜 겪은 것이다. 탑들이 3×3의 행렬을 이루며 대좌 위에 서 있다(fig. 213, 214). 격자 꼴의 배열에서는 칸의 후기작에 강하게 나타났던 고전주의적 규율의 흔적이 보이지만, 늘 그랬듯 그의 보자르적 교양 덕분에 이 규율이 진부한 예측 가능성으로 전락하지는 않았다. 따라서 축을 차지하리라 예상되는 순환 통로가 아니라 탑들이 중심축들 위에 서 있고, 탑들 간의 간격은 탑 그 자체의 크기와 동일하다. 이 후자로 인해 견고한 것과 빈 것이 동등한 위치를 차지하는 일견 당혹스러운 결과가 나오는데, 이는 당대의 옵 아트(착시 현상을 이용하는 현대 미술 양식 — 옮긴이)에서 이따금 볼 수 있는 특성이었고, 기둥 사이의 간격이 기둥 지름과 거의 똑같은, 초기 도리스 양식 신전에서도 보였다.

낮에는 빛을 투과하고 밤에는 빛을 방출하는 이 추모관은, 눈에 보이지 않는 것이 보통인 순수한 건축의 질서를 살짝 들여다볼 수 있게 해주는 것 같다. 그것은 나치의 끔찍한 행태로 말살당해 버린 인간의 이상주의에 대한 말할 수 없이 통렬한 상징이었다. 그러나 홀로코스트의 소름 끼치는 사건들을 목격해 온 위원회 회원들의 눈에는 너무나 추상적이었다. 위원회의 제안에 따라 칸은 1967년 12월에 디자인을 수정했다. 아홉 개의 똑같은 기둥 대신 일곱 개로 이루어진 보다 복잡한 패턴을 도입했다. 대좌 가장자리에 둘러선 여섯 개는 600만의 죽음을 상징하며, 중앙의 일곱 번째 기둥에는 글이 새겨져 있었다. 추모관의 의미를 모호하지 않게 밝혀 주는 배열이었다. 칸은 모델을 가지고 몇 가지 변형을 시도해 보았고, 중앙 기둥을 예배당 비슷한 구조로 발전시켰다. 이 발전이 끝났을 때, 예배당은 둥그런 내부에, 미니어처 플렉시유리 벽돌로 조립한 크고 정교한 모델로 제작되어 납을 씌운 대좌 위에 얹혀 있었다(fig. 215). 이 모델은 1968년 11월 뉴욕 현대 미술관에 전시되었으나, 프로젝트는 유대인 사회의 열정적인 지지를 불러일으키지 못했다. 칸은 1972년

215 600만 유대인 희생자 추모관, 예배당 모델, 1968년 가을.

디자인을 다시 한 번 수정하여, 더 값싼 건설 방식으로 대체하지만, 추모관은 지어지지 않았다.

루스벨트 기념관

우연히도, 홀로코스트 추모관 프로젝트가 끝난 지 겨우 몇 달 뒤에, 역시 뉴욕 시의 아름다운 물가를 부지로 하는 또 다른 기념관 의뢰가 들어왔다. 바로 프랭클린 델러노 루스벨트 기념관으로, 그 위치는 이스트 강 웰페어 아일랜드(루스벨트 아일랜드라 개칭)의 서쪽 끝이었다. 물을 건너 고작 몇 백 미터 떨어진 곳에 유엔 빌딩이 있었다. 일을 의뢰한 것은 뉴욕 주 도시 개발 공사로, 여기서는 당시 웰페어 아일랜드의 공공 병원들을 철거하고 새로운 도시 공동체 개발에 착수하고 있었다. 필립 존슨과 존 버기가 1968~1969년에 그 마스터플랜을 짰다.

 칸은 1973년 내내 루스벨트 기념관 작업에 열중했다. 1960년 그는 워싱턴 D.C.의 루스벨트 기념관 공모전에 응시했다가 탈락한 적이 있었는데, 이제 그 주제로 다시 돌아온 셈이었다.[59] 당시의 기념관은 포토맥 강과 체리 나무로 둘러싸인 타이들 베이슨 사이의 반도인 웨스트 포토맥 파크에 위치할 예정이었다. 지시 사항에서 요구하는 바대로, 칸의 설계는 부지와 분위기라는 면에서 근처에 있는 링컨과 제퍼슨 기념관을 따르고 있었다(fig.216). 건물이라기보다는 60개의 전통적 생김새의 분수 수반으로 이루어져 있었는데, 각 분수는 15여 미터 높이로 물을 쏘아 올렸고, 거의 800미터 길이나 되는 거대한 호(弧) 모양으로 배열되었다. 분수가 작동하면, 효과는 난해하지만 건축적 디테일이라는 면에서는 신중한, 곡선의 물의 장막이 펼쳐졌을 터이다.

 13년이 지난 지금 루스벨트 아일랜드에서, 칸은 자기만의 고유한 건축적 용어로 문제를 해결하려고 애썼다.[60] 칸에게 이 일은 매우 중요했는데, 그가 뉴딜 정책의 열렬한 후원자였으며, 도시 개발 공단의 설계 담당자 테오도르 리브만의 말에 따르면 〈루스벨트를 사랑했고 우리들보다 그에 대해 훨씬 더 많이 알았〉기 때문이었다.[61] 그는 기념관을 두 원형적 형태의 결합으로 구상했다. 「나는 기념관이란 하나의 방과 하나의 정원이 되어야 한다고 생각했다. 그게 내 생각 전부다. 왜 방과 정원이냐은? 그저 출발점으로서 선택한 것이다. 정원은 일종의 개인적 자연, 자연에 대한 개인적 통제, 자연의 모임이다. 그리고 방은 건축의 시작이었다.」[62] 이번에도 해리엇 피터슨과 밀접하게 협력해 가며, 칸은 이 이상적인 방을 섬 꼭대기에 배치했고, 이 방에 접근하려면 잘 조경된 경관 — 빽빽하게 심긴 나무들에 의해 틀이 잡힌 잔디밭 — 을 지나치도록 되어 있었다. 처음에 그는 르두나 불레 정도의 스케일로, 거대한 슬래브를 이용해 방을 정의 내릴 생각이었지만, 1973년 4월 26일 모델을 제출했을 때에는 규모가 크게 줄어 양쪽에 쉼터가 있는 포장된 플랫폼이 되었다.[63] 여름이 끝나 갈 무렵에는 이것 역시 다른 설계로 바뀌었다. 마름돌로 쌓은 두 개의 단순한 벽이 있는 야외의 방으로, 그 안에는 루스벨트 동상들이 두 줄로 늘어선 네 개의 기둥들과 함께 서게 되었다. 기둥들은 루스벨트가 1941년 1월 미국인 삶의 기초를 이루는 것이라 선언한 〈네 개의 자유〉(언론과 신앙의 자유, 궁핍과 공포로부터의 자유)를 상징했다(fig.217). 벽은 가능한 최대 크기의 블록으로 건설할 예정이었는데, 아주 정확하게 방향을 맞춘 틈새가 나 있어 루스벨트의 생일이면 새벽의 햇빛이, 사망일이면 해질 녘의 햇빛이 들어오게 되어 있었다.[64] 이는 벽이 갈라졌을 때 건축이 시작됐다는 칸의 글을 연상시킨다.

 칸이 사망 직전 몇 달에 걸쳐 작업한 최종 설계는 훨씬 더 단순해졌다. 네 개의 자유에 대한 상징은 사라졌으며, 방문자가 패티슨이 조경한 연속적인 깔때기 모양 정원을 건너면 칸의 방으로 들어가게 된다. 그의 건축은 그가 〈그리스 이전 시대의 신전 공간〉이라 칭한 원시적인 정수로 환원되었다.[65] 더할 나위 없는 건축적 정직성이 깃든 벽돌 벽에, 하늘의 빛 그 자체를 천장으로 삼는 이 기념관 방에서 밖을 내다보면 남쪽, 강 아래쪽, 유엔 건물 너머 윌리엄스버그 다리까지밖에 볼 수 없었다. 가까운 맨해튼의 소란과 뾰족뾰족한 중간 지구다운 스카이라인은 시선에서 차단되었다. 조용한 여정의 끝이었다.

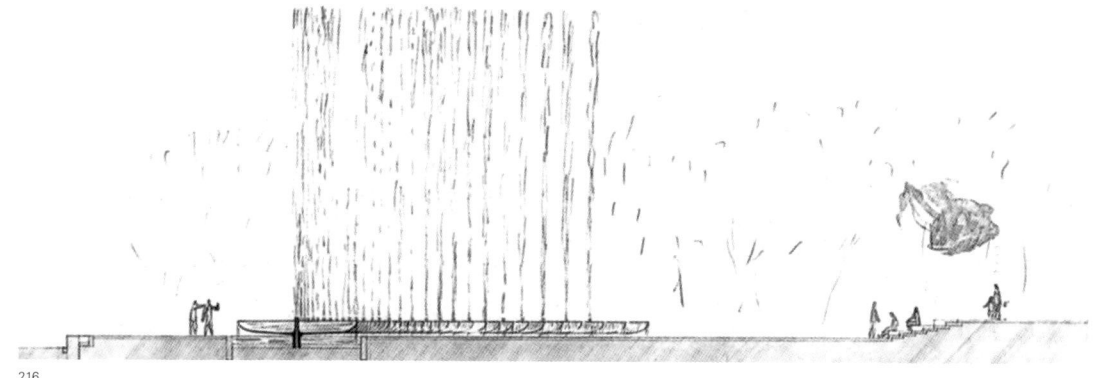

216

217

216 루스벨트 기념관, 워싱턴 D.C., 1960. 단면도(부분), 1960년 여름.

217 루스벨트 기념관, 뉴욕, 1973~1974. 투시도, 1973년 8월경.

루이스 칸의 마지막, 그리고 그 후

루이스 칸의 말년은 업적과 영예가 가득했다. 베스-엘 사원, 킴벨 미술관, 엑서터 도서관이 1972년에 개관했고, 뒤이어 1973년에는 포트웨인의 극장이 개관했다. 킴벨 미술관과 엑서터 도서관은 그의 최고 걸작이자 20세기를 통틀어 가장 뛰어난 건물에 속한다. 뉴욕 현대 미술관(1966)과 취리히의 스위스 연방 공과 대학(1969)에서는 칸의 건축을 주제로 회고전을 열었고, 『오늘날의 건축』(1969), 『아키텍처럴 포럼』(1972), 『아키텍처 + 어바니즘』(1973)에서는 특별호를 발행해 칸의 건축을 종합적으로 살펴보았다. 그가 사망하기 전, 두 팀의 저자들이 그에 대한 책을 준비하고 있었으며, 로말도 귀골라와 재미니 메타의 『루이스 I. 칸』(1975), 그리고 헤인즈 로너, 샤라드 자베리, 알레산드로 바셀라의 『루이스 I. 칸: 총서, 1935~1974』(1977)로 출판되었다.

칸이 받은 가장 대단한 상들도 이 시기에 한꺼번에 밀려왔다. 미국 건축가 협회 필라델피아와 뉴욕 지부로부터 받은 금메달이 1969년과 1970년, 미국 건축가 협회 전국 금메달이 1970년, 영국 왕립 건축가 협회 금메달이 1971년이었다. 이런 건축 관련 상에 가려져서는 안 될 또 다른 중요한 상이 있는데, 바로 기증자 에드워드 W. 보크의 이름을 따서 〈보크 어워드〉라 불리는 1971년의 필라델피아 어워드이다. 칸이 태어난 도시에서 이는 시민에게 수여되는 가장 높은 영예로 간주된다.

칸의 건축 작업은 물론 계속되었고, 그 일 중 다수가 너무도 먼 곳에서 이루어졌다. 아메다바드의 학교와 카트만두의 가족계획 센터 감독을 해야 했다. 방글라데시 독립 전쟁 이후 새로운 프로그램에 따라 다카의 건설이 재개되었으며, 모로코, 이스라엘, 이란에서 새로운 일거리가 들어왔다. 국내 활동으로는, 언제나처럼 펜실베이니아 대학에서 열정적으로 수업을 했는데, 이제는 사실상 명예 교수였다. 강연해 달라는 초청도 끊이지 않았다.

칸은 1966년 백내장 수술을 받아 시력을 회복하고, 1972년 탈장을 치료했으며, 겉보기에는 건강한 상태로 70대에 접어들었다. 사실 그는 늘 에너지가 넘치고 강인해 보였다. 유럽을 건너 아시아로 가고, 도중에 여러 차례의 강의를 하거나 사업상의 만남을 한 뒤 필라델피아로 돌아오자마자 강의에 나가거나, 미국 내의 먼 도시에 사는 고객을 만나는 힘든 여행길에도 마찬가지였다. 그러나 사실은 심장의 상태가 걱정스러울 정도로 나빠져 의사를 찾아가기 시작했으며, 친구와 가족들은 그가 이따금 우울하고 피곤해 보인다는 것을 눈치챘다.

이 모든 영예와 피곤한 활동의 한가운데에는 약간의 실망도 있었다. 동료들로부터 〈건축가의 건축가〉로 존경받고 많은 학생들의 숭배를 받았음에도, 칸의 영향력은 그리 멀리 퍼지지 않았다. 자신이 가장 원하는 종류, 즉 그가 건축가의 가장 중요한 일이라 생각하는 부분을 관장하는, 큰 기관이나 공공 기관으로부터의 지원을 그는 잘 얻어 내지 못했다. 물론 조너스 소크, 리처드 브라운, 줄스 프라운 같은 통찰력 있는 개인 고객들로부터 존경받아 왔지만, 그런 개인적인 지원은 칸의 가장 커다란 계획들을 성공시키기에는 역부족이었다. 수많은 야심 찬 프로젝트가 그렇게 중단되었다. 이슬라마바드의 대통령궁, 간디나가르 신도시, 뉴헤이븐의 힐에어리어 재개발, 베네치아의 컨벤션 홀, 라이스 대학 아트 센터, 그리고 (일부는 건축되었으나) 포트웨인의 예술 복합 시설 등이었다. 사망하기 전, 그는 필라델피아의 미국 독립 200주년 기념 행사를 적절한 수준으로 끌어올리려 노력했으나 점점 더한 좌절을 느꼈고, 많은 에너지를 투자했던 대규모 상업 개발 두 건 — 볼티모어의 이너 하버와 캔자스시티의 마천루 — 도 중단되었다. 오직 인도와 방글라데시에서만 대규모 프로젝트를 완성할 수 있었으나, 그곳에서는 칸이 어쩔 수 없이 많은 재량권을 부여했던 지역 대표자들에 의해 작업이 강제로 진행되었다.

칸의 철학은 각 건축가가 나름대로의 방식으로 인간 제도를 이해하려 노력하고, 그다음으로 디자인의 한계를 정하는 자연 법칙들을 스스로 시험해 볼 것을 요구했지만, 이를 인식하는 이들은 그를 존경하는 동료와 학생들 중에서도 드물었다. 그들이 명확히 볼 수 있던 것은 칸의 독특한 파워풀한 건축의 예였고, 그들이 모방하려 들었던 것도 바로 그것이었다. 결과는 그리 좋지 않을 때가 많았다. 단단한 소재에 인간미를 불어 넣거나 복합 시설 계획을 형식주의적인 패턴 만들기 이상의 차원으로 승격시키는 그의 능력은 아무도 따라할 수 없었기 때문이다. 남아시아(여기에도 예외는 있지만)와 몇몇 다른 개발도상국에서만이 칸의 작업이 벽돌을 이용한 생기 넘치는 토착 양식을 불러일으켰던 것 같다. 다른 지역의 경우 그의 예를 따른 것이 가장 분명히 나타나는 건축은 모방으로 보이거나 그보다 더 나쁜 경우가 잦았다. 입면은 거칠고 도면은 인위적이었다. 그리하여 칸은 이루지 못한 많은 꿈을 안고 — 자신이 커다란 성공을 거두었다는 깨달음도 함께 — 1974년 3월 인도로 가는 최후의 여행길에 올랐다.

당시를 회고하면서, 많은 이들이 그가 떠나기 전의 시간에 여러 가지 징조가 나타났다고 생각했다. 에스터 칸은 남편의 만성 소화불량이 악화되었다고 기억하며, 딸인 수 앤은 그가 피곤해 보였다고 했다.[66] 여행을 떠나기 전날 저녁, 몇 달 전 그를 위해 열렸던 커다란 가족 파티에서 찍은 사진들을 훑어볼 시간이 드디어 생겼다. 그리고 그보다 며칠 전, 그와 에스터는 스티븐과 토비 코만 부부와 함께, 칸이 그들을 위해 설계해 주었고 얼마 전에 완공된 호화로운 집에서 식사를 했었다(*fig. 181* 참조). 코만 부부는 손님들이 늦게까지 남아 있었으며, 마지막에는 마치 둘만 있는 것처럼 이야기를 나누더라고 기억했다.[67]

칸은 포드 재단의 후원을 받아 일주일 동안 강의를 하고, 인도 경영 연구소를 살펴보고, 아메다바드에 사는 친구 발크리슈나 도시를 만나기 위해 인도로 갔다. 헤어질 때 도시는 칸을 3월 16일 토요일 아메다바드에서 봄베이로 가는 오전 1시 15분 비행기에 태웠다.[68] 봄베이에서 칸은 쿠웨이트, 로마, 파리를 거쳐 런던으로 가는 에어 인디아에 탑승했는데, 런던에서 TWA로 갈아타고 곧바로 일요일 오후에 필라델피아로 향할 생각이었다. 월요일에 강의가 잡혀 있었던 것이다. 결국 그는 TWA를 놓치고 뉴욕으로 가는 에어 인디아를 다시 예약해야 했다.

매우 긴 여행이었고, 피곤한 일이 많았다. 2월에 테헤란, 1월에 다카, 12월에 텔아비브를 왔다 갔다 했으며, 그것 말고도 지난 12개월 동안 네 차례의 오랜 해외여행을 하여, 다카, 브뤼셀, 파리, 텔아비브, 라바트, 카트만두를 한 차례 이상씩 드나들었다. 도시는 칸이 아메다바드에 머무를 때는 활발하고 즐거웠다고 기억하지만, 일요일에 런던 히드로 공항에 도착했을 무렵 그는 명백히 고통스러운 상태였다. 칸이 예일에서 마지막으로 가르쳤던 학생 중 하나인 스탠리 타이거맨이 방글라데시의 자기 일을 점검하기 위해 여행을 하고 있었다. 타이거맨은 히드로의 대합실에서 칸과 마주쳤다.

공항에 있다가, 망막 분리를 앓는 것 같고, 정말 초라한 데다가 부랑자처럼 보이는 노인을 보았다. 그 사람은 루였다. (……) 우리는 두 시간 동안 함께 있었다. 대부분은 나를 방글라데시에 가게 한 내 친구, 마즈하룰 이슬람에 대한 이야기를 했다. 그 친구는 나중에 건축을 그만두었다. 루에게 수도(프로젝트)를 맡긴 게 바로 그였다. (……) 루와 나는 앉아서 이야기를 나누고 있었고 그는 이슬람이 왜 건축을 포기했는지 알 수 없어 했다. 우리는 회상에 잠겼다. 즐거운 대화였다. 그는 기진맥진하고 낙담한 듯 보였다. 끔찍해 보였다. (……) 우리는 대부분 마즈하룰 이슬람의 상태에 대해 이야기했고, 그가 루를 위해 참으로 좋은 일을 해주었다는 이야기, 그가 정치 때문에 건축을 그만두게 되었다는 이야기를 했다. 루가 말했다. 〈인생에서 내가 아는 건 너무 적다네. 나는 건축가가 되는 것 이외에는 아무것도 하지 못했네. 내가 할 줄 아는 건 건축이 전부이기 때문이지.〉[69]

타이거맨과 이야기를 나눈 뒤, 칸은 뉴욕으로 가는 에어 인디아 제트기에 올랐다. 오후 6시 20분에 케네디 공항에서 세관을 통과했고 필라델피아로 가는 기차를 타기 위해 펜실베이니아 역으로 갔다. 그곳, 역의 화장실에서, 루이스 I. 칸은 심장 발작으로 사망했다. 1974년 3월 17일 일요일, 약 7시 30분의 일이었다.

뉴욕 경찰은 거의 즉각 텔레타이프로 필라델피아 당국

에 칸의 죽음을 알렸지만, 칸의 사무소 주소만을 알려 왔을 뿐이었고, 일요일 오후인 그날 사무소에 아무도 없자, 가족을 찾으려는 노력조차 행해지지 않았다.[70] 월요일이 되었는데 그가 도착하지 않자 가족과 직원들의 걱정은 불안으로 변해 갔고, 그들은 칸의 여행 일정을 되짚어 가기 시작했다. 그가 여행 루트를 바꾼 데다가 승객 명단이 없어 조사는 어려웠으나, 화요일에 드디어 세관으로부터 그가 일요일 오후에 뉴욕에 도착했다는 것을 알게 되었다. 그들은 이제 뉴욕의 병원과 시체 공시소를 뒤지고 다녔다. 칸은 맨해튼의 신원 불명 시신 보관소에 있었고, 그곳에서 미망인이 유해를 알아보았다.

장례식은 3월 22일 금요일 필라델피아에서 열렸으며, 뒤따라 펜실베이니아 대학 그의 스튜디오에서 학생들과 사무소 직원들이 추모 모임을 열었다. 4월 2일에는 대학 차원의 보다 공적인 행사가 열렸다. 그에 대한 이야기 중 가장 자주 나오는 것은 그가 73세의 젊은이였다는 것이었다. 대공황과 전쟁으로 인해 시작이 늦어졌기에, 칸의 가장 인상적인 건축들은 상당히 근래에 이루어졌으며 엄청난 창의적 에너지를 담고 있었다. 게다가 그는 언제나, 자신의 필생의 사업과 새로이 사랑에 빠진, 소년 같은 열정가로 보였다. 조너스 소크는 말했다. 「50년 동안 그는 자신을 갈고 닦았고, 20년 만에 남들이 50년 만에라도 할 수 있었으면 하고 바랄 일을 해냈다.」[71] 홈스 퍼킨스의 뒤를 이어 예술 대학 학장이 된 피터 셰퍼드는 단순히 이렇게 말했다. 「우리 중 다수가 건축에 재미가 없어졌다고 생각한 그 지루한 시기에, 루는 그것을 되찾아 왔다.」[72]

건축을 형성하는 즐거움과 더불어, 칸은 또한 건축의 중요성을 복위시켰다. 그는 상업적인 성공으로 인한 진부함으로부터 모더니즘을 구출했고 그것을 진지한 테마에 재장착했다. 인간 제도를 보호하는 것, 그리고 구조, 매스, 빛에 의해 공간을 정의해 내는 것. 물론 이 근본적인 문제들이 20세기 초에는 무시당했었다는 것은 아니다. 그로피우스의 작품과 공공 주택 사업을 위해 투쟁했던 최초의 미국인들을 통해, 칸은 건축의 사회적 행동주의를 목격하고 또 알게 되었다. 그리고 그는 르코르뷔지에가 파워풀한 구조의 조각가이자 빛의 마술사임을 인정했다. 어떤 의미에서, 칸은 모던 무브먼트가 처음에 채택했던 도덕적이고 예술적인 중요성을 되돌려 놓은 것이다.

그러나 칸은 또한 전 세대의 건축가들이 하지 못했던 것도 할 수 있었다. 과거를 지나치게 자주 들여다보면 창조력이 얼어붙을 거라는 그런 우려 없이, 칸은 역사의 예술적이고 철학적인 보물을 끌어냄으로써 자신의 건축을 마음껏 풍요롭게 할 수 있었다. 이는 두 가지 중요한 결과를 가져왔다. 20세기 건축이 스스로를 패러디하는 위험에 빠져가고 있을 때, 그는 건축의 시각적 영역을 넓힐 수 있었으며, 또한 건축을 신플라톤주의적이고 고전주의적인 뿌리에 확실히 연결시킴으로써, 추상 예술의 종종 불가해한 표현법을 확장시키고 고상하게 할 수 있었다.

루이스 칸은 이렇게 현대 건축가들에게 세상에서 가장 어려운 작업을 다시 안겨 주었으나, 또한 그들에게 세계의 자원을 모두 공개해 주었다. 두려운 책임감과 무시무시한 자유를 준 것이다. 빈센트 스컬리가 말했듯, 〈그는 모범을 부수고 자신의 가장 강한 학생들을 자유롭게 해주었다.〉[73]

데이비드 B. 브라운리

Notes

서문

1. 1978년 펜실베이니아 미술 아카데미에서 열린 칸 작품 전시회의 소개 글[『The Travel Sketches of Louis I. Kahn』 (Philadelphia: Pennsylvania Academy of the Fine Arts, 1978)], Garland 출판사에서 나온 칸 드로잉 모음집[『The Louis I. Kahn Archive: Personal Drawings』, 7 vols. (New York: Garland Publishing, 1987)], Jan Hochstim, 『The Paintings and Sketches of Louis I. Kahn』 (New York: Rizzoli, 1991)에 수록한 나의 서문에서 논의했다. 이 글들은 로마 유적이 끼친 영향력에 대해서도 언급하고 있다.
2. 「Antichità Romane」, vol. 4, in H. Volkmann, 『G. B. Piranesi』 (Berlin, 1965), pl. 37.
3. 거의 같은 시기에 피라네시의 『Carceri』와 거기에서 파생된 19세기와 20세기의 여러 건축과 더불어, 나의 『Modern Architecture』 (New York: George Braziller, 1961)의 그림 3~14에 재수록되었다.

1 아무도 탐험하지 못했던 공간을 찾아서

1. 칸의 어린 시절에 대한 세부 사항은 『Louis I. Kahn: L'uomo, il maestro』, ed. Latour (Rome: Edizioni Kappa, 1986) 15~28면에 실린 1982년 5월 5일 Alessandra Latour와의 인터뷰와, 1990년 4월 27일 David B. Brownlee와의 인터뷰에서 Esther I. Kahn이 진술한 대로임.
2. James Liberty Tadd, 『New Methods in Education: Art, Real Manual Training, Nature Study』 (Springfield, Mass, and New York: Orange Judd Company, 1898); Public Industrial Art School, 『Statement of the Object of the School by the Director』 (Philadelphia: Devine Publishing Company, 1904).
3. E. Kahn, Brownlee와의 인터뷰. 플라이셔 기념 미술관 연례 보고서를 위한 1973년 12월 4일자 칸의 텍스트 「Samuel S. Fleisher Art Memorial」, Box LIK 45, Louis I. Kahn Collection, University of Pennsylvania and Pennsylvania Historical and Museum Commission, Philadelphia (이후 출처 표기는 Kahn Collection이라 약칭).
4. Patricia McLaughlin, 「〈How'm I Doing, Corbusier?〉 An Interview with Louis Kahn」, 『Pennsylvania Gazette』 71 (1972, 12월): 19면.
5. Vincent J. Scully, 『Louis I. Kahn』 (New York: George Braziller, 1962), 12면에서 인용.
6. Cret, 「Modern Architecture」, T-스퀘어 클럽에서 한 강연, Philadelphia, 1923년 10월 25일, Box 16, Cret Papers, Special Collections, Van Pelt Library, University of Pennsylvania. David B. Brownlee, 『Building the City Beautiful: The Benjamin Franklin Parkway and the Philadelphia Museum of Art』 (Philadelphia: Philadelphia Museum of Art, 1989), 8~12면 참조.
7. Ann L. Strong and George E. Thomas, 『The Book of the School: 100 Years』 (Philadelphia: Graduate School of Fine Arts, University of Pennsylvania, 1990), 34~36면.
8. 칸의 대학 시절 성적 증명서, 「Passport」, Box LIK 57, Kahn Collection.
9. 「Beaux-Arts Institute of Design」, 『American Architect』 125 (1924. 2. 27): 207~210면; 125 (1924. 4. 9): 363~368면; 125 (1924. 5. 7): 443~446면; 126 (1924. 9. 24): 295~298면.

10. Cret,「Modernists and Conservatives」, T-스퀘어 클럽에서 한 강연, Philadelphia, 1927년 11월 27일, Box 16, Cret Papers, Special Collections, Van Pelt Library, University of Pennsylvania.
11. 「Kahn on Beaux-Arts Training」, ed. William Jordy,『Architectural Review』155 (1974년 6월): 332면.
12. 위의 책.
13. John W. Skinner,「The Sesqui-Centennial Exposition, Philadelphia」,『Architectural Record』60 (1926년 7월): 1~17면; John Molitor,「How the Sesqui-Centennial was Designed」,『American Architect』130 (1926년 11월 5일): 377~382면.
14. 「News of the World Told in Pictures」,『Philadelphia inquirer』, 1925년 10월 19일, 15면. 의문 사항에 대해서는 William H. Laird,「Records of Consulting Practice」, vol. 12, Perkins Library, Fine Arts Library, University of Pennsylvania 참조.
15. Passport, 표시 없는 파일, Box LIK 63, Kahn Collection.
16. 『What Will Be Has Always Been: The Words of Louis I. Kahn』, ed. Richard Saul Wurman (New York: Access Press and Rizzoli, 1986), 225면에 실린, 칸의 1973년 10월 22일자 Jaimini Mehta와의 인터뷰.
17. 입사 지원 설문지, 1949년 12월 30일,「Housing Projects-Requests for Job」, Box LIK 62, Kahn Collection.
18. 칸의 이탈리아 여행 일정은 그의 여행 스케치를 바탕으로 재구성할 수 있다. Kahn,「Pencil Drawings」,『Architecture』63 (1931년 1월): 15~17면; Kahn,「The Value and Aim in Sketching」,『T-Square Club Journal』1 (1931년 5월): 18~21면; Pennsylvania Academy of the Fine Arts,『The Travel Sketches of Louis I. Kahn』(Philadelphia: Pennsylvania Academy of the Fine Arts, 1978); Jan Hochsum,『The Paintings and Sketches of Louis I. Kahn』(New York: Rizzoli, 1991) 참조.
19. Kahn,「Value and Aim」, 21면.
20. Scully,『Kahn』, 13면.
21. 칸이 동료 건축가들에게 보낸 편지,「American Academy in Rome」, 1951년 3월 1일,「Rome 1951」, Box LIK 61 Kahn Collection.
22. 두 사람의 교제에 대해서는 Latour와의 인터뷰 19~23면과, Brownlee와의 인터뷰를 통해 E. Kahn이 진술한 대목임.
23. 이 저널은 이름이 두 번 바뀐다. 1932년 1월『T-Square』로 바뀌며, 1932년 4월『Shelter』라는 이름이 된다.『Shelter』는 복간되어 1938년 3월~1939년 4월까지 잠시 동안 뉴욕에서 발행된다.
24. Wisdom, David B. Brownlee, David G. De Long, Peter S. Reed와의 인터뷰, 1990년 7월 5일.
25. Scully,『Kahn』, 15면.
26. Piero Santostefano,『Le Mackley Houses di Kastner e Stonorov a Philadelphia, 1931~1935』(Rome: Officina Edizioni, 1982); Richard Pommer,「The Architecture of Urban Housing in the United States during the Early 1930s」,『Journal of the Society of Architectural Historians』37 (1973년 12월): 235~264면.
27. 「Slum Elimination Project on Display」,『Philadelphia Record』, 1933년 3월 23일, F3;「Prepare Plan for Slum Modernizing」,『Philadelphia Inquirer』, 1933년 4월 23일, W9;「Slum Modernizing Plan Unique Here」,『Philadelphia Inquirer』, 1933년 4월 30일, W11;「Air Castles Rise in〈Clinic〉」,『Philadelphia Record』, 1934년 5월 14일, 1면.
28. Bernard J. Newman,「Northeast Philadelphia Housing Corporation」, in『Housing in Philadelphia』, 1933 (Philadelphia: Philadelphia Housing Association, 1934), 22~23면; Pommer,「Urban Housing」, 244~245면.
29. St. Katherine's Village report, 타자 원고, 표시 없는 파일, Box LIK 68, Kahn Collection; 부지 도면 (1935년 12월 12일자), 부분 부지 도면 (1935년 11월 22일자), 2A 타입 주택의 1층 평면도, Magaziner Papers, Athenaeum of Philadelphia.
30. Ralph H. Danhof,「Jersey Homesteads」, in『A Place on Earth: A Critical Appraisal of Subsistence Homesteads』, ed. Russell Lord and Paul H. Johnstone (Washington, D.C.: United States Department of Agriculture, Bureau of Agricultural Economics, 1942), 136~161면; Paul Conkin,『Tomorrow a New World: The New Deal Community Program』(Ithaca, N.Y.: Cornell University Press, 1959), 256~276면; Edwin Rosskam,『Roosevelt, New Jersey: Big Dreams in a Small Town and What Time Did to Them』(New York: Grossman Publishers, 1972); Gail Hunton,「National Register of Historic Places Inventory Nomination Form⋯⋯ Jersey Homesteads」, 1983년 2월.
31. 설계 원안 드로잉, 1935년 2~5월, Lawrence와 Callander의 것,「Hightstown N.J.」, Box 35, Kastner Papers, American Heritage Center, University of Wyoming, Laramie (이후 출처 표기는 Kastner Papers라 약칭).
32. Nohle의 자서전, 1960년 8월 15일,「Fellowships Jury of Fellows」, Box LIK 57, Kahn Collection.
33. 주간 제도 보고서, 1935년 12월 21일~1936년 5월 23일, 노트「11. (1938)」, Box 45, Kastner Papers; personal history statement, 1939년 1월 9일,「Housing」, Box LIK 62, Kahn Collection.
34. A 타입 주택은 H.D.M. [Michaelson 혹은 Martin?], B 타입은 C.F.W[agner], C 타입은 S.A.K[aufman], E 타입은 L.H.M. [Michaelson 혹은 Martin?]의 설계로 기록되어 있음; 분실된 드로잉들의 사진,「Hightstown, N.J.」, Box 26, Kastner Papers.
35. Lewis Mumford,「The Sky Line: Houses and Fairs」,『New Yorker』, 1936년 6월 20일, 31면.
36. 「Tugwell Hands Out $1,800,000 for N.J.〈Commune〉」,『Philadelphia Inquirer』, 1936년 5월 7일, 1면, 33행.
37. 다른 설계안들은 드로잉 70.1, 70.3~7에 해당,「Hightstown School」, Box LIK 62, Kahn Collection.
33. 건축된 모습대로의 학교 계획안, 1937년 5월 21일~9월 11일, Box 25, Kastner Papers;「Schools: Community Building, Jersey Homesteads, Hightstown, N.J., Alfred Kastner, Architect」,『Architectural Forum』68 (1938년 3월): 227~230면.
39. 「Steelox Details」,「Misc II」,『Philadelphia Housing Authority』, Box LIK 68, Kahn Collection.
40. Timothy L. McDonnell,『The Wagner Housing Act: A Case Study of the Legislative Process』(Chicago: Loyola University Press, 1957).

41. 20세기 필라델피아의 주택 사업에 대해서는 John F. Bauman, 『Public Housing, Race and Renewal: Urban Planning in Philadelphia, 1920~1974』(Philadelphia: Temple University Press, 1987)를 참조.
42. Elizabeth Mock, 「What About Competitions」, 『Shelter』 3 (1938년 11월): 26~29면.
43. 「Housing Work of Kenneth Day」, 타자 원고, 「Misc」, Box LIK 63, Kahn Collection; 「Lost: $19,000,000 for 3451 Dwellings」, 『Building Homes in Philadelphia: Report of the Philadelphia Housing Authority』 (1939년 7월 1일~1941년 6월 30일), 36~37면.
44. Bauman, 『Public Housing』, 46면.
45. 위의 책.
46. 「U.S.H.A. City of Tomorrow: Exhibit for New York World's Fair. Museum of Modern Art」, Box LIK 68, Kahn Collection; Peter S. Reed, 「Toward Form: Louis I. Kahn's Urban Designs for Philadelphia, 1939~1962」, (Ph.D. diss., University of Pennsylvania, 1989), 13~35면.
47. 「City Wide Meeting」, Box LIK 34, Kahn Collection.
48. Andrew Weinstein, 「Americanizing Modernism: Housing by Louis I. Kahn during the Great Depression and World War Two」, (M.A. paper, University of Pennsylvania, 1988).
49. Robert A. M. Stern, 『George Howe: Toward a Modern American Architecture』 (New Haven and London: Yale University Press, 1975).
50. Frederick Gutheim, ed., 「Numero speciale dedicato all'opera di Oskar Stonorov (1905~1970)」, 『Architettura: Cronache e storia』 18 (1972년 6월).
51. McDonnell, 『Wagner Housing Act』, 58~59면.
52. Wisdom, Brownlee, De Long, Reed와의 인터뷰.
53. Howe, Stonorov, and Kahn, 「〈Standards〉 versus Essential Space: Comments on Unit Plans for War Housing」, 『Architectural Forum』 76 (1942년 5월): 308~311면.
54. Stonorov가 Arthur Johnson(United Steel Workers of America 회장, Coatesville)에게 쓴 1942년 8월 19일자 편지, 「Correspondence-July-September, 1942」, Box 49, Stonorov Papers, American Heritage Center, University of Wyoming, Laramie (이후 출처 표기는 Stonorov Papers라 약칭).
55. 「What Housing for Willow Run?」, 『Architectural Record』 92 (1942년 9월): 51~54면; Hermann H. Field, 「The Lesson of Willow Run」, 『Task』, no. 4 (1943): 9~21면.
56. 다양한 서신들에서, Box 48, Stonorov Papers.
57. Field, 「Lesson」, 21면; Howe, 「The Meaning of the Arts Today」, 『Magazine of Art』 35 (1942년 5월): 165면에 그림 수록.
58. Saarinen이 Stonorov에게 쓴 1941년 12월 8일자 편지, 「Correspondence-October-December, 1941」, Box 48, Stonorov Papers; Stonorov가 Saarinen에게 쓴 1942년 2월 14일자 편지, 「Correspondence-January-March, 1942」, Box 48, Stonorov Papers.
59. F. Charles Starr(연방 주택국)가 Stonorov와 Kahn에게 쓴 1942년 8월 5일자 편지, 「Correspondence-July-September, 1942」, Box 49, Stonorov Papers.
60. 「The Town of Willow Run: Neighborhood Unit 3」, 『Architectural Forum』 78 (1943년 3월): 52~54면.
61. Stonorov가 George Addes (전국 자동차 노조 연합-산업별 노조 회의 국제 서기관-재무관), Walter Reuther, William Nicholas (전국 자동차 노조 연합)에게 쓴, 1942년 9월 3일자 편지, 「Correspondence-July-September, 1942」, Box 49, Stonorov Papers.
62. Addes가 Stonorov에게 쓴 1942년 9월 9일자 편지, 출처 위와 동일.
63. Howe가 Kahn에게 쓴 1944년 9월 4일자 편지, 「Correspondence-July-September 1944」, Box 50, Stonorov Papers.
64. 이 기간에 스토노로프는 건축 일이 부족하다는 이유로 몇 번이나 입대하려 시도했다. 그러나 민간인 신분에서 곧바로 장교로 임관시켜 달라는 그의 요청은 거부당했다.
65. Stonorov가 Maubert St. Georges (St. Georges and Keyes 광고 회사 사장)에게 쓴 1943년 4월 5일자 편지, 「Correspondence-April-June, 1943」, Box 49 Stonorov Papers.
66. Stonorov가 Richard K. Snively (St. Georges and Keyes)에게 쓴 1943년 4월 15일자 편지, 출처 위와 동일.
67. Stonorov and Kahn, 『Why City Planning Is Your Responsibility』 [New York: Revere Copper and Brass, (1943)], 14면, 5행.
68. Donald F. Haggerty (리비어 코퍼사)가 Stonorov와 Kahn에게 쓴 1943년 8월 10일자 편지, 「Correspondence-July-September, 1943」, Box 49, Stonorov Papers.
69. St. Georges가 Stonorov에게 쓴 1944년 2월 11일자 편지, 「Correspondence- January-March 1944」, Box 50, Stonorov Papers.
70. 그는 주택/도시의 이 비유를 Kahn, 「Architecture and Human Agreement」, (강연, University of Virginia, 1972년 4월 18일), 『Modulus』, no. 11 (1975)[면수 불명]에서 반복한다.
71. Stonorov가 Howard Myers에게 쓴 1944년 2월 2일자 편지, 「Correspondence- January-March 1944」, Box 50, Stonorov Papers.
72. Kahn, 「Can Neighborhoods Exist?」, Box 33, Stonorov Papers; Elizabeth Mock (MoMA)이 Kahn에게 쓴 1944년 12월 5일자 편지 「Correspondence-October -December, 1944」, Box 50, Stonorov Papers; Stonorov가 Richard Abbott (MoMA)에게 쓴 1944년 12월 7일자 편지, 출처 위와 동일; Mock이 Stonorov에게 쓴 1944년 12월 12일자 편지, 출처 위와 동일.
73. 「ICC」, Box LIK 62, Kahn Collection.
74. 「National Jewish Welfare Board」, Box LIK 61, Kahn Collection.
75. 「Seminar-Arch. Adv. Committee」, 「Architectural Advisory Com. Federal Public Housing Authority Louis I. Kahn」, 「Arch Adv. #2」, Box LIK 63, Kahn Collection.
76. 「PHA Advisory Committee Wash D.C.」, Box LIK 61, Kahn Collection.
77. 「Committee on Urban Planning A.I.A.」, Box LIK 63, Kahn Collection.
78. 「A.S.P.A.」, 「U.N.O.」, Box LIK 63, Kahn Collection.
79. Howe, 「Master Plans for Master Politicians」, 『Magazine of Art』 39 (1946년 2월): 66~68면.
80. Victoria Newhouse, 『Wallace K. Harrison, Architect』 (New York: Rizzoli, 1989), 104~143면.
81. Kahn이 Phil Klutznick (팔레스타인 경제 조합)에게 쓴 1949년 3월

13일자 편지, 「Correspondence Palestine Economic Corp」, Box LIK 61, Kahn Collection.

82. George Shoemaker (필라델피아 고용과 빈민 교육 협회 회장)가 Kahn에게 쓴 1947년 2월 18일자 편지, 「Correspondence-January-March, 1947」, Box 51, Stonorov Papers.

83. Ruth Goodhue (『Architectural Forum』)가 Kahn에게 쓴 1942년 7월 1일자 편지, 「Correspondence-July-September, 1942」, Box 49, Stonorov Papers; Kahn이 Goodhue에게 보낸 1942년 7월 3일자 전보, 출처 위와 동일; Stonorov가 Goodhue에게 보낸 1942년 7월 31일자 편지, 출처 위와 동일.

84. 「New Buildings for 194X: Hotel」, 『Architectural Forum』 78 (1943년 5월): 74~79면.

85. Pittsburgh Plate Glass Company, 『There Is a New Trend in Store Design』 [Pittsburgh: Pittsburgh Plate Glass Company, 1945]. 칸이 1945년 바레트 지붕 광고를 위해 스케치한 「Business 〈Neighborhood〉 in 194X」도 연관이 있다: 『Pencil Points』 26 (1945년 5월): 160면; 『Architectural Forum』 82 (1945년 6월): 179면. 이들의 전후 건축 일 중에는 정확히 이런 종류의 상업적 건물 설계가 있었다. 어퍼 다비의 Thom McAn 구두 상점 수리, 필라델피아의 Coward 구두 상점, 캠던의 Buten 페인트 상점 개축이 그것이다.

86. Stonorov가 『California Arts and Architecture』에 쓴 1943년 5월 19일자 편지, 「Correspondence-April-June, 1943」, Box 49, Stonorov Papers; John Entenza (『California Arts and Architecture』)가 Stonorov와 Kahn에게 쓴 1943년 9월 7일자 편지, 「Correspondence-July-September, 1943」, Box 49, Stonorov Papers. 칸이 그린 1층과 2층 평면도, 드로잉 130.1, Kahn Collection.

87. 「H. G. Knoll Assoc. Planning Unit」, Box LIK 60, Kahn Collection; 「Parasol House」, Box LIK 33, Kahn Collection. 다른 건축가들은 Serge Chermayeff, Charles Eames, Antonin and Charlotta Heythum, Joe johannson, Ralph Rapson, Eero Saarinen이다.

88. Stonorov가 David Aarons (김벨 브라더스)에게 쓴 1943년 1월 7일자 편지, 「Correspondence-January-March 1943」, Box 49, Stonorov Papers.

89. G. P. MacNichol (리비-오웬스-포드)이 Stonorov에게 쓴 1945년 8월 25일자 편지, 「Correspondence-July-September, 1945」, Box 50, Stonorov Papers.

90. Tyng, David B. Brownlee와의 인터뷰, 1990년 7월 20일.

91. Earl Aiken (리비-오웬스-포드의 홍보 담당자)이 Stonorov에게 보낸 1947년 1월 10일자 전보, 「Correspondence-January-March, 1947」, Box 51, Stonorov Papers; Stonorov가 Aiken에게 보낸 1947년 1월 17일자 전보, 출처 위와 동일; Kahn이 Aiken에게 보낸 1947년 1월 17일자 전보, 출처 위와 동일.

92. Maron Simon, ed., 『Your Solar House』 (New York: Simon and Schuster, 1947), 42~43면.

93. Victory Storage Company에서 Stonorov와 Kahn에게 보낸 1947년 3월 4일자 청구서, 「Veterans Administration」, Box LIK 63, Kahn Collection.

94. 오서 하우스를 위한 연구 지원은 Marcia Fae Feuerstein이 제공해 주었다.

95. 사양서, 「Broudo Residence」, Box LIK 61, Kahn Collection.

96. 연대 순서는 Kahn Collection에 있는 날짜가 명시된 드로잉들을 참고로 정한 것.

97. 로슈 하우스를 위한 연구 지원은 David Roxburgh이 제공해 주었다.

98. Tyng, Brownlee와의 인터뷰, 1990년 7월 20일.

99. 웨이스 하우스를 위한 연구 지원은 David Roxburgh이 제공해 주었다.

100. Kahn, Barbara Barnes, 「Architects' Prize-winning Houses Combine Best Features of Old and New」, 『Evening Bulletin』, 1950년 5월 20일에서 인용.

101. 연대 순서는 Kahn Collection의 날짜가 명시된 드로잉 305.1와 305.3, 그리고 사무소 보관 드로잉들을 참고로 정한 것.

102. 제넬 하우스를 위한 연구 지원은 Marcia Fae Feuerstein이 제공해 주었다.

103. Kahn Collection의 날짜가 적혀 있지 않은 드로잉 315.1~5는 이 시기에 속하는 것으로 추정된다.

104. 필라델피아 정신 병원을 위한 연구 지원은 Peter S. Reed가 제공해 주었다.

105. 「Hospital to Cure the Mentally Ill」, 『Architectural Record』 90 (1941년 8월): 87~89면.

106. Kahn이 Rosenfield에게 보낸 1945년 8월 2일자 편지, 「Correspondence-July-September, 1945」, Box 50, Stonorov Papers.

107. Rosenfield가 Stonorov와 Kahn에게 보낸 1946년 2월 13일자 편지, 「Correspondence-January-March, 1946」, Box 51, Stonorov Papers.

108. 이에 칸은 항의했다. 「당신이 내게 인신공격을 했다는 점을 유감스럽게 여기는 바입니다. 나의 의도와 노력의 성실함을 재확인시켜 드릴 필요가 없기를 바랍니다.」; Kahn이 Radbill에게 쓴 1945년 9월 11일자 편지, 「Correspondence-July-September, 1945」, Box 50, Stonorov Papers.

109. Tyng, Brownlee와의 인터뷰, 1990년 6월 5일.

110. Sigfried Giedion, 『Architecture You and Me: The Diary of a Development』 (Cambridge, Mass.: Harvard University Press, 1958), 22~24면, 48~51면.

111. 「In Search of a New Monumentality」, 『Architectural Review』 104 (1948년 9월): 117~128면.

112. Sigfried Giedion, 「The Need for a New Monumentality」, in New 『Architecture and City Planning』, ed. Paul Zucker (New York: Philosophical Library, 1944), 549, 551면; Kahn, 「Monumentality」, 위의 책, 577면.

113. Kahn, 「Monumentality」, 578면.

114. 위의 책, 578~579면.

115. 위의 책, 580~581면.

116. 위의 책, 581면.

117. 위의 책, 587면.

118. Kahn이 Joseph Hudnut에게 보낸 1946년 5월 15일자 편지, 「U.N.O.」, Box LIK 63, Kahn Collection.

119. Robert A. M. Stern, 「Yale 1950~1965」, 『Oppositions』, no. 4 (1974년 10월): 35~62면; Stern, 『Howe』, 210~225면; William S. Huff, 「Kahn and Yale」, 『Journal of Architectural Education』 35

(1982년 봄): 22~31면.
120. Sawyer가 Stern에게 쓴 1974년 2월 9일자 편지, Box VI, George Howe Papers, Avery Library, Columbia University, New York.
121. 「Suburban Shopping Center」의 프로그램, 「Yale University 1948~1949」, Box LIK 60, Kahn Collection.
122. 「The National Center of UNESCO」의 프로그램, 「Yale-Professor 1950」, Box LIK 61, Kahn Collection.
123. 「A Suburban Residence」의 프로그램, 「Yale University 1948~1949」, Box LIK 60, Kahn Collection.
124. 「3 Arts Combine in Architecture Project at Yale」, 『New York Herald Tribune』, 1949년 2월 17일, 44면; 「Student Architects, Painters, Sculptors Design Together」, 『Progressive Architecture』 30 (1949년 4월): 14, 16, 18면.
125. Kahn이 Howe에게 보낸 편지 초안 [1949년 7월경], 「Yale University 1948~1949」, Box LIK 60, Kahn Collection.
126. Sawyer, 공동 프로젝트 프로그램 초안, 「Yale-Professor 1950」, Box LIK 61, Kahn Collection.
127. Albers, Francois Bucher, 『Josef Albers: Straight Lines』 (New Haven and London: Yale University Press, 1961), 75면에서 인용.
128. Nalle, 제목 없는 글, 『Perspecta』, no. 1 (1952년 여름): 6면.
129. Scully가 Kahn에게 보낸 1956년 2월 15일자 편지, 「The Yale University, Correspondence」, Box LIK 60, Kahn Collection; Scully, Latour, 『Kahn』, 151면에 수록된 Alessandra Latour와의 1982년 9월 15일자 인터뷰; Scully, David B. Brownlee와 David G. De Long과의 1990년 8월 16일자 대화.

2 공간의 이상적인 형태를 발견하다

1. Kahn, 「Address by Louis I. Kahn, April 5, 1966」, 『Boston Society of Architects Journal』, no. 1 (1967): 5~20면; 타자 원고 「Boston Society of Architects」, Box LIK 57, Kahn Collection, University of Pennsylvania and Pennsylvania Historical and Museum Commission, Philadelphia (이후 출처 표기는 Kahn Collection이라 약칭)에서 인용.
2. Kahn이 Dave (Wisdom), Anne Tyng, 그 외의 동료들에게 쓴 1950년 12월 6일자 편지, 「Rome 1951」, Box LIK 61, Kahn Collection.
3. 그는 〈이제 나는 그리스와 이집트는 꼭 방문해 보아야 할 장소라는 것을 안다.〉고 썼다. 칸이 사무소에 보낸 날짜 불명의 카드, 「Letters to L.I. Kahn」, Box LIK 60, Kahn Collection.
4. 「Training the Artist-Architect for Industry」, in 『Impressions』 (proceedings of the Design Conference, Aspen, Colorado, 1951년 6월 28일~7월 1일), ed. R. Hunter Middleton and Alexander Ebin, Box LIK 63, Kahn Collection.
5. Kahn, 노트 (KI2. 22), 1966~1972년경, Kahn Collection.
6. 칸의 글에서 찾아볼 수 있는 판테온에 대한 언급들 중, Kahn, 「Law and Rule in Architecture」 (강연, Princeton University, 1961년 11월 29일), 타자 원고, 「LIK Lectures 1969」, Box LIK 53, Kahn Collection.
7. Kahn, Ada Louise Huxtable, 「What Is Your Favorite Building」, 『New York Times Magazine』, 1961년 5월 21일에서 인용; filed in 「Misc.」, Box LIK 64, Kahn Collection. 8. Vincent J. Scully, 『Louis I. Kahn』 (New York: George Braziller, 1962), 10, 12~13, 37면.
9. 예를 들어, 조카 Alan Kahn에게 D'Arcy Wentworth Thompson의 『On Growth and Form』이 건축을 설명해 줄 유일한 책이라며 추천해 준 뒤, 그는 자신이 그 책을 한 번도 읽지 않았음을 인정했다; Alan Kahn, 「〈Conversation about Lou Kahn〉 Los Angeles, California, June 20, 1981」, in 『Louis I. Kahn: L'uomo, il maestro』, ed. Alessandra Latour (Rome: Edizioni Kappa, 1986), 65면. 또한 옛 제자이기도 했던 한 사무소 동료에게 자신이 받아 본 어느 논문을 언급하면서, 그는 〈한 글자도 읽지 않았지만 그 중요성을 느낄 수 있다〉고 썼다; Kahn이 William S. Huff에게 쓴 1965년 11월 4일자 편지, 「Huff, William, Correspondence」, Box LIK 57, Kahn Collection.
10. Kahn, 「Space-Order in Architecture」 (강연, Pratt Institute, 1959년 11월 10일), 전사 원고. 이 전사 원고는 1960년 3월 28일에 Kahn에게 우편으로 배달되었다; Olindo Grossi (Pratt Institute)가 Kahn에게 쓴 1960년 3월 28일자 편지, 「LIK Lectures 1960」, Box LIK 54, Kahn Collection.
11. Scully, Latour, 『Kahn』, 155면에 수록된 Alessandra Latour와의 인터뷰. Brown의 저서로는 Frank E. Brown, 『Roman Architecture』 (New York: George Braziller,1961)가 있다.
12. Kahn, 「The Value and Aim in Sketching」, 『T-Square Club Journal』 1 (Philadelphia, 1931년 5월): 18~21면.
13. Reyner Banham, 「New Brutalism」, 『Architectural Review』 118 (1955년 12월): 357면.
14. Goodwin이 Kahn에게 쓴 1954년 5월 13일자 편지, 「Personal」, Box LIK 66, Kahn Collection.
15. Latour, 『Kahn』, 407에 재수록된, William Huff, 「Louis Kahn: Sorted Recollections and Lapses in Familiarities」, Jason Aronoff와의 인터뷰, 『Little Journal』 5 (1981년 9월)에 서술된 바와 같다.
16. 이에 대한 개괄적 설명은 David G. De Long, 「Eliel Saarinen and the Cranbrook Tradition in Architecture and Urban Design」, in 『Design in America: The Cranbrook Vision, 1925~1950』 (New York: Harry N. Abrams, 1983), 47~89면 참조.
17. Kenneth Frampton, 「Louis Kahn and the French Connection」, 『Oppositions』, no. 22 (1980년 가을), Latour, 『Kahn』, 249면에 재수록.
18. Scully, Latour와의 인터뷰, 147.
19. Tyng과 Kahn의 관계에 대한 여러 기록 중, Anne Griswold Tyng, 「Architecture Is My Touchstone」, 『Radcliffe Quarterly』 70 (1984년 9월): 5~7면.
20. Tyng, Latour, 『Kahn』, 51면에 수록된 Alessandra Latour와의 인터뷰.
21. Kahn, 노트 (K12.22), 1955년경, Kahn Collection.
22. Kahn이 John D. Entenza (그레이엄 재단 이사)에게 보낸 1965년 3월 2일자 편지, 「Letters of Recommendation, 1964」, Box LIK 55, Kahn Collection.
23. Anne G. Tyng, 「Louis I. Kahn's 〈Order〉 in the Creative Process」, in Latour, 『Kahn』, 285면. Fuller는 필라델피아와 뉴헤이븐을 오가는 기차 여행에서 Kahn과 이야기를 나누었던 것을 회고했다; Fuller가 Esther Kahn에게 보낸 1974년 3월 20일자 전보, in Latour, 『Kahn』, 179면.

24. Fuller가 Entenza에게 보낸 1965년 4월 5일자 편지, 「Fuller, R. Buckminster Correspondence, 1965」, Box LIK 55, Kahn Collection.
25. 칸은 1954년 5월에 이 프로젝트 작업을 시작했다; 지출 개요서, 「A.F. of L. Health Center (Melamed) Architects Fee」, Box LIK 83, Kahn Collection. 1957년 2월의 건물 개막식은 「AFL-CIO Center Dedicated Here」, 『Philadelphia Inquirer』, 1957년 2월 17일에 보도되었다. 건물 철거는 「Kahn Finds Lesson in Ruins of His Work」, 『Philadelphia Inquirer』, 1973년 8월 27일에 보도되었다. 그 무렵 그는 펜트하우스 프로젝트가 마음에 들지 않는다는 의견을 재표명하는데, 이는 건물이 지어졌을 때 칸이 최초로 보였던 반응에 대해 David Wisdom이 설명했던 바와도 일치한다; Wisdom, David B. Brownlee, Peter S. Reed, David G. De Long과의 1990년 7월 5일자 인터뷰. 이 프로젝트의 연구 보고서에 대해 Peter S. Reed에게 감사하는 바이다.
26. Tyng, Latour와의 인터뷰, 43.
27. Fruchter가 Kahn에게 쓴 1951년 9월 10일자 편지; 작업 시간 기록표, 1952년 4월 25일~6월 13일; Kahn이 Fruchter에게 쓴 1953년 1월 30일자 편지; 「Fruchter」, Box LIK 34, Kahn Collection. 이 프로젝트의 연구 보고서에 대해 Peter S. Reed에게 감사하는 바이다.
28. Emil Kaufmann, 「Three Revolutionary Architects, Boullee, Ledoux, and Lequeu」, 『Transactions of the American Philosophical Society』 42 (1952년 10월): 510, 그림 135. Kenneth Frampton은 Ledoux의 설계와 Kahn의 후기 설계들 간의 유사성을 지적한다; Frampton, 「Kahn and the French Connection」, 240~241면.
29. 칸은 1954년 6월에 프로그램과 의뢰 비용을 받았다; Benjamin F. Weiss (건축 위원회 회장)가 Kahn에게 보낸 1954년 6월 29일자 편지, 「Synagogue & School Bldg…… Adath Jeshurun」, Box LIK 60, Kahn Collection. 이 프로젝트의 연구 보고서에 대해 Peter S. Reed에게 감사하는 바이다.
30. Kahn이 Gropius에게 쓴 편지의 수기 초안, 날짜 불명, Gropius가 Kahn에게 보낸 1953년 3월 16일자 편지에 대한 답신, 「Louis I. Kahn (Personal) 1953」, Box LIK 66, Kahn Collection.
31. 칸은 1954년 7월에 예비 스케치를 완성했다; Edward C. Arn (American Seating Company)이 Kahn에게 보낸 1954년 7월 19일자 편지, 「Synagogue & School Bldg…… Adath Jeshurun」, Box LIK 60, Kahn Collection. 예비 계획안 제출은 8월이었다; Kahn이 건축 위원회에 보낸 1954년 8월 16일자 편지, 출처 위와 동일. 1955년 4월 그의 설계는 「위원회에서 원하는 종류의 건물과는 분위기가 동떨어져 있다」는 이유로 거절당한다; Weiss가 Kahn에게 쓴 1955년 4월 29일자 편지, 「LIK Miscellaneous 1954~1956」, Box LIK 65, Kahn Collection.
32. 「Frank Lloyd Wright Plans Synagogue Here」, 『Sunday Bulletin』, 1954년 5월 23일; filed in 「Personal」, Box LIK 66, Kahn Collection. 이 설계는 또한 「Frank Lloyd Wright Has Designed His First Synagogue……」, 『Architectural Record』 66 (1954년 7월): 20면에도 실렸다.
33. 「First Study of the City Hall Building」, 『Perspecta』, no. 2 (1953): 27면에 발표. 이 프로젝트의 연구 보고서에 대해 Peter S. Reed에게 감사하는 바이다.
34. Le Ricolais가 Kahn에게 쓴 1953년 4월 3일자 편지, 「Louis I. Kahn (personal)- 1953」, Box LIK 60, Kahn Collection. 첫 번째 논문인 「Structural Approach in Hexagonal Design」 (1953년 2월)에는 육각형 플래닝을 도시 교통 흐름 설계에도 적용해 볼 수 있다는 주장이 나와 있다; 「Le Ricolais」, Box LIK 56, Kahn Collection. Le Ricolais는 훗날 펜실베이니아 대학에 초청을 받아, 1955년부터 Kahn과 함께 강의하게 된다.
35. Kahn, 「Toward a Plan for Midtown Philadelphia」, 『Perspecta』, no. 2 (1953): 23면.
36. Kahn, Henry S. F. Cooper, 「Dedication Issue; The New Art Gallery and Design Center」, 『Yale Daily News』, 1953년 11월 6일에서 인용.
37. Kahn이 A. Whitney Griswold에게 보낸 1958년 7월 30일자 편지, 「Yale Univ., Correspondence」, Box LIK 60, Kahn Collection.
38. Kahn, 「Architecture is the Thoughtful Making of Spaces」, 『Perspecta』, no. 4 (1957): 2~3면.
39. Kahn, 「Talk at the Conclusion of the Otterlo Congress」, in 『New Frontiers in Architecture: CIAM '59 in Otterlo』, ed. Oscar Newman (New York: Universe Books, 1961), 213면.
40. 칸은 1954년 6월에 애들러 하우스 설계를 맡았다; Mrs. Adler가 Kahn에게 보낸 1954년 6월 14일자 편지, 「Adler」, Box LIK 32, Kahn Collection. 작업 시간 기록표에 따르면 작업은 8월부터 1955년 2월까지 진행되었으며, 9월에 가장 집중적으로 이루어졌다; 작업 시간 기록표, 출처는 위와 동일. 이 프로젝트의 연구 보고서에 대해 David Roxburgh에게 감사하는 바이다.
41. Kahn, 「Louis Kahn Places Design as a Circumstance of Order」, 『Architecture and the University』 (proceedings of a conference, Princeton University, 1953년 12월 11~12일; Princeton, N.J.: School of Architecture, 1954), 29~30면에서 인용.
42. Mrs. Adler가 Kahn에게 보낸 1953년 12월 3일과 4일자 편지, 「Louis I. Kahn (personal)-1953」, Box LIK 60, Kahn Collection.
43. Kahn, 「How to Develop New Methods of Construction」, 『Architectural Forum』 101 (November 1954): 157면에서 인용. North Carolina State College의 디자인학과에서 개최한, 건축 조명에 대한 컨퍼런스에서 했던 논평.
44. Constance H. Dallas(시의회)가 Francis Adler에게 쓴 1955년 2월 18일자 편지, 「Adler」, Box LIK 32, Kahn Collection. 이후 1955년 여름에 칸은 애들러 부부가 소유한 다른 집의 주방 리모델링을 맡는다; Kahn이 Francis Adler에게 쓴 1955년 10월 24일자 편지, 출처는 위와 동일.
45. Scully는 시작 일자를 1954년이라 인용한다; Scully, 『Kahn』, 47면. 그러나 Kahn Collection에서는 이를 확인할 만한 어떠한 증거도 발견된 적 없다. 드로잉에는 오직 1955년 2월 3일부터 8일까지의 날짜만 적혀 있을 뿐이다. 이 프로젝트의 연구 보고서에 대해 David Roxburgh에게 감사하는 바이다.
46. Kahn, Susan Braudy, 「The Architectural Metaphysic of Louis Kahn」, 『New York Times Magazine』, 1970년 11월 15일, 86면에서 인용.
47. Kahn, 메모 (K12.22), 1955~1962년경; Kahn Collection.
48. Kahn, 메모, 1955~1962년경
49. Rudolf Wittkower, 『Architectural Principles in the Age of Humanism』 (London: Alec Tiranti, 1952); Tyng, David G. De Long과의 1990년 10월 11일자 인터뷰.

50. Kahn, 메모, 1955~1962년경

51. 1955년 7월 칸은 모리스 하우스 설계를 맡은 상태였다; Lawrence Morris가 Kahn에게 쓴 1966년 7월 8일자 편지, 「Morris House」, Box LIK 80, Kahn Collection. 1956년에 대해서는 시간이나 날짜가 명시된 어떠한 기록도 없다.

52. Rowe가 Kahn에게 쓴 1956년 2월 7일자 편지, 「Correspondence from Colleges and Universities」, Box LIK 65, Kahn Collection.

53. 출처는 위와 동일. Rowe가 1956~1957년에 쓴, Kahn의 1950년대 논의를 간략하게 다룬 두 편의 논문은 다음과 같은 제목으로 발표되었다; 「Neoclassicism and Modern Architecture」, 『Oppositions』, no. 1 (1973년 9월): 1~26면.

54. Wittkower, 『Architectural Principles』, 61면.

55. 위의 책, 30면.

56. Tyng이 Entenza에게 보낸 1965년 2월 28일자 편지 「Letters of Recommendation 1964」, Box LIK 55, Kahn Collection. Tyng은 책 『Anatomy of Form』을 완성하기 위해 보조금을 신청하려 했다.

57. D'Arcy Wentworth Thompson, 『On Growth and Form』, abridged and edited by John Tyler Bonner (Cambridge: Cambridge University Press, 1943; 1961), 119~120면, 그림 14에 대한 설명.

58. 「The Dream Builders」, 『Time』, 1960년 10월 17일, 86면. 칸은 G. Holmes Perkins에게 보낸 1968년 6월 21일자 편지에서 이 설계에 팅이 협력했음을 확인했다. 「Perkins, Dean G. Holmes, Correspondence」, Box LIK 57, Kahn Collection.

59. Tyng, De Long과의 1991년 1월 24일자 인터뷰.

60. William Mitchell (제너럴 모터스사 부회장이자 스타일 스태프)이 Kahn에게 보낸 1960년 12월 5일자 편지, 「General Motors-Contract」, Box LIK 32, Kahn Collection. Kahn은 12월 말까지 작업을 마치기로 예정되어 있었다. 드로잉에 기입된 마지막 날짜는 1961년 2월 17일이다. 이 프로젝트의 연구 보고서에 대해 David Roxburgh에게 감사하는 바이다.

61. Tyng은 Kahn이 사망할 때까지 사무소에 남아 있었으며, 직책은 직원에서 컨설턴트까지 올라갔고, 1991년에는 독립 사무소를 개설하였으며 펜실베이니아 대학에서 강의를 계속했다. Tyng, De Long과의 1991년 2월 15일자 인터뷰.

62. Kahn, 「Space Form Use-A Library」, 『Pennsylvania Triangle』 43 (1956년 12월): 43면.

63. Kahn, 「On Philosophical Horizons」 (패널 토론), 『AIA Journal』 33 (1960년 6월): 100면에서 인용.

64. Kahn, 「Louis I. Kahn: Talks With Students」, 『Architecture at Rice』, no. 26 (1969): 26~27면.

65. Denise Scott Brown, 「A Worm's Eye View of Recent Architectural History」, 『Architectural Record』 172 (1984년 2월): 73면.

66. Kahn이 Philadelphia Art Alliance에 보낸 1961년 6월 23일자 편지, 「Master File, June 1, 1961 through July 31, 1961」, Box LIK 9, Kahn Collection; Kahn이 National Council of Architectural Registration Boards에 보낸 1963년 5월 20일자 편지, 「Venturi, Bob」, Box LIK 59, Kahn Collection; Kahn이 Gordon Bunshaft에게 보낸 1971년 2월 17일자 편지, 「Master File, 1 Jan 1971 thru 30 August 71」, Box LIK 10, Kahn Collection등이 그 예이다.

67. Latour, 『Kahn: Sue Ann Kahn』, 35면; Anne Tyng, 41~49면; Marshall D. Meyers, 77면에 수록된 인터뷰들이 그 예이다.

68. Paul Schweikher (건축학과 학과장)이 Messrs. Hansen, Kahn, Nalle, and Wu에게 보낸 1955년 4월 14일자 비망록, 「Yale University-LIK Classes」, Box LIK 63, Kahn Collection.

69. Kahn, 「1973: Brooklyn, New York」 (강연, Pratt Institute, 1973년 가을), 『Perspecta』, no. 19 (1982): 94면.

70. 칸이 공모전에 참여했으며 내가 그의 스튜디오에 있던 때인 1962년 9월에 그가 과제로 내주었던, 로런스 과학홀 설계가 그러했다.

71. Wilder Green, 「Louis I. Kahn, Architect Alfred Newton Richards Medical Research Building」, 『Museum of Modern Art Bulletin』 28 (1961)이 그 예이다. 1961년 6월 6일부터 7월 16일까지 뉴욕 현대 미술관에서 리처드 의학 연구소에 대한 전시회가 열렸다.

72. 「Kahn on Beaux-Arts Training」, ed. William Jordy, 『Architectural Review』 155 (1974년 6월): 332면.

73. Kahn, 「Architecture is the Thoughtful Making of Spaces」, 2면.

74. Kahn, 「Form and Design」, 『Architectural Design』 31 (1961년 4월): 151면. Kahn이 이런 식의 설명을 처음으로 했던 것은 1959년 Otterlo에서 열린 CIAM 컨퍼런스에서였다.

75. August E. Komendant, 『18 Years With Architect Louis I. Kahn』 (Englewood, N.J.: Aloray, 1975).

76. Kahn이 Eero Saarinen에게 보낸 1959년 3월 23일자 편지, 「Master File, September 8, 1958~March 31, 1959」, Box LIK 9, Kahn Collection.

77. August Komendant, 「Architect-Engineer Relationship」, in Latour, 『Kahn』, 317면.

78. Scully, 『Kahn』, 28면; Scott Brown, 「A Worm's Eye View of History」, 71면.

79. Scully, 『Kahn』, 30면.

80. Klumb (본명 Heinrich Klumb)는 후에 푸에르토리코에서 개업했다; 그의 작업은 Henry-Russell Hitchcock, 『Architecture, Nineteenth and Twentieth Centuries』, 3d rev. ed. (Baltimore and Harmondsworth: Penguin Books, 1968), 422, 465면과 Edgar Tafel, 『Apprentice to Genius: Years With Frank Lloyd Wright』 (New York: McGraw-Hill, 1979), 37~38, 94면에서 언급된다.

81. 「1952 A.I.A. Convention」, 『Architectural Record』 112 (1952년 8월): 204면.

82. Kahn이 Joseph Hazen에게 보낸 날짜 불명의 편지, Architectural Forum의 추모 글 요청에 대해 보낸 것; Hazen이 Kahn에게 보낸 1959년 4월 10일자 전보, 「Architectural Forum-Louis I. Kahn」, Box LIK 61, Kahn Collection.

83. Scully, 『Kahn』, 30~31면.

84. Kahn, 「On the Responsibility of the Architect」 (패널 토론), 『Perspecta』, no. 2 (1953): 47면에서 인용.

85. 모리스 하우스 작업의 재개는 Morris가 Kahn에게 보낸 1957년 6월 17일자 편지에 기록되어 있다. 「Morris House, Mount Kisco, New York」, Box LIK 32, Kahn Collection. 칸 관련 문서 보관소에 있는 초기 설계 드로잉의 날짜는 1957년 8월 6일로 적혀 있다. 작업 시간 기록표에 따르면 작업은 1958년 2월부터 10월까지 진행되었으며, 4월에서

7월에 걸쳐 가장 집중적으로 이루어졌다;「Morris House」, Box LIK 80, Kahn Collection. 칸의 최종 청구서는 1058년 10월 1일자로 되어 있다; Kahn이 Morris에게 보낸 1958년 10월 2일자 편지, 출처는 위와 동일. 이 프로젝트의 연구 보고서에 대해 David Roxburgh에게 감사하는 바이다.

86. Vincent Scully, Introduction to 『The Louis I. Kahn Archive: Personal Drawings』, 7 vols. (New York: Garland Publishing, 1987), 1xviii.
87. Kahn, 「Remarks」 (강연, Yale University, 1963년 10월 30일), 『Perspecta』, no. 9/10 (1965): 305면.
88. Scott Brown, 「A Worm's Eye View of History」, 73면.
89. 의뢰인은 Mrs. Robert B. Herbert로, 그녀의 조카 William Huff는 예일에서 칸의 학생이었다. 의뢰가 들어왔을 당시 Huff는 칸의 사무소에서 일하고 있었으며 설계 책임 어시스턴트가 되었다. Kahn은 1958년 8월에 부지를 방문했고 9월 8일에 설계 계약을 체결했다;「Greensburg Tribune-Review Publishing Company」, Box LIK 35, Kahn Collection. 1958년 11월 7일자의 드로잉에는 건물의 압축적 형태가 드러난다. 이 프로젝트의 연구 보고서에 대해 P. Bradford Westwood에게 감사하는 바이다.
90. 건설은 1959년 11월에 시작되었다; David W. Mark가 William Huff에게 보낸 1959년 11월 11일자 편지,「Greensburg Tribune-Review Publishing Company」, Box LIK 35, Kahn Collection. 1960년 12월에 완공되었으나, 이후 증축으로 외관이 바뀌었다.
91. 1959년 3월 Fleisher의 토지에 대한 측량 요청이 있었다; Kahn이 George Mebus, Inc.,에 보낸 1959년 3월 19일자 편지,「Robert H. Fleischer Residence」, Box LIK 34, Kahn Collection. Fleisher는 5월에 칸에게 작업을 중단해 달라고 요청한다; Fleisher가 Kahn에게 보낸 1959년 5월 16일자 편지, 출처 위와 동일. 이 프로젝트의 연구 보고서에 대해 David Roxburgh에게 감사하는 바이다.
92. Kahn은 1959년 1월 12일에 Goldenberg와 설계 계약을 맺었다; 작업 시간 기록표에 따르면 설계 작업은 2월부터 시작되었다; 계약 서류는 6월 말에 완성되었다;「Goldenberg House」, Box LIK 80, Kahn Collection. 과도한 입찰 때문에 건축주는 8월에 계약을 종료한다; Goldenberg가 Kahn에게 쓴 1959년 8월 18일자 편지, 출처 위와 동일. 이 프로젝트의 연구 보고서에 대해 Peter S. Reed에게 감사하는 바이다.
93. Kahn,「Kahn」(1961년 2월 칸의 사무소에서 있었던 토론을 전사한 원고), 『Perspecta』, no. 7 (1961): 13면에서 인용.
94. Kahn, Heinz Ronner and Sharad Ihaveri, 『Louis I. Kahn: Complete Work, 1935~1974』, 2d ed. (Basel and Boston: Birkhauser, 1987), 98면에서 인용.
95. Wittkower, 『Architectural Principles』, 7면.
96. Kahn,「Kahn」, 15면.
97. 장례용 바실리카에 대해서는 Richard Krautheimer, 『Early Christian and Byzantine Architecture』 (Baltimore and Harmondsworth: Penguin Books, 1960), 특히 30~32면에서 논의된다.
98. 칸은 1959년 10월 1일에 설계 계약을 맺었다;「Margaret Esherick Finance File」, Box LIK 80, Kahn Collection. 이 프로젝트의 연구 보고서에 대해 David Roxburgh에게 감사하는 바이다.
99. 그 설계는 11월에 논의되었다; Kahn이 C. Woodard에게 보낸 1959년 11월 12일자 편지,「Master File November 2, 1959」, Box LIK 9, Kahn Collection. 1969년 3월에 수정된 계획안을 제출했다; Margaret Esherick이 Kahn에게 쓴 1960년 3월 16일자 편지,「Miss Margaret Esherick's House, Correspondence」, Box LIK 34, Kahn Collection. 건설은 1960년 11월에 시작되었다; Rofis and Co., 시공업체의 Thomas Regan과 맺은 1960년 11월 2일자 합의서,「Esherick House, Philadelphia, Pennsylvania」, Box LIK 139, Kahn Collection. 다음 해 11월에는 대부분 완공되었다; Kahn이 Ross and Co.,에 보낸 1961년 11월 22일자 편지,「Esherick Miscellaneous」, Box LIK 31, Kahn Collection.
100. Kahn,「Kahn」, 16~17면.
101. Kahn이 Richard Demarco (Richard Demarco Gall Ltd., Edinburgh)에 보낸 1973년 8월 28일자 편지,「Master File 1 July 1973 to 31 October 1973」, Box LIK 10, Kahn Collection.
102. 예를 들어 Brown, 『Roman Architecture』, 33면. 미국 건축 아카데미에서 브라운과 나눈 대화가 의견 교환의 계기가 되었을 것이다.
103. 1950년대 미 국무부의 대사관과 영사관 건축 방침은 Jane C. Loeffler,「The Architecture of Diplomacy: Heyday of the United States Embassy Building Program, 1954~1960」, 『Journal of the Society of Architectural Historians』 49 (September 1990): 251~278면에서 논의된다.
104. 칸은 1960년 6월 24일의 어느 회의에서 건물에 대한 자신의 아이디어를 설명했다. 그림으로 수록된 투시도는 그 회의 때의 아이디어를 바탕으로 한 것이 명백하며, 국무부에서 비판했던 것들 중의 하나임이 분명하다. William P. Hughes (미 국무부 해외 건축국 국장)가 Kahn에게 쓴 1960년 8월 26일자 편지,「Communications and Correspondence」, Box LIK 34, Kahn Collection.
105. 편지와 비망록, R. Stanley Sweeley (미 국무부 해외 건축국 관저 감독 건축가)가 Kahn에게 보낸 1960년 8월 30일과 10월 19일자 편지와, D. Merle Walker (미 국무부 해외 건축국 국장 대리)가 Kahn에게 보낸 1961년 8월 4일자 편지 포함,「Communications and Correspondence」, Box LIK 34, Kahn Collection; Mr. Chappellier와의 회의 비망록, 1960년 9월 20일,「Program, Luanda, Angola」, Box LIK 34, Kahn Collection. 이 프로젝트의 연구 보고서에 대해 David Roxburgh에게 감사하는 바이다.
106. 모델 제작 과정은 1961년 8월 26/27일자 카드에 기록되어 있다.「Luanda, Africa」, Box LIK 80, Kahn Collection. 후기 드로잉은 Kahn이 Walker에게 보낸 1961년 8월 30일자 편지에 설명되어 있다.「Program, Luanda Angola」, Box LIK 34, Kahn Collection. 칸의 최종 청구서는 Kahn이 Earnest I. Warlow (미 국무부 해외 건축국 건축과 엔지니어링 부국장)에게 보낸 1961년 12월 19일자 편지에 포함되어 있다.「Luanda, Africa」, Box LIK 80, Kahn Collection.
107. Kahn,「Kahn」, 9면.
108. 앤 팅은 자신과 협력해서 이루어진 칸의 초기 작업에서, 자신이 이 모티프의 뿌리라 믿는 바를 지적해 보인 바 있다; Tyng, Latour와의 인터뷰, 55면.
109. Wittkower, 『Architectural Principles』, 13면.
110. Jan C. Rowan,「Wanting to Be: The Philadelphia School」, 『Progressive Architecture』 42 (1961년 4월): 141면.

111. Kahn, 1961년 11월 14일의 타자 전사 원고, Board of Standards and Planning for the Living Theater와의 논의, 「Board of Standards & Planning-N.Y. Chapter-ANTA」, Box LIK 57, Kahn Collection.
112. 이후에 노이트라는 거의 완공 단계에 있던 칸의 소크 연구소를 칭찬했다; Neutra가 Kahn에게 보낸 1965년 5월 12일자 편지, 「Neutra, Richard」, Box LIK 57, Kahn Collection. Kahn의 이론과 당대의 모더니즘과의 관계에 대한 논의에 대해서는 다음을 참조할 것. Romaldo Giurgola and Jaimini Mehta, 『Louis I. Kahn: Architect』 (Zurich: Verlag für Architektur, 1975; English ed., Boulder, Colo.: Westview Press, 1975), 216~223면.
113. Sibyl Moholy-Nagy가 Kahn에게 보낸 1964년 1월 22일자 편지, 「Sibyl Moholy-Nagy Correspondence, 1964」, Box LIK 55, Kahn Collection.
114. 이후로 나오는 칸의 인용문은 다음에 실린 대로이다. 「Form and Design」, 『Architectural Design』 31 (1961년 4월): 145~154면.
115. Tim Vreeland가 Monica Pidgeon (『Architectural Design』 편집자)에게 보낸 1961년 1월 11일자 편지, 「Master File, November 1 through December 30, 1960」, Box LIK 9, Kahn Collection. j
116. Kahn, 「Form and Design」, 115, 148면.
117. 위의 책, 148면.
118. Kahn, 「Talk at the Otterlo Congress」, 213면.
119. 위의 책.
120. 예를 들어 Joseph Burton, 「Notes from Volume Zero: Louis Kahn and the Language of God」, 『Perspecta』, no. 20 (1983): 69~90면에서 그렇다.
121. Kahn, 「Form and Design」, 148~149면.
122. 위의 책, 151~152면.
123. 이러한 예에 대한 논의로는 다음을 참조할 것. Vincent Scully, 『American Architecture and Urbanism』 (New York and Washington: Praeger, 1969), 190~212면.
124. Kahn, 「Form and Design」, 148면. 이 예배당은 1959년 버전에서야 이름으로 언급되었다.
125. Kahn, 「The Sixties: A PIA Symposium on the State of Architecture」, 『Progressive Architecture』 42 (1961년 3월): 123면과 「The New Art of Urban Design-Are We Equipped?」 『Architectural Forum』 114 (1961년 6월): 88면에서 인용.
126. Rowan, 「Wanting to Be」, 131면.
127. Kahn, 의사록 「Summary of Preliminary Meeting of Committee on Arts and Architecture for the Kennedy Library」, 날짜 불명, 「Mrs. John F. Kennedy Correspondence」, Box LIK 56, Kahn Collection에서 인용. 칸은 1964년 2월 4일에 케네디 기념 도서관 예술 건축 위원회에 들어와 달라는 청을 받았다; Jacqueline Kennedy가 Kahn에게 보낸 1964년 2월 4일자 편지, 출처는 위와 동일. 1964년 12월에 I.M. Pei가 건축가로 선정되었음이 공표되었다; Jacqueline Kennedy가 Kahn에게 보낸 1964년 12월 8일자 편지, 출처는 위와 동일.
128. Kahn, 메모 (K12.22), 1955~1962년경, Kahn Collection.
129. Kahn, 「Form and Design」, 148면.
130. Kahn, 「Law and Rule in Architecture」 (영국 왕립 건축가 협회 연례 담화, 1962년 3월 14일), 타자 원고, 「LIK Lectures 1969」, Box LIK 53, Kahn Collection.
131. 그가 펜실베이니아 대학 스튜디오에서 문제로 내주었던 자신의 일들 중, 1962~1963학년도에서는 두 건이 이런 유형을 반영한다. 세인트 앤드루스 소수도원(1961~1967)과 다카의 의회 복합 단지 셰르-에-방글라 나가르(1962~1983)이다. 그 해 스튜디오에서는 장크트갈렌과 판테온의 이상이 많이 논의되었다.
132. Kahn이 Stephen S. Gardner (200주년 기념 박람회 부지 위원회 회장)에게 쓴 1972년 1월 16일자 편지, 「1972 Bicentennial Corporation Correspondence」, Box LIK 50, Kahn Collection.
133. 칸의 학생이었으며 당시 칸과 정기적으로 연락했던 터키 건축가 Gönül Aslanoglu Evyapan은, 칸이 자신에게 의뢰받은 일에 대해 그토록 공감을 느꼈던 적이 없으며 그런 일을 한 번 더 해보고 싶다고 느꼈던 적도 달리 없었다고 말했다고 회상했다. 나는 1964년과 1965년 그녀와 칸과의 만남 이후에도 그녀를 종종 보았는데, 강한 인상을 받았다.
134. Kahn, Patricia Cummings Loud, 『The Art Museums of Louis I. Kahn』 (Durham, N.C., and London: Duke University Press, 1989), 258면에서 인용.
135. 이 연설은 그가 미국 문학 예술 아카데미에 입회했을 때 한 것이다. 칸의 노트에는 날짜가 적혀 있지 않으나, 칸에게 회원으로 선발되었음을 알리는 편지와 함께 철해져 있다. Aaron Copland가 Kahn에게 보낸 1973년 11월 23일자 편지, 「The American Academy of Arts & Letters (1972)」, Box LIK 44, Kahn Collection.

3 교감을 이끌어 내는 공간

1. Kahn, 「A Synagogue」, 『Perspecta』, no. 3 (1955): 62면.
2. Kahn, 「Places of Worship」 (Rachel Wischnitzer의 『Synagogue Architecture in the U.S.』에 대한 서평), 『Jewish Review and Observer』, clipping stamped February 17, 1956, Louis I. Kahn Collection, University of Pennsylvania Historical and Museum Commission (이후 출처 표기는 Kahn Collection이라 약칭). 칸은 이 서평을 1955년 12월 2일 이전에 썼다.
3. Kahn, 「Architecture: Silence and Light」 (강연, Solomon R. Guggenheim Museum, 1968년 12월 3일), in Guggenheim Museum, 『On the Future of Art』 (New York: Viking Press, 1970), 25면.
4. Kahn이 Balkrishna V. Doshi에게 보낸 1961년 5월 26일자 편지, 「Master File 3/1/61 thru 5/31/61」, Box LIK 9, Kahn Collection.
5. Kahn, 「Law and Rule in Architecture」 (강연, Princeton University, 1961년 11월 29일), 타자 원고, 「LIK Lectures 1969」, Box LIK 53, Kahn Collection.
6. Kahn, 「Law and Rule in Architecture」 (영국 왕립 건축가 협회 연례 담화, 1962년 3월 14일), 타자 원고, 「LIK Lectures 1969」, Box LIK 53, Kahn Collection.
7. Kahn, 강연, International Design Conference, Aspen, Colorado, 1962년 6월, 타자 원고, 「Aspen Conference-June 1962」, Box LIK 59, Kahn Collection.
8. Kahn, 「Louis Kahn: Statements on Architecture」 (강연, Politecnico di Milano, 1967년 1월), 『Zodiac』, no. 17 (1967): 55면.

9. Peter Murray, 『*The Architecture of the Italian Renaissance*』 (New York: Schocken Books, 1963), 42~44면.
10. 예를 들어 Kahn, 「Remarks」 (강연, Yale University, 1963년 10월 30일), 『*Perspecta*』, no. 9/10 (1965): 320면에서 그렇다.
11. 다른 예들도 있으나, Joseph Burton이 「Notes from Volume Zero: Louis Kahn and the Language of God」, 『*Perspecta*』, no. 20 (1983): 80~83면에서 재인용한, J. Kieffer, 『*Louis I. Kahn and the Rituals of Architecture*』 (개인 출판, 1981)이 이 유사성을 지적했다.
12. Kahn, 「Louis I. Kahn: Talks with Students」 (강연과 토론, Rice University, 1969년경), 『*Architecture at Rice*』, no. 26 (1969): 44면.
13. Pattison, David B. Brownlee와의 1990년 12월 20일자 인터뷰.
14. Pattison, David G. De Long과의 1991년 1월 29일자 인터뷰.
15. Kahn, 「Architecture and Human Agreement」 (강연, University of Virginia, 1972년 4월 18일), 『*Modulus*』, no. 11 (1975): 면수 불명.
16. 1962~1963학년도에 나는 펜실베이니아 대학 칸의 스튜디오 학생이었다. 내 강의 노트에 따르면, 칸이 다카에서 돌아와 처음으로 우리와 만난 것은 1963년 2월 11일이었다. 당시 그가 했던 말은, 이후의 수업을 통해 상세한 표현으로 계속 반복했던 것이기도 하지만, 1963년 가을 예일에서 했던 강연 내용과 매우 비슷했다. 인용문은 바로 이 예일 강연에서 따온 것이며, 이 강연은 다음과 같이 출판되었다: 「The Development by Louis I. Kahn of the Design for the Second Capital of Pakistan at Dacca」, 『*Student Publication of the School of Design, North Carolina State College, Raleigh*』 14 (1964년 5월): 면수 불명.
17. 위의 책.
18. 내 강의 노트에 따르면, 칸이 다카 과제를 내준 것은 2월 25일이었다.
19. 칸이 1963년 4월 1일에 한 이 말을, 나는 다카에 대한 그의 논의를 받아 적으면서 따옴표로 둘러쌌다.
20. Kahn, 강연, Princeton University, 1968년 3월 3일, Bruno J. Hubert, 「Kahn's Epilogue」, 『*Progressive Architecture*』 65 (1984년 12월): 61면에서 인용.
21. Kahn, 「Talks with Students」, 28~29면.
22. Heinz Ronner and Sharad Ihaveri, 『*Louis I. Kahn: Complete Work, 1935~1974*』, 2d ed. (Basel and Boston: Birkhäuser, 1987), 234~235면, SNC.3~6에서는 이 드로잉들을 1962년의 것으로 간주하지만, 오히려 1963년 다카를 첫 방문했을 때의 것으로 보는 것이 옳을 듯하다. 칸은 이 여행 때 부지와 프로그램에 대한 정보를 받았으며, 그전에는 설계 작업을 했다는 어떠한 기록도 없다. Ronner가 첫 번째 것이라 설명하는 모델(234면, SNC.1)은 1963년 3월에 제출한 모델보다 날짜가 앞선 것으로 보이나, 칸이 귀국한 뒤 다음 번 발표 모델을 제작하기 전에 만든 연구 모델일 가능성도 있다.
23. Kahn, 「The Development of Dacca」, [면수 불명]에서 인용.
24. 1962년 11월 11일에 칸은 찬디가르에 있었다; 호텔 영수증, Oberoi Mount View, 「National Institute of Design Incidentals」, Box LIK 113, Kahn Collection.
25. Kahn, 「Form and Design」, 『*Architectural Design*』 31 (1961년 4월): 152면.
26. Ignacio de Sola-Morales i Rubio, 「A Lecture in San Sebastian」 (1982), 『*Louis I. Kahn: L'uomo, il maestro*』, ed. Alessandra Latour (Rome: Edizioni Kappa, 1986), 219면에 재수록. 이 논지는 앞서 Emil Kaufmann, 「Three Revolutionary Architects, Boullée, Ledoux, and Lequeu」, 『*Transactions of the American Philosophical Society 42*』 (1952년 10월)로 발전된 바 있다.
27. Kahn, 「Law and Rule」 (Princeton).
28. Kahn, 「Law and Rule」 (RIBA). 「The Architect and the Building」, 『*Bryn Mawr Alumnae Bulletin*』 43 (1962년 여름): 2~3면에도 진술.
29. Kahn, Boston Society of Architects에 한 연설, 1966년 4월 5일, 타자 원고, 「Boston Society of Architects」, Box LIK 57, Kahn Collection. 이는 뒤에 다음과 같이 출판된다: 「Address by Louis I. Kahn」, 『*Boston Society of Architects Journal*』, no. 1 (1967): 5~20면.
30. Kahn, 「The Development of Dacca」[면수 불명]에서 인용. 1963년 가을 칸은 미크베 이스라엘 시나고그의 학교 부분에 유사한 〈텅 빈 기둥들〉을 추가하며, 이후에는 다카에도 도입한다; Kahn, 「Remarks」, 320면.
31. Kahn, 강연, Aspen, 1962; Kahn, 「Law and Rule」 (Princeton).
32. August Komendant가 「Architect-Engineer Relationship」, in Latour, 『*Kahn*』, 319면에서 진술한 대로임.
33. 다카 일을 맡은 칸 사무소의 건축가 Roy Vollmer가 주택 시설 일부를 설계했다; Louise Badgley (칸의 비서)가 James K. Merrick (필라델피아 예술 연합)에게 보낸 1968년 5월 23일자 편지에 이에 대한 언급이 나와 있다. 「April 1968 Master File, May & June 1968 & July 1968」, Box LIK 10, Kahn Collection.
34. 「The Observatories of the Maharajah Sawai Iai Singh II」, 『*Perspecta*』, no. 6 (1960): 68~77면.
35. Marco Frascari (펜실베이니아 대학 건축과 부교수), David G. De Long과의 1989년 11월 15일자 인터뷰.
36. William J. R. Curtis, 「Authenticity, Abstraction and the Ancient Sense: Le Corbusier's and Louis Kahn's Ideas of Parliament」, 『*Perspecta*』, no. 20 (1983): 191면이 그 예이다.
37. Darah Diba, 「Return to Dacca」, 『*L'architecture d'aujourd'hui*』, no. 267 (1990년 2월): 11면.
38. Kahn, 「Remarks」, 313면.
39. Latour, 『*Kahn*』, 167면에 재수록된, Michael Graves의 Kazumi Kawasaki와의 인터뷰(1983)가 그 예이다.
40. Monthly bulletin, Doxiadis Associates, 「The Administrative Sector of Islamabad」, 1961년 5월 1일, 「President's Estate, West Pakistan Gen. Correspondence」, Box LIK 82, Kahn Collection. 이슬라마바드 건설의 초기 내력을 다룬 논문으로는 B. S. Saini, 「Islamabad: Pakistan's New Capital」, 『*Design 9*』 (1964년 5월): 83~89면; C. A. Doxiadis, 「Islamabad: The Creation of a New Capital」, 『*Ekistics*』 20 (1965년 11월): 301~305면; Maurice Lee, 「Islamabad The Image」, 『*Architectural Design*』 37 (1967년 1월): 47~50면; Leo Jamoud, 「Islamabad The Visionary Capital」, 『*Ekistics*』 25 (1968년 5월): 329~335면이 있다.
41. 칸이 건축가로 선정되었다는 사실은 Masoodur Rouf (수도 개발 공사)가 Robert Matthew(이슬라마바드 행정 구역 건축 코디네이터)에게 보낸 1963년 7월 26일자 편지에서 확인된다. 「Prespak Capital

Development Authority Correspondence」, Box LIK 82, Kahn Collection. 복합 단지의 기초 구성 요소들은 문서 「Revised Space Requirements in Respect to the President's Estate…… April 1963」, 「President's Estate, Islamabad, Program」, Box LIK 82, Kahn Collection에 포함되어 있다. 이 프로젝트의 연구 보고서에 대해 David Roxburgh에게 감사하는 바이다.

42. 칸은 1964년 6월에 예비 설계안을 제출하기로 되어 있었다; Sarfraz Khan (수도 개발 공사의 계획 부국장)이 Kahn에게 보낸 1964년 7월 13일자 편지, 「President's Estate, Islamabad, Corres. Cap. Dev. Auth」, Box LIK 82, Kahn Collection. 칸은 9월까지는 뭔가 결과를 내 겠다고 약속했다; Matthew가 Zahir ud-Deen(수도 개발 공사의 계획 국장)에게 보낸 1964년 8월 13일자 편지, 「President's Estate…… Correspondence, Sir Robert Matthew」, Box LIK 82, Kahn Collection.

43. Kahn이 Matthew에게 보낸 1965년 1월 8일자 편지, 「Master File-January 1965-February」, Box LIK 10, Kahn Collection.

44. Ajaz A. Khan, 『Progress Report on Islamabad』(1960~1970) (Islamabad: Capital Development Authority, 1970), 26면.

45. Matthew가 Kahn에게 보낸 1965년 3월 3일자 편지, 「President's Estate…… Correspondence, Sir Robert Matthew」, Box LIK 82, Kahn Collection.

46. Kahn, 메모 (K12.22), 1963년경, Kahn Collection. 이 메모에 뒤이어 이슬라마바드 국회 의사당 건물의 최종 버전 스케치들이 나온다.

47. Auguste Choisy, 『Histoire de l'architecture』(Paris: Edouard Rouveyre, [1899]), 1:529, 그림 15.

48. 이 점을 강조하는 여러 문서 중에서, 특히 N. Faruqi (수도 개발 공사의 신임 회장)가 Matthew, Kahn, Ponti에게 보낸 1965년 5월 11일자 편지를 들 수 있다. 「Prespak, Capital Development Authority」, Box LIK 82, Kahn Collection.

49. Kahn이 Matthew에게 보낸 1965년 8월 27일자 편지, 「Master File, June 1965 July …… October」, Box LIK 10, Kahn Collection.

50. 칸이 필라델피아 사무소에 보낸 1966년 1월 11일자 전보, 「Cablegrams-Pak. Estate」, Box LIK 82, Kahn Collection.

51. S. Budd Simon (건축가 임명 위원회 회장)이 Kahn에게 보낸 1966년 7월 15일자 편지와, David Wisdom (칸 사무소)이 Morton Rosenthal (건축 위원회 회장)에게 보낸 1967년 3월 20일자 편지, 「Temple Beth El Correspondence Client」, Box LIK 38, Kahn Collection. 이 프로젝트의 연구 보고서에 대해 Marcia Fae Feuerstein에게 감사하는 바이다.

52. Simon이 Kahn에게 보낸 1966년 5월 29일자 편지, 출처 위와 동일.

53. 건설 보고서, Guzzi Bros. & Singer, Inc., 1970년 8월 31일, 「Temple Beth El Cuzzi Bros. & Singer, Inc. All Corres.」, Box LIK 38, Kahn Collection; 개관식 초청장, 1972년 5월 5일, 「Temple Beth El Correspondence Client」, Box LIK 38, Kahn Collection.

54. Yacoov Salomon(시나고그 부지 임대권 보유자)이 Kahn에게 보낸 1967년 10월 9일자 편지, 「Hurva Synagogue」, Box LIK 39, Kahn Collection. 1700년에 아슈케나지 종파와 지었던 원래의 시나고 그는 1720년에 파괴되었다; 이 부지에 1857년 건축된 두 번째 시 나고그는 1948년에 파괴되었다. Nahman Avigad, 『Discovering jerusalem』 (New York: Nelson Publishers, 1980), 18면; Pierre Loti, 『Jerusalem』 (Philadelphia: David McKay, 1974), 20면.

55. Kahn이 Salomon에게 보낸 1968년 7월 8일자 전보, 「Hurva Synagogue」, Box LIK 39, Kahn Collection. 급하게 이루어진 첫 번째 계획안 작성 작업에 대해서는 Marvin Verman이 1989년 가을 Maria Isabel G. Beas와의 미출간 인터뷰에서 묘사한 바 있다; 당시 칸의 직원 이었던 Verman은 최초 발표 책임을 맡고 있었다. 이 프로젝트의 연구 에 대해서는 Maria Beas에게 감사하는 바이다.

56. Kahn이 Yehuda Tamir (수상청)에게 보낸 1969년 3월 28일자 편지, 「Hurva Synagogue」, Box LIK 39, Kahn Collection.

57. Kahn이 Harriet Pattison에게 보낸 1964년 9월 15일자 편지, Alexandra Tyng, 『Beginnings: Louis I. Kahn's Philosophy of Architecture』 (New York: John Wiley & Sons, 1984), 166면에 수록.

58. Kollek, J. Robert Moskin, 「Jewish Mayor of the New Jerusalem」, 『Look』, 1968년 10월 1일, 71면에서 인용. 칸의 첫 발표안을 둘러싼 논란에 대해서는 Kollek이 Kahn에게 보낸 1968년 8월 29일자 편지에 언급되어 있다, 「Hurva Synagogue」, Box LIK 39, Kahn Collection.

59. 예를 들어 Robert Coombs, 「Light and Silence: The Religious Architecture of Louis Kahn」, 『Architectural Association Quarterly』 13 (1981년 10월): 32, 34면에서 그렇다.

60. Kahn이 Mrs. Serata (유대인 신학교 사서)에게 보낸 1968년 7월 2일자 편지, 「Hurva Synagogue」, Box LIK 39, Kahn Collection. 논문은 Louis Finkelstein, 「The Origin of the Synagogue」, 『Proceedings of the American Academy for jewish Research』 1 (1928~1930): 49~59면이었다.

61. Rudolf Wittkower, 『Architectural Principles in the Age of Humanism』 (London: Alec Tiranti, 1952), 91면.

62. Kollek이 Kahn에게 보낸 1969년 6월 6일자 편지, 「Jerusalem Committee」, Box LIK 39, Kahn Collection. 이 버전은 때때로 두 번째 가 아닌 세 번째로 간주될 때도 있으나, 드로잉의 날짜를 참고하면 두 번째 버전임이 확실하다.

63. Kollek이 Kahn에게 보낸 1972년 4월 23일자 편지, 출처 위와 동일.

64. Kollek이 Kahn에게 보낸 1973년 12월 28일자 편지, 「Hurva Garden」, Box LIK 39, Kahn Collection.

65. Kahn, 「Silence and Light」(강연, School of Architecture, ETH Zurich, 1969년 2월 12일), in Ronner and Jhaveri, 『Complete Work』, 8.

66. Kahn, 베네치아 Sala dello Scoutinio에서의 강연, 1969년 1월 30일, 타자 원고, 「Venezia」, Box LIK 55, Kahn Collection.

67. Neslihan Dostoglu, Marco Frascari, and Enrique Vivoni, 「Louis Kahn and Venice: Ornament and Decoration in the Interpretation of Architecture」, in Latour, 『Kahn』, 307면.

68. Pattison, De Long과의 1991년 1월 29일자 인터뷰.

69. Dostoglu, Frascari, and Vivoni, 「Kahn and Venice」, 307면.

70. Kahn, 베네치아에서의 강연, 1969.

71. 관련 건물들의 단순한 치수 이외에도, 캐나다 건축 센터 문서 보관소의 드로잉들 역시 40, 60, 100 (CCA DR 1982.0006); 20, 40, 80 (CCA DR 1982.0007); 15, 30, 120 (CCA DR 1982.0009)과 같은 단순한 숫자 표기법을 포함하고 있다.

4 영감을 불어넣는 공간

1. Kahn, 「Remarks」 (강연, Yale University, 1963년 10월 30일), 『Perspecta』, no. 9/10 (1965): 310면. 두 번째로 자주 인용되는 것이 〈만나고자 하는 영감〉이었으며, 이따금 그는 〈표현하고자 하는〉 혹은 〈잘 살아가기〉라 다양하게 칭해지는 세 번째 영감을 덧붙였다; Kahn, Karl Linn과의 1965년 5월 14일자 인터뷰, 타자 원고 「Linn, Karl」, Box LIK 58, Louis I. Kahn Collection, University of Pennsylvania and Pennsylvania Historical and Museum Commission, Philadelphia (이후 출처 표기는 Kahn Collection이라 약칭); Kahn, 『Architecture: The John Lawrence Memorial Lectures』 (New Orleans: Tulane University School of Architecture, 1972)[면수 불명]이 그 예이다.
2. Kahn, University of Pennsylvania, School of Medicine, 『Report of the Proceedings, Sixth Annual Conference on Graduate Medical Education: Medicine in the Year 2000』, Philadelphia, Pennsylvania, December 1964 (Philadelphia: University of Pennsylvania 1965), 149면에서 인용.
3. Kahn, 「Kahn」 (인터뷰, 1961년 2월), 『Perspecta』 no. 7 (1961): 10면에서 인용.
4. Kahn, 「Our Changing Environment」 (패널 토론, 1964년 6월 18일), in 『American Craftsmen's Council, First World Congress of Craftsmen, June 8 through June 19, 1964. Columbia University, New York』 (New York: American Craftsmen's Council, [1965]), 120면.
5. Kahn, 1960년 11월 19일 녹음되었고 1960년 11월 21일 방송된 강연; 『Structure and Form』, Forum Architecture Series no. 6 (Washington, D.C.: Voice of America, [1961]), 2로 출판. 그가 나무의 은유를 처음 이용한 것은 최소한 1955년이다; Kahn, Rachel Wischnitzer의 『Synagogue Architecture in the U.S.』에 대한 서평, MS, 1955년 11월경, 「Descriptions of Buildings」, Box LIK 54, Kahn Collection 참조.
6. Kahn, 「Space and the Inspirations」 (강연, New England Conservatory of Music, Boston, 1967년 11월 14일), 『L'architecture d'aujourd'hui』, 40 (1969년 2~3월): 15면.
7. Kahn, 「Remarks」, 305면.
8. 위의 책, 332면.
9. C. P. Snow, 『The Two Cultures and the Scientific Revolution』, The Rede Lecture 1959 (Cambridge: Cambridge University Press, 1959).
10. Salk, David B. Brownlee와 David G. De Long과의 1990년 5월 24일자 인터뷰.
11. Salk, David B. Brownlee와 다른 이들과의 1983년 4월 28일자 인터뷰.
12. Kahn, 「Law and Rule in Architecture」 (강연, Princeton University, 1961년 11월 29일), 타자 원고, 「LIK Lectures 1969」, Box LIK 53, Kahn Collection.
13. Monica Bromley (영국 왕립 건축가 협회)가 Kahn에게 보낸 1962년 2월 21일자 편지, 「Discourse for R.I.B.A. 1962 Correspondence」, Box LIK 55, Kahn Collection; Kahn, 「Louis I. Kahn: Talks with Students」 (강연과 토론, Rice University, 1969년경), 『Architecture at Rice』, no. 26 (1969): 13면.
14. Esther McCoy, 「Dr. Salk Talks about His Institute」, 『Architectural Forum』 127 (1967년 12월): 31~32면.
15. Kahn, 『Medicine in the Year 2000』, 150면.
16. Kahn, 「Law and Rule」 (Princeton).
17. Kahn, 『Medicine in the Year 2000』, 153면.
18. Kahn, 「Kahn」, 11면. 여기서 논의된 프로젝트는 루안다 영사관이다.
19. Kahn, 「Law and Rule in Architecture」 (영국 왕립 건축가 협회 연례 담화, 1962년 3월 14일), 타자 원고, 「LIK Lectures 1969」, Box LIK 53, Kahn Collection.
20. Kahn, 「Talks with Students」, 13~14면.
21. Vincent J. Scully, 『Louis I. Kahn』 (New York: George F. Braziller, 1982), 37면.
22. Kahn, 「Remarks」, 330면.
23. Salk, Brownlee와 De Long과의 인터뷰.
24. Kahn, 『Medicine in the Year 2000』, 151면.
25. Kahn, 「Remarks」, 332면.
26. Kahn, 「I Love Beginnings」 (강연, International Design Conference, 「The Invisible City」, Aspen, Colorado, 1972년 6월 29일), 『Architecture + Urbanism』, 특별호 「Louis I. Kahn」, 1975, 282면.
27. Kahn, 「Silence」, 『Via』 1 (1968): 89면.
28. Kahn, 「Remarks」, 305면.
29. Kahn, Linn과의 인터뷰.
30. Kahn, 「The Architect and the Building」, 『Bryn Mawr Alumnae Bulletin』 43 (1962년 여름): 2면.
31. Kahn, 제목 미상의 토론, International Design Conference, 「The Invisible City」, Aspen, Colorado, 1972년 6월, 『What Will Be Has Always Been: The Words of Louis I. Kahn』, ed. Richard Saul Wurman (New York: Access Press and Rizzoli, 1986), 170면에서 인용.
32. Kahn, 「Law and Rule」 (RIBA).
33. Kahn, 「Kahn」, 12~13면.
34. Kahn, 「Architect and Building」, 5면.
35. 위의 책, 3면.
36. Kahn, 「Law and Rule」 (RIBA). Peter S. Reed는 문제의 책이 분명 William Douglas Simpson의 『Castles from the Air』 (London: Country Life; New York: Charles Scribner's Sons, 1949)일 것이라 추정했다. Alexandra Tyng은 1962년에 칸이 Stewart Cruden의 『The Scottish Castle』 (Edinburgh: Spurbooks, 1962)을 받았다고 언급한다; Tyng, 『Beginnings: Louis I. Kahn's Philosophy of Architecture』 (New York: John Wiley & Sons, 1984), 19면.
37. Susan Braudy, 「The Architectural Metaphysic of Louis Kahn: 〈Is the Center of a Column Filled with Hope?〉 〈What Is a Wall?〉 〈What Does This Space Want To Be?〉」 『New York Times Magazine』, 1970년 11월 15일, 80면. 덤프리셔의 콤롱간 성의 그림은 Scully, 『Kahn』, 그림 116과 Kahn, 「Remarks」, 그림 42~45에 실려 있다. 둘 다 칸과의 협의하에 발표되었다.
38. Kahn, 「Space and the Inspirations」, 16면; 다른 버전으로는 Kahn, 「Address by Louis I. Kahn, April 5, 1966」, 『Boston Society of Architects Journal』 no. 1 (1967): 8면 참조.
39. Kahn, 『Medicine in the Year 2000』, 151면.
40. 버지니아 대학 화학 연구소에 대한 지원은 Peter S. Reed가 제공했다.

41. Edgar F. Shannon이 Kahn에게 보낸 1962년 11월 19일자 편지, 「UVA–University Correspondence」, Box LIK 33, Kahn Collection.
42. 웨인 주립 대학 샤페로 홀에 대한 연구 지원은 Peter S. Reed가 제공해 주었다.
43. Douglas R. Sherman (웨인 주립 대학 총장)이 Arthur Neef (부총장이자 교무처장), Stephen Wilson (약대 학장), Mark Beach에게 보낸 1962년 2월 5일자 메모, 「Wayne University Correspondence」, Box LIK 33, Kahn Collection.
44. 버클리의 캘리포니아 대학 로런스 기념 과학동에 대한 연구 지원은 Peter S. Reed가 제공해 주었다.
45. Kahn, 「Talk at the Conclusion of the Otterlo Congress」, in 『New Frontiers in Architecture: CIAM '59 in Otterlo』, ed. Oscar Newman (New York: Universe Books, 1961), 212면.
46. Balkrishna V. Doshi, 「Louis Kahn in India」, 『Architecture + Urbanism』, 특별호 「Louis I. Kahn」, 1975, 313면.
47. Kahn, 「Remarks」, 324면.
48. 위의 책, 327면.
49. Kahn, 「1973: Brooklyn, New York」 (강연, Pratt Institute, 1973년 가을), 『Perspecta』, no. 19 (1982): 92면; 또 다른 버전은 Kahn, 「I Love Beginnings」, 281면.
50. Kahn, James Bailey, 「Louis Kahn in India: An Old Order at a New Scale」, 『Architectural Forum』 125 (1966년 7~8월): 40면에서 인용.
51. Doshi, 「Louis Kahn in India」, 312면.
52. 위의 책, 311면.
53. Kahn, 「Architecture and Human Agreement」 (강연, University of Virginia, 1972년 4월 18일), 『Modulus』, no. 11 (1975): 면수 불명.
54. Kahn, 『Structure and Form』, 3면.
55. Kahn, 「Talks with Students」, 40면.
56. Kahn, 「Address」, 17면.
57. Kahn, 「Remarks」, 322면.
58. Kahn, Doshi, 「Louis Kahn in India」, 311면에서 인용.
59. Kahn, 「Remarks」, 305면.
60. 세인트앤드루스 소수도원에 대한 연구 지원은 Peter S. Reed가 제공해 주었다.
61. Shari Wigle, 「The World, the Arts, and Father Raphael」, 『Los Angeles Times West Magazine』, 1966년 9월 18일, 32~33, 46~51면.
62. Kahn, 「Law and Rule」 (RIBA).
63. 칸이 Vincent Martin 신부에게 보낸 1961년 9월 25일자 편지, 「Master File-August 1~61 through 9/28/61」, Box LIK 9, Kahn Collection. 〈다른 건축가〉는 Foster Rhodes Jackson이었다.
64. Kahn이 Philip Verhaegen 신부(세인트앤드루스 소수도원 수도원장)에게 보낸 1965년 11월 26일자 편지, 「St. Andrew's Priory Valyermo, California」, Box LIK 81, Kahn Collection; John Duncan(수도원 변호사)이 de Morchoven 신부에게 보낸 1966년 4월 26일자 편지, 출처 위와 동일.
65. Wigle, 「Father Raphael」, 32면.
66. Kahn, 「Architecture and Human Agreement」, 면수 불명.
67. Kahn, 「Talks with Students」, 7~8면.
68. 위의 책, 8면.
69. Kahn, 『Architecture』, 면수 불명
70. Kahn, 「Address」, 13면.
71. Emmanuel 수녀원장이 Kahn에게 보낸 1966년 12월 16일자 편지, 「Mother Mary Emmanuel Motherhouse–Media」, Box LIK 32, Kahn Collection.
72. 메릴랜드 예술 대학에 대한 연구 지원은 Peter S. Reed가 제공해 주었다.
73. Leake가 David Wisdom에게 보낸 1967년 3월 30일자 편지, 「Maryland Institute College of Art Correspondence」, Box LIK 33, Kahn Collection.
74. Wisdom이 Leake에게 보낸 1967년 4월 6일자 편지, 출처 위와 동일.
75. Leake가 Kahn에게 보낸 1969년 4월 9일자 편지, 출처 위와 동일.
76. 라이스 대학 예술 센터에 대한 연구 지원은 Peter S. Reed가 제공해 주었다.
77. Kahn, 「Talks with Students」, 39~40면.

5 〈이용 가능성〉을 극대화하는 공간

1. Kahn, 「Architecture and Human Agreement」 (강연, University of Virginia, 1972년 4월 18일), 『Modulus』, no. 11 (1975): 면수 불명.
2. Kahn, 「1973: Brooklyn, New York」 (강연, Pratt Institute, 1973년 가을), 『Perspecta』, no. 19 (1982): 100면.
3. Kahn, 「The Room, the Street and Human Agreement」 (미국 건축가 협회 금메달 수상 연설, Detroit, 1971년 6월 24일), 『AIA Journal』 56 (1971년 9월): 33면.
4. Kahn, 「1973: Brooklyn」, 100면.
5. Kahn, 「Harmony Between Man and Architecture」 (강연, Paris, 1973년 5월 11일), 『Design』 18 (Bombay, 1974년 3월): 25면.
6. Kahn, Karl Linn과의 1965년 5월 14일자 인터뷰, 타자 원고 「Linn, Karl」, Box LIK 58, Louis I. Kahn Collection, University of Pennsylvania and Pennsylvania Historical and Museum Commission, Philadelphia (이후 출처 표기는 Kahn Collection이라 약칭).
7. Kahn, 「The Room, the Street and Human Agreement」, 33~34면.
8. Kahn, 「Architecture and Human Agreement」, 면수 불명.
9. 위의 책.
10. Kahn, Boston Society of Architects에 한 연설, 1966년 4월 5일, 타자 원고, 「Boston Society of Architects」, Box LIK 57, Kahn Collection. 이는 뒤에 다음과 같이 출판된다: 「Address by Louis I. Kahn」, 『Boston Society of Architects Journal』, no. 1 (1967): 5~20면.
11. Kahn, Linn과의 인터뷰. 이 시점에 그는 〈살고자 하는 영감〉이라는 표현을 쓰는데, 후에 이는 〈표현하고자 하는 영감〉이라 재정의된다: 「Architecture and Human Agreement」에서 설명.
12. Kahn, 「Louis I. Kahn: Talks With Students」, 『Architecture At Rice』, no. 26 (1969): 40면.
13. Kahn, Board of Standards and Planning for the Living Theatre를 위한 강연, New York, 1961년 11월 14일, 타자 원고, 「Board of Standards and Planning, N.Y. Chapter ANTA」, Box LIK 57, Kahn Collection.
14. 「Group Abandons Levy Memorial」, 『New York Times』, 1966년 10월

7일. 이 프로젝트의 연구 보고서에 대해서는 David Strauss에게 감사하는 바이다.
15. Noguchi가 Kahn에게 보낸 1961년 8월 2일자 편지, 「Levy Memorial Playground」, Box LIK 33, Kahn Collection.
16. David Wisdom (칸 사무소)이 Noguchi에게 보낸 1963년 1월 10일자 편지, 출처 위와 동일.
17. 「Model Play Area for Park Shown」, 『New York Times』, 1964년 2월 5일.
18. 이 〈최종 버전〉에 부합하는 모델을 George Pohl이 1965년 1월 21일에 촬영했다; Pohl records, Kahn Collection.
19. Noguchi가 Arthur W. Jones, Jr. (칸 사무소)에게 보낸 1964년 12월 3일자 편지, 「Levy Memorial Playground」, Box LIK 33, Kahn Collection.
20. Kahn, Linn과의 인터뷰.
21. 「Court Battles and Confusion Over Playground」, 『New York Herald Tribune』, 1965년 2월 27일; 「Fight Over Park Nearing Climax」, 『New York Times』, 1966년 2월 13일; 「Group Abandons Levy Memorial」.
22. Kahn, 「Kahn Designs a 'Non-College'」, 『Philadelphia Inquirer』, 1966년 3월 29일에서 인용.
23. 위의 책.
24. 남아 있는 서신들로는 이들의 책임 구분을 항상 명확하게 밝힐 수는 없으며, 후기에는 적어도 하나 이상의 다른 개발업자 — Leonard G. Styche and Associates, Incorporated — 가 참여했다; Leonard G. Styche가 Kahn에게 보낸 1966년 9월 1일자 편지, 「Broadway Church」, Box LIK 33, Kahn Collection. 이 프로젝트의 연구 보고서에 대해서는 Peter S. Reed에게 감사하는 바이다.
25. 노트, 1966년 6월 30일, 「Broadway Church」, Box LIK 33, Kahn Collection; William J. Conklin이 Kahn에게 보낸 1966년 7월 13일자 편지, 「Broadway United Church of Christ」, Box LIK 85, Kahn Collection. James Rossant와 함께 버지니아 주 레스턴 신도시를 설계했던 저명한 건축가 Conklin은 당시 교회 위원회장이었다.
26. 이 버전에 해당하는 회색 합판 모델이 발표되었으나 지금은 존재하지 않는 것이 분명하다; 나는 칸이 이 모델을 위원회에 제출한 뒤 William Conklin이 자기 사무소로 가져왔을 때(당시 나는 거기에서 일하고 있었다) 그것을 보았다.
27. Kahn, 「Talk at the Conclusion of the Otterlo Congress」, in 『New Frontiers in Architecture: CIAM '59 in Otterlo』, ed. Oscar Newman (New York: Universe Books, 1961), 214면.
28. Conklin이 Kahn에게 보낸 1966년 9월 19일자 편지, 「Broadway United Church of Christ」, Box LIK 85, Kahn Collection; Stych가 Kahn에게 보낸 1966년 9월 1일자 편지, 「Broadway Church」, Box LIK 33, Kahn Collection.
29. James A. Austrian (James D. Landauer Assoc., Inc., 부동산 컨설턴트)이 Kahn에게 보낸 1970년 3월 13일자 편지; Kahn이 Austrian에게 보낸 1970년 4월 23일자 편지; Austrian이 Kahn에게 보낸 1970년 6월 21일자 편지; John R. White (Landauer Assoc.)가 Kahn에게 보낸 1970년 9월 10일자 편지, 「Saint Peter's Lutheran Church」, Box LIK 13, Kahn Collection. 이 건에서도 교회는 칸이 건축가로서 관여하는 데 호의적이었지만, 퍼스트 내셔널 시티 뱅크에서 다른 건축가를 고용했다.

30. Altman이 Kahn에게 보낸 1966년 7월 11일자 편지, 「Kansas City Office Building Client Correspondence I」, Box LIK 39, Kahn Collection. David B. Brownlee와 내가 캔자스시티 사무소에서 그를 인터뷰했던 1990년 5월 23일을 비롯하여, 여러 자리에서 나와 함께 이 건을 논의해 준 Arnold Garfinkel에게 감사한다.
31. 1967년 1월 5일의 회의 노트와 Altman이 Polk (칸 사무소)에게 보낸 1967년 5월 8일자 편지, 「Kansas City Office Building Correspondence」, Box LIK 39, Kahn Collection.이 프로젝트의 연구 보고서에 대해서는 Peter S. Reed에게 감사하는 바이다.
32. 『Louis I. Kahn: L'uomo, il maestro』, ed. Alessandra Latour (Rome: Edizioni Kappa, 1986), 95면에 재수록된, Polk의 Kazumi Kawasaki와의 인터뷰(1983).
33. Emery Roth의 사무소에서 열린 회의 의사록, 1967년 9월 19일, 「Broadway Church; Komendant's Information; Late Meeting Notes」, Box LIK 33, Kahn Collection.
34. 이 계획안의 한 변형에서는 타워가 L자 모양이며, 추가된 기둥들이 교회의 외부 코너의 토대를 형성한다; Heinz Ronner and Sharad Jhaveri, 『Louis I. Kahn: Complete Work, 1935~1974』, 2d. ed. (Basel and Boston: Birkhauser, 1987), 316~317면, BCA.9 and BCA.10.
35. Polk가 Kawasaki와의 인터뷰 95면에서 처음 주장한 대로이다.
36. 칸은 다음 해에 최종 청구서를 제출했다; E. J. Sharpe (칸의 회계사)가 Conklin에게 보낸 1968년 7월 17일자 편지, 「Broadway United Church of Christ」, Box LIK 85, Kahn Collection.
37. 새로운 부지의 가능성은 1970년 봄과 여름에 오고간 여러 편지에서 논의되었다. 그중 Richard Altman이 Carles Vallhonrat (칸 사무소)에게 보낸 1970년 7월 9일자 편지, 「Kansas City Office Building Client Correspondence I」, Box LIK 39, Kahn Collection을 들 수 있다. 부분적으로는 Altman의 소유였던 원래 부지는 월넛, 그랜드, 11번가와 접하고 있었다; 새 부지는 메인, 볼티모어, 11번, 12번가와 접하고 있었다.
38. Ronner and Jhaveri, 『Complete Work』, 321 AOT.24와 AOT.25에서는 Komendant의 설계안을 칸의 것으로 간주한다. 칸의 최종 청구서는 1973년 12월에 제출되었다; Wisdom이 Garfinkel에게 보낸 1973년 12월 21일자 편지, 「Master File」, Box LIK 20, Kahn Collection.
39. 26000제곱미터 넓이의 이 부지는 프랫과 라이트가 남쪽에 위치하고 있었으며, 개발업자는 Hammerman Organization이었다; 비망록, Abba Tor(구조 엔지니어)가 보관, 1971년 2월 18일, 「Engineer's Resumes」, Box LIK 12, Kahn Collection; letter Kahn이 I. H. Hammerman/S.L.에 보낸 1971년 6월 14일자 편지와 건축 서비스 계약서, 1971년 6월 18일 「Miscellaneous」, Box LIK 11, Kahn Collection. 1972년 말에는 Ballinger Company, Architects and Engineers도 칸과 공동 작업을 하게 된다; Louis deMoll (Ballinger 사 부회장)이 Thomas Karsten (Thomas L. Karsten Associates 회장)에게 보낸 1972년 11월 6일자 편지, 「BIHP I/Ballinger」, Box LIK 12, Kahn Collection. 이 프로젝트의 연구 보고서에 대해서는 Joan Brierton에게 감사하는 바이다.
40. Kahn, Ronner and Jhaveri, 『Complete Work』, 393면에서 인용.
41. Abba Tor, 「A Memoir」, in Latour, 『Kahn』, 127면.
42. I. H. Hammerman II이 Kahn에게 보낸 1973년 3월 13일자 편지, 「Hammerman Correspondence」, Box LIK 12, Kahn Collection.

43. Kahn, 「Harmony Between Man and Architecture」, 23면.
44. 칸은 1973년 10월에 연락을 받았다; 단계 겐조 이외에도, 테헤란의 건축가 Nader Ardalan이 현지 협조를 맡을 예정이었다. John Reyward가 개발업자로 임명되었다. Kahn이 Aaron에게 보낸 1973년 10월 9일자 편지와, 날짜가 적히지 않은 노트, 「Prospective, Tehran」, Box LIK 106, Kahn Collection. 이 프로젝트의 연구 보고서에 대해서는 David Roxburgh에게 감사하는 바이다.
45. Kahn이 Farah Pahlavi Shahbanan에게 보낸 1973년 11월 13일자 편지, 출처 위와 동일.
46. David Roxburgh의 추정. 이것과 다른 이미지들은 「Teheran Studies」, Box LIK 106, Kahn Collection에 포함되어 있다.
47. 1963년 1월자 나의 수업 노트, master's studio, the University of Pennsylvania.
48. 피셔 하우스의 의뢰는 1960년 8월의 일이었다; 계약서, 1960년 8월 23일, 「Fisher Residence……」, Box LIK 83, Kahn Collection. 1961년 1월에서 4월 사이에 작업한, H자 모양의 예비 계획안은 더 이상 발전되지 않고 그대로 남았다; 1962년 1월 5일부터 4월 30일까지의 드로잉과 작업 시간 기록표, 출처 위와 동일. 1963년 6월에서 12월에 걸쳐 설계한 최종 계획안대로의 건설은 1964년 10월에 시작되어 1967년 6월에 끝났다; 1963년 6월 4일부터 12월 10일까지의 드로잉과 작업 시간 기록표와 1964년 10월 24일자 건설 계약서, 출처 위와 동일; 최종 지불 증명서, 1967년 6월 26일, 「Dr. and Mrs. N.J. Fisher Res Certificates of Payment」, Box LIK 83, Kahn Collection. 1969년에 뒤뜰의 시냇물에 놓인 다리를 포함하여 몇 가지 사소한 부분이 증축되었다; Vincent Rivera(칸 사무소)가 Fisher에게 발송한 1969년 4월 25일자 서신, 「Dr. Norman Fisher Corres. 1968~1969」, Box LIK 69, Kahn Collection. Elizabeth D. Greene Wiley가 시작한 연구 보고서를 마무리해 준 Peter S. Reed에게 감사한다.
49. Oscar Stonorov and Louis I. Kahn, 『You and Your Neighborhood: A Primer for Neighborhood Planning』 (New York: Revere Copper and Brass, 1944), 면수 불명.
50. 플롯 플랜과 코만 부부 측의 요청 사항이 칸에게 전달된 것이 1971년 5월 10일이므로, 코만 하우스의 의뢰는 그 이전에 이루어졌다; Steven H. Korman이 Kahn에게 보낸 1971년 5월 10일자 편지, 「Korman Res. Client Correspondence」, Box LIK 36, Kahn Collection. 이 프로젝트의 연구 보고서에 대해서는 Stephen G. Harrison에게 감사하는 바이다.
51. 건설은 1972년 10월에 시작되었으며 1973년 11월에는 거의 완성된 상태였다; 1972년 10월 18일자의 집주인과 시공업자 사이의 계약서와, 1973년 9월 28일자의 현장 시찰 보고서, 「Korman Residence」, Box LIK 36, Kahn Collection.
52. Herbert Fineman(주의회 건축/엔지니어 위원회 회장)이 Kahn에게 보낸 1972년 11월 30일자 편지, 「Pocono Arts Center Appointment Letter」, Box LIK 121, Kahn Collection. 칸의 최초 드로잉에 적힌 날짜는 1972년 7월이다. 이 프로젝트의 연구 보고서에 대해서는 David Roxburgh에게 감사하는 바이다.
53. Kahn, Gerard J. McCullough, 「Foes in Legislature Gird to Fight Shapp's Pocono Arts Center Plan」, 『Sunday Bulletin』, 1973년 12월 16일, section 5, 3에서 인용.
54. 이 유적 단지가 완전히 모습을 드러낸 것은 제2차 세계 대전 때 그 위에 있던 현대 건물들이 파괴되었기 때문이었다. 출판된 자료 중 Frank E. Brown, 『Roman Architecture』 (New York: George Braziller, 1961), 그림 180이 있다.
55. Leslie M. Pockell(『Avant Garde』의 기사 편집자)가 Kahn에게 보낸 1968년 11월 18일자 편지, 「Avant Garde」, Box LIK 69, Kahn Collection.
56. Kahn, 1968년 11월 18일자의 요청에 대한 답신으로 준비한 날짜가 적히지 않은 수기 원고, 「Avant Garde」, Box LIK 69, Kahn Collection.
57. Pattison, David G. De Long과의 1991년 1월 29일자 인터뷰.
58. Kahn, 「1973: Brooklyn」, 89면.

6 〈침묵〉과 〈빛〉이 만나는 지점

1. Kahn, 「Space and the Inspirations」 (강연, New England Conservatory of Music, Boston, 1967년 11월 14일), 『L'architecture d'aujourd'hui』, 40 (1969년 2~3월): 16면.
2. Kahn, 「Architecture is the Thoughtful Making of Spaces」, 『Perspecta』, no. 4 (1957): 2면.
3. Kahn, 「The Room, the Street and Human Agreement」 (미국 건축가 협회 금메달 수상 연설, Detroit, 1971년 6월 24일), 『AIA Journal』 56 (1971년 9월): 33면.
4. Kahn, 『Architecture: The John Lawrence Memorial Lectures』 (New Orleans: Tulane University School of Architecture, 1972), 면수 불명.
5. Kahn, 제목 미상의 토론, International Design Conference, 「The Invisible City」, Aspen, Colorado, 1972년 6월, in 『What Will Be Has Always Been: The Words of Louis I. Kahn』, ed. Richard Saul Wurman (New York: Access Press and Rizzoli, 1986), 159면.
6. Kahn, 「Remarks」 (강연, Yale University, 1963년 10월 30일), 『Perspecta』, no. 9/10 (1965): 330면.
7. Scully, Alessandra Latour와의 1982년 9월 15일자 인터뷰, in 『Louis I. Kahn: L'uomo, il maestro』, ed. Latour (Rome: Edizioni Kappa 1986), 149면.
8. Prown, Alessandra Latour와의 1982년 6월 23일자 인터뷰, in Latour, 『Kahn』, 137면.
9. Meyers, 「Louis I. Kahn, Yale Center for British Art, Yale University, New Haven, Connecticut」, in Hayden Gallery, Massachusetts Institute of Technology, 『Processes in Architecture: A Documentation of Six Examples』, published as 『Plan』, no. 10 (1979년 봄): 34면에서 인용.
10. Kahn, 「Law and Rule in Architecture」 (강연, Princeton University, 1961년 11월 29일), 타자 원고, 「LIK Lectures 1969」, Box LIK 53, Louis 1. Kahn Collection, University of Pennsylvania and Pennsylvania Historical and Museum Commission, Philadelphia(이후 출처 표기는 Kahn Collection이라 약칭).
11. Kahn, 「Remarks」, 304면.
12. Kahn, 「Space and the Inspirations」, 14면.
13. Kahn, 위의 책, 13~14면.
14. Kahn, 「Architecture: Silence and Light」 (강연, Solomon R.

Guggenheim Museum, 1968년 12월 3일), in Guggenheim Museum, 『On the Future of Art』 (New York: Viking Press, 1970), 21면.

15. Kahn, 「Talk at the Conclusion of the Otterlo Congress」, in 『New Frontiers in Architecture: CIAM '59 in Otterlo』, ed. Oscar Newman (New York: Universe Books, 1961), 210면.

16. Kahn, 『The Notebooks and Drawings of Louis I. Kahn』, ed. Richard S. Wurman and Eugene Feldman (Philadelphia: Falcon Press, 1962), [면수 불명]에서 인용.

17. Patricia McLaughlin, 「〈How'm I Doing, Corbusier?〉 An Interview with Louis Kahn」, 『Pennsylvania Gazette』 71 (1972년, 12월): 23면.

18. Kahn, 「I Love Beginnings」 (강연, International Design Conference, 「The Invisible City」, Aspen, Colorado, 1972년 6월 29일), 『Architecture + Urbanism』, 특별호 「Louis I. Kahn」, 1975, 283~284면.

19. Peter Kohane, 「Louis I. Kahn and the Library: Genesis and Expression of 〈Form〉」 『Via』 10 (1990): 119~129면.

20. Rodney Armstrong, 「New Look Library at Phillips Exeter Academy」, 『Library Scene』 2 (1973년 여름): 23면에서 인용.

21. Robert Hughes, 「Building with Spent Light」, 『Time』 101 (1973년 1월 15일): 65면.

22. Kahn, 「The Mind of Louis Kahn」, 『Architectural Forum』 137 (1972년 7~8월): 77면에서 인용.

23. Kahn, 「The Continual Renewal of Architecture Comes from Changing Concepts of Space」, 『Perspecta』, no. 4 (1957): 3면.

24. Kahn, 「Architecture and Human Agreement」 (강연, University of Virginia, 1972년 4월 18일), 『Modulus』, no. 11 (1975): 면수 불명.

25. Kahn, Israel Shenker, 「Kahn Defines Aim of Exeter Design」, 『New York Times』, 1972년 10월 23일, L40에서 인용.

26. Kahn, Ada Louise Huxtable, 「New Exeter Library: Stunning Paean to Books」, 『New York Times』, 1972년 10월 23일, L33에서 인용.

27. Kahn, 「Comments on the Library, Phillips Exeter Academy, Exeter, New Hampshire, 1972」 (Phillips Exeter Academy의 정체 미상의 출처에서), in Wurman, 『What Will Be Has Always Been』, 178면.

28. Kahn, William Jordy, 「The Span of Kahn: Criticism, Kimbell Art Museum, Fort Worth, Texas; Library, Philips [sic] Exeter Academy, Exeter, New Hampshire」, 『Architectural Review』 155 (1974년 6월): 334면에서 인용.

29. Patricia Cummings Loud, 『The Art Museums of Louis I. Kahn』 (Durham, N.C., and London: Duke University Press, 1989), 103면.

30. 위의 책, 105~106면.

31. Kahn, 「Talk at the Otterlo Congress」, 213면.

32. Kahn, 제목 미상의 토론, International Design Conference, 159면.

33. 「Kahn's Museum: An Interview with Richard F. Brown」, 『Art in America』 60 (1972년 9~10월): 48면.

34. Kahn, Jaimini Mehta와의 1973년 10월 22일자 인터뷰, in Wurman, 『What Will Be Has Always Been』, 230면.

35. Kahn, Latryl L. Ohendalski, 「Kimbell Museum To Be Friendly Home, Says Kahn」, 『Fort Worth Press』, 1969년 5월 4일에서 인용. Loud, 『The Art Museums』, 264면에서 인용된 대로.

36. Kahn, 제목 미상의 토론, International Design Conference, 159면.

37. Kahn, 「Mind of Kahn」, 57면에서 인용.

38. Kahn, 「Louis Kahn」, 『Conversations with Architects』, ed. John W. Cook and Heinrich Klotz (New York: Praeger, 1973), 212면에서 인용.

39. Kahn, William Marlin과의 1972년 6월 24일자 인터뷰, 타자 원고, Kimbell Art Museum Files, Loud, 『The Art Museums』, 156면에서 인용; Kahn, 「Mind of Kahn」, 59면에서 인용.

40. Kahn, 「I Love Beginnings」, 285면.

41. Kahn, 「The Room」, 33면. 잘못된 인용의 출처는 Wallace Stevens, 「Architecture」, in Stevens, 『Opus Posthumous』, rev., enl.이 명백하며 ed. Milton J. Bates (New York: Alfred A. Knopf, 1989), 37~39면에서 수정되었다. Alan Filreis가 나로 하여금 이 시에 관심을 갖게 해주었다. Pattison, David B. Brownlee와 Peter S. Reed와의 1990년 12월 20일자 인터뷰.

42. Kahn, 「Space and the Inspirations」, 16면.

43. Kahn, Shenker, 「Kahn Defines」, L40에서 인용.

44. 위의 책.

45. Esther Kahn, Architectural League of New York의 후원으로 열린 심포지엄에서의 발언, 1990년 1월 22일.

46. Kahn, Heinz Ronner and Sharad Jhaveri, 『Louis I. Kahn: Complete Work; 1935~1974』, 2d ed. (Basel and Boston: Birkhauser, 1987), 322면에서 인용.

47. 위의 책, 323면.

48. Prown, Latour와의 인터뷰, 141면.

49. Kahn, Susan Braudy, 「The Architectural Metaphysic of Louis Kahn: 〈Is the Center of a Column Filled with Hope?〉 〈What is a Wall?〉 〈What Does This Space Want To Be?〉」 『New York Times Magazine』, 1970년 11월 15일, 96면.

50. Kahn, 「Louis I. Kahn: Talks with Students」 (강연과 토론, Rice University, 1969년경), 『Architecture at Rice』, no. 26 (1969): 14면.

51. Prown, Latour와의 인터뷰, 141면.

52. Kahn, Jules David Prown, 『The Architecture of the Yale Center for British Art』, 2d ed. (New Haven: Yale University, 1982), 43면에서 인용.

53. Scully, Latour와의 인터뷰, 151면.

54. Kahn, 「Lecture, Drexel (University) Architectural Society, Philadelphia, PA, 5 November 1968」, in Wurman, 『What Will Be Has Always Been』, 27면.

55. 위의 책, 29면.

56. Kahn, 「Memorials: Lest We Forget」, 『Architectural Forum』 129 (1968년 12월): 89면에서 인용.

57. Kahn, 「Space and the Inspirations」, 15면.

58. Kahn, 「Monumentality」, in 『New Architecture and City Planning』, ed. Paul Zucker (New York: Philosophical Library, 1944), 577면.

59. 워싱턴 D.C.의 루스벨트 기념관에 대한 연구 지원은 Peter S. Reed가 제공해 주었다. Hélène Lipstadt, 「Transforming the Tradition: American Architectural Competitions, 1960 to the Present」, in 『The Experimental Tradition: Essays on Competitions in Architecture』, ed. Lipstadt (New York and Princeton: Architectural League of New York and Princeton Architectural Press, 1989),

97~98, 158~159면.
60. 뉴욕 루스벨트 기념관에 대한 연구 지원은 David Roxburgh가 제공해 주었다.
61. Liebman, Paul Goldberger, 「Design by Kahn Picked for Roosevelt Memorial Here」, 『New York Times』, 1974년 4월 25일, L45에서 인용.
62. Kahn, 「1973: Brooklyn, New York」 (강연, Pratt Institute, 1973년 가을), 『Perspecta』, no. 19 (1982): 90면.
63. 1973년 10월 25일자 청구서, 「Roosevelt Island Xerox Copies of Billing」, Box LIK 121, Kahn Collection; schematic plans estimate, 1973년 5월 4일, 「Master File 1 May 1973 to 30 June 1973」, Box LIK 10 Kahn Collection.
64. Laurie Johnston, 「Plans for Memorial at Roosevelt Island Announced During Dedication Ceremony at Site」, 『New York Times』, 1973년 9월 25일, L25.
65. Kahn, Wolf Von Eckardt, 「Famed Architect Louis Kahn Dies」, 『Washington Post』, 1974년 3월 21일, C13에서 인용.
66. Esther Kahn, 출처를 알 수 없는 인터뷰, in Wurman, 『What Will Be Has Always Been』, 283면.
67. Steven and Toby Korman, David B. Brownlee, Julia Moore Converse, David G. De Long과의 1990년 8월 1일자 인터뷰.
68. 칸의 여행 일정에 대한 세부 사항은 비서인 Kathleen Conde가 기록한 1974년 3월 18일과 19일의 사건들을 참조한 것; Kahn Collection.
69. Tigerman, 출처를 알 수 없는 인터뷰, in Wurman, 『What Will Be Has Always Been』, 299면.
70. Jim Mann, 「Police Here Failed to Notify Wife of Kahn's Death」, 『Philadelphia Inquirer』, 1974년 3월 21일, 1면.
71. Jonas Salk, 「An Homage to Louis I. Kahn」, 『L'architecture d'aujourd'hui』 45 (1974년 5~6월): vi.
72. Shepheard, 추도 연설, Wurman, 『What Will Be Has Always Been』, 304면에서 인용.
73. Vincent J. Scully, 「Education and Inspiration」, 『L'architecture d'aujourd'hui』 45 (1974년 5~6월): vi.

Buildings and Projects 1925~1974

150주년 기념 박람회 건물 설계를 전부 담당; 1925~1926; 건축, 현재 철거; Packer Avenue, 10th Street, Pattison Avenue, 11th Street, Government Avenue, and 12th Street, Philadelphia, Pennsylvania

슬럼 재건 프로젝트 모델 건축 연구 모임(칸은 조직과 설계 담당); 1933; 미건축; South Philadelphia, Pennsylvania

북동부 필라델피아 주택 공사 주택 프로젝트 건축 연구 모임의 루이스 매거지너와 빅터 에버하드와 공동 작업(칸은 조직과 설계 담당); 1933; 미건축; Algon Avenue, Faunce Street, Elgin Avenue, Frontenac Street, and Cottman Avenue, Philadelphia, Pennsylvania

M. 뷰튼 페인트 상점(개조) 칸과 하이먼 쿠닌; 1934; 건축, 철거; 6711 Germantown Avenue, Philadelphia, Pennsylvania

세인트 캐서린 빌리지 주택 프로젝트 매거지너 앤드 에버하드사와 칸의 공동 작업; 1935; 미건축; Between Frankford Avenue and Pennsylvania Railroad right-of-way at Liddonfield Station, Philadelphia, Pennsylvania

아하바스 이스라엘 시나고그(현재는 그레이스 성전) 1935~1937; 건축; 6735 North 16th Street, Philadelphia, Pennsylvania

저지 홈스테드(현재는 루스벨트 보로 주택 단지, 공장, 학교, 상점, 펌프장, 하수 처리장) 칸은 재정착국 직원 소속으로 부수석 건축가이자 알프레드 캐스트너와 함께 공동 설계자로 참여; 1935~1937(칸의 고용 기간만); 주택과 공장 건축됨, 하수 처리장과 학교는 캐스트너의 설계에 따라 건축됨; Near Hightstown, New Jersey

이름을 알 수 없는 주택 단지 프로젝트 매거지너 앤드 에버하드사와 칸의 공동 작업; 1936; 미건축

이름을 알 수 없는 주택 매거지너 앤드 에버하드사와 칸의 공동 작업; 1936년경; 미건축

데이비드 K. 월드만 치과 진료소(개조) 1937; 건축; 5203 Chester Avenue, Philadelphia, Pennsylvania

프리패브 주택 연구(새뮤얼 펠스의 후원) 매거지너, 칸, 헨리 클럼브; 1937~1938; 미건축

호레이스 버크 기념 병원(현재는 필라델피아 정신 병원; 개조) 1937~38; 미건축; 1218-48 North 54th Street, Philadelphia, Pennsylvania

올드 스웨즈(사우스워크) 주택 단지 프로젝트(주택과 커뮤니티 빌딩) 칸과 케네스 데이; 1938~1940; 미건축; Catherine Street, Swanson Street, Washington Avenue, 2nd Street, Christian Street, and Front Street, Philadelphia, Pennsylvania

펜실베이니아 병원(커크브라이즈) 주택 단지 프로젝트(주택과 커뮤니티 빌딩) 1939~1940; 미건축; Site bordered by Haverford Avenue, 42nd Street, Market Street, and 46th Street, Philadelphia, Pennsylvania

미국 주택 사업국 홍보 책자 삽화 작업 〈주택 보조금, 얼마나 그리고 왜 필요한가?〉 공공 주택 사업의 세금 면제, 주택 부족 문제, 공공 주택 사업과 흑인, 주택 문제와 청소년 범죄, 1939; 출판

「합리적 도시 계획의 주택」(미국 주택 사업국에서 주관한「주택과 주택 사업」전시회 출품을 위한 패널) 1939; 전시됨, 근대 미술관, 뉴욕

필라델피아 정신 병원 1939; 미건축; 탈하이머 앤드 바이츠사가 설계하게 됨; Ford Road and Monument Avenue, Philadelphia, Pennsylvania

A. 에이브러햄 아파트와 치과 진료소(개조) 1940; 건축; 5105 Wayne Avenue, Philadelphia, Pennsylvania

반 펠트 코트 아파트(E. T. 폰츠의 의뢰, 개조) 1940; 미건축; 231 South Van

Pelt Street, Philadelphia, Pennsylvania

배터리 제조 노동조합, 113 지부(현재는 〈성전의 십계명 수호자 모임〉 예배당으로 사용, 개조). 1940; 건축, 1903 West Allegheny Avenue, Philadelphia, Pennsylvania

제스 오서 부부 하우스 1940~1942; 건축; 628 Stetson Road, Elkins Park, Pennsylvania

파인 포드 에이커스(주택 단지, 커뮤니티 빌딩, 관리동) 하우와 칸; 1941~1943; 건축, 주택 단지는 철거됨; Middletown, Pennsylvania

페니팩 우즈(주택 단지, 커뮤니티 빌딩, 상점가) 하우, 스토노로프, 칸; 1941~1943; 건축; Philadelphia, Pennsylvania

루이스 브루노 부부 하우스 1941~1942; 미건축; Juniper Park Development, Elkins Park, Pennsylvania;

카버 코트(파운더리 스트리트 주택 단지; 주택 단지와 커뮤니티 빌딩) 하우, 스토노로프, 칸; 1941~1943; 건축; Caln Township (near Coatesville), Pennsylvania

샤피로 앤드 선스사 프리패브 주택 스토노로프와 칸(책임자는 스토노로프); 1941~1942; 미건축; Newport News, Virginia

스탠턴 로드 드웰링스(주택 단지와 커뮤니티 빌딩) 하우와 칸; 1942~1947; 미건축; Bruce Place, Stanton Road, Alabama Avenue, and 15th Street, S.E., Washington, D.C.

윌로우 런 (봄버 시티라고도 지칭) 제3 근린 지구(주택 단지와 학교) 스토노로프와 칸; 1942~1943; 미건축; Washtenaw County (near Ypsilanti), Michigan

링컨 하이웨이 국방 주택 사업 (주택 단지와 커뮤니티 빌딩) 스토노로프, 하우, 칸; 1942~1944; 건축; Caln Road and Lincoln Highway, Caln Township (near Coatesville), Pennsylvania

1940년대를 위한 주택 (『아키텍처럴 포럼』의 후원) 스토노로프와 칸; 1942; 미제출, 미건축

릴리 폰드 하우스 (주택 단지와 커뮤니티 빌딩) 스토노로프와 칸; 1942~1943; 건축, 주택 단지는 철거; Anacostia, Eastern, and Kenilworth Avenues, N.E., Washington, D.C.

1940년대를 위한 호텔 (『아키텍처럴 포럼』의 후원) 스토노로프와 칸; 1943; 발표, 미건축

국제 여성 의류 노동조합 보건 진료소 (현재는 법률 사무소; 개조) 스토노로프와 칸; 1943~1945; 건축; 2136 South 22nd Street, Philadelphia, Pennsylvania

근린 지구 재건 프로젝트 모델, 『도시계획이 여러분의 책임인 이유』 (뉴욕, 리비어 코퍼 앤드 브래스, 1943) 책자 수록 스토노로프와 칸(책임자는 스토노로프); 1943; 출판, 미건축; Morris, 20th, McKean, and 22nd Streets, Philadelphia, Pennsylvania

〈전후의 생활을 위한 디자인〉 주택 (『캘리포니아 아트 앤드 아키텍처』에서 후원한 공모전) 스토노로프와 칸; 제출, 미건축

근린 지구 재건 프로젝트 모델 (도시 계획을 위한 건축가 워크숍, 필라델피아 주택 협회, 도시 계획을 위한 시민 위원회의 후원) 스토노로프와 칸; 1943; 모델은 제작되어 『당신과 당신의 동네: 근린 지구 설계의 안내서』(뉴욕, 리비어 코퍼 앤드 브래스, 1944) 책자에 수록되어 출판; Moore Street, Howard Street, Water Street, Snyder Avenue, and Moyamensing Avenue, Philadelphia, Pennsylvania

미국 해양과 조선소 노동조합, **1지부**(개조) 스토노로프와 칸(책임자는 스토노로프); 1943~1945; 건축; 2332-34 Broadway, Camden, New Jersey

피닉스 코퍼레이션 주택 스토노로프와 칸 (책임자는 스토노로프); 1943~1944; 미건축; Bridge Street, Phoenixville, Pennsylvania

필라델피아 영사 기사 조합 스토노로프와 칸; 1944; 미건축; Vine and 13th Streets, Philadelphia, Pennsylvania

파라솔 하우스 (크놀 가구 회사의 의뢰) 스토노로프와 칸; 1944; 미건축

남성화 상점과 가구 상점 모델 (피츠버그 판유리 제조 회사의 의뢰) 스토노로프와 칸; 1944; 출판, 미건축

디미트리 페트로프 하우스 (개조와 증축) 스토노로프와 칸; 1944~1948; 미건축; 713 North 25th Street, Philadelphia, Pennsylvania

전국 유대인 복지 위원회 (클럽 하우스 실내 의장) 스토노로프와 칸 (책임자는 스토노로프); 1944; 건축, Washington, D.C.

폴 W. 대로우 하우스 (오래된 공장 건물에서 개조) 스토노로프와 칸; 1944~1946; 미건축; Vare Estate, Fort Washington, Pennsylvania

필라델피아 정신병원(신관 증축) 스토노로프와 칸; 병원 측 설계 컨설턴트는 이사도르 로젠필드; 1944~1946; 미건축; Philadelphia, Pennsylvania

보로 홀(개조) 스토노로프와 칸 (책임자는 스토노로프); 1944; 미건축; Phoenixville, Pennsylvania

닥터 알렉산더 모스칼릭 부부 하우스(개조) 스토노로프와 칸; 1944~1945; 건축; 2018 Spruce Street, Philadelphia, Pennsylvania

래드빌 석유 회사(사무실 개보수) 스토노로프와 칸; 1944~1947; 건축; 1722-24 Chestnut Street (second floor), Philadelphia, Pennsylvania

웨스트민스터 놀이터 스토노로프와 칸; 1945년경; 미건축; Markoe Street, Westminster Avenue, and June Street, Philadelphia, Pennsylvania

이름을 알 수 없는 주택 스토노로프와 칸; 1945년경; 미건축

에드워드 갤럽 부부 하우스(개조) 1945~1947; 미건축; 2035 Rittenhouse Square Street, Philadelphia, Pennsylvania

김벨스 백화점(내부 개조) 스토노로프와 칸(책임자는 스토노로프); 1945~1946; 건축, 철거; 8th and Market Streets, Philadelphia, Pennsylvania

〈쾌적한 생활을 위한 주택〉 (피츠버그 판유리 제조 회사와 펜슬 포인트사에서 후원한 공모전) 스토노로프와 칸; 1945; 제출, 미건축

1940년대의 상업 근린 지구 (바렛 디비전, 얼라이드 화학 및 염료 회사를 위한 광고 책자) 스토노로프와 칸; 1945; 출판, 미건축

B. A. 버너드 하우스(증축) 스토노로프와 칸; 1945; 건축; 195 Hare's Hill Road at Camp Council Road, Kimberton, Pennsylvania

제퍼슨 의학 대학 신경학과 (개조) 스토노로프와 칸; 1945~1946; 건축; 1025 Walnut Street, Philadelphia, Pennsylvania

새뮤얼 래드빌 부부 대저택(개조) 스토노로프와 칸; 1945~1946; 부분 건축; 224 Bowman Avenue, Merion, Pennsylvania

윌리엄 H. 하먼 코퍼레이션 프리패브 주택 스토노로프와 칸(책임자는 스토노로프); 1945~1947; 건축, 일부 철거; 420 Pickering Road, Charlestown, Chester County, Pennsylvania; Rosedale Avenue and New Street, West Chester, Pennsylvania

닥터 레아와 아서 핑켈슈타인 부부 하우스(증축) 스토노로프와 칸; 1945~1948; 미건축; 645 Overhill Road, Ardmore, Pennsylvania

펜실베이니아 태양열 주택 (리비-오웬스-포드 유리 회사의 의뢰) 스토노로프와 칸; 1945~1947; 출판, 미건축

〈도시를 위한 행동〉(「미국의 주택」 전시회 출품을 위한 패널) 1945~1946; 전시됨; 프랑스

톰 매컨 구두 상점(개조) 스토노로프와 칸; 1945~1946; 미건축; 72 South 69th Street, Upper Darby, Pennsylvania

캠프 호프눙의 기숙사 두 동 스토노로프와 칸; 1945~1947; 건축; Pipersville, Bucks County, Pennsylvania

국제 여성 의류 노동조합 필라델피아 빌딩 스토노로프와 칸; 1945~1947; 건축; Unity House, Forest Park, Pike County, Pennsylvania

아서 V. 후퍼 부부 하우스(증축) 스토노로프와 칸; 1946; 미건축; 5820 Pimlico Road, Baltimore, Maryland

아메리카 컨테이너 회사 (카페테리아, 사무실, 제품 보관소) 스토노로프와 칸; 1946; 미건축; Nixon and Fountain Streets, Manayunk, Philadelphia, Pennsylvania

웨스턴 어린이집 기념 놀이터 스토노로프와 칸; 1946~1947; 건축, 철거; 715 Christian Street, Philadelphia, Pennsylvania

트라이앵글 지대 재개발 프로젝트 도시 계획자 연합(칸, 오스카 스토노로프, 로버트 휠라이트, 마클리 스티븐스, C. 해리 존슨); 1946~1948; 미건축; Benjamin Franklin Parkway, Market Street, and Shuylkill River, Philadelphia, Pennsylvania

타냐 호반 스튜디오(개조) 스토노로프와 칸; 1947; 미건축; 2018 Rittenhouse Square Street, Philadelphia, Pennsylvania

카워드 구두 상점 (현재는 레너 워먼) 스토노로프와 칸(책임자는 스토노로프); 1947~1949; 건축, 개조; 1118 Chestnut Street, Philadelphia, Pennsylvania

필립 Q. 로슈 부부 하우스 스토노로프와 칸; 1947~1949; 건축; 2101 Harts Lane, Conshohocken, Pennsylvania

펜실베이니아 대학 부속 병원 엑스레이 부서(개조) 1947~1948; 건축; Lombard and 19th Streets, Philadelphia, Pennsylvania

해리 A. 엘 부부 하우스 칸과 아벨 쇠렌센; 1947~1948; 미건축; Mulberry Lane, Haverford, Pennsylvania

제퍼슨 국립 익스팬션 기념지 (공모전, 1차 심사) 1947; 제출, 미건축; St. Louis, Missouri

모턴 웨이스 부부 하우스 1947~1950; 건축; 2935 Whitehall Road, East Norriton Township, Pennsylvania

윈슬로우 T. 톰킨스 부부 하우스 1947~1949; 미건축; Lot 18, Apologen Road, Philadelphia, Pennsylvania

M. 뷰튼 페인트 상점(개조) 칸과 조지 폰 우펠 주니어; 1947~1948; 건축, 철거; Kaighns and Haddon Avenues, Camden, New Jersey

해리 키트닉 부부 하우스 1948~1949; 미건축; 2935 Whitehall Road, East Norriton Township, Pennsylvania

조지프 로스맨 부부 하우스(개조) 1948~1949; 건축; 1714 Rittenhouse Square Street, Philadelphia, Pennsylvania

유대인 커뮤니티 센터 칸은 자문 건축가로 참여, 건축가 제이컵 웨인스타인, 찰스 아브라모위츠와 공동 작업; 1948~1954; 건축, 개조; 1186 Chapel Street, New Haven, Connecticut

필라델피아 정신병원 버너드 S. 핀쿠스 빌딩과 새뮤얼 래드빌 빌딩 칸, 병원측 설계 컨설턴트는 이사도르 로젠필드; 1948~1954; 건축, 개조

새뮤얼 제넬 부부 하우스 1948~1951; 건축; 201 Indian Creek Road, Wynnewood, Pennsylvania

팔레스타인 긴급 주택 사업을 위한 유대인 기구 1949; 미건축; Israel

닥터 제이컵 셔먼 부부 하우스(개조) 1949~1951; 미건축; 414 Sycamore Avenue, Merion, Pennsylvania

넬슨 J. 레이드너 부부 하우스(오서 하우스의 증축) 1950~1951; 건축, 증축된 부분 철거; 626 Stetson Road, Elkins Park, Pennsylvania

애쉬턴 베스트 코퍼레이션 가든 아파트 1950; 미건축; 200 Montgomery Avenue, Ardmore, Pennsylvania

세인트 루크 병원 미국 노동 연맹 진료소(현재는 지라드 메디컬 센터. 개조) 1950~1951; 건축, 철거; Franklin and Thompson Streets, Philadelphia, Pennsylvania

사우스웨스트 템플 공공 주택 칸은 자문 건축가로 참여, 건축가 연합(1951~1952)의 케네스 데이, 루이스 E. 매컬리스터 시니어, 조지 브레이크, 앤 팅; 1950~1952; 미건축; Philadelphia, Pennsylvania

이스트 포플러 공공주택 건축가 연합의 칸, 데이, 매컬리스터, 브레이크; 1950~1952; 미건축; Philadelphia, Pennsylvania

펜실베이니아 대학 연구(필라델피아 도시 계획 위원회의 의뢰) 건축가 연합의 칸, 데이, 매컬리스터, 브레이크, 팅; 1951; 미건축; Philadelphia, Pennsylvania

연립 주택 연구(필라델피아 도시 계획 위원회의 의뢰) 건축가 연합의 칸, 데이, 매컬리스터, 브레이크, 팅; 1951~1953; 미건축; Philadelphia, Pennsylvania

교통 흐름 연구 1951~1953; 미건축; Philadelphia, Pennsylvania

예일 대학 아트 갤러리 칸과 더글러스 오어의 공동 작업; 1951~1953; 건축; 1111 Chapel Street, New Haven, Connecticut

H. 레오너드 프루허 부부 하우스 1951~1954; 미건축; 51st Street and City Line Avenue, Philadelphia, Pennsylvania

펜실베이니아 센터 지역 연구 1951~1958; 미건축; Philadelphia, Pennsylvania

밀 크리크 프로젝트(1단계 주택 단지) 칸, 데이, 브레이크, 매컬리스터; 1951~1956; 건축; 46th and Aspen Streets, Philadelphia, Pennsylvania

신버그 하우스(개조) 1952; 미건축; 5112 North Broad Street, Philadelphia, Pennsylvania

주브 앤드 매츠 사무소(개조) 1952; 건축; 1600 Western Saving Fund Building, Philadelphia, Pennsylvania

아파트 재개발 프로젝트 『퍼스펙타』에 발표, 1953; New Haven, Connecticut

리버뷰 공모전 칸과 팅의 공동 작업; 1953; 미건축; State Road at Rhawn Street, Philadelphia, Pennsylvania

시티 타워 프로젝트 칸과 팅의 공동 작업; 1952~1957; 미건축; Philadelphia, Pennsylvania

랠프 로브츠 하우스 1953; 미건축; Schoolhouse Lane, Germantown, Philadelphia, Pennsylvania

아다스 제슈룬 시나고그와 학교 건물 1954~1955; 미건축; 6730 Old York Road, Philadelphia, Pennsylvania

닥터 프랜시스 H. 애들러 부부 하우스 1954~1955; 미건축; Davidson Road, Philadelphia, Pennsylvania

웨버 드보어 부부 하우스 1954~1955년경; 미건축; Montgomery Avenue, Springfield Township, Pennsylvania

미국 노동 연맹 의료 서비스 빌딩 1954~1957; 건축, 철거; 1326-1934 Vine Street, Philadelphia, Pennsylvania

유대인 커뮤니티 센터(배스 하우스, 데이 캠프, 커뮤니티 빌딩) 건축가 칸, 감독 건축가 존 M. 히쉬와 스탠리 R. 듀브, 부건축가 루이스 캐플랜; 1954~1959; 배스 하우스와 데이 캠프만 건축; 999 Lower Ferry Road, Ewing Township (near Trenton), New Jersey

닥터 프랜시스 H. 애들러 부부 하우스(주방 리모델링) 1955; 건축; 7630 Huron Avenue, Philadelphia, Pennsylvania

와튼 에셔릭 작업실(증축) 1955~1956; 건축; Horseshoe Trail, Paoli, Pennsylvania

로런스 모리스 부부 하우스 1955~1958; 미건축; Mt. Kisco, New York

워싱턴 대학 도서관 공모전 1956; 제출, 미건축; St. Louis, Missouri

엔리코 페르미 기념관 1956~1957; 미건축; Fort Dearborn, Chicago, Illinois

시빅 센터 연구 1956~1957; 미건축; Philadelphia, Pennsylvania

고등 과학 연구소 1956~1958; 미건축; Near Baltimore, Maryland

밀 크리크 프로젝트(2단계 주택 단지와 커뮤니티 센터) 1956~1963; 건축; 46th Street and Fairmount Avenue, Philadelphia, Pennsylvania

어빙 L. 쇼 부부 하우스(증축과 개조) 1956~1959; 건축; 2129 Cypress Street, Philadelphia, Pennsylvania

닥터 버너드 샤피로 부부 하우스 1956~1962; 건축(칸과 팅이 공동으로 증축, 1975년 팅이 완공); 417 Hidden River Road, Narbeth, Pennsylvania

유진 루이스 부부 하우스 1957; 미건축; 2018 Rittenhouse Square Street, Philadelphia, Pennsylvania

미국 노동 연맹 진료소(적십자 빌딩, 병원과 사무소 건물 리모델링) 1957~1959; 미건축; 253 North Broad Street, Philadelphia, Pennsylvania

프레드 E와 엘레인 콕스 클레버 부부 하우스 1957~1962; 건축; 417 Sherry Way, Cherry Hill, New Jersey

펜실베이니아 대학 알프레드 뉴튼 리처드 의학 연구소와 생물학 연구소(현재는 데이비드 고다드 실험동) 1957~1965; 건축; 3700 Hamilton Walk, Philadelphia, Pennsylvania

마운트 세인트 조지프 아카데미와 체스트넛 힐 대학 1958; 미건축; Chestnut Hill, Philadelphia, Pennsylvania

주브 앤드 매츠 사무소(개조) 1958; 건축; Western Saving Fund Building (14th floor), Philadelphia, Pennsylvania

트리뷴 리뷰 출판사 빌딩 1958~1962; 건축; Cabin Hill Drive, Greensburg, Pennsylvania

M. 모턴 골든버그 부부 하우스 1959; 미건축; Frazier Road, Rydal, Pennsylvania

로버트 H. 플라이셔 하우스 1959; 미건축; 8363 Fisher Road Elkins Park, Pennsylvania

우주 환경 연구(제너럴 일렉트릭사의 미사일과 우주선 개발부 의뢰) 칸은 자문 건축가로 참여; 1959; 미실행; Philadelphia; Pennsylvania

오베리 수목원 주택 개발(국제 여성 의류 노동조합의 의뢰) 1959~1960; 미건축; Walnut Lane, Ardleigh Street, and Tulpehocken Street, Philadelphia, Pennsylvania

마거릿 에셔릭 하우스 1959~1961; 건축; 204 Sunrise Lane, Chestnut Hill, Philadelphia, Pennsylvania

루안다 미국 영사관과 관저 1959~1962; 미건축; Luanda, Angola

소크 생물학 연구소(실험동, 미팅 하우스, 주택 시설) 1959~1965; 실험동만 건축; 10010 North Torrey Pines Road, La Jolla, California

퍼스트 유니테리언 교회와 학교 1959~1969; 건축; 220 South Winton Road, Rochester, New York

미술관, 학교, 공연 예술 극장(현재는 공연 예술 센터) 건축가 칸, 감독 건축가 T. 리처드 쇼프; 1959~1973; 극장과 사무소만 건축; 303 East Main Street, Fort Wayne, Indiana

브리스틀 타운십 시청사 1960~1961; 미건축; 2501 Oxford Valley Road, Levittown, Pennsylvania

1964년 세계 박람회 제너럴 모터스 전시관 1960~1961; 미건축; Grand Central Parkway and Long Island Expressway, New York, New York

미국 관악 심포니 오케스트라 바지선 1960~1961; 건축; River Thames, England

마켓 스트리트 이스트 연구 1960~1963; 미건축; Philadelphia, Pennsylvania

버지니아 대학 화학 연구동 설계 건축가 칸, 건축가는 스테인백 앤드 스크리브너사; 1960~1963; 미건축; Charlottesville, Virginia

브린 마워 대학 엘리너 도넬리 어드먼 홀 1960~1965; 건축; Morris and Gulph Roads, Bryn Mawr, Pennsylvania

필라델피아 예술 대학(현재는 예술 종합 대학) 1960~1966; 미건축; Broad and Pine Streets, Philadelphia, Pennsylvania

프랭클린 델러노 루스벨트 기념관 공모전 1960; 미건축; West Potomac Park, Washington, D.C.

닥터 노먼 피셔 부부 하우스 1960~1967; 건축; 197 East Miller Road, Hatboro, Pennsylvania

카보런덤사 창고와 사무소 1961; 건축; Chicago, Illinois; Mountain View, California; and Niagara Falls, New York

플리머스 수영 클럽 1961; 미건축; Gallagher Road, Montgomery County, Pennsylvania

웨인 주립 대학 샤페로 약대 건물 1961~1962; 미건축; Detroit, Michigan

카보런덤사 창고와 사무소 1961~1962; 미건축; Atlanta, Georgia

인도 구자라트 주도 간디나가르 건설 1961~1966; 미건축

레비 기념 놀이터 조각가 이사무 노구치, 건축가 칸; 1961~1966; 미건축; Between 102nd and 105th Streets in Riverside Park, New York, New York

미크베 이스라엘 시나고그 1961~1972; 미건축; Commerce Street between 4th and 5th Streets, Philadelphia, Pennsylvania

캘리포니아 대학 로런스 기념 과학동 공모전 1962; 미건축; Berkeley, California

C. 파커 부인 하우스(에셔릭 하우스의 증축) 1962~1964; 미건축; 204 Sunrise Lane, Chestnut Hill, Philadelphia, Pennsylvania

델라웨어 밸리 정신 건강 재단 가족과 환자 숙소 1962~1971; 미건축; 833 Butler Avenue, Doylestown, Pennsylvania

인도 경영 연구소 1962~1974; 건축; Vikram Sarabhai Road, Ahmedabad, India

방글라데시 수도 셰르-에-방글라 나가르 1962~1983; 건축(칸의 사후 데이비드 위스덤이 설계와 건설 완료); Dhaka, Bangladesh

예일 대학 피바디 박물관 해양관 1963~1965; 미건축; New Haven, Connecticut

파키스탄 제1 수도 대통령궁 1963~1966; 미건축; Islamabad, Pakistan

미국 관악 심포니 오케스트라 바지선 1964~1967; 건축; Pittsburgh, Pennsylvania

인터라마 커뮤니티 B 건축가 칸, 왓슨, 도이치만 앤드 크루즈사와 공동 작업; 1963~1969; 미건축; Miami, Florida

세인트앤드루스 소수도원 1961~1967; 미건축; Hidden Valley Road, Valyermo, California,

메릴랜드 예술 대학 1965~1969; 미건축; Site bordered by Park Avenue, Howard Street, and Dolphin Street, Baltimore, Maryland

성카타리나 데 리치 도미니크 수녀원 1965~1969; 미건축; Providence Road, Media, Pennsylvania

필립 엑서터 아카데미 도서관과 식당 홀 1965~1972; 건축; Exeter, New Hampshire

브로드웨이 그리스도교 연합 교회와 오피스 빌딩 1966~1968; 미건축; Broadway and Seventh Avenue between 56th and 57th Streets, New York, New York

맥스 L 라브 부부 하우스 1966~1968; 미건축; Waverly, Addison, and 21st Streets, Philadelphia, Pennsylvania

올리베티-언더우드 공장 1966~1970; 건축; Valley View Road and Township Line, Harrisburg, Pennsylvania

필립 M. 스턴 부부 하우스 1966~1970; 미건축; 2710 Chain Bridge Road, Washington, D.C.

킴벨 미술관 건축가 칸, 부건축가 프레스턴 제렌; 1966~1972; 건축; 3333 Camp Bowie Boulevard, Fort Worth, Texas

600만 유대인 희생자 추모관 1966~1972; 미건축; Battery Park, New York, New York

베스-엘 시나고그 1966~1972; 건축; 220 South Bedford Road, Chappaqua, New York

캔자스시티 오피스 빌딩 1966~1973; 미건축; Walnut, 11th, and Grand Streets (부지 1); Main, Baltimore, 11th, and 12th Streets (부지 2); Kansas City, Missouri

리텐 하우스 광장 주택 1967; 미건축; Philadelphia, Pennsylvania

후르바 시나고그 1967~1974; 미건축; Jerusalem, Israel

힐 에어리어 재개발 프로젝트(주택 단지와 학교) 1967~1974; 미건축; New Haven, Connecticut

알비 부스 보이스 클럽 1968; 미건축

팔라초 데이 콩그레시 1968~1974; 미건축; Giardini Pubblici (부지 1); Arsenale (부지 2) Venice, Italy

울프슨 기계 교통 엔지니어링 센터(기계동과 전기동) 건축가 칸, J. 모클리-I. 엘다 건축 회사가 현지 참여; 1968~1974; 건축, 기계동은 1976~1977년에 칸의 설계에 따라 J. 모클리-I. 엘다사에서 건축; Tel Aviv, Israel

라브 듀얼 극장 1969~1970; 미건축; 2021-23 Sansom Street, Philadelphia, Pennsylvania

라이스 대학 예술 센터 1969~1970; 미건축; Houston, Texas

이너 하버 건축가 칸; 밸린저사와 공동 작업; 1969~1973; 미건축; Pratt and Light Streets, Baltimore, Maryland

예일 영국 미술 센터 1969~1974; 건축(칸의 사후 펠레치아 앤드 메이어스사에서 설계와 건설 완료); 1080 Chapel Street, New Haven, Connecticut

존 F. 케네디 병원(증축) 1970~1971; 미건축; Philadelphia, Pennsylvania

펜실베이니아 대학 총장 사택(개조와 증축) 1970~1971; 건축; 2216 Spruce Street, Philadelphia, Pennsylvania

가족 계획 센터와 모자 보건소 1970~1975; 부분 건축; Ram Sam Path, Kathmandu, Nepal

트리하우스, 이글빌 병원과 재활 센터 1971; 미건축; Eagleville, Pennsylvania

워싱턴 스퀘어 이스트 유닛 2 재개발 1971년경; 미건축; Philadelphia, Pennsylvania

200주년 기념 박람회 칸은 건축가들 팀과 더불어 참여; 1971~1973; 미건축; Eastwick, Southwest Philadelphia, Pennsylvania

스티븐 코만 부부 하우스 1971~1973; 건축; 6019 Sheaf Lane, Fort Washington, Pennsylvania

해럴드 H. 호닉맨 부부 하우스 1971~1974; 미건축; Sheaf Lane, Fort Washington, Pennsylvania

총독 관저 언덕 재개발 1971~1973; 미건축; Jerusalem, Israel

신학 대학원 도서관 1971~1974; 칸은 개략적 설계만을 남김, 칸의 사후 에서릭 홈지 닷지 앤드 데이비스사와 피터스 클레이버그 앤드 코필드사에서 설계하여 건축; Ridge Road and Scenic Avenue, Berkeley, California

드 메닐 재단(현재는 매닐 컬렉션) 1972~1974; 미건축; Yupon, Sul Ross, Mulberry, and Branard Streets, Houston, Texas

인디펜던스 몰 에어리어 재개발(200주년 기념 사업의 일환) 1972~1974; 미건축; Philadelphia, Pennsylvania

포코노 아트 센터 1972~1974; 미건축; Luzerne County, Pennsylvania

라바트 프로젝트(문화 상업 복합 시설) 1973~1974; 미건축; Bou-Regreg zone on the River Oued, Rabat, Morocco

프랭클린 델러노 루스벨트 기념관 1973~1974; 미건축; Roosevelt Island, New York

압바사바드 개발(재정, 상업, 거주 지역) 칸과 겐조 단게; 1973~1974; 미건축; Tehran, Iran

비숍 필드 이스테이트 1973~1974; 칸의 사후 칸의 부지 도면을 바탕으로 하여 설계, 건축; Lenox, Massachusetts

Index

가족 계획 센터, 카트만두Family Planning Center, Kathmandu 255, 256
가핑클, 아놀드Garfinkel, Arnold 199
건축가 공동체Architects' Collaborative, The 51
건축 연구 모임Architectural Research Group (ARG) 23, 24, 50
『건축의 역사History of Architecture』(퍼거슨) 139
건축 자문 위원회, 연방 공공 주택국Architectural Advisory Committee, Federal Public Housing Agency 36
『건축 디자인 연구Study of Architectural Design, The』(하비슨) 16
게디스, 로버트Geddes, Robert 108
게이트웨이 아치(사리넨) Gateway Arch (Saarinen) 50
고등 과학 연구소, 볼티모어 근교, 메릴랜드Research Institute for Advanced Science, near Baltimore, Md. 76
골든버그, M. 모턴, 하우스, 라이달, 펜실베이니아Goldenberg, M. Morton, house, Rydal, Pa. 88, 89, 90, 163
『공간, 시간, 건축Space, Time and Architecture』(기디온) 47
공공 건축부Public Buildings Administration 31
공공 사업국Public Works Administration(PWA) 24
공군 사관 학교(스키드모어, 오윙스, 앤드 메릴)Air Force Academy (Skidmore, Owings, and Merrill) 108
교육 연구관Laboratory of Education 50
교통 흐름 연구, 필라델피아, 펜실베이니아Traffic studies, Philadelphia, Pa. 66, 68
구겐하임 미술관Guggenheim Museum 217

구트하임, 프레드릭Gutheim, Frederick 28, 261
『국가Republic』(플라톤) 218
국제 여성 의류 노동조합International Ladies Garment Workers Union (ILGWU) 26, 37
국회 의사당, 다카National Assembly Building, Dhaka
  ▷셰르-에-방글라 나가르, 다카 참조
국회 의사당, 베네치아Congress Hall, Venice.
  ▷팔라초 데이 콩그레시, 베네치아 참조
군대 초소 계획안Army post, plan of 14, 17
굿윈, 필립Goodwin, Philip 59
굿휴, 루스Goodhue, Ruth 261
굿휴, 버트램 그로스베너Goodhue, Bertram Grosvenor 188
귀골라, 로말도Giurgola, Romaldo 108, 255
귀아데, 쥘리앙Guadet, Julien 16
그레이브스, 마이클Graves, Michael 106, 267
그레이, 윌리엄 F.Gray, William F. 16
그로피우스, 발터Gropius, Walter 22, 36, 39, 50, 51, 67, 257, 263
그리스월드, A. 휘트니Griswold, A. Whitney 53
그린, 와일더Green, Wilder 264
근대 건축 국제 회의Congrès Internationaux d'Architecture Moderne (CIAM) 36, 107
〈근린 지구가 존재할 수 있는가? Can Neighborhoods Exist?〉 36
글로리아 데이 교회, 필라델피아Gloria Dei Church, Philadelphia
  ▷〈올드 스웨즈〉 교회 참조
〈기념비성Monumentality〉(칸) 47, 48, 50, 51, 150, 162, 219, 252
기능주의Functionalism 47
기둥, 아폴론 신전, 코린토스Columns, Temple of Apollo, Corinth 56, 57
기디온, 지크프리트Giedion, Sigfried 47
김벨스 백화점, 필라델피아, 펜실

베이니아Gimbels Department Store, Philadelphia, Pa. 39, 48, 49

날, 유진Nalle, Eugene 52, 53
노구치, 이사무Noguchi, Isamu 123, 136, 194, 225
노블, 로버트W. Noble, Robert W. 26
노이트라, 리하르트Neutra, Richard 23, 42, 105, 106
뉴먼, 버나드J. Newman, Bernard J. 259
뉴 브루털리즘New Brutalism 59
뉴욕 세계 박람회(1964~1965) New York World's Fair (1964~1965) 28, 76
뉴욕 주 도시 개발 공사New York State Urban Development Corporation 253
뉴욕 현대 미술관Museum of Modern Art, New York 9, 23, 24, 26, 28, 30, 35, 36, 59, 76, 252, 255
  「1932~1944, 미국의 건축」(전시회) 30
  알토 전시회(1938) 46
  「여러분의 동네를 보세요Look at Your Neighborhood」 35
  「주택과 주택 사업Houses and Housing」(전시회) 28
  칸 회고전(1966) 255
  현대 건축 전시회, 필라델피아(1932) 24
니에메예르, 오스카르Niemeyer, Oscar 50
니콜라스, 윌리엄Nicholas, William 260
니프, 아서Neef, Arthur 269

다카, 방글라데시Dacca, Bangladesh
  ▷셰르-에-방글라 나가르 참조
단게, 겐조Tange, Kenzo 202, 271
단호프, 랠프H. Danhof, Ralph H. 259
『당신과 당신의 동네: 근린 지구 설계의 안내서』(스토노로프와 칸)

「당신 손 안에 있는 더 나은 필라델피아」(전시회) 48
대통령궁, 이슬라마바드 President's Estate, Islamabad 134, 136, 137, 138, 255
댈러스, 콘스탄스 H. Dallas, Constance H. 263
더무스, 찰스 Demuth, Charles 20
더빈스키, 데이비드 Dubinsky, David 26
덩컨, 존 Duncan, John 270
데마르코, 리처드 Demarco, Richard 265
데이, 케네스 Day, Kenneth 27
도스토글루, 네슬리한 Dostoglu, Neslihan 269
『도시 계획이 여러분의 책임인 이유』(스토노로프와 칸) 34
도시, 발크리슈나 Doshi, Balkrishna 9, 170, 256, 266
　　인도 경영 연구소 Indian Institute of Management 118, 120, 122, 145, 170, 171, 174, 176, 177, 180, 181, 184, 228, 256
독시아디스, 콘스탄틴 Doxiadis, Constantine 134
드 롱, 데이비드 G. De Long, David G. 8, 11, 12, 13, 259, 260, 262~264, 267~269, 272, 274
드 매닐 재단, 휴스턴 De Menil Foundation, Houston 111, 239, 250
드 매닐, 존 De Menil, John 250
드 매닐, 도미니크 De Menil, Dominique 188, 241, 250
드 모르코벤, 신부 De Morchoven, Father 270
드몰, 루이스 DeMoll, Louis 271
드 보어, 웨버, 하우스, 스프링필드 타운십, 펜실베이니아 De Vore, Weber, house, Springfield Township, Pa. 71, 72, 75, 89, 162
디바, 다라 Diba, Darah 267

라브루스트, 앙리 Labrouste, Henri 13

라슨, 로이 Larson, Roy 22, 23
라우드, 패트리셔 커밍스 Loud, Patricia Cummings 266, 273
라이스, 노먼 Rice, Norman 18, 20, 23, 79
라이스 대학, 휴스턴 Rice University, Houston 145, 188, 250, 255
라이트, 프랭크 로이드 Wright, Frank Lloyd 10, 23, 27, 42, 55, 59, 79, 86, 87, 105, 106, 120, 196, 197
　　라킨 빌딩 Larkin Building 86
　　베스 숄롬 시나고그 Beth Sholom Synagogue, 70
　　유니티 교당 Unity Temple 102
　　제이콥스 하우스 Jacobs house 42
　　존슨 왁스 행정 빌딩 Johnson Wax Administration Building 39, 239
　　칸의 평가 Kahn on 75, 87
라투르, 알렉산드라 Latour, Alessandra 258, 259, 262~268, 271~273
래드빌 빌딩, 필라델피아 정신병원 Radbill Building, Philadelphia Psychiatric Hospital 45, 47
래드빌, 새뮤얼 Radbill, Samuel 46
래드빌 석유 회사, 필라델피아, 펜실베이니아 Radbill Oil Company, Philadelphia, Pa. 46
랜햄 법 Lanham Act 28
램버튼, 로버트 E. Lamberton, Robert E 28
러티언스, 에드윈 Lutyens, Edwin 118, 119, 170
레비 기념 놀이터, 뉴욕 Levy Memorial Playground, New York 118, 122, 194, 195
레비, 아델 Levy, Adele 194
레스카즈, 윌리엄 Lescaze, William 23
레오나르도 다 빈치 Leonardo da Vinci 102
레이시, 조지프 N. Lacy, Joseph N. 29

레제, 페르낭 Léger, Fernand 47
로너, 헤인즈 Ronner, Heinz 255
로셀리, 알베르토 Rosselli, Alberto 134
로슈, 필립 Roche, Philip 43, 261
『로스앤젤레스 타임스 Los Angeles Times』 185
로시, 알도 Rossi, Aldo 11
로우, 콜린 Rowe, Colin 75
로이터, 월터 Reuther, Walter 31
로젠필드, 이사도르 Rosenfield, Isadore 46
로체스터, 뉴욕 Rochester, N.Y.
　▷퍼스트 유니테리언 교회와 학교, 로체스터, 뉴욕 참조
로치, 케빈 Roche, Kevin 201
록펠러, 존 D. Rockefeller, John D. 36
롱샹 예배당(르코르뷔지에) Ronchamp Chapel (Le Corbusier) 64, 72
루돌프, 폴 Rudolph, Paul 79
루스벨트 기념관, 워싱턴, D.C. Roosevelt Memorial, Washington, D.C. 111, 215, 216, 253, 254, 273
루스벨트, 프랭클린 델러노 Roosevelt, Franklin Delano 111, 250, 253
루안다 영사관, 앙골라 Luanda Consulate, Angola 103, 104, 269
『루이스 I. 칸 Louis I. Kahn』(귀골라와 메타) 255
『루이스 I. 칸: 총서, 1935~1974 Louis I. Kahn: Complete Work, 1935-1974』(로너, 자베리, 바셀라) 255
르두, 클로드-니콜라 Ledoux, Claude-Nicolas 12, 13, 19, 67, 120, 122, 123, 253
르 리콜레, 로베르 Le Ricolais, Robert 70, 79, 86
르코르뷔지에 Le Corbusier 10, 17, 20, 23, 27, 28, 29, 30, 33, 39, 50, 59, 64, 66, 72, 79, 86, 103, 120, 146, 170, 196, 197, 228, 257
　　르코르뷔지에 사무소의 라이스 20, 23
　　매스 mass 59

레제, 페르낭 Léger, Fernand 47
얕은 볼트 천장 shallow vaulting 228
이상화된 도시 이미지 66
인도에서의 작업 170
제자 니에메예르 Niemeyer as disciple of 50
프리즘 prism 50
리브만, 테오도르 Liebman, Theodore 253
리비어 코퍼 앤드 브래스 Revere Copper and Brass 33, 34, 35, 36, 46
리비-오웬스-포드 유리 회사 Libbey-Owens-Ford Glass Company 39, 261
리빙스턴, 윌리엄 Livingston, William 22
리, 윌리엄 Lee, William H. 22
리처드슨, H. H. Richardson, H. H. 13, 90
리처드 의학 연구소 빌딩 Richards Medical Research Building 12, 72, 75, 79, 82, 85~87, 89, 145, 147, 149, 150, 162, 171, 264
리크, 유진 Leake, Eugene 188
릴리 폰드 하우스, 워싱턴, D.C. Lily Ponds Houses, Washington, D.C. 32
링컨 하이웨이 국방 주택 사업, 칸 타운십, 펜실베이니아 Lincoln Highway Defense Housing, Caln Township, Pa. 31

마이어스, 하워드 Myers, Howard 33
마차리올, 주세페 Mazzariol, Giuseppe 139
말로, 앙드레 Malraux, André 218
매거지너, 루이스 Magaziner, Louis 27
매거지너, 헨리 Magaziner, Henry 24
매클리, 칼, 하우스, 필라델피아, 펜실베이니아 Mackley, Carl, Houses, Philadelphia, Pa. 24, 26, 27, 29
매튜, 로버트 Matthew, Robert 136

맥브라이드, 캐서린 엘리자베스McBride, Katharine Elizabeth 162, 169
멈포드, 루이스Mumford, Lewis 27
메릴랜드 예술 대학, 볼티모어Maryland Institute College of Art, Baltimore 145, 188, 270
메이어스, 마셜 D. Meyers, Marshall D. 9, 216, 228, 241
메타, 재미니Mehta, Jaimini 255, 259, 266, 273
멘델슨, 베르타Mendelsohn, Bertha
　▷칸, 베르타(멘델슨) 참조
멜라메드, 이지도르Melamed, Isidor 37
멜론 영국 미술 센터, 예일 대학Mellon Center for British Art and British Studies, Yale University.
　▷예일 영국 미술 센터, 뉴헤이븐 참조
멜론, 폴Mellon, Paul 216, 240, 241
모리스, 로런스, 하우스, 마운트 키스코, 뉴욕Morris, Lawrence, house, Mt. Kisco, N.Y. 74, 75, 86, 87, 89, 263, 264
모홀리-나기, 시빌Moholy-Nagy, Sibyl 106
몰리터, 존Molitor, John 19
미국 건축가 협회American Institute of Architects (AIA) 28, 34, 35, 36, 66, 87, 185, 255, 270, 272
미국 계획가 및 건축가 협회American Society of Planners and Architects 36
미국 공공 건축부United States Public Buildings Administration 31
미국 공공 사업국United States Public Works Administration (PWA) 24, 27
미국 국무부United States State Department 103, 265
미국 노동 연맹American Federation of Labor
　세인트 루크 병원 진료소, 펜실베이니아 주 필라델피아 Health Center, St. Luke's Hospital, Philadelphia, Pa. 37
　의료 서비스 빌딩, 필라델피아, 펜실베이니아Medical Services Building, Philadelphia, Pa. 37, 66, 71
미국 연방 공공 주택국United States Federal Public Housing Agency 36
미국 연방 사업국United States Federal Works Agency 28
　국방 주택 사업부 29
미국 영사관, 루안다United States Consulate, Luanda 103, 104, 269
미국 재정착국United States Resettlement Administration 26
미국 주택 사업국United States Housing Authority (USHA) 27, 28, 30, 36
미국 추상 미술가 모임American Abstract Artists 47
미국 해양과 조선소 노동조합, 1지부, 본부, 캠든, 뉴저지Industrial Union of Marine and Shipbuilding Workers of America, Local 1, headquarters, Camden, N.J. 37
미스 반데어로에, 루트비히Mies van der Rohe, Ludwig 10, 13, 39, 72, 79, 86, 196, 199, 235
　국제주의 양식International Style 79
　일리노이 공과대학Illinois Institute of Technology 196
　중정식 주택courtyard houses 39
미켈란젤로Michelangelo 79
미크베 이스라엘 시나고그, 필라델피아, 펜실베이니아Mikveh Israel Synagogue, Philadelphia, Pa. 112, 113, 116, 117, 118, 145, 215, 267, 278
밀 크리크 프로젝트, 필라델피아, 펜실베이니아Mill Creek Project, Philadelphia, Pa. 64, 66, 71, 146

ㅂ
바라간, 루이스Barragan, Luis 159
바르바로, 다니엘레Barbaro, Daniele 76
바셀라, 알레산드로Vasella, Alessandro 255
바우어, 캐서린Bauer, Catherine 28, 30
바우하우스Bauhaus 52
바티칸 시티Vatican City 202
〈방Room, The〉 214, 215
방글라데시Bangladesh
　▷셰르-에-방글라 나가르, 다카 참조
배터리 제조 노동조합, 필라델피아, 펜실베이니아Battery Workers Union, Philadelphia, Pa. 37
150주년 기념 국제 박람회, 필라델피아, 펜실베이니아Sesquicentennial International Exposition, Philadelphia, Pa. 18, 19, 20
150주년 기념 박람회 교양관, 필라델피아, 펜실베이니아Palace of Liberal Arts, Sesquicentennial Exposition, Philadelphia, Pa. 18
밴햄, 레이너Banham, Reyner 76
버기, 존Burgee, John 253
버너드 B. A. 하우스, 킴버튼, 펜실베이니아Bernard, B. A., house, Kimberton, Pa., 42
버지니아 대학University of Virginia 122, 145, 169, 170, 184, 269
　화학 연구동Chemistry Building 122, 169
베네치아, 이탈리아Venice, Italy.
　▷팔라초 데이 콩그레시, 베네치아 참조
베르낭제르, 도미니크Berninger, Dominique 23
베스-엘 사원, 차파쿠아, 뉴욕Temple Beth-el, Chappaqua, N. Y. 138, 140, 255
베이컨, 에드먼드Bacon, Edmund 28, 34
베터 홈 박람회Better Homes Exhibition 24
벤투리, 로버트Venturi, Robert 9, 11, 12, 78, 89, 108, 118, 241
벤투리, 반나Venturi, Vanna 11
벨 게디스, 노먼Bel Geddes, Norman 23
벨루스키, 피에트로Belluschi, Pietro 50, 87
보베 대성당Beauvais Cathedral 49
보이스 오브 아메리카Voice of America 107, 217
보자르 디자인 인스티튜트Beaux-Arts Institute of Design 14, 16, 17
보크 어워드Bok Award 255
보크, 에드워드W. Bok, Edward W. 255
보타, 마리오Botta, Mario 106
볼티모어 이너 하버Baltimore Inner Harbor
　▷이너 하버, 볼티모어 참조
북동부 필라델피아 주택 공사Northeast Philadelphia Housing Corporation 24, 25, 29
불레, 에티엔-루이Boullée, Etienne-Louis 19, 253
뷰튼 페인트 상점, 필라델피아, 펜실베이니아Buten Paint Store, Philadelphia, Pa. 24
뷰튼, 해리(미쉬)Buten, Harry (Mish) 24
브라운, 데니스 스콧Brown, Denise Scott.
　▷스콧 브라운, 데니스 참조
브라운리, 데이비드B. Brownlee, David 8, 11, 12, 13, 53, 189, 257~263, 267, 269, 271, 273, 274
브라운, 벤저민Brown, Benjamin 26, 27
브라운, 프랭크E. Brown, Frank E. 12, 56, 102, 103, 263, 272
브라운, 리처드 F. Brown, Richard F. 224, 255
브로드웨이 그리스도교 연합 교회와 오피스 빌딩, 뉴욕Broadway United Church of Christ and Office Building, New York 197~201
브로이어, 마르셀Breuer, Marcel 43
브루넬레스키, 필리포Brunelleschi, Filippo 89, 116
브루도, 루이스, 하우스, 엘킨스 파

크, 펜실베이니아Broudo, Louis, house, Elkins Park, Pa. 41
브루스터, 킹맨, 주니어Brewster, Kingman, Jr. 216
브린 마워 대학Bryn Mawr College
▷어드먼 홀, 브린 마워 대학 참조
비올레-르-뒤크, 외젠-엠마뉘엘Viollet-le-Duc, Eugène-Emmanuel 49
「비저너리 아키텍트Visionary Architects」(전시회) 250
비트루비우스Vitruvius 219
비푸리 도서관(알토)Viipuri library (Aalto) 46
빈시아넬리, 라파엘, 신부Vinciarelli, Raphael, Father 185

사라브하이 가Sarabhai family 170
사라브하이, 마노라마Sarabhai, Manorama 228
사리넨과 스완슨Saarinen and Swanson 31, 32
사리넨, 에로Saarinen, Eero 31, 50, 59, 78, 108, 149
산마르코, 베네치아San Marco, Venice 76
산업 예술 학교Industrial Art School 15, 20
『새로운 건축을 향하여Towards a New Architecture』(르코르뷔지에) 17
새뮤얼 S. 플라이셔 기념 미술관Samuel S. Fleisher Art Memorial 16
새비지, 프레드릭Savage, Frederick 29
『새터데이 이브닝 포스트Saturday Evening Post』 34
『생활에 대한 우리의 국가 표준을 향상시키는 집들Homes to Enrich Our National Standard of Living』(코셔) 33
샤 모스크, 이스파한, 이란Mosque of the Shah, Isfahan, Iran 122
샤프, 밀턴Shapp, Milton 210
샨, 벤Shahn, Ben 27
서모스토어 냉장고Thermostore refrigerator 39
설리번, 루이스Sullivan, Louis 13
성카타리나 데 리치 도미니크 수녀원, 메디아, 펜실베이니아Dominican Motherhouse of St. Catherine de Ricci, Media, Pa. 145, 186, 187
세르트, 호세 루이스Sert, José Luis 47
세인트앤드루스 소수도원, 밸러르모, 캘리포니아Saint Andrew's Priory, Valyermo, Calif. 266, 270
세인트 캐서린 빌리지, 필라델피아, 펜실베이니아 St. Katherine's Village, Philadelphia, Pa. 24, 29
세인트토머스 대학University of St. Thomas 250
세입자 연맹Tenants' League 28
세잔, 폴Cézanne, Paul 13
섹스탕 빌라(르코르뷔지에)Sextant Villa 33
셔먼, 제이컵Sherman, Jacob 42
셰르-에-방글라 나가르, 다카Sher-e-Bangla Nagar, Dhaka 112, 113, 118~134, 196, 266
셰이, 하웰 루이스Shay, Howell Louis 23
셰퍼드, 피터Shepheard, Peter 257
소여, 찰스Sawyer, Charles 50
소크 생물학 연구소, 라 호야, 캘리포니아Salk Institute for Biological Studies, La Jolla, Calif. 9, 104, 105, 110, 118, 144, 145, 147~159, 163, 170, 219, 235, 265
소크, 조너스Salk, Jonas 105, 118, 147, 152, 169, 255, 257
솔로몬 성전Temple of Solomon 139
쇠렌센, 아벨Sörensen, Abel 42
쇼 제염소, 아크-에-세낭(르두)Chaux Saltworks, Arc-et-Senans (Ledoux) 120, 122
『쉘터Shelter』 23
쉰들러, 루돌프Schindler, Rudolph 23
슈바이커, 폴Schweikher, Paul 53, 264
슈아지, 오귀스트Choisy, Auguste, 49, 56, 136
슈일킬 강 시빅 센터Civic Center on the Schuykill River 69
스노우, C. P.Snow, C. P. 147
스미스, 데이비드Smith, David 185, 197
스완슨, J. 로버트Swanson, J. Robert 31, 32
스위스 연방 공과 대학Eidgenossische Technische Hochschule 255
스컬리, 빈센트Scully, Vincent 53, 56, 216, 241, 257
스콧 브라운, 데니스Scott Brown, Denise 89, 264, 265
스키드모어, 루이스Skidmore, Louis 20
스키드모어, 오윙스, 앤드 메릴Skidmore, Owings, and Merrill 108
스탠턴 로드 드웰링스, 워싱턴, D.C. Stanton Road Dwellings, Washington, D.C. 30, 33
스터빈스, 휴Stubbins, Hugh 50
스턴, 로버트 A. Stern, Robert A. M. 106
스턴필드, 해리Sternfield, Harry 23
스토노로프, 오스카Stonorov, Oscar 24, 29, 30, 31, 32, 33, 34, 35, 36, 37, 38, 39, 41, 42, 46, 49, 260, 276, 277
　근린 지구 설계 소책자neighborhood planning booklets 33
　윌로우 런Willow Run 31, 32, 38
　〈전후의 생활을 위한 디자인〉 공모전 39
　칼 매클리 하우스Carl Mackley Houses, 24
　펜실베이니아 태양열 주택Pennsylvania Solar House 39, 41
　필라델피아 도시 계획Philadelphia urban design 49
스톤, 에드워드 듀렐Stone, Edward Durell 20, 50, 59, 103, 136
스티븐스, 월리스Stevens, Wallace 239
시그램 빌딩(미스 반데어로에)Seagram Building (Mies van der Rohe) 199
시빅 센터, 필라델피아, 펜실베이니아Civic Center, Philadelphia, Pa. 48, 67, 69, 70, 77
시티코프 빌딩, 뉴욕Citicorp Building, New York 199
시티 타워, 필라델피아, 펜실베이니아City Tower, Philadelphia, Pa. 69, 70, 76, 77, 78, 162, 197
신전 내부, 카르나크Temple interior, Karnak 58

아다스 제슈룬 시나고그와 학교 건물, 필라델피아, 펜실베이니아Adath Jeshumn Synagogue and School Building, Philadelphia, Pa. 67, 69~71, 102, 112, 139
아르 데코Art Deco 17, 19, 22, 23
아메다바드, 인도Ahmedabad, India
▷인도 경영 연구소, 아메다바드 참조
아시시, 대성당 스케치Assisi, sketch of cathedral at 22
아인슈타인, 알베르트 Einstein, Albert 26
아크로폴리스, 아테네Acropolis, Athens 56, 58
『아키텍처럴 디자인Architectural Design』 107
『아키텍처럴 레코드Architectural Record』 51
『아키텍처럴 리뷰Architectural Review』 47
『아키텍처럴 포럼Architectural Forum』 33, 38, 255
『아키텍처 + 어바니즘Architecture + Urbanism』 255
『아트 앤드 아키텍처Arts and Architecture』 107
아폴론 신전, 코린토스, 기둥Temple of Apollo, Corinth, columns of 57
아하바스 이스라엘 시나고그, 필

라델피아, 펜실베이니아Ahavath Israel Synagogue, Philadelphia, Pa. 26, 27
알베르스, 안니Albers, Anni 52
알베르스, 요제프Albers, Joseph 52
알베르티, 레온 바티스타Alberti, Leon Battista 76, 90
알토, 알바Aalto, Alvar 46, 120
알트만, 리처드Altman, Richard 199
압바사바드 개발, 테헤란 Abbasabad Development, Tehran 203
애들러, 프랜시스 H., 하우스, 필라델피아, 펜실베이니아Adler, Francis H., house, Philadelphia, Pa. 70~75, 89, 102, 162, 263
애브, 찰스Abbe, Charles 29
앨퍼스, 버나드Alpers, Bernard 118
야마사키, 미노루Yamasaki, Minoru 108
야콥센, 아르네Jacobsen, Arne 134, 136
어드먼 홀, 브린 마워 대학, 브린 마워, 펜실베이니아Erdman Hall, Bryn Mawr College, Bryn Mawr, Pa. 145, 147, 159, 162, 163, 168, 169, 170, 219, 228
『어린이 센터 혹은 보육원 Children's Center or Nursery School, A』(체르마예프) 33
에델먼, 존Edelman, John 29
에버하드, 빅터Eberhard, Victor 24
에셀즈 레스토랑Ethel's Restaurant 23
에서릭, 마거릿, 하우스, 필라델피아, 펜실베이니아Esherick, Margaret, house, Philadelphia, Pa. 100~103
에셔릭, 와튼Esherick, Wharton 102
에셔릭, 와튼, 작업실, 파올리, 펜실베이니아Esherick, Wharton, Workshop, Paoli, Pa., 102
에콜 데 보자르, 파리Ecole des Beaux-Arts, Paris 16, 49, 196

엑서터, 뉴햄프셔Exeter, N.H. ▷필립 엑서터 아카데미, 도서관과 식당홀, 엑서터, 뉴햄프셔 참조
엘, 해리, 하우스, 하버포드, 펜실베이니아Ehle, Harry, house, Haverford, Pa. 42
엠마누엘, 메리 수녀 Emmanuel, Mother Mary 186
〈여러분의 동네를 보세요Look at Your Neighborhood〉(전시회) 35
연방 공공 주택국Federal Public Housing Agency 36
    국방 주택 사업부Division of Defense Housing 29
연방 사업국Federal Works Agency 28
영국 왕립 건축가 협회Royal Institute of British Architects 147, 255, 266, 269
영사 기사 조합, 필라델피아, 펜실베이니아Moving Picture Operators' Union, Philadelphia, Pa. 37
예일 대학Yale University 50~53
예일 대학 아트 갤러리Yale University Art Gallery 53, 54, 59, 60, 64, 66, 67, 70, 79, 86, 105, 147, 149, 197, 224, 239, 240
예일 영국 미술 센터, 뉴헤이븐 Yale Center for British Art, New Haven, 13, 215, 216, 238, 240, 244, 247
『오늘날의 건축 L'architecture d'aujourd'hui』 255
와그너-스티걸 법Wagner-Steagall Act 27
울프스 엔지니어링 센터, 텔아비브 대학Wolfson Center for Engineering, University of Tel Aviv 239
워싱턴 대학 도서관, 세인트루이스 Washington University Library, St. Louis 76, 77, 78, 102
워커, 랠프Walker, Ralph 23
웨스턴 어린이집, 기념 놀이터, 필라델피아, 펜실베이니아Western Home for Children, Memorial Playground, Philadelphia, Pa.

37, 38
웨이스, 모턴, 하우스, 이스트 노리턴 타운십, 펜실베이니아Weiss, Morton, house, East Norriton Township, Pa. 43, 44, 47, 261
웨인 주립대학, 디트로이트Wayne State University, Detroit 145
    샤페로 약대 건물Shapero Hall of Pharmacy 170, 269
위스덤, 데이비드 P.Wisdom, David P. 23, 29, 42, 51, 278
위진 베르트(르코르뷔지에)Usine Verte (Le Corbusier) 228
윈, 오티스Winn, Otis 32
윌로우 런, 워시테노 카운티, 미시건Willow Run, Washtenaw County, Mich. 31, 32, 38
유네스코UNESCO 51
유니버설 아틀라스 시멘트 Universal Atlas Cement 76
유니티 교회당(라이트)Unity Temple (Wright) 102
유대인 자선 단체 연합Federation of Jewish Charities 46
유대인 커뮤니티 센터, 뉴헤이븐 Jewish Community Center 37
유대인 커뮤니티 센터, 트렌턴 71~76, 78, 86, 87, 185
유엔United Nations 36, 42, 47, 51, 253
600만 유대인 희생자 추모관, 뉴욕 Memorial to the Six Million Jewish Martyrs, New York 215, 216, 250, 251, 252, 253
200주년 기념 박람회, 필라델피아, 펜실베이니아Bicentennial Exposition, Philadelphia, Pa. 210, 212, 213, 266
『인문주의 시대의 건축 원칙들 Architectural Principles in the Age of Humanism』(비트코버) 75

자동차 노조연합United Auto Workers (UAW) 31, 32, 260
자베리, 샤라드Jhaveri, Sharad 255
자작농 생계 보장국Division of

Subsistence Homesteads 26
잔트징거, 보리 앤드 미더리 Zantzinger, Borie, and Medary 22
잔트징거, 클래런스Zantzinger, Clarence, 22, 23, 47
장식 예술 박람회, 파리(1925) Exposition des Arts Décoratifs, Paris (1925) 19
장크트갈렌 수도원St. Gall monastery 110, 146
재건 금융 공사Reconstruction Finance Corporation 24
재무성, 워싱턴 D.C. Treasury Building, Washington, D.C. 22
재정착국Resettlement Administration 26
저지 홈스테드, 루스벨트, 뉴저지 Jersey Homesteads, Roosevelt, N.J. 25, 26, 27, 29, 50
전국 유대인 복지 위원회, 건설국 National Jewish Welfare Board, Building Bureau 36
「정부 주도 건설 주택의 건축 Architecture in Government Housing」(전시회) 26
제너럴 모터스 전시관, 뉴욕 세계 박람회(1965~1965) 76, 77
제넬, 새뮤얼, 하우스, 윈우드, 펜실베이니아Genel, Samuel, house, Wynnewood, Pa. 44, 45, 51, 261
제이콥스, 허버트, 하우스(라이트) Jacobs, Herbert, house (Wright) 42
제퍼슨 국립 익스팬션 기념지 공모전, 세인트루이스Jefferson National Expansion Memorial competition, St. Louis, 50
제퍼슨, 토머스Jefferson, Thomas 184
존슨 왁스 행정 빌딩(라이트) Johnson Wax Administration Building (Wright) 239
존슨, 필립Johnson, Philip 23, 53, 108, 250, 253
    세인트토머스 대학 캠퍼스 University of St. Thomas campus 250
    역사적 모티프 106, 108

웰페어 아일랜드 253
종합 전시관, 진보의 세기 박람회(크레트) General Exhibits Building, Century of Progress Exhibition (Cret) 22
주커, 폴Zucker, Paul 47
지킬, 거트루드Jeckyll, Gertrude 118
진보의 세기 박람회, 종합 전시관(크레트)Century of Progress Exhibition, General Exhibits Building (Cret) 22

찬디가르, 인도Chandigarh, India 103, 120, 170, 267
「1932~1944, 미국의 건축Built in USA, 1932~1944」(전시회) 30
체르마예프, 세르주Chermayeff, Serge 33
『침묵의 소리Voices of Silence』(말로) 218

카르나크, 신전 내부 Karnak, temple interior 58
카버 코트, 칼 타운십, 펜실베이니아Carver Court, Caln Township, Pa. 30
카우프만 하우스(노이트라) Kaufmann house (Neutra) 105, 106
카일리, 댄 Kiley, Dan 118
칸, 나다니엘 알렉산더 펠프스 Kahn, Nathaniel Alexander Phelps 118
칸, 레오폴트Kahn, Leopold 15
칸, 루이스 I. Kahn, Louis I.
  결혼 20, 22
  로마 미국 건축 아카데미 시절at American Academy in Rome 12, 51
  보자르 교육 16, 17, 19, 85, 152
  수상 17, 255
  여행 19, 20
  죽음 254~257
  출생과 유년 시절 14, 15
칸, 베르타 (멘델슨)Kahn, Bertha (Mendelsohn) 15
칸, 새러Kahn, Sara 15
칸, 수 앤Kahn, Sue Ann 38, 256
칸, 에스터 (이스라엘리)Kahn, Esther (Israeli) 41, 44, 118, 256
칸, 엘리 자크Kahn, Ely Jacques 23
칸, 오스카Kahn, Oscar 15
칼라일 건설 회사Carlyle Construction Company 197
캄푸스 마르티우스, 로마Campus Martius, Rome 120, 152
캐스트너, 알프레드 Kastner, Alfred 24, 26, 27, 29
캔자스시티 오피스 빌딩Kansas City Office Building 199, 200
캘리포니아 대학, 버클리University of California, Berkeley
  로런스 기념 과학동Lawrence Memorial Hall of Science 170
  신학 대학원 도서관Graduate Theological Union Library 219
『캘리포니아 아트 앤 아키텍처California Arts and Architecture』 39
커멘던트, 어거스트Komendant, August 86, 142, 197, 199, 201, 239
  브로드웨이 교회와 오피스 빌딩 Broadway Church and Office Building 197~201
커크브라이드, 토머스Kirkbride, Thomas 27
〈커크브라이즈Kirkbride's〉, 필라델피아, 펜실베이니아 27
케네디 기념 도서관Kennedy Memorial Library 111
케네스 프램턴Frampton, Kenneth 60
코르뷔지에Corbusier
  ▷르코르뷔지에 참조
코먼, 스티븐, 하우스, 포트 워싱턴, 펜실베이니아Korman, Steven, house, Fort Washington, Pa. 210, 256
코먼, 토비Korman, Toby 256
코벨, 윌리엄Covell, William 19
코셔, 로런스Kocher, Lawrence 33
콜렉, 테디Kollek, Teddy 138, 139
쿠닌, 하이먼Cunin, Hyman 18, 24
크놀, 한스Knoll, Hans 39
크램, 랠프 애덤스Cram, Ralph Adams 188
크레트, 폴 필리프Cret, Paul Philippe 16, 17, 20, 22, 23, 24, 47, 49, 162
크리거, 데이비드 로이드Kreeger, David Lloyd 250
크리스털 하이츠 복합관, 워싱턴, D.C.(라이트)Crystal Heights complex, Washington, D.C. (Wright) 196
클라인, 프란츠Kline, Franz 197
클룸브, 헨리Klumb, Henry 27, 87
클레버, 프레드, 하우스, 체리 힐, 뉴저지Clever, Fred, house, Cherry Hill, N.J. 76
킴벨 미술관, 포트워스Kimbell Art Museum, Fort Worth 9, 13, 202, 215, 216, 224, 225, 228, 229, 235, 236, 239, 240, 241, 250, 255
킴벨, 벨마Kimbell, Velma 228
킴벨, 케이Kimbell, Kay 228

타이거맨, 스탠리Tigerman, Stanley 256
태드, 제임스 리버티Tadd, James Liberty 16
태양열 주택, 펜실베이니아 Solar House, Pennsylvania 39, 41
터그웰, 렉스포드Tugwell, Rexford 26
터너드, 크리스Tunnard, Chris 52
텔아비브 대학, 울프슨 엔지니어링 센터University of Tel Aviv, Wolfson Center for Engineering 239
톰슨, 다르시Thompson, D'Arcy 76
톰킨스, 윈슬로우, 하우스, 필라델피아, 펜실베이니아Tompkins, Winslow, house, Philadelphia, Pa. 44
트라이앵글 지대 재개발 프로젝트, 필라델피아, 펜실베이니아 Triangle Redevelopment Project, Philadelphia, Pa. 48, 49
트렌턴, 뉴저지Trenton, N.J. 150
  ▷유대인 커뮤니티 센터, 트렌턴, 뉴저지 참조
트렌턴 배스 하우스Trenton Bathhouse 70, 72, 75, 78, 85, 159, 162, 215
트리뷴 리뷰 빌딩Tribune Review Building 88, 89
T-스퀘어 클럽T-Square Club 16
팅, 알렉산드라 스티븐스Tyng, Alexandra Stevens 71
팅, 앤 그리스월드Tyng, Anne Griswold 9, 39, 42~44, 46, 47, 64, 67, 70, 71, 76, 79, 120, 162

파라솔 하우스Parasol House 39, 40, 43, 239
파리 건축상Paris Prize 17
파스칼, 장-루이Pascal, Jean-Louis 16
파인 포드 에이커스, 미들타운, 펜실베이니아Pine Ford Acres, Middletown, Pa. 29, 32
판테온Pantheon 56, 110, 113, 116, 118, 123, 136, 146, 262, 266
팔라디오, 안드레아Palladio, Andrea 75, 89
팔라초 데이 콩그레시, 베네치아 Palazzo dei Congressi, Venice 113, 138, 139, 142, 143, 197
팔레스타인 긴급 주택 사업을 위한 유대인 기구, 이스라엘Jewish Agency for Palestine Emergency Housing, Israel 37
패튼, 조지Patton, George 235
패티슨, 해리엇Pattison, Harriet 118, 213, 235, 239, 253
퍼거슨, 제임스Fergusson, James 139
퍼스트 유니테리언 교회와 학교, 로체스터, 뉴욕 First Unitarian Church and School, Rochester, N.Y 52, 90, 91, 94, 95, 102, 103, 113, 116, 120, 145, 146, 169, 219

『퍼스펙타Perspecta』 52, 71, 123
퍼킨스 G. 홈스Perkins, G. Holmes 36, 50, 79, 257
페니팩 우즈, 필라델피아, 펜실베이니아Pennypack Woods, Philadelphia, Pa. 29, 30
페롱 가(家)Peyron family 33
페르세폴리스Persepolis 202
페리스, 휴Ferriss, Hugh 199
페어마운트 공원, 필라델피아, 펜실베이니아Fairmount Park, Philadelphia, Pa. 51
펜실베이니아 대학 의과 대학, 필라델피아University of Pennsylvania School of Medicine, Philadelphia ▷리처드 의학 연구소 빌딩, 펜실베이니아 대학, 필라델피아 참조
펜실베이니아 정신병원, 필라델피아, 펜실베이니아Pennsylvania Hospital for Mental and Nervous Diseases, Philadelphia, Pa. 27
펜실베이니아 태양열 주택 Pennsylvania Solar House, 39, 41
펠스, 새뮤얼 S. Fels, Samuel S. 27
포드 재단Ford Foundation 256
포드, 헨리Ford, Henry 31
포르테 델레 토리, 스폴레토Porte delle Torri, Spoleto 21
포코노 아트 센터, 루체른 카운티, 펜실베이니아Pocono Arts Center, Luzerne County, Pa. 210, 212, 213
포트만, 존Portman, John 199
포트웨인 미술관, 학교, 공연 예술 극장, 포트웨인, 인디애나Fine Arts Center, School, and Performing Arts Theater, Fort Wayne, Ind. 145, 192~194, 196, 210
폰티, 조Ponti, Gio 134, 136
폴저 도서관(크레트)Folger Library (Cret) 22
풀러, 벅민스터Fuller, Buckminster 23, 53, 60, 64, 70
풀 패션 양말 제조 노동조합Full Fashioned Hosiery Workers Union 24, 29
프라운, 줄스 D. Prown, Jules D. 216, 240, 241, 255
프랭스, 존 호레이스Frank, John Horace 19
프랭클린 델러노 루스벨트 기념관Franklin Delano Roosevelt Memorial ▷루스벨트, 프랭클린 델러노, 기념관, 뉴욕 참조
프로이트, 지그문트Freud, Sigmund 22
프루흐터 H. 레오너드, 하우스, 필라델피아, 펜실베이니아Fruchter, H. Leonard, house, Philadelphia, Pa. 67, 68, 70
〈플라스틱을 위한 아이디어 센터 Idea Center for Plastics〉 52
플라이셔, 로버트 H., 하우스, 엘킨스 파크, 펜실베이니아Fleisher, Robert H., house, Elkins Park, Pa. 88, 89
플라이셔, 새뮤얼 S. 기념 미술관 Fleisher, Samuel S., Art Memorial 16
플라톤Plato 10, 64, 71, 107, 217, 218, 250, 257
피라네시, 조반니 바티스타 Piranesi, Giovanni Battista, 12, 13, 56, 78, 108, 120, 152, 258
피라미드, 기자Pyramids, Giza 12, 54
피셔, 노먼, 하우스, 해트보로, 펜실베이니아Fisher, Norman, house, Hatboro, Pa. 122, 185, 202, 206, 210, 273
필라델피아Philadelphia
 교통 흐름 연구 66, 68
 마켓 스트리트 이스트 연구 Market Street East Studies 109
 150주년 기념 국제 박람회 장Palace Sesquicentennial International Exposition 19
 센터 시티Center City 28
 200주년 기념 박람회 Bicentennial Exposition 210, 212, 213
 트라이앵글 지대 재개발 프로젝트Triangle Redevelopment Project 48, 49
필라델피아 도시 계획 위원회 Philadelphia City Planning Commission 24, 28, 33, 49
필라델피아 미술관Philadelphia Museum of Art 23
필라델피아 세이빙스 펀드 소사이어티 빌딩Philadelphia Savings Fund Society Building 23
필라델피아 어워드Philadelphia Award 255
필라델피아 예술 대학Philadelphia College of Art 145, 190, 193, 194, 195, 196, 197, 199
『필라델피아 인콰이어러 Philadelphia Inquirer』 27
필라델피아 정신병원Philadelphia Psychiatric Hospital 45, 46, 47
필라델피아 주택 길드Philadelphia Housing Guild 28
필라델피아 주택 사업국 Philadelphia Housing Authority 27, 28
『필라델피아 T-스퀘어 클럽 저널T-Square Club Journal of Philadelphia』 23
필립 엑서터 아카데미 도서관과 식당 홀, 엑서터, 뉴햄프셔Phillips Exeter Academy Library and Dining Hall, Exeter, N. H. 13, 144, 215, 218~224, 241, 255
핑켈슈타인, 레아Finkelstein, Lea 42
핑켈슈타인, 아서, 하우스, 아드모어, 펜실베이니아Finkelstein, Arthur, house, Ardmore, Pa. 42

ㅎ

하드리아누스 빌라, 티볼리 Hadrian's Villa, Tivoli, 120
하드리아누스 시장, 로마Hadrian's Market, Rome 12
하버드 경영 대학원Harvard Business School 177
하버드 대학Harvard University 36, 39, 43, 50, 51
하비슨, 존Harbeson, John 16, 17, 22, 23
하얏트 리젠시 호텔 (포트만)Hyatt Regency Hotel (Portman) 199
하우, 조지Howe, George 23, 27, 29, 30, 31, 33, 36, 41
 기능주의functionalism 47
 칸과의 파트너 관계 29, 30
 스탠턴 로드 드웰링스 건설 on Stanton Road Dwellings 33
〈합리적 도시 계획의 주택Housing in the Rational City Plan〉 28
해리스, 월래스Harrison, Wallace 50
허드넛, 조지프Hudnut, Joseph 36
허프, 윌리엄Hough, William 22, 23
〈형태와 디자인Form and Design〉(칸) 107, 108
호프, 해럴드Hauf, Harold, 50, 51
후드, 레이먼드Hood, Raymond 23
후르바 시나고그, 예루살렘, 이스라엘Hurva Synagogue, Jerusalem, Israel 138, 139, 140, 141
힐 에어리어 재개발, 뉴헤이븐Hill Area Redevelopment, New Haven 255

Illustrations Credits

1. From *American Architect* 126 (September 24, 1924): 297. 2. Collection of the late Norman N. Rice. 3. From *American Architect* 130 (November 5, 1926): pl. 378. 4. Collection of Sue Ann Kahn. 5. Collection of the Pennsylvania Academy of the Fine Arts, Philadelphia. Gift of Mrs. Louis I. Kahn. 6. From Bernard J. Newman, *Housing in Philadelphia*, 1933 (Philadelphia: Philadelphia Housing Association, 1934), fig.9. 7. Photograph by Lange for Resettlement Administration. Kastner Paper, American Heritage Center, University of Wyoming, Laramie. 8~9. Kahn Collection. 10~11. Kahn Collection. Photo: Gottscho-Schleisner. 12. Kahn Collection. Photo: Thomas Scott. 13. Kahn Collection. 14. From *You and Your Neighborhood: A Primer for Neighborhood Planning* (New York: Revere Copper and Brass, 1944), [47]. 15. From *You and Your Neighborhood: A Primer for Neighborhood Planning* (New York: Revere Copper and Brass, 1944), [91]. 16~19. Kahn Collection. 20. From Maron J. Simon, *Your Solar House* (New York: Simon and Schuster, 1947), 42. 21. Photo: Grant Mudford. 22. Kahn Collection. 23. Photo: John Ebstel. 24. Kahn Collection. 25. Photo: John Ebstel. 26. Kahn Collection. 27. From *Progressive Architecture* 27 (November 1946): 86-87. 28. Photo: John Ebstel. 29. From Paul Zucker, ed., *New Architecture and City Planning* (New York: Philosophical Library, 1944), 588. 30. From *l'architettura: cronache e storia* 18 (June 1972): 106. 31. Collection of Sue Ann Kahn. 32. Kahn Collection. 33~34. Collection of Sue Ann Kahn. 35. Collection of Nathaniel Kahn. 36. Collection of Sue Ann Kahn. 37. Photo: Lionel Freedman. 38~39. Photos: Grant Mudford. 40. Kahn Collection. 41. Photo: Grant Mudford. 42. Kahn Collection. 43. Photo: John Ebstel. 44. Collection, The Museum of Modern Art, New York, Gift of the architect. 388.64. 45. Kahn Collection. 46. From *Perspecta*, no. 2 (1953): 16. 47~48. Kahn Collection. 49. Collection, The Museum of Modern Art, New York, Gift of the architect. 359.67. 50~51 Kahn Collection. 52. From *Perspecta*, no. 4 (1957): 58. 53~54. Photos: John Ebstel. 55~58. Kahn Collection. 59. Kahn Collection. Photo: Robert Damora. 60~61. Kahn Collection. 62. Kahn Collection. Photo: Bernie Cliff 63. Collection, The Museum of Modem Art, New York, Gift of the architect. 413.64. 64. Kahn Collection. 65~68. Photos: Grant Mudford. 69. Kahn Collection. 70. Kahn Collection. Photo: Mildred F. Schmeltz. 71. Kahn Collection. Photo: Marshall D. Meyers. 72~73. Kahn Collection. 74. Kahn Collection. Photo: James Cook. 75. Kahn Collection. Photo: Marshall D. Meyers. 76. Kahn Collection. 77. Kahn Collection. Photo: Marshall D. Meyers. 78. Kahn Collection. 79. From Jan C. Rowan, "Wanting to Be: The Philadelphia School," *Progressive Architecture* 42 (April 1961): 134. 80. Collection, The Museum of Modern Art, New York, Gift of the architect. 406.64.3. 81. Kahn Collection. 82. Collection, The Museum of Modern Art, New York, Gift of the architect. 407.64. 83~89. Photos: Grant Mudford. 90. Paul Clark, delineator. 91. Kahn Collection. 92. Kahn Collection. Photo: John Condax. 93. From *The Institution as a Generator of Urban Form. Harvard Graduate School of Design Alumni Association Fifth Urban Design Conference* (Cambridge: Mass.: Harvard University, 1961), n.p. 94. Kahn Collection. 95. Kahn Collection. Photo: George Pohl. 96. Kahn Collection. 97. Kahn Collection. 98. Photo: Kazi Khaleed Ashraf. 99. Kahn Collection. 100. Collection, The Museum of Modern Art, New York, Gift of the architect. MC 41. 101. Collection, The Museum of Modern Art, New York, Gift of the architect. 400.64. 102~103. Kahn Collection. 104. Kahn Collection. Photo: George Pohl. 105. Photo: Akhtar Badshah. 106. Photo: David B. Brownlee. 107. Photo: Kazi Khaleed Ashraf. 108. Courtesy of the Aga Khan Award for Architecture, Geneva. Photo: Gunay Reha. 109. Photo: © Shahidul Alam/Drik Picture Library Ltd., Bangladesh. 110. Photo: © Shahidul Alam/Drik Picture Library Ltd., Bangladesh. 111. Photo: Kazi Khaleed Ashraf. 112. Photo: David B. Brownlee. 113. Kahn Collection. 114~115. Kahn Collection. Photos: George Pohl. 116~123. Kahn Collection. 124. Photo: George Pohl. 125. Kahn Collection. Photo: George Pohl. 126~129. Kahn Collection. 130. Collection, The Museum of Modem Art, New York, Gift of the architect. 381.67. 131. Model: Collection of the Salk Institute. Photo: George Pohl. 132~135. Photos: Grant Mudford. 136. Kahn Collection, Architectural Archives of the University of Pennsylvania. Gift of Mrs. Louis I. Kahn. 137. Photo: Grant Mudford. 138. Collection of Anne Griswold Tyng. 139. Kahn Collection. 140~141. Photos: Grant Mudford. 142. Kahn Collection. 143. Kahn Collection. Photo: George C. Alikakos. 144. Kahn Collection. Photo: George Pohl. 145~146. Photo: David B. Brownlee. 147. Photo: Kathleen James. 148. Photo: B.V. Doshi. 149. Kahn Collection. 150~152. Photos: David B. Brownlee. 153. Photo: Kathleen James. 154. Model: Collection of Saint Andrew's Priory, Valyermo, Calif. Photo: George Pohl. 155. Kahn Collection. Photo: George Pohl. 156~158. Kahn Collection. 159. Collection, The Museum of Modern Art, New York, Gift of the architect. 399.64. 160~162. Kahn Collection. 163. Courtesy of the Isamu Noguchi Foundation, Inc: Photo: Shigeo Anzai. 164~168. Kahn Collection. 169. Collection of Arnold Garfinkel. 170~171. Kahn Collection. 172~173. Collection of Arnold Garfinkel. 174~175. Kahn Collection. 176. From Romaldo Giurgola and Jaimini Mehta, *Louis I. Kahn* (Boulder, Colo.: Westview Press, 1975), 243. 177~178. Photos: Grant Mudford. 179. Paul Clark, delineator. 180~181. Photo: Grant Mudford. 182. Kahn Collection. 183. Photo: Grant Mudford. 184~185. Kahn Collection. 186. Collection of the Philadelphia Museum of Art, Gift of the architect. 72.32.4. 187~188. Kahn Collection. 189. Photo: Grant Mudford. 190. Photo: David B. Brownlee. 191. Photo: Caroline Maniaque. 192. Kahn Collection. 193~195. Collection of the Kimbell Art Museum, Fort Worth, Tex. 196. Photo: Michael Bodycomb. 197~203. Photos: Grant Mudford. 204~206. Kahn Collection. 207~212. Photos: Grant Mudford. 213. Kahn Collection. Photo: George Pohl. 214. Kahn Collection. 215. Kahn Collection. Photo: George Pohl. 216~217. Kahn Collection.